全国高等院校计算机基础教育"十三五"规划教材
全国高等院校计算机基础教育研究会计算机基础教育教学研究项目成果

大学计算机基础

——基于 CDIO 项目教学

主　编　郑贵省

副主编　阚　媛　张国庆　郭　强

主　审　阎文建

中国铁道出版社有限公司
CHINA RAILWAY PUBLISHING HOUSE CO., LTD.

内 容 简 介

本书共计 6 章内容，包括计算机组成、Python 基础、算法之美、数据库及应用、网站设计、网络与信息安全。本书为"金课"而建设，从教学内容和教学模式上努力创设高阶课堂、对话课堂、开放课堂、知行合一、学思结合的课堂素材和方法。编写中采用 CDIO 项目式教学方法，将学生变成学习的主体，将学生能力的培养由记忆、理解向应用、分析、评价和创造的高阶能力转变。

本书适合作为高等院校计算机基础课程的教学用书，也适合全国军事院校学生作为教材使用。

图书在版编目（CIP）数据

大学计算机基础：基于CDIO项目教学/郑贵省主编. —北京：
中国铁道出版社有限公司，2020.6（2024.1重印）
全国高等院校计算机基础教育"十三五"规划教材
ISBN 978-7-113-26664-6

Ⅰ.①大… Ⅱ.①郑… Ⅲ.①电子计算机-高等学校-教材
Ⅳ.①TP3

中国版本图书馆CIP数据核字（2020）第084311号

书　　名：大学计算机基础——基于 CDIO 项目教学
作　　者：郑贵省

策　　划：魏　娜　　　　　　　　编辑部电话：（010）63549501
责任编辑：陆慧萍　徐盼欣
封面设计：尚明龙
责任校对：张玉华
责任印制：樊启鹏

出版发行：中国铁道出版社有限公司（100054，北京市西城区右安门西街 8 号）
网　　址：http://www.tdpress.com/51eds/
印　　刷：三河市宏盛印务有限公司
版　　次：2020 年 6 月第 1 版　　2024 年 1 月第 5 次印刷
开　　本：787 mm×1 092 mm　1/16　印张：24　字数：601 千
书　　号：ISBN 978-7-113-26664-6
定　　价：65.00 元

教育部相继出台了《关于加快建设高水平本科教育全面提高人才培养能力的意见》（教高〔2018〕2号）和《关于狠抓新时代全国高等学校本科教育工作会议精神落实的通知》（教高函〔2018〕8号），明确指出：各高校要全面梳理各门课程的教学内容，淘汰"水课"、打造"金课"，合理提升学业挑战度、增加课程难度、拓展课程深度，切实提高课程教学质量。

"课程是人才培养的核心要素。学生从大学里受益的最直接、最核心、最显效的是课程。课程是教育最微观、最普通的问题，但它要解决的却是教育中最根本的问题——培养人。课程虽然属微观问题，却是个根本问题，是关乎宏观的战略大问题。课程是中国大学普遍存在的短板、瓶颈、软肋，是一个关键问题。课程是体现'以学生发展为中心'理念的'最后一公里'。课程正是落实'立德树人'根本任务的具体化、操作化和目标化。"

本书为"金课"而建设。

CDIO（构思—设计—实现—运行）注重学科知识体系构建探究式"做中学"，以实际问题的"构思、设计、实现、运行"过程为载体，探究式"做中学"是主要的教学方法，进行一体化课程设计及实践。让学生在"想明白、做明白、说明白"中培养思维能力与品质，创造性地应用知识去提升解决实际问题、知识迁移、交流协调和团队合作等能力，能够使学生以探索、主动、实践的方式有效地学习。

CDIO项目式教学将学生变成学习的主体，改变灌输式课堂和填鸭式教育，教师由主播转变为主持，学生由观众转变为演员，将学生能力的培养由记忆、理解向应用、分析、评价和创造的高阶能力转变。

CDIO项目式教学具有以下特色：

（1）进行迭代式、增量式、敏捷式教学。CDIO项目式教学以Python为编程语言，从单机Excel版、单机数据库版、网络B/S版迭代实现学生体能考核成绩系统，学习Python程序设计基础、数据库技术应用基础、网站设计基础等；同时利用树莓派计算机设置创客项目，让学生看得见、摸得着计算机，利用树莓派进行Linux操作系统学习、Python编程控制LED调光灯、超声测距、人体感应、温度测量、物联网应用等创客项目。在网络技术与安全中，通过CDIO项目学习网线制作、局域网搭建、网络配置等网络技术，同时设置项目学习Python的TCP、UDP网络编程，网络安全库应用，网络爬虫等。本书将多媒体技术及 **Office** 应用前置，采用项目式教学，同时设定主题进行多媒体技术比赛等教学活动，实现赛课合一，同时使学生在后续的学习中应用多媒体技术进行项目的讲、演、答、辩活动。

（2）实现了开放式课堂创建。CDIO 项目式教学，时间上从课内向课外延伸，空间上从教室向图书馆和实验室拓展，内容上从教材向参考资料扩充。项目式教学让学生成为学习的主体，激发学习兴趣，用"吊胃口"代替"喂食"。所谓"吊胃口"就是，老师讲课就像介绍一桌丰盛的大餐，告诉学生每道菜有多么好吃、营养多么丰富、对身体多么有益，使学生食欲顿起；再告诉学生每道菜应如何制作、如何调配，使学生跃跃欲试；下课后，学生会迫不及待地一头扎进图书馆和实验室，为自己准备这顿"大餐"。自然而然实现了学习方式的转变，使学生学会了学习、探究和解决问题，这也是 CDIO 项目式教学模式的应有之意。

（3）培养学生高阶思维。CDIO 项目式教学打破以往程序语言教学中"只见树木不见森林"的现象，注重编程语言中变量类型、语法结构等细节的介绍，淡化程序设计的根本思想。程序只是人类思想的具体实现，编程实现的只是形式，人的思维才是编程的根本，具有决定性作用，应注重计算思维培养，体会计算思维之美。宋代禅宗大师青原行思提出参禅的三重境界：看山是山，看山不是山，看山还是山。编程也有这三重境界，每一重境界深化与超越的关键是思考。看山是山，这是形而下的表象，是原型，通过思考达到看山不是山，这是形而上的抽象，是模型；再通过思考达到看山还是山，这是形而下与形而上统一后的具象，是实形。

（4）知行合一。CDIO 项目式教学创建"做中学"课堂体验，百闻不如一见，百见不如一干，CDIO 项目式教学实现学科理论和实践有机结合，强调学生"知识、能力和素质"协调发展，又区别于传统的"做中学"。其一体化教学模式既有别于传统的学科式教学，亦不同于传统的项目式教学，本质差异在于 CDIO 项目式教学试图使学科理论教学与项目实践训练达到融合，使系统化的学科理论与项目实践融为一体。不仅没有弱化学科，反而强调在已有的学科体系框架下进一步构建相对完善的学科知识群。

本书适用于大学一年级学生使用。

本书由郑贵省任主编，阚媛、张国庆、郭强任副主编，阎文建任主审，卢爱臣、刘占敏、潘妍妍、吴茜、王剑宇、刘旭、马文彬、任芳、贾蓓、王鹏、魏建宇、田家远、韩芳芳、张婷燕参与编写。

本书从教学内容和教学模式上努力创设高阶课堂、对话课堂、开放课堂、知行合一、学思结合的课堂素材和方法，但教学改革永远在路上，我们热切期望广大读者批评指正。

编　者

2020 年 1 月

CONTENTS 目　录
★★★

第1章　计算机组成 ……………… 1

1.1　树莓派 …………………… 1

　1.1.1　认识树莓派 …………… 1

　1.1.2　树莓派硬件组成 ………… 2

　1.1.3　为Raspberry Pi Zero刻录
　　　　　操作系统 …………… 4

　1.1.4　系统文件配置 ………… 5

　1.1.5　连接PC和Raspberry Pi Zero …… 5

　1.1.6　建立Raspberry Pi Zero的
　　　　　虚拟连接 …………… 6

　1.1.7　外接SPI网卡ENC28J60
　　　　　上网 ……………… 7

　1.1.8　首次启动Raspberry Pi Zero … 8

　1.1.9　启动桌面 …………… 8

1.2　常用软件安装 …………… 9

　1.2.1　使用apt-get安装、管理
　　　　　软件 ……………… 9

　1.2.2　FTP服务器安装 ……… 10

1.3　Linux常用命令 ………… 12

1.4　创客实验 ……………… 13

　1.4.1　创客实验箱硬件资源 …… 13

　1.4.2　创客项目——调光灯 …… 14

　1.4.3　创客项目——超声波
　　　　　测距 ……………… 17

　1.4.4　创客项目——红外入侵
　　　　　检测 ……………… 18

1.5　计算机的组成 …………… 19

1.6　0、1之美 ……………… 22

　1.6.1　进制及进制间的转换 …… 22

　1.6.2　计算机中数的表示
　　　　　与运算 …………… 26

　1.6.3　计算机中文字符号的
　　　　　表示 ……………… 31

1.7　计算机工作过程及主要
　　　技术发展 …………… 33

　1.7.1　计算机的工作原理 …… 33

　1.7.2　先进计算机技术在微机
　　　　　系统中的应用 ……… 36

　1.7.3　微型计算机系统的主要
　　　　　性能指标 ………… 40

第2章　Python基础 …………… 42

2.1　单人3 000 m时间输入/输出 … 42

　2.1.1　体能考核评定系统设计 … 42

　2.1.2　输入、计算和输出 …… 42

　2.1.3　Python简介 ………… 43

　2.1.4　成绩等级评定 ……… 54

2.2　单人3 000 m成绩评定 …… 54

　2.2.1　根据成绩判断等级 …… 54

　2.2.2　分支结构的运用 …… 55

　2.2.3　if语句 …………… 56

　2.2.4　评定多名学生等级 …… 64

2.3　任意次评定单项科目成绩……64
　　2.3.1　程序持续运行直至用户
　　　　　选择退出……………………64
　　2.3.2　循环语句的运用…………64
　　2.3.3　while语句………………67
　　2.3.4　带单位数据的处理………72
2.4　数据格式化处理……………72
　　2.4.1　按照格式要求输入时间……72
　　2.4.2　字符串的处理……………72
　　2.4.3　字符串切片和格式化
　　　　　输出……………………74
　　2.4.4　代码复用…………………80
2.5　程序封装……………………80
　　2.5.1　程序模块化………………80
　　2.5.2　函数的运用………………80
　　2.5.3　定义函数、传递参数和
　　　　　返回值……………………81
　　2.5.4　多个项目的评定…………88
2.6　成绩批量化评定……………88
　　2.6.1　多名学生成绩及一名学生
　　　　　多科目成绩的存储………88
　　2.6.2　列表的运用………………88
　　2.6.3　for循环、对列表、元组
　　　　　和字典的相关操作………94
　　2.6.4　拓展：数据永久保存……105
2.7　成绩存储及重复使用………105
　　2.7.1　将信息存入文本文件……105
　　2.7.2　文件的使用………………105
　　2.7.3　文件和程序异常处理……110
　　2.7.4　拓展：数据分析和统计的
　　　　　便捷性……………………119

2.8　优化程序……………………119
　　2.8.1　将数据写入Excel文件……119
　　2.8.2　Python第三方库
　　　　　和库函数…………………119
　　2.8.3　Python计算生态、对Excel
　　　　　文件的操作和图形界面
　　　　　设计……………………125
　　2.8.4　拓展：多名学生的评定
　　　　　及保存…………………135
2.9　项目扩展……………………135

第3章　算法之美………………141
3.1　求解平方根…………………141
　　3.1.1　求解实数c的平方根……141
　　3.1.2　计算机问题求解方法……141
　　3.1.3　逐次逼近法……………142
　　3.1.4　拓展：二分法趋近
　　　　　和牛顿迭代法……………143
3.2　绘制分形树…………………146
　　3.2.1　绘制分形树……………146
　　3.2.2　分形几何和递归算法……146
　　3.2.3　递归绘制分形树………147
　　3.2.4　智能车路径探索…………148
3.3　学生成绩的排序与查找……151
　　3.3.1　学员体能考核成绩
　　　　　排序查找………………151
　　3.3.2　冒泡排序和二分法查找……151
　　3.3.3　运用冒泡排序和二分法
　　　　　查找……………………152
　　3.3.4　拓展：排序和查找算法
　　　　　简介……………………153

3.4 物资运输方案 ···················· 156
  3.4.1 运输物资价值最大化
       设计方案 ··············· 156
  3.4.2 递归求解方案 ········· 157
  3.4.3 动态规划求解方案 ······· 158
  3.4.4 拓展：找零钱 ·········· 159
3.5 运输交通的最短路径规划 ····· 160
  3.5.1 运输最短路径规划 ········ 160
  3.5.2 数据结构和Dijkstra算法 ··· 160
  3.5.3 Dijkstra算法求解 ·········· 161
  3.5.4 拓展：最短路径求解
       算法总结 ··············· 163
3.6 蒙特卡罗方法求π值 ········· 165
  3.6.1 求解π值 ············· 165
  3.6.2 蒙特卡罗方法简介 ······ 165
  3.6.3 运用蒙特卡罗方法
       求解π值 ·············· 165
  3.6.4 拓展：求定积分 ········· 166

第4章 数据库及应用 ········· 169
4.1 将数据存入MySQL数据库 ····· 169
  4.1.1 数据库 ·············· 169
  4.1.2 MySQL数据库 ········· 177
  4.1.3 使用MySQL-front操作
       MySQL数据库 ········· 183
4.2 使用SQL操作数据 ··········· 184
  4.2.1 使用SQL操作数据库中
       学员体能考核数据 ········ 184
  4.2.2 SQL结构化查询语言 ····· 184
  4.2.3 编写SQL代码管理数据库
       中的学员体能考核数据 ··· 192

4.3 使用Python编程操作数据库 ··· 194
  4.3.1 编写程序操作MySQL
       数据库 ··············· 194
  4.3.2 Python标准数据库接口
       Python DB-API ··········· 194
  4.3.3 使用Python操作体能
       考核数据 ············· 202
4.4 获取树莓派CPU温度 ········· 203
  4.4.1 定时获取树莓派CPU
       温度 ················· 203
  4.4.2 Linux文件系统 ········· 203
  4.4.3 Python对文件的操作 ····· 203
  4.4.4 Python3 time模块 ······ 204
  4.4.5 使用循环反复读取存放
       温度的文件 ············· 207
4.5 将数据存入SQLite数据库 ····· 209
  4.5.1 编写程序将CPU温度
       数据存入SQLite数据库 ··· 209
  4.5.2 SQLite数据库 ··········· 209
  4.5.3 Python操作SQLite ········· 212
  4.5.4 反复读取温度数据并存入
       SQLite数据库 ··········· 213
4.6 向云端上传CPU的温度 ········· 214
  4.6.1 通过REST API向云端
       上传CPU的温度 ········· 214
  4.6.2 Python实现网络数据
       服务 ················· 214
  4.6.3 REST服务和HTTP请求 ······· 214
  4.6.4 使用Python发送HTTP
       请求向云端上传数据 ····· 215

4.7　项目扩展……………………… 216

第5章　网站设计 ……………………217

5.1　教学课程网站首页制作……… 217

　5.1.1　教学课程网站首页
　　　　制作要求 …………… 217

　5.1.2　网络应用基础知识、HTML、
　　　　CSS及JavaScript ……… 218

　5.1.3　教学课程网站首页制作… 239

5.2　创客课堂……………………… 261

　5.2.1　编写网页控制LED灯 …… 261

　5.2.2　树莓派控制红绿灯……… 268

第6章　网络与信息安全 …………269

6.1　网线制作和双机互联通信…… 269

　6.1.1　网线制作和双机互联
　　　　目标要求 …………… 269

　6.1.2　计算机网络基础知识…… 269

　6.1.3　网线制作方法和双机互联
　　　　组建步骤 …………… 280

6.2　局域网的组建………………… 284

　6.2.1　局域网组建目标要求…… 284

　6.2.2　局域网基础知识………… 284

　6.2.3　局域网组建步骤………… 287

6.3　交换机的基本配置…………… 289

　6.3.1　交换机基本配置目标
　　　　要求 …………………… 289

　6.3.2　模拟软件 Packet Tracer
　　　　简介 …………………… 289

6.3.3　交换机基本配置实施
　　　　步骤…………………… 301

6.4　组建无线局域网……………… 305

　6.4.1　无线局域网组建目标
　　　　要求…………………… 305

　6.4.2　无线局域网基础……… 305

　6.4.3　无线局域网组建步骤… 308

6.5　互联网络……………………… 309

　6.5.1　互联网络组建目标要求… 309

　6.5.2　互联网络基础知识……… 310

　6.5.3　互联网络实施步骤……… 318

6.6　网络服务……………………… 321

　6.6.1　网络服务任务要求……… 321

　6.6.2　常见的网络服务介绍…… 322

　6.6.3　网络服务器（IIS、FTP）
　　　　部署步骤……………… 329

6.7　安全防护……………………… 334

　6.7.1　安全防护目标要求……… 334

　6.7.2　安全防范基础知识……… 334

　6.7.3　安全防护手段实施……… 354

6.8　Python 网络编程 …………… 359

　6.8.1　网络编程目标要求……… 359

　6.8.2　网络编程基础知识……… 359

　6.8.3　Python网络编程实现…… 366

6.9　Python 网络爬虫 …………… 369

　6.9.1　网络爬虫任务要求……… 369

　6.9.2　网络爬虫基础知识……… 369

　6.9.3　Python网络爬虫实现…… 375

第 ① 章 » 计算机组成

★★★

1.1 树莓派

1.1.1 认识树莓派

树莓派（Raspberry Pi，RPi）专为计算机编程教育而设计，是只有手掌大小的可编程计算机。树莓派可视为一款基于 ARM 的微型计算机主板，用 SD/MicroSD 卡充当系统硬盘。卡片主板周围有 USB 接口和以太网接口（A 型树莓派没有以太网接口），可连接键盘、鼠标和网线，拥有视频模拟信号的电视输出接口和 HDMI 高清视频输出接口，具备个人计算机（Personal Computer，PC）的所有基本功能。只需接上显示器和键盘，树莓派就能实现电子表格、文字处理、程序开发、游戏、视频播放等功能。

大部分计算设备（包括手机、平板电脑等）都是一体成型的，很难在上面开发与设计相关的应用软件，也很难修改硬件；树莓派则完全相反，它的一切都是公开的。

作为一个开放源代码的硬件平台，所有型号的树莓派都有一块具备 I/O 功能的电路板和一个基于 SoC（片上系统）的 ARM 芯片。ARM 芯片价格低廉、功能强大，而且功耗很低。相比于典型的 PC 构架，SoC 中包含了 CPU（中央处理器）、GPU（图形处理单元）和内存。

树莓派可以运行基于 Linux 的操作系统，可以用来开发交互产品。例如，它可以读入大量的开关和传感器信号，并且可以控制电灯、电机和其他物理设备。树莓派可以开发出与 PC 一样的周边设备，也可以通过执行 Linux PC 上的软件进行网络通信。树莓派的硬件电路板可以自行焊接组装，也可以购买已经组装好的电路板。

截至目前，树莓派已经发布了多个版本。考虑到便于普及和成本的问题，树莓派又细分为 Zero、Model-A 和 Model-B 三个系列。

常见的树莓派如图 1-1 所示，从左到右依次为：Raspberry Pi Zero、计算模块（Compute Module 3）和 Raspberry Pi 3B+。

最初的 A 型、B 型有 26 个通用输入 / 输出（General Purpose I/O，GPIO）接口（其中 17 个可以作为基本的输入 / 输出使用），后来的型号（包括 Zero、A+、B+、Raspberry2 和 3）都搭载了 40 Pin 的 GPIO 接口（其中 28 个可以作为基本的输入 / 输出使用）。更多的 GPIO 接口提升了树莓派连接复杂外部电路的能力，也为更多的 HAT（树莓派扩展板）应用提供了可能，让用户可以直接通过 Linux 编程控制连接在它上面的外部电路，这是树莓派最大的亮点。除了以上版本之外，树莓派还有一个计算模块版本，该型号主要是让树莓派能够更好地被集成到现在主流的商用机器中。

很多不同版本的树莓派都有一组 40 Pin 的 GPIO 接口，在 Raspberry Pi Zero 中，排针连接器默认是没有焊接的，个人可以根据项目需要自行连接。

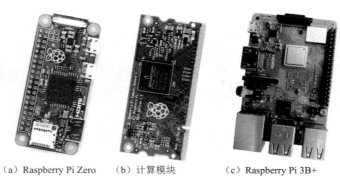

（a）Raspberry Pi Zero　（b）计算模块　（c）Raspberry Pi 3B+

图1-1　常见的树莓派

Raspberry Pi Zero 是在 2015 年底发布的。Zero 系列是树莓派家族中最为小型的，大小仅为信用卡的 1/3。

树莓派是一个完整的计算机系统，能独立实现具体的功能。而单片机是把各种部件集成在一块硅片上的微型计算机，又称微控器（Microcontroller），是不能独立工作的。

利用树莓派，可以编辑、编译、运行程序。如果要重新向原有程序添加或删除功能，或者切换不同的任务，不需要像单片机一样去重新烧写程序。树莓派基本上是通过各种库操作 GPIO 来控制外设，如果利用网络把它连接到 Internet 上，还可以进行远程操作。树莓派是卡片式计算机，可运行嵌入式操作系统，各种资源比较多，更容易满足嵌入式学习和开展创客实践。

1.1.2　树莓派硬件组成

树莓派配有独立的 CPU，以 SD 卡为硬盘。下面以 Raspberry Pi Zero 为例介绍树莓派的硬件组成。Raspberry Pi Zero 实物图如图 1-2 所示。

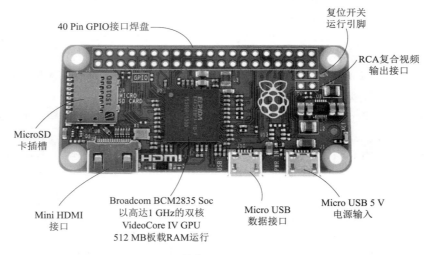

图1-2　Raspberry Pi Zero实物图

Raspberry Pi Zero 的卡片主板周围有可以扩展的 USB 接口，可连接键盘、鼠标。

1. Raspberry Pi Zero 的硬件配置

①处理器：Broadcom BCM 2835，内置 700 MHz ARM11 内核。

②内存：512 MB。

③视频输出：RCA 复合视频接口输出，支持 HDMI。

④ Micro SD 卡插槽：树莓派没有硬盘，系统安装在 SD 上。

⑤电源输入：5 V，通过 Micro USB 供电接口或 GPIO 引脚提供。

⑥扩展接口：40 Pin GPIO 接口焊盘（兼容 A+/B+/2 代 B/3 代 B）。

2. Raspberry Pi Zero 的主要组成部件

（1）CPU+GPU+RAM：计算机的中央处理器和内存

Raspberry Pi Zero 采用 Broadcom（博通公司）开发的 BCM2835 芯片作为中央处理器，该芯片集成了 GPU 和 CPU。BCM 2835 是一种低成本、全高清、多媒体应用处理器，用于先进移动和嵌入式应用。

（2）输入 / 输出接口

Raspberry Pi Zero 带有两个 USB 接口，内置一个 4 极复合视频 / 音频，带有一个 HDMI 1.4 接口。

（3）GPIO 扩展接口

Raspberry Pi Zero 主板扩展了标准的 40 引脚的扩展接口，配置 26 个 GPIO 接口。GPIO 接口扩展了树莓派的硬件功能，用户可以通过 GPIO 接口和硬件进行数据交互（如 UART），控制硬件工作（如 LED、蜂鸣器等），读取硬件的工作状态信号（如中断信号）等。Raspberry Pi Zero GPIO 引脚定义如表 1-1 所示。

表1-1 Raspberry Pi Zero GPIO引脚定义

物理引脚 BOARD 码	功能名	BCM 编码	物理引脚 BOARD 码	功能名	BCM 编码
1	3.3 V		21	MISO	9
2	5 V		22	GPIO.6	25
3	SDA.1	2	23	SCLK	11
4	5 V		24	CE0	8
5	SCL.1	3	25	GND	
6	GND		26	CE1	7
7	GPIO.7	4	27	SDA.0	0
8	TXD	14	28	SCL.0	1
9	GND		29	GPIO.21	5
10	RXD	15	30	GND	
11	GPIO.0	17	31	GPIO.22	6
12	GPIO.1	18	32	GPIO.26	12
13	GPIO.2	27	33	GPIO.23	13
14	GND		34	GND	
15	GPIO.3	22	35	GPIO.24	19
16	GPIO.4	23	36	GPIO.27	16
17	3.3 V		37	GPIO.25	26
18	GPIO.5	24	38	GPIO.28	20
19	MOSI	10	39	GND	
20	GND		40	GPIO.29	21

（4）存储器（SD卡）

Raspberry Pi Zero 利用 SD 卡充当系统硬盘要求 SD 卡最小容量为 8GB，如图 1-3 所示。推荐容量为 16 GB 和 32 GB。Raspberry Pi Zero 的操作系统就安装在 SD 卡上。

（5）电源

Raspberry Pi Zero 通过 Micro USB 接口供电，或者由 GPIO 引脚提供电源。用 USB 数据线与 PC 连接，即可取电。USB 数据线一端为 USB 接口，另一端为 Micro USB 接口，如图 1-4 所示。Raspberry Pi Zero 上有两个 Micro USB：其中一个为核心板上白色标记为 USB 的接口，这个接口既可供电，也有数据功能；另一个是白色标记为 PWR 的接口，这个接口只能供电，而无数据功能。

图1-3　SD卡　　　　　　　　　　　　图1-4　USB数据线的接口

1.1.3　为Raspberry Pi Zero刻录操作系统

1. 必备设备

刻录操作系统前，必须准备的设备有：树莓派核心板一块、SD 卡（8 GB 以上）、SD 卡读卡器。

2. 下载系统镜像

登录树莓派官网 https://www.raspberrypi.org/downloads/raspbian，下载 Raspbian 操作系统镜像，然后给树莓派安装使用的开源操作系统。

3. 刻录系统镜像

在 PC 上准备好刻录系统所需的镜像和软件，如表 1-2 所示。

表1-2　刻录系统所需的镜像和软件

系 统 镜 像		
	raspbian-stretch-full	官网系统镜像
PC 上需要的软件		
1	SD Card Formatter	格式化工具
2	win32diskimager	系统刻录工具
3	RPI_Driver_OTG	RPI 驱动程序
4	Bonjour.msi	网络虚拟工具
5	PuTTY.exe	SSH 及串行接口连接软件
6	VNC-Viewer	远程控制软件

①把 SD 卡放入读卡器，用读卡器把 SD 卡插入计算机，使用 SD Memory Card Formatter 软件把 SD 卡格式化成为 FAT32 格式。软件下载地址：

https://www.sdcard.org/downloads/formatter_4/eula_windows/index.html

②使用 Win32DiskImager 软件将 ISO 镜像写入 SD 卡。软件下载地址：

https://sourceforge.net/projects/win32diskimager/files/latest/download

运行刻录工具 Win32DiskImager，将完整版系统镜像 raspbian-stretch-full.img 刻录到 SD 卡中。执行 Win32DiskImager.exe，打开 Win32 Disk Imager 对话框，在 Image File 中选择 Raspbian 镜像文件，在 Device 下拉列表框中选择 SD 卡。然后，单击 Write 按钮，如图 1-5 所示。写入镜像需要几分钟的时间，完成以后就可以使用 SD 卡启动树莓派了。

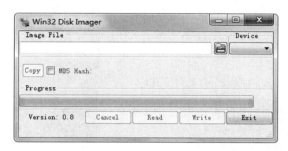

图1-5　Win32 Disk Imager对话框

1.1.4　系统文件配置

刻录好系统后，通过 USB 进行 SSH 连接最新镜像会报如下错误：

```
ssh: connect to host raspberrypi.local port 22: Connection refused
```

因为 Raspberry Pi Zero 非常小巧，且没有提供初始化的网卡，所以除了通过串口连接以外，Raspberry Pi Zero 也提供了 USB 直接连接的方式，即通过 Ethernet Gadget 模式来连接 PC，并进行 SSH 连接。

为了进行 USB 连接，需要修改 BOOT 根目录下的 config.txt 和 cmdline.txt 配置文件。操作步骤如下：

①在系统根目录 boot 中创建一个名为 ssh 的空文件。

②打开系统根目录 boot 中的文件 config.txt，在文件的最末行处换行添加如下代码，打开 USB 网卡模式，保存并关闭文件。

```
dtoverlay = dwc2
```

③打开系统根目录 boot 中的文件 cmdline.txt，找到 rootwait quiet 字段，并在 rootwait 后面输入空格，添加如下语句，这便是为了在打开系统时开启 USB 网卡模式，保存并关闭文件。

```
modules-load = dwc2, g_ether
```

该部分内容改后如下：

```
rootwait modules-load = dwc2, g_ether quiet
```

1.1.5　连接PC和Raspberry Pi Zero

把刻录和配置好系统的 SD 卡取出，插到 Raspberry Pi Zero 的 SD 卡槽，用 Micro USB 数据线把 PC 和 Raspberry Pi Zero 连接起来。

注意：Raspberry Pi Zero 有两个 Micro USB 接口，两个 Micro USB 接口都可以供电，对电源的要求为 5 V（1 A）。标有 PWR 的接口仅有供电的功能，没有数据功能；标记 USB 的是 OTG 接口，除了供电还有数据功能，通过这个接口就可以将其配置为一个 USB/ 以太网设备，连接 PC。

数据线的 Micro USB 接口与 Raspberry Pi Zero
的 OTG 接口连接以后，电源指示灯闪烁，系统将
自动启动。系统启动后，打开"设备管理器"窗
口，在"其他设备"中识别出名为 RNDIS/Ethernet
Gadget 的设备，这就是识别出来的 Raspberry Pi
Zero，如图 1-6 所示。

注意：在 Windows 10 操作系统中，设备有时
会被识别为 COM 设备，在设备管理器中更新该设
备的驱动程序即可正确识别。

图1-6　Raspberry Pi Zero被识别为RNDIS设备

1.1.6　建立Raspberry Pi Zero的虚拟连接

首先，为识别出的设备 RNDIS/Ethernet Gadget 更
新驱动程序。选择"浏览计算机以查找驱动程序软件"
选项，路径定位到 RPI_Driver_OTG 文件夹，更新驱
动程序成功后，在"设备管理器"窗口的"网络适配
器"中显示 USB Ethernet/RNDIS Gadget，即表示驱
动程序安装正确，如图 1-7 所示。

然后，为树莓派安装 Bonjour64.msi 软件。Bonjour
是零配置联网服务软件包，可供 Windows 的应用程序
使用。Bonjour 能使 PC、设备和服务通过 IP 协议自
动发现彼此，不需要打开就可以解析。

接着，建立 PC 和树莓派的连接。之后，即可在

图1-7　USB Ethernet/RNDIS Gadget

树莓派无键盘、无鼠标、无显示器状态下，用 PC 操作树莓派。

①运行 PuTTY.exe，打开 PuTTY Configuration 对话框，在 Host Name（or IP address）文本
框中输入树莓派的主机名 raspberrypi.local，Port 默认为 22，如图 1-8 所示。单击 Open 按钮，
在打开的对话框中输入登录名及密码（注意区分大小写）。

```
login as: pi
pi@ raspberrypi.local's password: raspberry
```

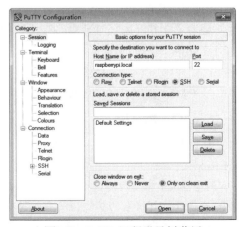

图1-8　PuTTy远程登录树莓派

②登录后，在命令行输入：

```
vncserver
```

信息中显示 IP 地址。例如，下面信息中本次连接分配的动态 IP 就是 169.254.166.146:1。

```
New desktop is raspberrypi:1(169.254.166.146:1)
```

最后，在 PC 上建立虚拟网络控制台（Virtual Network Console，VNC）连接。在 Raspberry Pi Zero 运行的操作系统上，自动启动 VNC 服务，Raspberry Pi Zero 作为服务端；PC 运行 VNC Viewer，作为客户端。在 PC 上，安装 VNC-Viewer-Windows.exe 后，通过选择"开始"→"所有程序"→ Real VNC 命令打开 VNC Viewer。

新建 New Connection，在 VNC server 中输入 169.254.166.146:1，即刚刚在 PuTTY.exe 中查到的本次连接 IP。连接后，登录用户名和密码为：

```
Username: pi
Password: raspberry
```

等待片刻，就能在 PC 上虚拟出 Raspberry Pi Zero 的桌面，可以让它"动起来"了。

1.1.7　外接SPI网卡ENC28J60上网

由于 Raspberry Pi Zero 没有网卡，因此需要通过 SPI 接口外接一个网卡，例如 SPI 接口的 ENC28J60 网卡，如图 1-9 所示。

首先，树莓派要设置打开 SPI 接口才可以接入 SPI 网卡，使用 PuTTy 远程登录树莓派后，输入下面的命令，打开配置环境。

```
sudo raspi-config
```

图1-9　ENC28J60网卡

在 interfaces 选项中找到 SPI 选项，设置为 enable 即可打开。ENC28J60 网卡有 10 个引脚，需要将标记 5 V、GND、INT、MISO、MOSI、SCK、CS 的 7 个针脚与树莓派的 GPIO 针连接，如图 1-10 所示。

然后，激活 ENC28J60 网卡，在 /boot/config.txt 配置文件的最后面，添加如下语句：

```
dtoverlay = ENC28J60
```

重启之后，就可以启动 SPI 网卡了。不过，每次重启树莓派，该网卡的 IP 地址和 MAC 都会改变，很难找到其准确位置。为了使 IP 地址固定下来，可以在 /etc/dhcpcd.conf 配置文件的后面添加以下内容：

```
interface eth0
static ip_address = 192.168.1.124/24
static routers = 192.168.1.1
static domain_name_servers = 202.102.152.3
114.114.114.114
```

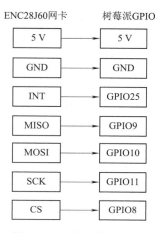

图1-10　连接树莓派GPIO

保存后重启树莓派，树莓派的 IP 地址就固定为 192.168.1.124 了。

1.1.8 首次启动Raspberry Pi Zero

当用户首次启动 Raspberry Pi Zero 时，系统会运行一个名为 Raspi-config（Raspberry Pi Software Configuration Tool）的配置程序。Raspi-config 是树莓派的系统配置工具，使用 Raspi-config 程序可以很容易地进行大多数配置任务。Raspi-config 配置界面如图 1-11 所示。在 Raspi-config 中必须使用键盘进行设置。可通过按【↑】、【↓】键选择菜单项，或通过按【Tab】、【→】键选择菜单项。界面底部的 Select 是确认按钮。

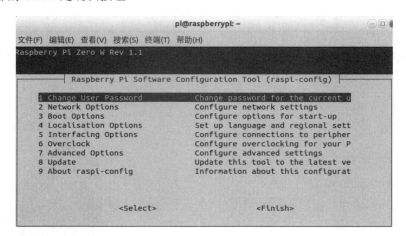

图1-11　Raspi-config配置界面

如果了解 Raspi-config 程序的详细信息，可以选择 Info 项并使用 Select 按钮确认。此时将会出现 Raspi-config 的功能介绍，可以通过单击 Ok 按钮或按【Backspace】键返回主菜单。

绝大部分的 Raspi-config 配制界面都有 Cancel 按钮，如取消当前操作，可以按【Tab】键，直到 Cancel 按钮亮起时按【Enter】键即可。单击 Finish 按钮可以退出 Raspi-config 配置界面。大部分通过 Raspi-config 完成的配置都需要重启 Pi，所以当单击 Finish 按钮时，Pi 将询问用户是否需要重启。

用户下一次启动 Raspberry Pi 时 Raspi-config 不会自动运行，可以通过在终端执行以下命令进入 Raspi-config 配置环境：

```
pi@raspberry: ~ $ sudo raspi-config
```

1.1.9 启动桌面

不同于其他操作系统，Linux 的图形桌面环境不是必需的。用户可以在登录后手动启动桌面环境，或者设置为在用户启动时自动启动桌面环境。

输入以下指令可以启动树莓派的桌面环境：

```
pi@raspberry: ~ $ startx
```

几秒以后，树莓派会展现一个拥有背景的桌面。

这个桌面环境名为 LXDE，它不需占用过多的资源，有很多优点。例如，它提供了虚拟桌面的功能，用户可以通过屏幕底部工具栏中的按钮来管理桌面。

打开程序的方法与 Windows 操作系统的方式基本一致，单击底部工具条左边的 LXDE 小图标可以查看哪些程序可以使用。单击快捷菜单选项就可以运行相应程序。

在 LXDE 中，可以看到快捷菜单选项的使用，也可以对桌面环境进行配置，如设置外观、UI 元素或桌面分辨率等。

要退出 LXDE，可以单击右下角的红色图标。如果用户通过 Raspi-config 设置了默认启动到图形界面，当用户退出 LXDE 后树莓派会完全关机，否则将会回到树莓派的启动终端。如果直接关掉树莓派，可以运行以下命令：

```
pi@raspberry: ~ $ sudo shutdown -h now
```

1.2　常用软件安装

1.2.1　使用apt-get安装、管理软件

在 Linux 操作系统下，利用 apt-get 安装软件非常方便。只要执行 "sudo apt-get install 软件名" 命令，就可以轻易解决软件的安装，最关键的是可以解决其中存在的各种复杂的依赖关系。

apt-get（Advanced Packaging Tools）是 Debian 及其派生发行版的软件包管理器。APT 可以自动下载、配置、安装二进制或者源代码格式的软件包，因此简化了 UNIX 系统上管理软件的过程。apt-get 命令一般需要 root 权限才能执行，所以一般跟着 sudo 命令。

1. 常用的命令
update：重新获取软件包列表。
upgrade：进行更新。
install：安装新的软件包。
remove：移除软件包。
purge：移除软件包和配置文件。
clean：清除下载的归档文件。

2. apt-get 常用实例
apt-cache search packagename：搜索软件。
apt-cache show packagename：获取软件的相关信息，如说明、版本等。
apt-get install packagename：安装软件。
apt-get remove packagename：删除软件。
apt-get remove packagename --purge：删除软件，包括删除配置文件等。
apt-get update：更新源。
apt-get upgrade：更新已安装的软件。
apt-get clean：清理无用的软件。

3. 更换下载源
通过 sudo，使用管理员权限编辑 /etc/apt/sources.list 文件。参考命令行为：

```
$ sudo nano /etc/apt/sources.list
```

用 # 注释掉原文件内容，用以下内容取代：

```
deb http://mirrors.tuna.tsinghua.edu.cn/raspbian/raspbian/ stretch main
contrib non-free rpi
deb-src http://mirrors.tuna.tsinghua.edu.cn/raspbian/raspbian/ stretch
main contrib non-free rpi
```

通过 sudo，使用管理员权限编辑 /etc/apt/sources.list.d/raspi.list 文件。参考命令行为：

```
$ sudo nano /etc/apt/sources.list.d/raspi.list
```

用 # 注释掉原文件内容，用以下内容取代：

```
deb http://mirror.tuna.tsinghua.edu.cn/raspberrypi/ stretch main ui
deb-src http://mirror.tuna.tsinghua.edu.cn/raspberrypi/stretch main ui
```

编辑镜像站后，可以使用 sudo apt-get update 命令更新软件源列表，同时检查编辑是否正确。也可以使用 HTTPS 以避免网站的缓存劫持，但需要事先安装 apt-transport-https。

1.2.2 FTP服务器安装

1. VSFTP 服务器软件

VSFTP 是一个基于 GPL 发布的类 UNIX 系统上使用的 FTP 服务器软件，它的全称是 Very Secure FTP。

除了与生俱来的安全特性以外，高速与高稳定性也是 VSFTP 的两个重要特点。

VSFTP 在单机上支持 4 000 个以上的并发用户同时连接，根据 Red Hat 的 FTP 服务器（ftp.redhat.com）的数据，VSFTP 服务器可以支持 15 000 个并发用户。

2. 安装 VSFTP

安装 VSFTP 需要管理员权限，否则不能进行。首先用以下命令检查 VSFTP 是否已经安装：

```
chkconfig -list | grep vsftpd
```

如果没有显示出 VSFTP 的相关信息，则说明没有安装。

接着使用 yum 命令直接安装：

```
yum -y install vsftpd
```

执行命令后，显示下载进度。如果下载失败，则须重新提交一次命令。显示出下面相关信息时，表示已经成功安装：

```
Installed :
vsftpd.i686 0:2.2.2-6.e16_2.1
Completed !
```

然后为它创建日志文件：

```
touch /var/log/vsftpd.log
```

至此，就完成了 VSFTP 的安装。如果使用 ftp://your_ip 来访问，那么还需要配置权限。

3. 启动与配置自启动

使用如下命令来查看 VSFTPD 服务启动项情况。

```
chkconfig -list | grep vsftpd
```

如果看到的是如下显示的结果：

```
vsftpd        0:关闭  1:关闭  2:关闭  3:关闭   4:关闭   5:关闭   6:关闭
```

则说明服务全部都是关闭（off）的，表示服务器启动时不会自启动服务，可以使用如下命令来配置其自启动：

```
chkconfig vsftpd on
```

或

```
chkconfig -level 2345 vsftpd on
```

命令执行结果如下：

```
vsftpd       0：关闭  1：关闭  2：启用  3：启用   4：启用  5：启用   6：关闭
查看与管理ftp服务：
启动ftp服务：      service vsftpd start
查看ftp服务状态：  service vsftpd status
重启ftp服务：      service vsftpd restart
关闭ftp服务：      service vsftpd stop
```

4. 配置 VSFTPD 服务

编辑 /etc/vsftpd/vsftpd.conf 文件，配置 VSFTPD 服务：

```
vim /etc/vsftpd/vsftpd.conf
```

5. 重启相关服务

重新启动 VSFTPD 和 iptables 两个服务：

```
service vsftpd restart
```

如果出现下面的信息，说明刚才没有把 vsftpd 服务启动起来：

```
关闭vsftpd：                                    【失败】
为vsftpd启动vsftpd：                            【确定】
```

最后重新启动防火墙：

```
service iptables restart
```

显示下面的信息：

```
iptables：清除防火墙规则：                       【确定】
iptables：将链设置为政策ACCEPT：filter           【确定】
iptables：正在卸载模块：                         【确定】
iptables：应用防火墙规则：                        【确定】
```

至此，FTP 服务器搭建完毕。接下来就可以通过 FlashFXP.exe 软件进行访问了。

6. FlashFXP 使用

FlashFXP 是一款功能强大的 FXP/FTP 软件，支持彩色文字显示，支持目录/子目录的文件传输、删除，支持上传、下载及第三方文件续传；可以跳过指定的文件类型，只传送需要的文件；可自定义不同文件类型的显示颜色，暂存远程目录列表；支持 FTP 代理。下载 FlashFXP 的安装文件，如 FlashFXP54_3970_Setup，安装完成之后，打开软件。

FlashFXP 开启界面如图 1-12 所示，左面显示的是"本地文件系统"，右面显示的是"服务器文件系统"，单击右侧上面的闪电图标，选择 Quick Connect。之后，填写如下信息，设置账号、IP 地址。

```
Connection Type: FTP
Server or url:  192.168.1.2          Port:21
User Name:   hadoop
Password:  ···
```

连接成功后，把左边的文件拖到右边，即可上传。

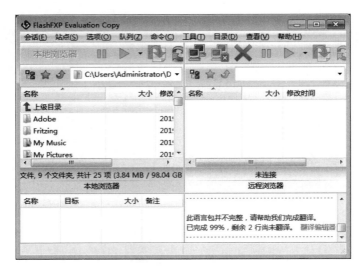

图1-12　FlashFXP开启界面

至此，Linux 下的 FTP 服务器配置基本完成。

1.3　Linux常用命令

1. 文件管理

① ls：列出目录。在 Linux 系统当中，ls 命令是最常被运行的。

② cd：切换目录。cd 是 Change Directory 的缩写，用来变换工作目录。

pi@raspberrypi:/ $cd /：切换到根目录。

pi@raspberrypi:/ $ cd /home/pi：绝对路径切换。

pi@raspberrypi:~ $cd ~：切换到当前用户目录。

pi@raspberrypi:~ $ cd ..：切换到上级目录。

pi@raspberrypi:/home $cd ..：切换到上级目录。

③ find：查找文件。

④ pwd：显示目前所在的目录。pwd 是 Print Working Directory 的缩写，用于显示目前所在目录。

⑤ mkdir：创建新目录。mkdir 是 make directory 的缩写。

pi@raspberrypi:~/Desktop $ mkdir test。

pi@raspberrypi:~/Desktop $ ls。

⑥ rmdir：删除空目录。rmdir 是 remove directory 的缩写。

pi@raspberrypi:~/Desktop $rmdir test。

pi@raspberrypi:~/Desktop $ ls。

⑦ rm：移除文件或目录。

⑧ cp：复制文件或目录。cp 即复制文件和目录。主要语法为：

cp [options] source1 source2 source3 ... directory

cp [-adfilprsu] 来源（source）目标（destination）

⑨ mv：移动文件与目录，或修改名称。

⑩ cat：由第一行开始显示文件内容。

⑪ tac：从最后一行开始显示文件内容。

⑫ nl：显示的同时输出行号。

⑬ more：一页一页地显示文件内容。

⑭ sudo raspi-config：初始化配置。

2. 用户管理

① startx：启动图形化界面。

② sudo rpi-update：升级系统。

③ sudo reboot：重启。

④ sudo shutdown -h now：立即关机。

⑤ su root：切换到 root 用户。

⑥ passwd user：设置 user 用户的密码。

3. 资源管理

① top：查看系统的运行情况。

② free -m(-k, -g)：查看内存分配情况。

③ sudo df-h：查看磁盘使用情况。

④ sudo du -sh：查看当前目录下的磁盘使用信息。

4. 进程管理

① ps：查看系统正在运行的进程。

② ps -ef | less：查看系统所有的进程，包括后台进程。

③ kill -<signal> <PID>：对进程做出一定的操作。

1.4　创客实验

1.4.1　创客实验箱硬件资源

前面学习了树莓派的相关知识，我们知道树莓派配置了独立的 CPU，不仅可以运行操作系统，还可以通过主板上扩展的 GPIO 接口获得更多的外设交互数据，进行计算、存储、联网，扩展树莓派的硬件功能。

创客实验箱 zerobox 资源丰富，能开展很多项目，可以更大限度地发挥树莓派的功能。该实验平台以 Raspberry Pi Zero 为核心板，以 TQD-CPT-JC1 为扩展板，Raspberry Pi Zero 通过 GPIO 接在扩展板插座上，扩展的模块有 LED 模块、蜂鸣器、热释电传感器、SPI 存储器、温度传感器、震动传感器、DS1302 时钟模块、PCF8591 AD/DA 扩展模块、电源接口模块、旋转编码器、双轴摇杆传感器、旋钮电位器、红外光电开关模块、超声波传感器、SPI 以太网通信模块、时钟数码管、机械按键、触摸按键、RS-232 串口通信模块和 CAN 通信模块等。

扩展板每个模块都引出数据引脚或可编程引脚，以便最大化地发挥使用者的想象力和创造力，开展创客项目。

除此以外，扩展板还可以搭载 Raspberry Pi 3 系列树莓派。采用 Raspberry Pi 3 系列树莓派时，扩展 GPIO 的命名方案与 Raspberry Pi Zero 通用。

创客实验箱采用独立的电源供电模式，使用 +5 V 直流电源，也可以直接通过 Raspberry Pi Zero 的电源引脚取电。

创客实验箱扩展了树莓派的 GPIO 接口，有 40 个引脚，内设 26 个 GPIO 接口。用户可以通过 GPIO 进行数据交互、传送控制信号、读取外设工作状态信号等。

在扩展板上，引出了 Raspberry Pi Zero 的 26 个通用 GPIO 端口，分别对应 26 个自锁紧插孔，如图 1-13 右上角所示。插孔命名方式与 Raspberry Pi Zero 上 GPIO 的 BCM 编码方案一致，参见表 1-1。例如，编号为 GPIO27 的自锁紧插孔，对应的是 Raspberry Pi Zero 上 BCM 编码为 27 的引脚，即功能名为 GPIO.2（物理引脚序号 13）；编号为 GPIO17 的自锁紧插孔，对应的是 Raspberry Pi Zero 上 BCM 编码为 17 的引脚，即功能名为 GPIO.0（物理引脚序号 11）。

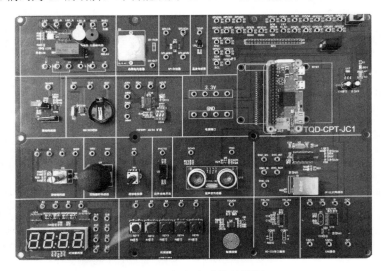

图1-13　创客实验箱扩展板

在创客试验箱上，结合现实需求，可以充分打开用户的思维空间，发挥创造力，设计创客项目，如调光灯、超声波测距、人体红外检测、串行通信、环境检测等。

以 CDIO（构思－设计－实现－运行）过程为载体，设计创客项目，旨在通过具体的项目，增加对树莓派和创客平台的认识。

1.4.2　创客项目——调光灯

1. 项目构思
用 Raspberry Pi Zero 控制 LED 灯，调节 LED 灯的亮度。

2. 项目设计
项目原理：二极管（Diode）是一种有两个电极的电子元件，只允许电流单向流过。由于发光二极管的单向导电性，给正极高电平信号时，即可点亮发光二极管。图 1-14 所示为直插式发光二极管，两个引脚中，引脚长的为正极，引脚短的为负极。也可以观察管子内部的电极，较小的是正极，较大的类似碗状的是负极。图 1-15 所示

图1-14　直插式发光二极管

图1-15　贴片发光二极管LED

为贴片发光二极管 LED，俯视时，一边带彩色线的是负极，另一边是正极。或者有缺角的一边是正极。

在树莓派 zerobox 实验箱上，使用的是贴片发光二极管 LED，通过 Raspberry Pi Zero 核心板来控制 LED 灯，调节 LED 灯的亮度。

在扩展板上，用自锁紧导线将端口 GPIO17 和 LED 灯连接起来，GPIO17 输出的电平信号控制 LED 灯的亮度，如图 1-16 所示。

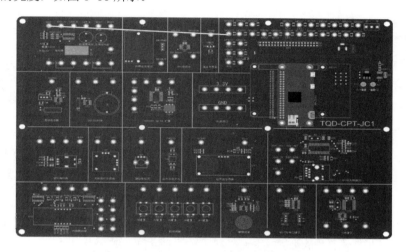

图1-16　LED灯接线图

3. 项目实现

项目采用 Python 语言编程，在驱动程序中使用 GPIO Zero 库。GPIO Zero 库封装了很多易于实现的类和函数，很多功能比 RPi.GPIO 更易于实现。导入 GPIO Zero 库有两种方式：

①单独导入 GPIO Zero 库的某个类。例如，导入 GPIO Zero 的 Button：

```
from gpiozero import Button
```

导入以后，Button 就可以直接在程序中使用。如：

```
button = Button(2)     # 2 为 Button 的引脚
```

②完整导入 GPIO Zero 库，即导入整个 GPIO Zero 库。

```
import gpiozero
```

在这种方式下，GPIO Zero 中对类的所有引用都必须加上前缀 gpiozero。例如：

```
button = gpiozero.Button(2)      # 2 为 Button 的引脚
```

GPIO Zero 库使用 Broadcom（BCM）引脚编码规则作为 GPIO 引脚编号，而不是物理（BOARD）编号。与 RPi.GPIO 库不同，这是不可配置的。

编写 Python 程序。首先是不断地打开和关闭 LED 灯，让 LED 灯不停地闪烁。参考程序如下：

```
# 控制 LED 灯闪烁的 Python 程序
from gpiozero import LED
from time import sleep
led = LED(17)     # LED 灯的正极接 GPIO17，即扩展板上的 GPIO 插孔
while True:
    led.on()      # 灯亮
    sleep(1)      # 延时函数，灯亮的时间持续 1 s
```

```
led.off()    # 灯灭
sleep(1)     # 延时函数，灯灭的时间持续 1 s
```

保持电路连接方式不变，改变 LED 灯的亮度。任何常规 LED 灯都可以使用 PWM（Pulse Width Modulation，脉冲宽度调制）调节电压，改变其亮度值。利用 GPIO Zero 库中的函数 PWMLED 来实现，PWMLED 的值从 0 变化到 1。参考程序如下：

```
# PWMLED 控制 LED 的亮度
from gpiozero import PWMLED
from time import sleep
led = PWMLED(17)        # LED 灯的正极接 GPIO17，即扩展板上的 GPIO 插孔
while True:
    led.value = 0      # LED 灯全灭
    sleep(1)
    led.value = 0.5    # LED 灯半亮
    sleep(1)
    led.value = 1      # LED 灯全亮
sleep(1)
```

在此基础上，加入一个按钮开关，控制 LED 灯，当按下按钮时打开 LED 灯。连接电路如图 1-17 所示。GPIO17 插孔接在 LED 灯上，GPIO27 插孔接在机械按键 K1 上。

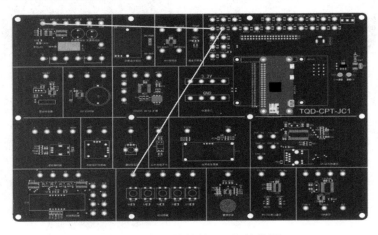

图1-17　加入按键的LED灯接线图

参考程序如下：

```
# 按键控制 LED 灯的亮灭
from gpiozero import LED, Button
from signal import pause
led = LED(17)                          # 定义一个 LED 灯
button = Button(2)                     # 定义一个 button
button.when_pressed = led.on           # 灯亮
button.when_released = led.off         # 灯灭
pause()
```

4. 项目运行

在 Python3 版本以上的环境中，编写并运行程序，可观察到以下现象：

①用 GPIO17 直连，输出控制信号控制 LED 灯时，LED 灯按设定的时间持续闪烁。

②用 GPIO17 直连，通过 PWMLED 控制 LED 灯的亮度，LED 灯不断改变亮度。

③通过按键开关控制 LED 灯时，按下按键 LED 灯亮，松开按键 LED 灯灭。

1.4.3 创客项目——超声波测距

1. 项目构思

利用超声波传感器模块检测与其距离最近的物体的距离，并输出检测到的距离。

2. 项目设计

项目原理：超声波发射器向某一方向发射超声波，在发射时刻的同时开始计时，超声波在传播途中遇到障碍物立即反射回来，超声波接收器收到反射波则停止计时。利用发射器发出超声波和接收器接到超声波时的时间差，计算障碍物的距离，如图 1-18 所示。

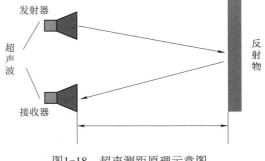

图1-18 超声测距原理示意图

超声波在空气中的传播速度为 340 m/s，假设计时器记录的时间 t（秒），计算出发射点距障碍物的距离 s，即：

$$s=340t/2$$

在树莓派扩展板上，通过 Raspberry Pi Zero 核心板接收超声波传感器检测到的距离数据，输出到屏幕上。

在扩展板上，用自锁紧导线将端口 GPIO17 和超声波传感器的 ECHO 插孔连接起来，GPIO27 和超声波传感器的 TRIG 插孔连接起来，如图 1-19 所示。

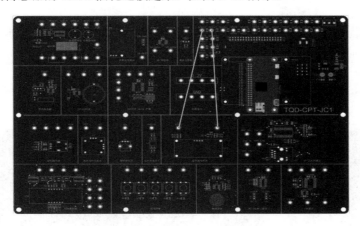

图1-19 超声波测距接线图

3. 项目实现

项目采用 Python 语言编程，在驱动程序中使用 GPIO Zero 库。

参考程序如下：

```
# 超声波测距
from gpiozero import DistanceSensor
from time import sleep
sensor = DistanceSensor(17, 27)
while True:
    print('Distance to nearest object is', sensor.distance, 'm')
```

```
sleep(1)
```

4. 项目运行

在 Python3 版本以上的环境中，编写并运行程序，用手或者其他物品靠近超声波传感器模块，可检测到其离传感器的距离。

1.4.4　创客项目——红外入侵检测

1. 项目构思

通过扩展板上的热释电传感器模块，实现人员非法入侵检测。

2. 项目设计

项目原理：红外线是一种肉眼看不见的光，最显著的特性是具有热效应，也就是说，所有高于绝对零度的物质都可以产生红外线。

热释电红外传感器是一种能检测人或动物发射的红外线而输出电信号的传感器，它可以作为控制电路的输入端。它是利用人体发出的红外线，当人体进入感应范围时，红外传感器探测到人体红外光谱的变化，自动接通输出电路，打开相应负载；一旦人离开后，输出自动关闭。热释电传感器和热释电模块实物如图 1-20（a）所示。热释电传感器模块的工作原理如图 1-20（b）所示。

（a）热释电传感器和热释电模块　　　　　　　　　　（b）热释电传感器模块的工作原理

图1-20　热释电传感器

在扩展板上，用自锁紧导线将端口 **GPIO27** 和热释电传感器的 **IR-OUT** 扩展口连接起来。如图 1-21 所示。

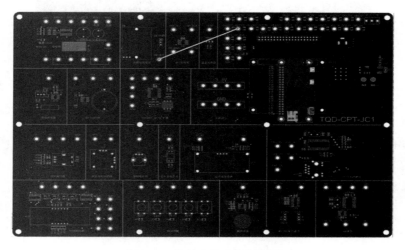

图1-21　热释电传感器接线图

3. 项目实现

项目采用 Python 语言编程，在驱动程序中使用 Rpi.GPIO 库，参考程序如下：

```
import time
import RPi.GPIO as io
io.setmode(io.BCM)
pir_pin = 27
io.setup(pir_pin, io.IN)          # activate input
while True:
    if io.input(pir_pin):
        print("PIR ALARM!")
    time.sleep(0.5)
```

4. 项目运行

在 Python3 版本以上的环境中，编写并运行程序，当人体靠近热释电传感器模块时，可检测出异常，输出警报信息。

以上简要列举了几个简单的项目，意在抛砖引玉，拓展思维空间，去实现更多更好的创客项目。以项目牵引知识，实现"做中学"。利用创客实验箱可开展的创客项目如表 1-3 所示。

表1-3 利用创客实验箱可开展的创客项目举例

序号	模 块	创 客 项 目
1	单色 LED	调光灯
2	RGB-LED	交通信号灯控制 / 全彩 LED 灯控制
3	蜂鸣器	播放歌曲 / 报警系统
4	热释电传感器	人体入侵检测系统 / 避障小车 / 机器人避障
5	温度传感器	环境温度检测 / 智能仓储系统
6	时钟数码管	电子时钟 / 电子计时器
7	超声波传感器	超声测距
8	SPI 以太网通信模块	远程控制 / 物联网应用
9	PCF8591 AD/DA 扩展模块	呼吸灯 / 水位检测系统
10	红外光电开关	密集场所人员流量检测
...	...	...

1.5 计算机的组成

计算机俗称"电脑"，与人脑具有类比性。

人能记忆、处理、感知外界刺激，通过神经系统传输刺激，做出响应。计算机能够存储、处理、接收输入/输出，它们之间通过总线联系。

人有肉体和精神，计算机有硬件和软件，两者之间具有类比性。

计算机作为目前人类发明的最智能、最先进的工具，它能接收输入，存储并且处理数据，然后按某种有具体意义的格式进行输出。可编程是指能给计算机下一系列的命令，并且这些命令能被保存在计算机中，并能在某个时刻被计算机取出执行。

通常所说的计算机实际上是指计算机系统，它包括硬件和软件两大部分。其中硬件系统是指物理设备，包括用于存储并处理数据的主机系统，以及各种与主机相连的、用于输入 / 输出数据的外围设备，如键盘、鼠标、显示器和打印机等，根据其用途又分为输入设备和输出设备。

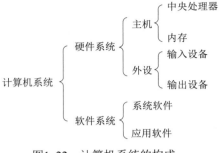

图1-22　计算机系统的构成

计算机的硬件系统是整个计算机系统运行的物理平台。但是，仅有硬件是不够的。让计算机运行起来，还需要具备完成各项操作的程序，以及支持这些程序运行的平台等，这就是软件系统。

计算机系统的构成如图 1-22 所示。

1. 冯·诺依曼体系结构的思想

目前的计算机，无论是简单的单片机、单板机，还是复杂的个人计算机，以至超级计算机，采用的基本是经典的体系结构——冯·诺依曼体系结构，其由美籍匈牙利科学家冯·诺依曼在 1946 年提出。

在此之前出现的各种计算工具，如差分机，其用途是固定的，即各种操作是在制造机器时就固定下来，不能用于其他用途。以常见的计算器为例，人们只能用它进行各类定制好的运算，而无法用它进行文字处理，更不能用它处理其他信息。要增加新的功能，只能更改其结构，甚至重新设计机器，所以，这类计算装置是不可编程的。也就是说，不能在硬件结构固定的前提下，通过软件的方式来实现其他功能。

冯·诺依曼体系结构的核心思想为：存储程序 + 程序控制，即通过编制程序，将各类运算转换为一组指令序列，使得无须改变机器结构，就能使其具备各种功能。这种结构的特点是：

①硬件上由运算器、控制器、存储器、输入设备和输出设备五大部分组成。

②数据和程序以二进制代码的形式不加区别地存放在存储器中，存放位置由地址指定，地址码也为二进制形式。

③控制器根据存放在存储器中的指令序列即程序来工作，由程序计数器控制指令的执行。控制器具有判断能力，能根据计算结果选择不同的动作流程。

这种结构规定了计算机硬件由运算器、控制器、存储器、输入设备和输出设备 5 部分组成，中央处理器（Central Processing Unit，CPU）中包含了运算器和控制器；RAM 和 ROM 为存储器；I/O 接口及外设是输入设备和输出设备的总称。各个组成部分之间通过地址总线（Address Bus，AB）、数据总线（Data Bus，DB）、控制总线（Control Bus，CB）三类总线联系在一起。有时，也把计算机的这种结构称为三总线结构，简称总线结构。三总线结构框图如图 1-23 所示。

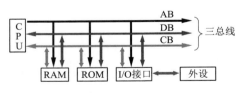

图1-23　三总线结构框图

面向总线的结构主要有以下优点：

①简化了硬件的设计，便于系统设计制造。

②连线少，体积小，简化了微机的结构，整个系统结构清晰，提高了系统的可靠性。

③便于接口设计，所有与总线连接的设备均采用类似接口。

④便于系统扩充、更新与灵活配置，易于实现系统的模块化。

⑤便于故障诊断和维修，降低了成本。

计算机的硬件系统有以下几个主要部分：

（1）CPU

CPU（Central Processing Unit，中央处理器）是计算机系统的运算和控制核心，是信息处理、程序运行的最终执行单元。CPU 是计算机的大脑，计算机的信息处理和数据运算都是由 CPU 完成的。CPU 直接关系到计算机的运行速度，是判断计算机性能的重要部件。

CPU 主要由控制器、运算器构成。其中，控制器是整个计算机的中枢神经，对程序规定的控制信息进行解释，根据其要求进行控制，调度程序、数据、地址，协调计算机各部分工作及内存与外设的访问等。运算器对数据进行各种算术运算和逻辑运算，即对数据进行加工处理。

作为计算机中最核心的部件，CPU 的性能直接决定了计算机的整体性能。

（2）存储器

存储器是用来保存和记录原始数据、运算步骤和运算结果的装置，能够随时提供所存的信息。存储器被划分成若干存储单元，每个存储单元从 0 开始顺序编号，这些编号可以看作存储单元在存储器中的地址。就像一条街，每个房子都有门牌号码。微型计算机存储器的存储单元可以存储 1 B，即 8 bit。CPU 要从内存中读数据，首先要指定存储单元的地址，即要先确定它要读取哪一个存储单元中的数据；向内存中写数据也是一样。

（3）输入设备

输入设备（Input Device）是用来往计算机中输送原始数据、计算程序的装置。输入设备是向计算机输入数据和信息的设备，是人机交互的桥梁，是人向计算机发送命令、传输信息的设备，是人类控制计算机的工具。常见的输入设备有键盘、鼠标、操纵杆、摄像机、扫描仪、语音输入系统等。

（4）输出设备

输出设备（Output Device）是把计算机的运算结果输送出来的装置。输出设备是计算机硬件系统的终端设备，是人机交互的桥梁，用于接收计算机数据的输出，把各种计算结果数据以数字、字符、图像、声音等形式表现出来。常见的输出设备有显示器、打印机、绘图仪、影像输出系统、语音输出系统、磁记录设备等。

（5）总线

总线（Bus）是计算机各功能部件之间传送信息的公用通道，是由导线组成的传输线束。总线实际上是一组导线，是各种公共信号线的集合。用于作为微型计算机中所有各组成部分传输信息共同使用的"公路"。CPU、内存、输入设备、输出设备等各个部件通过总线连接，形成计算机硬件系统。

如果说计算机是一座城市，那么总线就像是城市里的公路，能按照固定行车路线，不停地传输计算机使用的比特（bit）数据。

基于 8051 处理器的袖珍计算机逻辑结构如图 1-24 所示，其就是通过总线把各个部件连接起来的。

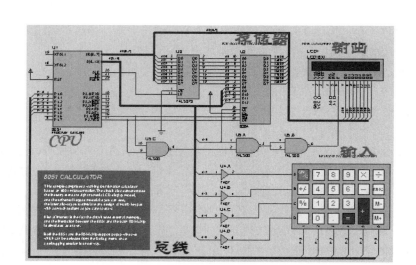

图1-24　基于8051处理器的袖珍计算机逻辑结构

2. 总线的分类

在计算机的三总线结构基础上，按传输的信息性质把总线分成三类：

（1）数据总线

数据总线用来传输数据信息，是双向总线，CPU既可通过数据总线从内存或输入设备读入数据，又可通过数据总线将内部数据送至内存或输出设备。

（2）地址总线

地址总线用于传送CPU发出的地址信息，是单向总线。传送地址信息的目的是指明与CPU交换信息的内存单元或I/O设备。

地址总线专门用来传送地址信息，信息传送的方向只能从CPU传向外部存储器或I/O端口。地址总线的宽度即地址总线的位数决定了CPU可直接寻址的内存空间大小。例如，8位微机的地址总线为16位，则其最大可寻址空间为2^{16} B=64 KB，如果将地址总线的宽度加大，如扩展成20位的地址总线，则其可寻址空间就是2^{20} B=1 MB。一般来说，若地址总线为n位，则可寻址空间为2^n字节。

（3）控制总线

控制总线用来传送控制信号、时序信号和状态信息等。有的是CPU向内存和外设发出的信息，有的则是内存或外设向CPU发出的信息。可见，控制总线中每一根线的方向是一定的、单向的，但作为一个整体则是双向的，所以在各种结构框图中，凡涉及控制总线，均以双向线表示。

根据冯·诺依曼体系结构体现的设计思想可以看出，在计算机中，数据、地址和控制信息均是二进制，程序也是二进制的。计算机如何区分这些信息，为什么不采用我们熟悉的十进制？

1.6　0、1之美

1.6.1　进制及进制间的转换

数制也称计数制，是用一组固定的符号和统一的规则来表示数值的方法。任何一个数制都包含如下基本概念：数码、基数、数位、位数、位权和计数单位。不同数制间可以进行进制转换。

生活中，常用十进制表示数制大小。而计算机中，常用的数制除了十进制、还有二进制、十六进制。

下面以十进制数制为例，介绍数制的相关基本概念。

数码指数制中用于表示基本数值大小的不同数字符号。十进制有 10 个数码，分别为 0、1、2、3、4、5、6、7、8、9。

基数指数制所使用数码的个数。十进制的基数为 10。

数位指一个数中数码所占的位置。例如，十进制整数 520，从右至左，0 的数位是个位，2 的数位是十位，5 的数位是百位。

位数指数位的个数。例如，十进制整数 520 有三个数位，所以位数为 3。

位权指数制中某一数位上的 1 所表示数值的大小（所处位置的权值）。例如，十进制整数 520，从右至左，0 的位权是 1，2 的位权是 10，5 的位权是 100。

计数单位指数值中对位权的称谓。例如，十进制整数 520，从右至左，0 的位权是 1，计数单位是个，2 的位权是 10，计数单位是十，5 的位权是 100，计数单位是百，后面还有千、万、十万、百万、千万、亿、十亿、百亿、千亿……这些都是计数单位。有了计数单位，就可以将 520 读作"五百二十"。计数单位与位权的区别在于，位权是对计算单位的量化，计数单位是对位权的表述。

生活中除了常用的十进制数制之外，也使用形形色色的进制。在 20 世纪 50 年代以前，质量单位一直采用的是半斤等于八两的换算。从两到斤，采用的是十六进制，16 两为 1 斤，那时候半斤和八两是同一个意思，所以有"半斤八两"这一成语。在 20 世纪 50 年代以后，将一斤改为 10 两，一公斤定为 1 kg。而时间单位使用的是六十进制，每 60 秒为 1 分钟，每 60 分钟为 1 小时。从小时到日则使用二十四进制，每 24 小时为 1 日。从日到星期，采用的是七进制，7 日为 1 星期。从月到年，采用的是十二进制，12 个月为 1 年。几种常用的进位记数制如表 1-4 所示。

表1-4 几种常用的进位记数制

进 制	标识	基数	进位原则	位权	基 本 符 号
十进制（Dec）	（D）	10	逢 10 进 1	10^i	0、1、2、3、4、5、6、7、8、9
二进制（Bin）	B	2	逢 2 进 1	2^i	0、1
十六进制（Hex）	H	16	逢 16 进 1	16^i	0、1、2、3、4、5、6、7、8、9、A、B、C、D、E、F

计算机使用二进制对数据进行表示，而不是人类使用的十进制，其理由主要有以下 4 点：

①电路简单。实现二进制存储和运算的逻辑电路比较简单，容易使用开关电路（或逻辑电路）来实现，如图 1-25 所示。

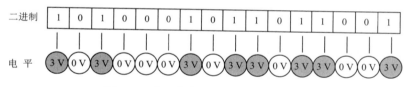

图1-25 电平状态和二进制信息的关系

②可靠性高。二进制只有 0 和 1 两个数码，数据的传送和处理都不容易出错。用电路实现二进制运算时，电路可靠，抗干扰能力强。

③运算简单。二进制的运算规则简单，不论加法规则还是乘法规则，都比较简单，从而能够简化实现运算规则的电路逻辑，提高运算速度。相对而言，十进制的运算规则要复杂很多，例如九九乘法表就是十进制的乘法规则。

④逻辑性强。逻辑代数中的值只有"真"和"假"，使用二进制十分容易表示逻辑值并实现逻辑运算。

1. 二进制与十进制的转换——实现人机交互

（1）十进制转换为二进制

方法为：十进制数除 2 取余法，即十进制数除 2，余数为权位上的数，得到的商值继续除 2，依此继续向下运算直到商为 0 为止。

例如，十进制数 75 转换为二进制数是 1001011，记为 1001011B。具体过程如图 1-26 所示。

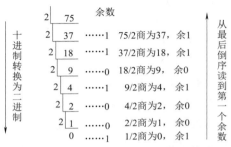

图1-26 十进制转换为二进制示意图

（2）二进制转换为十进制

方法：把二进制数按权展开、相加即得十进制数。例如，二进制数 10100110 转换成十进制数为 166。具体过程如图 1-27 所示。

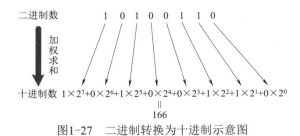

十进制数 $1×2^7+0×2^6+1×2^5+0×2^4+0×2^3+1×2^2+1×2^1+0×2^0$
$=$
166

图1-27 二进制转换为十进制示意图

2. 二进制与十六进制——用于二进制速记的十六进制

十六进制与二进制之间的对应关系如表 1-5 所示。

（1）二进制转换为十六进制

方法：二进制转换为十六进制是取四合一，4 位二进制数转成 1 位十六进制数。整数从右到左开始转换，每 4 位划分成一组，不足 4 位时在左边补 0。小数部分从左到右开始转换，每 4 位划分成一组，不足 4 位时在右边补 0。补 0 并不会改变数的大小，因为整数的左边补 0 和小数点的最右边补 0 只会改变数的位数而不会改变数值的大小。例如，二进制数 1010011110.01101010011 转换为十六进制数为 29E.6A6，如图 1-28 所示。

表1-5 几种进制的对应关系

二进制	十六进制	十进制
0000	0	0
0001	1	1
0010	2	2
0011	3	3
0100	4	4
0101	5	5
0110	6	6
0111	7	7
1000	8	8
1001	9	9
1010	A	10
1011	B	11
1100	C	12
1101	D	13
1110	E	14
1111	F	15

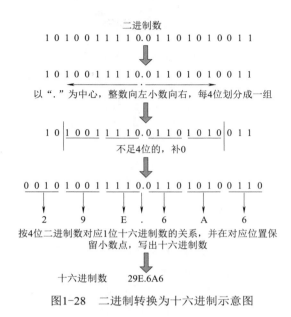

图1-28 二进制转换为十六进制示意图

思考：计算机采用二进制形式表示数据和指令，在书写、显示上引进十六进制的意义是什么？计算机内部使用十六进制吗？

十进制数与二进制数之间的转换需计算，不直观；相对于二进制数，十六进制数书写、阅读相对方便。二进制表示的数位多不便于书写、阅读；十六进制数与二进制数间转换方便、直观。

（2）十六进制转换为二进制

方法：根据十六进制数与二进制数的对应关系，把每个十六进制位转换成为4个二进制位。

例如，十六进制数 69E.8B5 转换为二进制数为 11010011110.100010110101。具体过程如图 1-29 所示。

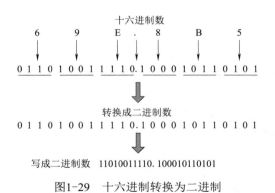

图1-29 十六进制转换为二进制

3. 十进制与十六进制之间的转换

（1）十进制转换为十六进制

①间接转换。方法：把十进制转成二进制，然后再由二进制转成十六进制。

②直接转换。方法：把十进制转换成十六进制，按照除16取余的方法，直到商为0为止。

例如，十进制数 179 转换为十六进制数为 B3，记为 B3H。具体过程如图 1-30 所示。

（2）十六进制转换为十进制

方法：把十六进制数按权展开、相加即得十进制数。

例如，十六进制数 16A8 转换为十进制数是 5800。具体过程如图 1-31 所示。

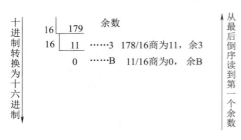

图1-30　十进制转换为十六进制示意图

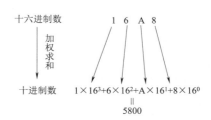

图1-31　十六进制转成十进制示意图

1.6.2　计算机中数的表示与运算

1. 机器数和真值

在计算机中使用的、连同符号位一起数字化的数，称为机器数。通常用一个数的最高位作为符位，0 表示正数，1 表示负数。

真值：机器数所表示的真实值叫真值。

机器数和真值对照表如表 1-6 所示。

表1-6　机器数和真值对照表

机 器 数	真值（十进制）
10110101	−53
00101010	+42

2. 有符号的机器数表示方法

对计算机中的有符号数，机器数常用的表示方法有原码、反码、补码三种。

将数的符号数码化，即用一个二进制位表示符号，对正数，符号位取 0，对负数，符号位取 1；数值部分保持数的原有形式，这样所得结果为该数的原码表示。

原码表示有三个主要特点：一是直观，与真值转换很方便；二是进行乘、除运算方便；三是加、减运算比较麻烦。原码表示乘、除运算方便是因为其数值部分保持了数据的原有形式，对数值部分进行乘或除就可得到积或商的数值部分，而积或商的符号位可由两个数原码的符号位进行逻辑运算得到。原码表示加、减运算比较麻烦，以加法为例，两个数相加需先判别符号位，若其不同，实际要做减法，这时需再判断绝对值的大小，用绝对值大的数减绝对值小的数，最后还要决定结果的符号位。

与原码相同，反码的符号位也数值化，0 表示正，1 表示负。对于正数，反码形式与原码相同；对于负数，符号位不变，其他位按位取反。一般把求反码作为求补的中间过程。

在计算机中，通过按模运算，可以使正数加负数转换成正数加正数。把一个负数加模的结果称为该负数的补码，定义正数的补码就是它本身，符号位取 0，即和原码相同。经推导，负数的补码等于其原码除符号位外按位取反，末位再加 1。补码的性质主要有三条：两数之和的补码等于各自补码的和；两数之差的补码等于被减数的补码与减数相反数的补码之和；对补码再求补一次，结果等于其原码。采用补码表示，带符号数的加法运算可统一成进行数的补码加法运算，在计算机中不必每次都进行原码与补码之间的转换，可以将运算结果以补码形式存储起来，以便直接参与后面的运算。

综上所述，可以得出以下几点结论：

①原码、反码、补码的最高位都是表示符号位。符号位为 0 时，表示真值为正数，其余位为真值。符号位为 1 时，表示真值为负数，其余位除原码外不再是真值；对于反码，需按位取反才是真值；对于补码，则需按位取反加 1 才是真值。

②对于正数，三种编码都是一样的，即 $[X]_原=[X]_反=[X]_补$；对于负数，三种编码互不相同。

③二进制位数相同的原码、反码、补码所能表达的数值范围不完全相同。以 8 位为例，它们表示的真值范围分别为：

原码：$-127 \sim +127$；

反码：$-127 \sim +127$；

补码：$-128 \sim +127$。

3. 计算机中小数的表示——定点数和浮点数

计算机中不用某个二进制位来表示小数点，而是隐含规定小数点的位置。

根据小数点的位置是否固定，数的表示方法可分为定点表示和浮点表示，相应的机器数就叫定点数或浮点数。

对于任一个二进制数 X，通常可表示成

$$X = 2J \cdot S$$

其中，S 为数 X 的尾数，J 为数 X 的阶码，2 为阶码的底。

尾数 S 表示数 X 的全部有效数字，阶码 J 则指出了小数点的位置。S 值和 J 值均可正可负。当 J 固定时，表示是定点数；当 J 值可变时，表示是浮点数。

（1）定点数

根据小数点固定的位置不同。定点数有定点（纯）整数和定点（纯）小数两种，如图 1-32 所示。

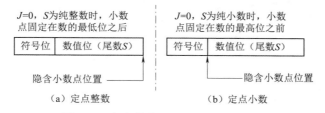

图1-32　定点整数和定点小数表示方法

定点整数和定点小数在计算机中表示形式没什么区别，其小数点完全靠事先的约定而隐含在不同位置。

（2）浮点数（实数）

浮点数由 FPU 支持，有单精度、双精度和扩展精度三种形式。

所有的 C/C++ 编译器都是按照 IEEE（Institute of Electrical and Electronics Engineers，电气和电子工程师协会）制定的 IEEE 浮点数表示法来进行运算的。这种结构是一种科学表示法，用符号（正或负）、指数和尾数来表示，底数被确定为 2，也就是说是把一个浮点数表示为尾数乘以 2 的指数次方再加上符号。浮点数格式如表 1-7 所示。

表1-7 浮点数格式

浮点数类型	符 号 位	指 数 位	小 数 部 分	指数偏移量
单精度浮点数	1 位 [31]	8 位 [30 ～ 23]	23 位 [22 ～ 00]	127
双精度浮点数	1 位 [63]	11 位 [62 ～ 52]	52 位 [51 ～ 00]	1023

浮点数的有效数字段都做了规格化处理，其整数位总是 1。但需注意，只有扩展精度格式的整数位 1 真的存在，其余两种格式下整数位 1 是隐含的，并不真的被存放。

格式中的阶码是以偏置形式存放的（即其阶码要加上一个常数偏置值才是格式阶码），且偏置后的格式阶码恒为正数。这样有利于简化符点数大小的比较过程：对两个相同格式的实数进行比较时，就像对两个无符号二进制整数进行比较一样方便，当从高位到低位比较两个格式阶码时，若某位的阶码有大小之分，就不用再比较下去了。

三种浮点数格式的阶码位数不同，其数值范围也不同。为了保证统一偏置后的阶码恒为正数，其偏置值必然也为不同正值。

例如，某计算机用 32 位表示一个浮点数，格式如图 1-33 所示。

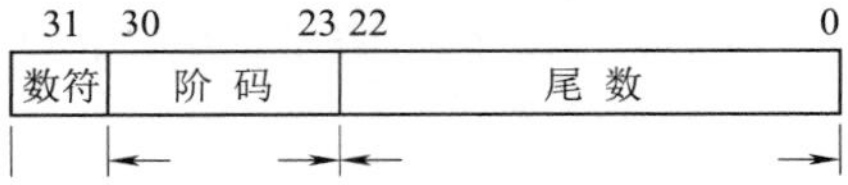

图1-33 浮点数的格式举例

已知某数 X 的机器码为

"0 10000000 0000000000000000000000000"

求其真值。

解：$X=(1+0)\times 2((10000000)-127) = 2.0$。

4. 二进制数和十六进制数运算

（1）算术运算

二进制数和十六进制数加、减、乘、除，与十进制数类似。

（2）逻辑运算

二进制数运算，与、或、非、异或。

特点：按位进行。

二进制数加减法：

加法：逢 2 进 1；减法：借 1 当 2。

例如，8 位二进制数进行的加法运算：

$$
\begin{array}{r}
10110101 \\
+10001111 \\
\hline
\text{进位 } 1111111 \\
\hline
01000100
\end{array}
$$

8 位二进制数进行的减法运算：

$$
\begin{array}{r}
01000100 \\
-10100101 \\
\hline
\text{借位 } 1\,111111 \\
\hline
10011111
\end{array}
$$

8 位运算器参加运算的数及结果均以 8 位表示，最高位产生的进位或借位在 8 位运算器中不保存，而将其保存到标志寄存器中。

5. 补码运算及溢出判别

（1）补码的运算规则

①加法：$[X+Y]_补 = [X]_补 + [Y]_补$

②减法：$[X-Y]_补 = [X]_补 + [-Y]_补$

$[X-Y]_补 = [X]_补 - [Y]_补$

③求补：$[-Y]_补 = 0 - [Y]_补$

$[[Y]_补]_补 = [Y]_原$，补码再求补得到原码。

例如，已知 $X=33$，$Y=45$，求 $X+Y$、$X-Y$。

解：$[X]_补 = 00100001$

$[Y]_补 = 00101101$，$[-Y]_补 = 11010011$

$[X+Y]_补 = [X]_补 + [Y]_补 = 01001110$

$[X-Y]_补 = [X]_补 + [-Y]_补 = 11110100$

所以，$X+Y = [[X+Y]_补]_补 = 01001110 = (+78)_{10}$

$X-Y = [[X-Y]_补]_补 = 10001100 = (-12)_{10}$

用补码表示计算机中有符号数的优点：

①负数的补码与对应正数的补码之间的转换可用同一方法（求补运算）实现，因而可简化硬件。

②可将减法变为加法运算，从而省去减法器。

③有符号数和无符号数的加法运算可用同一加法器电路完成，结果都正确。

（2）溢出的概念

当结果超出补码表示的数值范围时，补码运算将会出错。这种现象称为"溢出"。计算机运算时要避免产生溢出。一旦出现了溢出，要能判断，并做出相应处理。

（3）溢出的判断

微机中多采用"双进位位"法进行溢出判断。

判断的原理是，运算时，最高数值位 b_{n-2} 向符号位 f（b_{n-1}）的进位为 C_1，符号位 f 向进位位 C 的进位为 C_2。如果 C_1 与 C_2 相同，说明无溢出；如果 C_1 与 C_2 不同，说明有溢出，如图1-34所示。

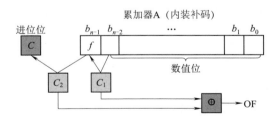

图1-34 "双进位位"法判断溢出示意图

所以，可以用 C_1 与 C_2 的异或运算来判断补码运算的结果是否有溢出。

$$OF = C_1 \oplus C_2 = \begin{cases} 1, & \text{有溢出} \\ 0, & \text{无溢出} \end{cases}$$

例如，求 55+66：

$$[55]_补=00110111$$
$$+ [66]_补=01000010$$
$$01111001=[121]_补$$

因为 $C_2=0$，$C_1=0$，$OF=C_1 \oplus C_2=0$，所以无溢出，结果正确。

又如，求 $(-93)+(-59)$：

$$[-93]_补=10100011$$
$$+ [-59]_补=11000101$$
$$101101000=[+104]_补$$

因为 $C_2=1$，$C_1=0$，$OF=C_1 \oplus C_2=1$，所以有溢出，结果不正确。

根据 C_1、C_2 值亦可判断有溢出时是正溢出还是负溢出：

$C_2C_1=00=11$ 时，无溢出；

$C_2C_1=01$ 时，为正溢出；

$C_2C_1=10$ 时，为负溢出。

6. BCD 码运算及其十进制调整

BCD 码进行加减法运算时，每组 4 位二进制码表示的十进制数之间应遵循"逢十进一"和"借一当十"的规则。但计算机总是将数作为二进制数来处理，即每 4 位之间按"逢十六进一"和"借一当十六"来处理，所以当 BCD 码运算出现进位和借位时，结果将出错。

为了得到正确的 BCD 码运算结果，必须对二进制运算结果进行调整，使之符合十进制运算的进位 / 借位规则。这种调整称为十进制调整。

（1）十进制加法调整规则

①若两个一位 BCD 数相加结果大于 9（1001），则应作加 6（0110）修正。

②若两个 BCD 数相加结果在本位并不大于 9，但产生了进位，这相当于十进制数运算大于等于 16，所以也应在本位作加 6 修正。

（2）十进制减法调整规则

两个 BCD 数相减，若出现本位差超过 9，或虽不超过 9 但向高位有借位，则说明必然是借了 16，多借了 6，应在本位作减 6 修正。

实际中，现代计算机中均有专门的十进制调整指令，利用它们，机器可按规则自动进行调整。

7. 逻辑运算

（1）逻辑非运算

例如，$A=0110\ 0100\ B$

$\overline{A}=1001\ 1011\ B$

（2）逻辑与运算：有 0 则 0，全 1 才 1。

例如，$A=0110\ 1001\ B$

$B=0101\ 1010\ B$

$A \wedge B=0100\ 1000\ B$

（3）逻辑或运算：有 1 则 1，全 0 才 0。

例如，$A=1000\ 1001\ B$

$B=0110\ 0100\ B$

$A \vee B=1110\ 1101\ B$

（4）异或运算：相同为 0，相异为 1。

例如，*A*=0111 0110 B

   B=1010 0101 B

   A ⊕ *B*=1101 0011 B

1.6.3　计算机中文字符号的表示

1. ASCII 码数据

ASCII 码数据为二进制编码，包括：

①计算机处理的信息：数值、字符（字母、汉字等）。

②各字符在计算机中由若干位的二进制数表示。

③二进制数与字符之间一一对应的关系，称为字符的二进制编码。

④微机中普遍采用的字符编码，如键盘、打印机、显示器等。

ASCII 码一般在计算机的输入 / 输出设备中使用，而二进制码和 BCD 码则在运算处理过程中使用。

部分 ASCII 码数据编码如表 1-8 所示。

Unicode 编码如表 1-9 所示。

表1-8　部分ASCII码数据编码

符　　号	ASCII　码
数字 0～9	30H～39H
小写字母 a～z	61H～7AH
大写字母 A～Z	41H～5AH
回车符	0DH
换行符	0AH

表1-9　Unicode编码

Unicode	UTF-8
0000~007F	0××××××××
0080~07FF	110××××× 10××××××
0800~FFFF	1110×××× 10×××××× 10××××××

2. 汉字编码

将全部汉字和字符排在 94 行 ×94 列的一个表中，横向为区码、纵向为位码，一个汉字由一个字节的区码和一个字节的位码（01～94 的十进制），国标码采用 21H～7EH。汉字编码过程如图 1-35 所示。

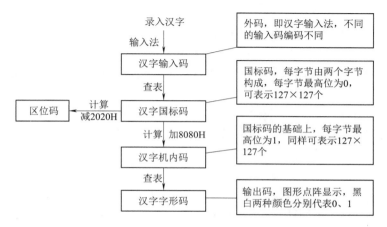

图1-35　汉字编码过程

例如，中国 China 的编码过程如下：

ANSI: D0D6 FAB9 43 48 49 4E 41

Unicode:

<u>FEFF</u> 4E2D 56FD 0043 0048 0049 004E 0041

FEFF 为 Unicode 编码标识符。

UTF-8: BFBBEF ADB8E4 BD9BE5 43 48 49 4E 41

UTF-8 具有一定的容错性，错一个时不产生连锁反应。

例如，"中"字编码如图 1-36 所示。

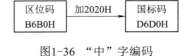

图1-36 "中"字编码

3. 基本数据类型

比特为信息量的单位。

$$I = \log_a \frac{1}{P(x)}$$

其中，I 为信息量，$P(x)$ 是信息出现的概率。

a=2，单位为比特（bit）；

a=e，单位为奈特（nat）；

a=10，单位为笛特（Det）；

a=r，单位为 r 进制单位。

通常使用的单位为比特。二进制的一位为 1 bit，$I = \log_a \frac{1}{1/2} = 1$。

Pentium 在其内部定点处理单元 CPU 和浮点处理单元 FPU 的支持下，能够处理以下数据。

（1）无符号二进制数

这类数不带任何符号信息，只含有量值域，仅 CPU 支持。分为三类：

①字节：任何逻辑地址上的 8 位相邻位串。

②字：任何字节地址开始的两个相邻字节。低字节地址为该字地址。

③双字：任何字节地址开始的两个相邻字，即 4 个相邻字节。最小字节地址为双字的地址。

（2）带符号的二进制定点整数

这类数均以补码表示，有 8 位数（字节）、16 位数（字）、32 位数（双字）、64 位数（4 字）4 种。CPU 支持前三种，FPU 支持后三种。

（3）浮点数

这类数由 FPU 支持，有单精度、双精度和扩展精度三种形式。

（4）BCD 码数

CPU 两种数都支持；FPU 只支持压缩 BCD 码数，且最大长度为 80 位，最多可处理 20 位 BCD 码数。

（5）ASCII 码数据

ASCII 码一般在计算机的输入设备、输出设备中使用，而二进制码和 BCD 码则在运算处理过程中使用。

（6）串数据

这类数据仅 CPU 支持。包括：

①位串：是从任何字节的任何位开始的相邻位的序列，最长可达 $2^{32}-1$ 位。

②字节 / 字 / 双字串：是字节 / 字 / 双字的相邻序列，最长可达 $2^{32}-1$ 字节。

（7）指针数据

指针数据包括近指针和远指针两种。

近指针，即 32 位指针，是一个 32 位的段内偏移量，段内寻址用。

远指针，即 48 位指针，由 16 位选择符和 32 位偏移量组成，用于跨段访问。

关于数据类型的两点说明：

①在上述各类型数据中，基本的数据类型仍是字节、字和双字。一般应尽可能将字操作对准偶地址，将双字操作对准 4 的整数倍地址。但也允许不对准操作，以便在数据结构的处理上和存储器的有效利用上给系统设计人员和用户提供最大的灵活性。不过，对准和不对准获得的数据传递速度不一样：对准的字和字节可一次传递完，而未对准的字和双字需几次才能传递完。

②对于字和双字数据，80486 是采用低端地址方式来存储的，即字数据被存储在两个相邻的字节单元之中，低位字节在低地址单元，高位字节在高地址单元；双字数据存储在 4 个连续字节单元中，最低位字节在最低地址单元，最高字节在最高地址单元。字或双字数据的地址是指最低位字节所在的单元地址。

1.7 计算机工作过程及主要技术发展

1.7.1 计算机的工作原理

1. 计算机工作的本质

计算机工作的过程本质上就是执行程序的过程。而程序是由若干条指令组成的，计算机逐条执行程序中的每条指令，就可完成一个程序的执行，从而完成一项特定的工作。因此，了解计算机工作原理的关键，就是要了解指令和指令执行的基本过程。计算机在运行时，先从内存中取出第一条指令，通过控制器的译码，按指令的要求，从存储器中取出数据进行指定的运算和逻辑操作等加工，然后按地址把结果送到内存中。接下来，再取出第二条指令，在控制器的指挥下完成规定操作。依此进行下去。直至遇到停止指令。

2. 计算机执行程序的过程

计算机每执行一条指令都是分成三个阶段进行：取指令（Fetch）、分析指令（Decode）和执行指令（ Execute）。

取指令阶段的任务是：根据程序计数器 PC 中的值从存储器读出现行指令，送到指令寄存器 IR，然后 PC 自动加 1，指向下一条指令地址或本条指令的下一字节地址。

分析指令阶段的任务是：将 IR 中的指令操作码译码，分析其指令性质。如果指令需要操作数，则寻找操作数地址。

执行指令阶段的任务是：取出操作数，执行指令规定的操作。根据指令不同还可能写入操作结果。

微型机程序的执行过程，实际上就是周而复始地完成上述三阶段操作的过程，直至遇到停机指令时才结束整个机器的运行，如图 1-37 所示。

当然，上述三阶段操作并非在各种微处理器中都是串行完成的，除了早期的 8 位微处理器外，各种 16 位以上微机都可将

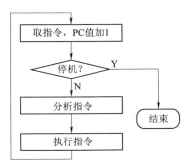

图1-37 程序执行过程

这几阶段操作分配给两个或两个以上的独立部件并行完成。例如，Intel 8086 CPU 内有总线接口部件 BIU 和执行部件 EU，因而在 EU 中执行一条指令的同时，BIU 就可以取下一条指令，它们在时间上是重叠的。至于 Intel 80386、80486 和 Pentium 系列 CPU，由于其内部的独立部件更多，可将每条指令分解为更多、更微小的步骤重叠操作，因而，其并行处理能力则更强。显然，并行处理能力越强，指令流的速度就越快，程序运行的时间就越短。

这种将每条指令分解为多步，并让不同指令的各步操作重叠，从而实现几条指令并行处理，以加速程序运行过程的技术称为指令流水线。

现代 CPU 采用了流水线设计。在工业制造中采用流水线可以提高单位时间的生产量，同样，在 CPU 中采用流水线设计也有助于提高 CPU 的频率。4 条流水线的示意图如图 1-38 所示。

图1-38　4条流水线的示意图

由图 1-38 可以看出，在 4 条流水线的计算机中，同一时刻总是由 4 条指令中同时运行。

把 CPU 的工作分为指令的获取、解码、运算和结果的写入 4 个步骤，采用流水线设计之后，指令就可以连续不断地进行处理。在同一个较长的时间段内，拥有流水线设计的 CPU 能够处理更多的指令。

允许指令重叠操作的独立部件越多，流水线的级数就越多，每级所花的时间和指令平均执行时间就越短。但是，无论流水线的级数有多少，每条指令执行的三个阶段和每个阶段中的各步一个也不能少，因此，指令流水线并不能加速指令的执行，加速的只是指令流或程序执行的过程。

CPU 处理指令是通过 Clock 来驱动的，每个 Clock 完成一级流水线操作。每个周期所做的操作越少，需要的时间就越短，频率就可以越高。超级流水线就是将 CPU 处理指令使得操作进一步细分，增加流水线级数来提高频率。频率高了，CPU 处理的速度也就提高了。

事实上，为了提高程序运行速度，Pentium 系列处理器中不仅增加了指令流水线的级数，而且集成了两条或更多条流水线，使之平均一个时钟周期可执行两条或更多条指令。一般把这种内置多条流水线的技术称为超标量（Superscalar）。超标量技术使这些流水线能够并行处理。

并行处理（Parallel Processing）是计算机系统中能同时执行两个或多个处理的一种计算方法。并行处理可同时工作于同一程序的不同方面。并行处理的主要目的是节省大型和复杂问题的解决时间。为使用并行处理，首先需要对程序进行并行化处理，也就是说将工作各部分分配到不同处理进程（线程）中。并行处理由于存在相互关联的问题，因此不能自动实现。从理论上讲，n 个并行处理的执行速度可能会是单一处理执行速度的 n 倍。

随着问题的复杂化，为了解决计算机资源分配与管理问题，人们发明了操作系统；为了将孤立的机器相互联系起来，人们发明了计算机网络。这里体现出一种思想，高生产力的表现一定是分工细化、万物相连。

下面举例说明程序执行的过程。

在计算机中，由于程序的指令和数据都存放于内存中，所以在执行程序时，CPU 必须经常和内存打交道。CPU 和内存的联系是通过存储器地址寄存器（MAR）和存储器数据寄存器（MDR）以及若干读 / 写控制信号实现的。MAR 存放着将访问的指令或数据的地址，MDR 存放着从内存中读出的指令操作码或读出 / 写入的数据。

下面以一个简单程序在假想模型机中的执行过程为例，看看计算机是怎样工作的。该程序实现的功能是：计算 5CH ＋ 2EH。

判断结果是否有溢出，如无溢出，将结果存放到内存 0200H 单元，供后面程序用；如有溢出，则停机。汇编语言程序清单如下：

```
     ORG   1000H                   对应的机器码
1:  MOV   A,5CH          ;          B0H
                         ;          5CH
2:  ADD   A,2EH          ;          04H
                         ;          2EH
3:  JO    100AH          ;          70H
                         ;          0AH
                         ;          10H
4:  MOV   (0200H),A      ;          A2H
                         ;          00H
                         ;          02H
5:  HLT                  ;          F4H
```

该程序由 5 条指令组成。每条指令对应的第一个机器码为指令操作码（指令助记符及操作码值是任意假定的，因计算机而异），紧随的机器码为操作数。

第 1 条指令是将立即数 5CH 送到累加器 A，其机器码为 B0H、5CH 两个字节。

第 2 条指令是将立即数 2EH 与累加器 A 中的数相加，结果仍放在累加器 A 中，其机器码为 04H、2EH 两个字节。

第 3 条指令为溢出转移指令，如果上条指令运算结果有溢出，则转向第 5 条指令首地址 100AH，否则依次执行第 4 条指令。第 3 条指令的机器码为 70H、0AH、10H 三个字节。

第 4 条指令是将累加器 A 中的数传送到存储单元 0200H 中，其机器码为 A2H、00H、02H 三个字节。

第 5 条指令为停机指令，没有操作数，所以其机器码只有操作码 F4H 一个字节。

程序执行过程如图 1-39 所示。

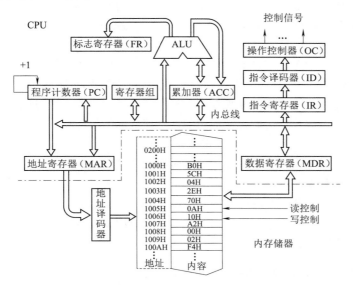

图1-39　程序执行过程

先将该程序的机器码送到假想模型机的内存储器从 1000H 开始的地址单元中。因此，在运行本程序前 PC 值应为 1000H。启动程序运行后，步骤如下：

①将 PC 内容 1000H 送地址寄存器 MAR。

②PC 值自动加 1，为取下一个字节机器码做准备。

③MAR 中内容经地址译码器译码，找到内存储器 1000H 单元。

④CPU 发读命令。

⑤将 1000H 单元内容 B0H 读出，送至数据寄存器（MDR）。

⑥由于 B0H 是操作码，故将它从 MDR 中经内部总线送至指令寄存器（IR）。

⑦经指令译码器（ID）译码，由操作控制器（OC）发出相应于操作码的控制信号。

下面将要取操作数 5CH，送至累加器 A。

⑧将 PC 内容 1001H 送 MAR。

⑨PC 值自动加 1。

⑩MAR 中内容经地址译码器译码，找到 1001H 存储单元。

⑪CPU 发读命令。

⑫将 1001H 单元内容 5CH 读至 MDR。

⑬因 5CH 是操作数，故将它经内部总线送至操作码规定好的累加器 A。

至此，第 1 条指令 MOV A，5CH 执行完毕。其余几条指令的执行过程类似，都是先读取、分析操作码，再根据操作码性质确定是否要读操作数及读操作数的字节数，最后执行操作码规定的操作。只是各条指令的 PC 内容不同，类型、性质不同，使执行的具体步骤不完全相同。其余指令的执行步骤可按此分析、列出。

在计算机上，程序与数据一样存储，按程序编排的顺序，一步一步地取出指令，自动地完成指令规定的操作。

3. 程序和数据的局部性原理

程序的局部性原理，是指程序在执行过程中呈现出来的局部性规律，就是在一段时间内，整个程序的执行仅限于程序中的某一部分。倾向于引用的数据项邻近于其他最近被引用过的数据项，或者邻近于最近自我引用的数据项。一般设计得较好的程序都有较好的局部性。

程序的局部性体现在使用的算法，以及内存数据的存放上。

在现代计算机系统的各个层次，从硬件到操作系统、应用程序等，设计上都利用了这一局部性原理。比如 CPU 指令顺序处理等。局部性通常有两种形式：时间局部性和空间局部性。

①时间局部性是指程序中的某条指令一旦执行，不久之后该指令可能再次被执行；如果某数据被访问，不久之后该数据可能再次被访问，强调数据的重复访问。利用时间局部性，缓存起到了很大的作用，极大地提高了数据的重复访问性能。

在程序设计中，循环程序中的循环体就是时间局部性常见的一个例子。循环体越小循环迭代次数越多，局部性也就越好。

②空间局部性是指一旦程序访问了某个存储单元，不久之后，其附近的单元也将被访问到。其强调连续空间数据的访问。一般顺序访问每个步长为 1 的元素时，具有最好的空间局部性，步长越大，空间局部性越差。

1.7.2 先进计算机技术在微机系统中的应用

微型计算机发展至今，除普遍采用了小、中、大型计算机中早已采用的堆栈、中断、

DMA、多寄存器结构等技术外，各种微型机中又相继引入了其他现代先进计算机硬件、软件技术。这也正是微型机性能不断增强的重要原因。

1. CPU 技术发展

作为计算机中最核心的部件，CPU 的性能直接决定了计算机系统的整体速度和性能。CPU 的发展情况代表了计算机的发展历程。以最具代表性的 Intel 系列 CPU 为例，从制造工艺和集成晶体管的数量，可以看到近年几个典型的发展阶段，如图 1-40 所示。

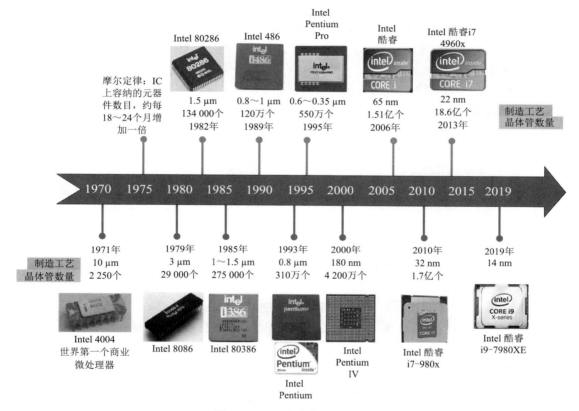

图1-40　Intel发布的典型CPU

2. 微程序控制技术

通常计算机操作步骤的控制是由硬件电路组成的操作控制器完成的。所谓微程序控制技术，就是将原来由硬件电路控制的指令操作步骤改用微程序来控制。其基本特点是综合运用程序设计技术和只读存储技术，将每条指令的微操作序列转化为一个控制码点的微程序存于 PROM、EPROM 或 EEPROM 等可编程只读存储器中，当执行指令时，就从 ROM 中读出与该指令对应的微程序，并转化为操作控制序列。显然，微程序是许多条微指令的有序集合，每条微指令又由若干微操作命令组成。可见，执行一条机器指令，就是执行一段微程序或一个微指令序列。这段微程序或微指令序列称为指令解释器。

3. 流水线技术

流水线（Pipeline）技术是一种将每条指令分解为多步，并让不同指令的各步操作重叠，从而实现几条指令并行处理，以加速程序运行过程的技术。每条由各自独立的电路来处理，每完成一步，就进到下一步，而前一步则处理后续指令。

采用流水线技术后，并没有加速单条指令的执行，每条指令的操作步骤一个也不能少，只是多条指令的不同操作步骤同时执行，因而从总体看加快了指令流速度，缩短了程序执行时间。

为了进一步满足普通流水线设计所不能适应的更高时钟速率的要求，高档微处理器中流水线的深度（级数）在逐代增多。当流水线深度在 5～6 级以上时，通常称为超流水线结构（Superpipelined）。

流水线技术是通过增加计算机硬件来实现的。例如，要能预取指令，就需要增加取指令的硬件电路，并把取来的指令存放到指令队列缓存器中，使 MPU 能同时进行取指令和分析、执行指令的操作。因此，在微处理器中一般含有两个算术逻辑单元 ALU，一个 ALU 用于执行指令，另一个 ALU 专用于地址生成，这样才可使地址计算与其他操作重叠进行。

4. 存储技术

微机的程序和数据都是以二进制的形式存储在存储器中，微机的全部存储器从内到外分为 4 级：CPU 内部寄存器组、高速缓存器、内存和外存。其存取速度依次递减，存储的容量依次递增，位价格依次降低，如图 1-41 所示。

（1）高速缓冲存储器技术

在微处理器和微型机中，为了加快运算速度，普遍在 CPU 与常规主存储器之间增设了一级或两级高速小容量存储器，称为高速缓冲存储器（Cache）。高速缓冲存储器的存取速度比主存要快一个数量级，大体与 CPU 的处理速度相当。有了它以后，CPU 在对一条指令或一个操作数寻址时，首先要看其是否在高速缓存器中。若在，就立即存取；否则，就要进行常规的存储器访问，同时

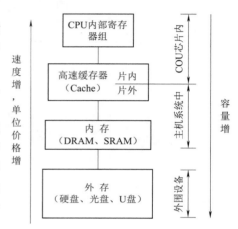

图1-41 存储器分级系统示意图

将所访问内容及相关数据块复制到高速缓存器中。当指令或操作数在高速缓存器中时，称为"命中"，否则称为"未命中"。

由于程序中相关数据块一般都按顺序存放，并且大都存在相邻的存储单元中，因此，CPU 对存储器的访问大都是在相邻的单元中进行。一般说来，CPU 对高速缓存器存取命中率可在 90% 以上，甚至高达 99%。

（2）虚拟存储器技术

虚拟存储器技术是一种通过硬件和软件的综合来扩大用户可用存储空间的技术。它是在内存储器和外存储器之间增加一定的硬件和软件支持，使两者形成一个有机整体，使编程人员在写程序时不用考虑计算机的实际内存容量，可以写出比实际配置的物理存储器容量大得多的程序。程序预先放在外存储器中，在操作系统的统一管理和调度下，按某种置换算法依次调入内存储器被 CPU 执行。这样，从 CPU 看到的是一个速度接近内存却具有外存容量的假想存储器，这个假想存储器就叫虚拟存储器。在采用虚拟存储器的计算机系统中，存在着虚地址空间（或逻辑地址空间）和实地址空间（或物理地址空间）两个地址不同的空间。

（3）硬盘技术发展

传统的硬盘主要是机械硬盘（HDD），后来又有了固态硬盘（SSD）。

机械硬盘即是传统的硬盘，主要由盘片、磁头、主轴、控制电机和数据转换器等部分组成。固态硬盘是用固态电子存储芯片阵列做成的硬盘，主要有控制单元和存储单元（FLASH 芯片、

DRAM 芯片）等部分组成，如图 1-42（a）所示。

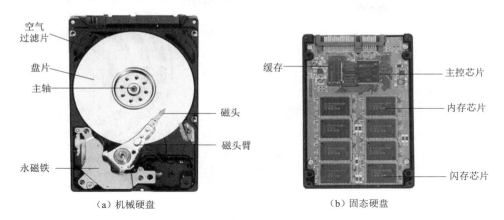

（a）机械硬盘　　　　　　　　　　　（b）固态硬盘

图1-42　机械硬盘和固态硬盘

　　机械硬盘的工作原理：所有盘片之间都是平行的，都装在一个旋转轴上，在每个盘片的存储柱面上有一个磁头，所有磁头连在一个磁头控制器上，磁头控制器负责各个磁头的运动。当磁头沿盘片的半径方向运动时，盘片则以每分钟数千转的速度高速旋转，磁头就可以定位在盘片的任意指定位置上读写数据，如图 1-43 所示。

　　固态硬盘主要是基于闪存的，其内部构造主体是一块 PCB 板，PCB 板上有控制芯片，缓存芯片和用于存储数据的闪存芯片组成。

　　对比传统的机械硬盘，固态硬盘具有快速读写、质量小、能耗低以及体积小等特点，但价格较为昂贵，容量较低，一旦硬件损坏，数据较难恢复，使用寿命相对较短。

　　固态硬盘的结构较为简单，可以拆开。而机械磁盘的数据读写是靠盘片的高速旋转所产生的气流来托起磁头，使得磁头无限接近但不接触盘片，由步进电机来推动磁头进行换道数据读取，所以其内部构造相对较为复杂，也较为精密，一般情况下不允许拆卸。

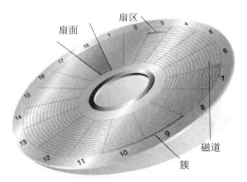

图1-43　磁盘上的磁道、扇区和簇

一旦人为拆卸，极有可能造成损害，磁盘无法正常工作。

　　思维拓展：如果扇区按顺序绕着磁道依次编号，那么，控制器在处理一个扇区的数据期间，磁盘旋转太远，超过扇区间的间隔（这个间隔很小），控制器要读出或写入的下一扇区已经通过磁头，也许是相当大的一段距离。在这种情况下，磁盘控制器就只能等待磁盘再次旋转几乎一周，才能使得需要的扇区到达磁头下面。显然，要解决这个问题，仅靠加大扇区间的间隔是不现实的，那会浪费许多磁盘空间。

　　许多年前，IBM 的一位杰出工程师想出了一个绝妙的办法，即对扇区不使用顺序编号，而是使用一个交叉因子（interleave）进行编号，如图 1-44 所示。交叉因子用比值的方法来表示，如 3：1 表示磁道上的第 1 个扇区为 1 号扇区，跳过两个扇区即第 4 扇区为 2 号扇区，这个过程持续下去直到给每个物理扇区编上逻辑号为止。例如，每磁道有 17 个扇区的磁盘按 2：1 的交叉因子编号就是1、10、2、11、3、12、4、13、5、14、6、15、7、16、8、17、9，而按3：1的交叉因子编号就是1、7、13、2、8、14、3、9、15、4、10、16、5、11、17、6、12。当设置1：1的交叉因子时，如果硬盘控制器处理信息足够快，那么，读出磁道上的全部扇区只需要旋转一周；但如果硬盘控制器的后处理动作没有这么快，磁盘所转的圈数就等于一个磁道上的扇区数，才能读出每个磁道上的全部数据。将交叉因子设定为2：1时，磁头要读出磁道上的全部数据，磁盘只需转两周。如果2：1的交叉因子仍不够慢，磁盘旋转的周数约为磁道的扇区数，这时，可将交叉因子调整为3：1。

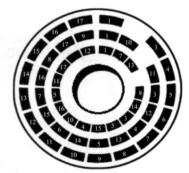

图1-44　引入交叉因子的扇区编号方案
（逆时针方向为旋转方向）

5. 乱序执行技术

为了进一步提高处理速度，Pentium Pro 和 Power PC 等推出的 64 位高档微处理器采用了乱序执行技术来支持其超标量、超流水线设计。所谓乱序执行（Out of Order Execution）技术，就是允许指令按照不同于程序中指定的顺序发送给执行部件，从而加速程序执行过程的一种最新技术。它本质上是按数据流驱动原理工作的（传统的计算机都是按指令流驱动原理工作的），根据操作数是否准备好来决定一条指令是否立即执行。不能立即执行的指令先搁置一边，能立即执行的后续指令提前执行。

6. RISC 技术

RISC 技术即精简指令集计算（Reduced Instruction Set Computing）技术。RISC 提出的初衷是精简 CPU 芯片中指令的数目，简化芯片的复杂程度，使每条指令的执行速度更快，保证能在一个时钟周期内完成。这种初衷是基于当时传统的 CISC（Complexed Instruction Set Computing）CPU 执行完一条指令均需多个时钟周期，而每个时钟周期因芯片过于复杂又无法缩得很短的情况而提出的。

1.7.3　微型计算机系统的主要性能指标

微型计算机系统和一般计算机系统一样，衡量其性能好坏的技术指标主要有以下 5 方面。

1. 字长

字长是计算机内部一次可以处理的二进制数码的位数。一般一台计算机的字长决定于它的通用寄存器、内存储器、ALU 的位数和数据总线的宽度。字长越长，一个字所能表示的数据精度越高；在完成同样精度的运算时，则数据处理速度越高。然而，字长越长，计算机的硬件代价相应也增大。为了兼顾精度随度与硬件成本两方面，有些计算机允许采用变字长运算。

2. 存储器容量

存储器容量是衡量计算机存储二进制信息量大小的一个重要指标。存储二进制信息的基本单位是 bit。一般把 8 个二进制位组成的通用基本单元叫作字节（B）。微型计算机中通常以字节为单位表示存储容量，并且将 1024 B 简称为 1 KB，1024 KB 简称为 1 MB（兆字节），1024 MB 简称为 1 GB（吉字节），1024 GB 简称为 1 TB（太字节）。

3. 运算速度

计算机的运算速度一般用每秒所能执行的指令条数来表示。由于不同类型的指令所需时间长度不同，因而运算速度的计算方法也不同。常用计算方法有：

①根据不同类型的指令出现的频度，乘上不同的系数，求得统计平均值，得到平均运算速度。常用 MIPS（Millions of Instruction Per Second，即百万条指令 / 秒）作单位。

②以执行时间最短的指令（如加法指令）为标准来估算速度。

③直接给出 CPU 的主频和每条指令的执行所需的时钟周期。主频一般以 MHz 为单位。

4. 外设扩展能力

这主要指计算机系统配接各种外围设备的可能性、灵活性和适应性。一台计算机允许配接多少外围设备，对于系统接口和软件研制都有重大影响。在微型计算机系统中，打印机型号、显示屏幕分辨率，外存储器容量等，都是外设配置中需要考虑的问题。

5. 软件配置情况

软件是计算机系统必不可少的重要组成部分，它配置是否齐全，直接关系到计算机性能的好坏和效率的高低。例如，是否有功能很强、能满足应用要求的操作系统和高级语言、汇编语言，是否有丰富的、可供选用的应用软件等。

第 ② 章 » Python基础
★★★

本章以设计并完成体能考核成绩核算及等级评定项目为主线，介绍实现该程序所需 Python 程序设计语言的基本知识。以 CDIO 教学模式，使学生充分体会到 Python 的语法简洁、生态丰富、多语言集成等特点，基本掌握 Python 语言基本语法及程序结构，能使用 Python 实现本章内项目要求。

体能考核核算评定项目基本分为以下部分：

①单人 3 000 m 时间输入 / 输出。

②单人 3 000 m 成绩评定。

③任意次评定单项科目成绩。

④数据格式化处理。

⑤程序封装。

⑥成绩批量化评定。

⑦成绩存储及重复使用。

⑧优化程序。

⑨项目扩展。

2.1 单人3 000 m时间输入/输出

2.1.1 体能考核评定系统设计

设计一个体能考核评定系统，其功能是根据学员完成 3 000 m 长跑的时间计算出相应的成绩。

2.1.2 输入、计算和输出

分析问题：分析问题的计算部分。

确定问题：将问题划分为输入（Input）、处理（Process）及输出（Output）部分，如图 2-1 所示。

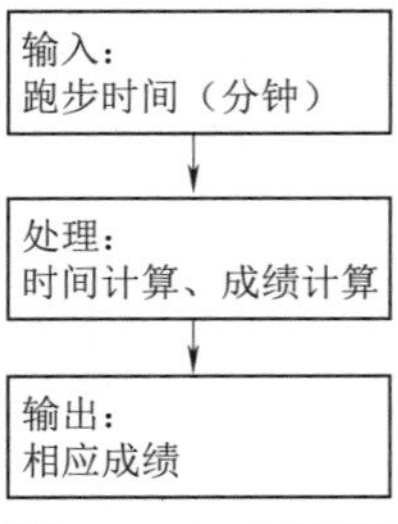

设计算法：计算部分的核心。

程序：

```
"""
    功能：3 000 m 成绩统计
    版本：0.1
        无单位数据
```

图2-1 IPO流程图

```
"""
# 3 000 m 成绩输入
str_time = input('请输入完成 3 000 m 跑步时间 (**.** 分)：')

# 将字符串转换成数字
time = eval(str_time)

# 换算为秒
final = time*60
scores = 55 + (820 - final) / 14.4 * 5

# 输出结果
print('3 000 m 跑步成绩为：', scores)
```

2.1.3　Python简介

1. Python 概述

（1）Python 语言的发展

Python 的创始人为 Guido van Rossum。

1989 年圣诞节期间，在阿姆斯特丹，Guido 为了打发圣诞节的无趣，决心开发一个新的脚本解释程序，作为 ABC 语言的一种继承，这就是 Python。

Python 最早的可用版本诞生于 1991 年。

2000 年 10 月，Python 2.0 版本发布，并于 2010 年发布了该系列最后一个版本 2.7，用于终结 2.x 系列版本的发展，且不再进行重大改进。

2008 年 12 月，Python 3.0 版本发布，该版本解释器内部完全采用面向对象方式实现。同时意味着该系列版本无法向下兼容 2.x 系列版本。

本章主要介绍的是 Python 3.x。

（2）Python 程序的特点

①语法简单。实现相同功能，代码量仅相当于其他语言的 1/10~1/5。

②生态丰富。除了自身提供的几百个内置库，开源社区还贡献了十几万个第三方库，拥有良好的编程生态。

③多语言集成。可与其他编程语言集成，如 C、C++、Java 等。

④跨平台。可用于大部分操作系统、集群、服务器，甚至小设备（如树莓派）上。

⑤开放源码。Python 和大部分支持库及工具都是开源的。

⑥多用途。可用于快捷、交互式代码开发，也可用于构建大型应用程序，如科学计算、数据处理、人工智能等。

⑦强制可读。Python 通过强制缩进来体现语句间的逻辑关系，显著提高了程序的可读性。

2. Python 的基本语法元素

1）程序的格式框架

（1）缩进

在 C 语言中由花括号来表示一个语句块。与 C 语言不一样，Python 没有使用花括号或者其他开始和结束的定界符来表示一个语句块。缩进是 Python 表示语句块的唯一方法。所谓缩进，就是在一行开始的空格。

一个语句块中的所有语句必须使用相同的缩进，表示一个连续的逻辑行序列。源文件的第一行不需要缩进（不允许以任何空格开始）。

标准 Python 风格是每个缩进级别是使用 4 个空格，永远不要单纯地使用 Tab 制表符。因为不同编辑器处理制表符的方式不同，有些会把它当成一个制表符，有的会将其看成 4 个或 4 个以上的空格，因而会产生源代码中制表符和空格的使用不一的后果，违反了 Python 的缩进规则。当然，可以设置编辑器在按【Tab】键时将其替换成相应个数的空格。Python 的代码原则是代码只包含空格。例如：

```
n = int(input())
sum = 0
while n > 0:
    if n%3 == 0 or n%5 == 0:
        sum += n
    n -= 1
print(sum)
```

而错误的缩进会引发程序错误。例如：

whitespace.py：

```
 i = 5
print ('Value is', i) # Error! Notice a single space at the start of the line
print ('I repeat, the value is', i)
```

注意：在第一行的行首有一个空格。当运行这个程序的时候，会得到下面的错误：

```
 File "whitespace.py", line 1
print 'Value is', i # Error! Notice a single space at the start of the line
^
SyntaxError: invalid syntax
```

Python 指示的这个错误说明程序的语法是无效的，即程序没有正确地编写。

（2）注释

在大多数编程语言中，注释都是一项很有用的功能。随着程序越来越大、越来越复杂，就应在其中添加说明，对解决问题的方法进行大致阐述。能够使用自然语言在程序中添加说明。

在 Python 中，注释用井号（#）标识。井号后面的内容都会被 Python 解释器忽略，如下所示：

```
# 向大家问好
print("Hello Python people!")
```

Python 解释器将忽略第 1 行，只执行第 2 行。

运行结果：Hello Python people!

也可用一对三引号表示块注释。

例如：

```
"""
    这是一个块注释
"""
```

2）语法元素

（1）变量

变量是计算机内存中的一块区域，变量可以存储规定范围内的值，而且值可以通过赋值（"="表达式）改变。基于变量的数据类型，解释器会分配指定内存，并决定什么数据可以被存储在内存中。

```
# 定义变量 i，且赋值 0，i 即为存储整型数据的变量
i = 0
i = i + 1
print(i)
```

运行结果：

```
1
```

下面来尝试在 hello_world.py 中使用一个变量。在这个文件开头添加一行代码，并对第 2 行代码进行修改，如下所示：

```
message = "Hello Python world!"
print(message)
```

运行结果：

```
Hello Python world!
```

我们添加了一个名为 message 的变量。每个变量都存储了一个值——与变量相关联的信息。在这里，存储的值为文本"Hello Python world!"。

添加变量导致 Python 解释器需要做更多工作。处理第 1 行代码时，它将文本"Hello Python world!"与变量 message 关联起来；处理第 2 行代码时，它将与变量 message 关联的值打印到屏幕。

下面进一步扩展这个程序：修改 hello_world.py，使其再打印一条消息。为此，在 hello_world.py 中添加两行代码，修改后如下所示：

```
message = "Hello Python world!"
print(message)
message = "Hello Python Crash Course world!"
print(message)
```

现在如果运行这个程序，将看到两行输出：

```
Hello Python world!
Hello Python Crash Course world!
```

在程序中可随时修改变量的值，而 Python 将始终记录变量的最新值。

（2）命名

在 Python 中使用变量时，需要遵守一些规则。违反这些规则将引发错误。请务必牢记下述有关变量的规则：

变量名只能包含字母、数字和下画线。变量名可以字母或下画线打头，但不能以数字打头，例如，可将变量命名为 message_1，但不能将其命名为 1_message。

变量名不能包含空格，但可使用下画线来分隔其中的单词。例如，变量名 greeting_message 可行，但变量名 greeting message 会引发错误。

（3）保留字

保留字（keyword）也称关键字，指被编程语言内部定义并保留使用的标识符。不要将 Python 关键字和函数名用作变量名，如 print。

Python 3.x 共有 35 个保留字，且区分大小写，如表 2-1 所示。

表2-1　Python 3.x的保留字

and	as	assert	break	class	continue	def
del	elif	else	except	False	finally	for
from	global	if	import	in	is	lambda
None	nonlocal	not	or	pass	raise	return
True	try	while	with	yield	async	await

3）数据类型

变量可以指定不同的数据类型，可以存储整数、小数或字符。Python 语言支持多种数据类型，包括数字类型、字符串类型，以及包括元组、集合、列表、字典等。

（1）数字类型

数字类型是用来表示数字或数值的数据类型。在 Python 语言中，数字类型分为 int（整数类型）、float（浮点数类型）、complex（复数类型）、bool（布尔型，0：False，1：True）。

在 Python 3 中，整数类型即为长整型，一般占 4 字节（32 位），没有取值范围限制，可正可负。整数类型数据的表示方式为十进制、十六进制、八进制和二进制等不同进制形式。例如，整数 123，可以表示如下：

十进制：123；

十六进制：0x7b；

八进制：0o173；

二进制：0b1111011。

浮点数类型用来处理实数，即带有小数的数字。类似于 C 语言中的 double 类型，占 8 字节（64位），其中 52 位表示底，11 位表示指数，剩下的一位表示符号。Python 语言中的浮点数类型必须带有小数部分，小数部分可以是 0。例如，123.0 是浮点数。浮点数有两种表示方法：十进制形式的一般表示和科学记数法表示。例如，123.0，−123.，1.23e2，−1.23E2。

复数类型由实数部分和虚数部分构成，可以用 $a + bj$，或者 complex(a, b) 表示。复数的实部 a 和虚部 b 都是浮点型。其中 j 是复数的一个基本单位元素，被定义为 $j=\sqrt{-1}$，称为"虚数单位"。含有虚数单位的数称为复数。例如，12.3+4j，−5.6+7j，1.23e-4+56j。

布尔值和布尔代数的表示完全一致。一个布尔值只有 True、False 两种值，要么是 True，要么是 False。在 Python 中，可以直接用 True、False 表示布尔值（请注意大小写）。在 Python 中，None、任何数值类型中的 0、空字符串 ""、空元组 ()、空列表 []、空字典 {} 都被当作 False，其他对象均为 True。布尔值经常在条件判断中使用，例如，12 > 3 布尔值为 True，4 > 5 布尔值为 False。布尔值还可以用 and、or 和 not 运算，例如，1 and 1 布尔值为 True，0 or 0 布尔值为 False，not 23 布尔值为 False。

内置的 type() 函数可以用来查询变量所指的对象类型。

```
>>> a, b, c, d = 20, 5.5, True, 4+3j
>>> print(type(a), type(b), type(c), type(d))
<class 'int'> <class 'float'> <class 'bool'> <class 'complex'>
```

（2）字符串类型

字符串是字符的序列表示，是 Python 中最常用的数据类型，其用途也很多。可以使用单引号"'"或者双引号""""来创建单行字符串。例如：

```
>>> a = '123'
>>> type(a)
<class 'str'>
```

创建多行字符串则使用三单引号 """" 或三双引号 """""" 作为边界来表示，两者作用相同。如果字符串内部既包含 "'" 又包含 """，则需要用转义字符 \（反斜杠）来标识。例如：

```
>>> print('I\'m \"OK\"!')
I'm "OK"!
```

转义字符 \ 还可以转义很多字符，如 \n 表示换行，\t 表示制表符（Tab），\\ 表示字符 \。

反斜杠除了表示转义字符还可以用作续行。续行符用来将一行较长（过长的代码会导致编译器无法有效地编写）的代码分写在连续的不同行上。例如：

```
>>> if( a > 100 and a < 1000 ) or \
>>>        ( a < -100 and a > -1000) :
>>>        print( "OK" )
```

字符串是不可修改的。可以对字符串进行索引、切片、长度、遍历、删除、分隔、清除空白、大小写转换、判断以什么开头等操作。

4）语句元素——表达式

表达式一般由数据和操作符等构成，以表达单一功能为目的，类似数学中的计算公式，运算后产生运算结果，操作符或运算符决定运算结果的类型。

Python 运算符包括算术运算符、赋值运算符、关系运算符、逻辑运算符、位运算符、成员运算符和身份运算符。

Python 运算符优先级（由高到低）如下：

**：指数（最高优先级）；

~、+、-：按位翻转、一元加号和减号（正负号）；

*、/、%、//：乘、除、取模和取整除；

+、-：加法减法；

>>、<<：右移、左移运算符；

&、^、|：位运算符；

<=、< >、>=：比较运算符；

==、!=：等于运算符；

=、%=、/=、//=、-=、+=、*=、**=：赋值运算符；

is、is not：身份运算符；

in、not in：成员运算符；

not、or、and：逻辑运算符。

另外，小括号 () 可以改变优先级，有小括号的情况优先计算小括号中的表达式。

下面先来介绍算术运算符和赋值运算符。

（1）算术运算符与算术表达式

算术运算符包括四则运算符、求模运算符和幂运算符。

Python 中的除法运算（Python 3.x）进行浮点数计算，也就是说 x/y 返回的结果是浮点数。% 为取模运算，x%y 的结果是将 x 除以 y 的余数。如果要从整数相除中得到一个整数，丢弃任何小数部分，可以使用另一个操作符 "//"。例如：

```
x = 5
y = 3
a = 4
b = 2
print(x + y)      # 结果为 8
print(x - y)      # 结果为 2
print(x * y)      # 结果为 15
print(x / y)      # 结果为 1.6666666666666667, 不同的机器浮点数的结果可能不同
print(x // y)     # 向下取整结果为 1
print(x % y)      # 两数相除取余结果为 2
print(x ** y)     # 5 的 3 次幂结果为 125
print(a / b)      # 结果为浮点数 2.0
print(a % b)      # 取余结果为 0
print(a // b)     # 取整结果为 2
```

需要注意的是，结果包含的小数位数可能是不确定的：

```
>>> 0.2 + 0.1
0.30000000000000004
>>> 3 * 0.1
0.30000000000000004
```

这个情况称为浮点数运算的"不确定尾数"，即两个浮点数运算，有一定概率在运算结果后增加一些"不确定的"尾数。可能会造成如下情况：

```
>>> 0.2 + 0.1 == 0.3
False
```

为了解决这一困扰，可以使用 round() 函数去掉不确定尾数。round(x,d) 是一个四舍五入函数，能够对 x 进行四舍五入操作，其中参数 d 指定保留的小数位数。

```
>>> round( 0.2 + 0.1, 3 ) == 0.3
True
```

另外，算术运算可能改变结果的数据类型，类型的改变与运算符有关，有如下基本规则：

①整数和浮点数混合运算，输出结果是浮点数。

②整数之间运算，产生结果类型与操作符相关，除法运算（/）的结果是浮点数。

③整数或浮点数与复数运算，输出结果是复数。

（2）赋值运算符及表达式

Python 中的变量不需要声明，变量的赋值操作即是变量声明和定义的过程。每个变量在内存中创建，都包括变量的标识、名称和数据等信息。每个变量在使用前都必须赋值，变量赋值以后该变量才会被创建。等号（＝）用来给变量赋值。等号运算符左边是一个变量名，等号运算符右边是存储在变量中的值。例如：

```
counter = 100        # 赋值整型变量
miles = 1000.0       # 浮点型
name = "John"        # 字符串
print(counter)
print(miles)
print(name)
```

以上实例中，100、1000.0、"John" 分别赋值给 counter、miles、name 变量。执行以上程序会输出如下结果：

```
100
1000.0
John
```

Python 允许同时为多个变量赋值：

```
>>> a = b = c = 1
```

以上实例，创建一个整型对象，值为 1，三个变量被分配到相同的内存空间上。也可以为多个对象指定多个变量，即同步赋值：

```
>>> a, b, c = 1, 2, "john"
```

以上实例，两个整型对象 1 和 2 分配给变量 a 和 b，字符串对象 "john" 分配给变量 c。

同步赋值还可以实现互换变量的值。例如，互换变量 x 和 y 的值：

```
>>>x, y = y, x
```

Python 中提供了如表 2-2 所示赋值运算符。

表2-2 赋值运算符

运算符	表达式	说　　明
=	c = a + b	简单赋值运算符，将 a + b 的运算结果赋值为 c
+=	c += a	加法赋值运算符 c += a 等效于 c = c + a
-=	c -= a	减法赋值运算符 c -= a 等效于 c = c - a
*=	c *= a	乘法赋值运算符 c *= a 等效于 c = c * a
/=	c /= a	除法赋值运算符 c /= a 等效于 c = c / a
%=	c %= a	取模赋值运算符 c %= a 等效于 c = c % a
//=	c //= a	取整除赋值运算符 c //= a 等效于 c = c // a
**=	c **= a	幂赋值运算符 c **= a 等效于 c = c ** a

以下用实例演示了 Python 所有赋值运算符的操作：

```
a = 21
b = 10
c = 0
c = a + b
print("Line 1 - Value of c is ", c)
c += a
print("Line 2 - Value of c is ", c)
c *= a
print("Line 3 - Value of c is ", c)
c /= a
print("Line 4 - Value of c is ", c)
c = 2
c %= a
print("Line 5 - Value of c is ", c)
c **= a
print("Line 6 - Value of c is ", c)
c //= a
print("Line 7 - Value of c is ", c)
```

输出结果：

```
Line 1 - Value of c is 31
Line 2 - Value of c is 52
Line 3 - Value of c is 1092
Line 4 - Value of c is 52
Line 5 - Value of c is 2
Line 6 - Value of c is 2097152
Line 7 - Value of c is 99864
```

5）基本输入 / 输出函数

（1）input() 函数

函数 input() 让程序暂停运行，等待用户输入一行内容，无论用户输入什么，input() 函数都以字符串类型返回结果。获取用户输入后，Python 将其存储在一个变量中，以方便用户使用。

例如，下面的程序让用户输入一些文本，再将这些文本呈现给用户：

parrot.py：

```
message = input("Tell me something, and I will repeat it back to you: ")
print(message)
```

函数 input() 接收一个参数，即要向用户显示的提示或说明，让用户知道该如何做。在这个示例中，Python 运行第 1 行代码时，用户将看到提示 "Tell me something, and I will repeat it back to you."。程序等待用户输入，并在用户按【Enter】键后继续运行。输入存储在变量 message 中，接下来的 print(message) 将输入呈现给用户：

```
Tell me something, and I will repeat it back to you: Hello everyone!
Hello everyone!
```

每当使用函数 input() 时，都应指定清晰易懂提示，准确地指出希望用户提供什么样的信息，如下所示：

greeter.py：

```
name = input("Please enter your name: ")
print("Hello, " + name + "!")
```

通过在提示末尾（这里是冒号后面）包含一个空格，可将提示与用户输入分开，让用户清楚地知道其输入始于何处，如下所示：

```
Please enter your name: Eric
Hello, Eric!
```

有时候，提示可能超过一行，例如，可能需要指出获取特定输入的原因。在这种情况下，可将提示存储在一个变量中，再将该变量传递给函数 input()。这样，即便提示超过一行，input() 语句也非常清晰。例如：

greeter.py：

```
prompt = "If you tell us who you are, we can personalize the messages you see."
prompt += "\nWhat is your first name? "
name = input(prompt)
print("\nHello, " + name + "!")
```

这个示例演示了一种创建多行字符串的方式。第 1 行将消息的前半部分存储在变量 prompt 中；在第 2 行中，运算符 += 在存储在 prompt 中的字符串末尾附加一个字符串。 最终的提示横跨两行，并在问号后面包含一个空格，这也是出于清晰考虑：

```
If you tell us who you are, we can personalize the messages you see.
What is your first name? Eric
Hello, Eric!
```

当然，input() 函数的提示文字不是完成输入的强制性条件，程序也可以不设置提示性文字而直接使用 input() 获取输入。例如：

```
>>>x = input()
123
>>>x
'123'
```

（2）eval() 函数

eval() 函数用来执行将一个字符串表达式最外侧的引号去掉，并按 Python 语句方式执行去掉引号后字符的内容返回表达式的值。

eval() 方法的语法：

```
eval(expression[, globals[, locals]])
```

参数说明：

expression：表达式。

globals：变量作用域，全局命名空间，如果提供，则必须是一个字典对象。

locals：变量作用域，局部命名空间，如果提供，可以是任何映射对象。

eval() 方法返回表达式计算结果。

以下展示了使用 eval() 方法的实例：

```
>>>x = 7
>>> eval( '3 * x' )
21
>>> eval('pow(2,2)')
4
>>> eval('2 + 2')
4
>>> n=81
>>> eval("n + 4")
85
```

eval() 函数经常和 input() 函数一起使用，用来获取用户输入的数字。此时，用户输入的数字包括小数和负数，input() 解析为字符串，经由 eval() 去掉字符串引号，将被直接解析为数字保存到变量中。

```
>>>a = eval( input("请输入：") )
请输入：123.456
>>> print( a + 7 )
130.456
```

（3）print() 函数

print() 函数用于输出运算结果。根据输出内容的不同可以有以下用法：

①字符串和数值类型可以直接输出：

```
>>> print(1)
1
>>> print("Hello World")
Hello World
```

对于字符串，print() 函数输出后将去掉两侧双引号或单引号，其他类型则直接输出表示。
②输出变量：

无论什么类型（如数值、布尔、列表、字典等）都可以直接输出：

```
>>> x = 12
>>> print(x)
12
>>> s = 'Hello'
>>> print(s)
Hello
>>> L = [1,2,'a']
>>> print(L)
[1, 2, 'a']
>>> t = (1,2,'a')
>>> print(t)
(1, 2, 'a')
>>> d = {'a':1, 'b':2}
>>> print(d)
{'a': 1, 'b': 2}
```

③格式化输出：

```
>>> s
'Hello'
>>> x = len(s)
>>> print("The length of %s is %d" % (s,x))
The length of Hello is 5
```

对格式化输出的总结：

● % 字符：标记转换说明符的开始。

● 转换标志：- 表示左对齐；+ 表示在转换值之前要加上正负号；" "（空白字符）表示正数之前保留空格；0 表示转换值若位数不够则用 0 填充。

● 最小字段宽度：转换后的字符串至少应该具有该值指定的宽度。如果是 *，则宽度会从值元组中读出。

● 点（.）后跟精度值：如果转换的是实数，精度值就表示出现在小数点后的位数。如果转换的是字符串，那么该数字就表示最大字段宽度。如果是 *，那么精度将从元组中读出。

● 字符串格式化转换类型：

d,i：带符号的十进制整数。

o：不带符号的八进制。

u：不带符号的十进制。

x：不带符号的十六进制（小写）。

X：不带符号的十六进制（大写）。

e：科学计数法表示的浮点数（小写）。

E：科学计数法表示的浮点数（大写）。

f,F：十进制浮点数。

g：如果指数大于 -4 或者小于精度值则和 e 相同，其他情况和 f 相同。

G：如果指数大于 -4 或者小于精度值则和 E 相同，其他情况和 F 相同。

C：单字符（接收整数或者单字符字符串）。

r：字符串（使用 repr 转换任意 Python 对象）。

s：字符串（使用 str 转换任意 Python 对象）。

3. 运行程序时发生的情况

运行程序时，Python 都做了些什么呢？下面来深入研究一下。实际上，即便是运行简单的程序，Python 所做的工作也相当多。

hello_world.py：

```
>>> print("Hello Python world!")
Hello Python world!
```

运行文件 hello_world.py 时，末尾的 .py 指出这是一个 Python 程序，因此编辑器将使用 Python 解释器来运行它。Python 解释器读取整个程序，确定其中每个单词的含义。例如，看到单词 print 时，解释器就会将括号中的内容打印到屏幕，而不会管括号中的内容是什么。

编写程序时，编辑器会以各种方式突出程序的不同部分。例如，它知道 print 是一个函数的名称，因此将其显示为蓝色；它知道 "Hello Python world!" 不是 Python 代码，因此将其显示为橙色。这种功能称为语法突出，在用户刚开始学习编写程序时很有帮助。

除此之外，程序员都会犯错。虽然优秀的程序员也会犯错，但他们知道如何高效地消除错误。下面来看一种可能会犯的错误，并学习如何消除它。

下面将有意地编写一些引发错误的代码。请输入下面的代码，包括其中以粗体显示但拼写不正确的单词 mesage：

```
>>> message = "Hello Python Crash Course reader!"
>>> print(mesage)
```

程序存在错误时，Python 解释器将竭尽所能地帮助用户找出问题所在。程序无法成功运行时，解释器会提供一个 traceback。traceback 是一条记录，指出了解释器尝试运行代码时在什么地方陷入了困境。下面是错误拼写变量名时 Python 解释器提供的 traceback：

```
Traceback (most recent call last):
    File "hello_world.py", line 2, in <module>
        print(mesage)
    NameError: name 'mesage' is not defined
```

解释器指出，文件 hello_world.py 的第 2 行存在错误；它列出了这行代码，旨在帮助用户快速找出错误；它还指出了发现的是什么样的错误。在这里，解释器发现了一个名称错误，并指出打印的变量 mesage 未定义：Python 无法识别提供的变量名。名称错误通常意味着两种情况：要么是使用变量前忘记了给它赋值；要么是输入变量名时拼写不正确。

在这个示例中，第 2 行的变量名 message 中遗漏了字母 s。Python 解释器不会对代码做拼写检查，但要求变量名的拼写一致。例如，如果在代码的另一个地方也将 message 错误地拼写成了 mesage，结果将如何呢？

```
>>> mesage = "Hello Python Crash Course reader!"
>>> print(mesage)
Hello Python Crash Course reader!
```

计算机一丝不苟，但不关心拼写是否正确。因此，创建变量名和编写代码时，无须考虑英语中的拼写和语法规则。

语法错误是一种时常会遇到的错误。程序中包含非法的 Python 代码时，就会导致语法错误。例如，在用单引号括起的字符串中，如果包含撇号，就将导致错误。这是因为，这会导致

Python 将第一个单引号和撇号之间的内容视为一个字符串，进而将余下的文本视为 Python 代码，从而引发错误。

下面演示了如何正确地使用单引号和双引号：

apostrophe.py：

```
>>> message = "One of Python's strengths is its diverse community."
>>> print(message)
```

撇号位于两个双引号之间，因此 Python 解释器能够正确地理解这个字符串：

```
One of Python's strengths is its diverse community.
```

然而，如果使用单引号，Python 将无法正确地确定字符串的结束位置：

```
>>> message = 'One of Python's strengths is its diverse community.'
>>> print(message)
```

将看到如下输出：

```
  File "apostrophe.py", line 1 message = 'One of Python's strengths is
its diverse community.' SyntaxError: invalid syntax
```

从上述输出可知，错误发生在第二个单引号后面。这种语法错误表明，在解释器看来，其中的有些内容不是有效的 Python 代码。

错误的来源多种多样，这里指出一些常见的。学习编写 Python 代码时，可能会经常遇到语法错误。语法错误也是最不具体的错误类型，因此可能难以找出并修复。

注意：编写程序时，编辑器的语法突出功能可帮助用户快速找出某些语法错误。看到 Python 代码以普通句子的颜色显示，或者普通句子以 Python 代码的颜色显示时，就可能意味着文件中存在引号不匹配的情况。

4. 查看关键字

可通过以下命令查看 python 有多少关键字。

```
>>> import keyword
>>> keyword.kwlist
['and', 'as', 'assert', 'break', 'class', 'continue', 'def', 'del',
'elif', 'else', 'except', 'exec', 'finally', 'for', 'from', 'global',
'if', 'import', 'in', 'is', 'lambda', 'not', 'or', 'pass', 'print',
'raise', 'return', 'try', 'while', 'with', 'yield']
```

2.1.4　成绩等级评定

能否根据输入的时间判断出该学员成绩所处等级？

2.2　单人3 000 m成绩评定

2.2.1　根据成绩判断等级

在根据学员完成 3 000 m 长跑的时间计算出相应成绩的基础上，增加功能：根据成绩判断所处等级。

2.2.2　分支结构的运用

利用分支语句，根据判断条件选择程序的执行路径。

判断成绩等级流程图如图 2-2 所示。

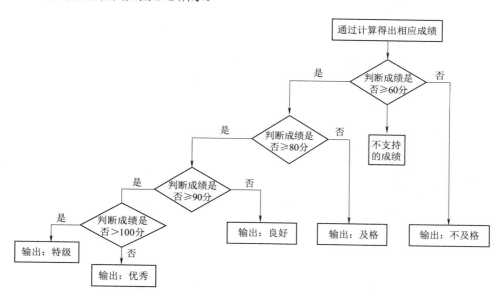

图2-2　判断成绩等级流程图

程序 1（使用单分支结构）：

```
"""
     功能：3 000 m成绩统计
     版本：0.2
     增加：根据成绩评定单项等级（单分支）
"""

# 3 000 m成绩输入
str_time = input('请输入完成3 000 m跑步时间 (**.**分）：')

# 将字符串转换成数字
time = eval(str_time)

# 换算为秒
final = time*60
scores = int(55 + (820 - final) / 14.4 * 5)

# 输出结果
print('3 000 m跑步成绩为：',scores)

#使用单分支结构
if scores > 100:
    grade = '特级'
if scores <= 100 and scores >= 90:
    grade = '优秀'
if scores < 90 and scores >= 80:
    grade = '良好'
if scores < 80 and scores >= 60:
    grade = '及格'
```

```
if scores < 60:
    grade = '不及格'

# 输出等级
print('3 000 m跑步评定为：',grade)
```

程序2（使用多分支结构）：

```
"""
    功能：3 000 m成绩统计
    版本：0.2
    增加：根据成绩评定单项等级（多分支）
"""

# 3 000 m成绩输入
str_time = input('请输入完成3 000 m跑步时间 (**.**分)：')

# 将字符串转换成数字
time = eval(str_time)

# 换算为秒
final = time*60
scores = int(55 + (820 - final) / 14.4 * 5)

# 输出结果
print('3 000 m跑步成绩为：', scores)

# 使用多分支结构
if scores > 100:
    grade = '特级'
elif scores >= 90:
    grade = '优秀'
elif scores >= 80:
    grade = '良好'
elif scores >= 60:
    grade = '及格'
else:
    grade = '不及格'

# 输出等级
print('3 000 m跑步评定为：', grade)
```

2.2.3　if语句

1. 程序流程图

描述一个计算问题的程序过程有很多种方式，常用的有流程图、IPO、N-S图、伪代码或程序代码。本节中将使用流程图介绍程序的三种控制结构。

"程序流程图"常简称"流程图"，是一种传统的算法表示法，程序流程图是人们对解决问题的方法、思路或算法的一种描述。它利用图形化的符号框来代表各种不同性质的操作，并用流程线来连接这些操作。在程序的设计（在编码之前）阶段，通过画流程图，可以帮助理清程序思路。程序流程图的元素如图2-3所示。

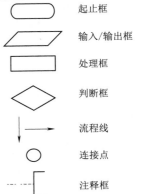

	起止框
	输入/输出框
	处理框
	判断框
	流程线
	连接点
	注释框

图2-3　程序流程图的元素

各元素的含义：

①起止框：表示程序逻辑的开始或结束。

②输入／输出框：表示程序中的数据输入或结果输出。

③处理框：表示一组处理过程，对应于顺序执行的程序逻辑。

④判断框：表示一个判断条件，并根据判断结果选择不同的执行路径。

⑤流向线：表示程序的控制流，以带箭头直线或曲线表达程序的执行路径。

⑥连接点：表示多个流程图的连接方式，常用于将多个较小流程图组织成较大流程图。

⑦注释框：表示程序的注释。

2. 程序的三种控制结构

程序的控制结构是用来控制程序语句的执行次序。三种基本控制结构有顺序结构、分支结构和循环结构。任何程序都是由这三种基本结构组合而成的，可以解决所有的问题。

顺序结构表示程序中的各操作是按照它们出现的先后顺序执行的，是按照线性顺序依次执行的一种运行方式。

分支结构又称选择结构。当程序执行到控制分支的语句时，首先判断条件，根据条件表达式的值选择相应的语句执行（放弃另一部分语句的执行）。分支结构包括单分支、双分支和多分支三种形式。

循环结构表示程序反复执行某个或某些操作，直到某条件为假（或为真）时才可终止循环，实现有规律的重复计算处理。在循环结构中最主要的是：什么情况下执行循环？哪些操作需要循环执行？即循环结构的三个要素：循环变量、循环体和循环终止条件。循环结构的基本形式有两种：当型循环和直到型循环。

3. 程序的分支结构及判断条件

1）单分支结构

单分支结构流程图如图2-4所示。

使用方法：

```
if<条件>:
    <语句块>
```

2）二分支结构：

二分支结构流程图如图2-5所示。

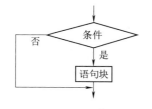 

图2-4　单分支结构流程图　　　　图2-5　二分支结构流程图

使用方法：

```
if<条件>:
    <语句块1>
else:
    <语句块2>
```

3）多分支结构：

多分支结构流程图如图 2-6 所示。

使用方法：

```
if< 条件 1>:
    < 语句块 1>
elif< 条件 2>:
    < 语句块 2>
    …
else:
    < 语句块 N>
```

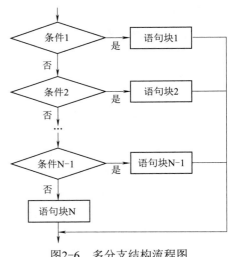

4）判断条件及组合（关系运算逻辑运算）

每条 if 语句的核心都是一个值为 True 或 False 的表达式，这种表达式称为判断条件。Python 根据判断条件的值来决定是否执行 if 语句中的语句块。

组成判断条件的表达式可以有很多，只要最终能运算出值 True 或 False 即可。最常用的有关系运算、逻辑运算及其组合。

图2-6　多分支结构流程图

（1）关系运算符和关系表达式

关系运算符是对两个对象进行比较。

```
a = 4
b = 2
c = 2
print(a == b)   #False
print(a != b)   #True
print(a > b)    #True
print(a < b)    #False
print(a >= b)   #True
print(c <= b)   #True
```

（2）逻辑运算符与逻辑运算表达式

```
a = 4
b = 2
c = 0
print(a>b and b>c)   #a>b 为 True 继续计算 b>c，b>c 也为 True 则结果为 True
print(a>b and b<c)   #a>b 为 True 继续计算 b<c，b<c 结果为 False 则结果为 False
print(a>b or c<b)    #a>b 为 True 则不继续计算 c<b，结果为 True
print(not c<b)       #c<b 为 True，not True 结果为 False
print(not a<b)       #a<b 为 False，not False 结果为 True
```

Python 语言中，任何非零的数值、非空的数据类型都等价于 True，0 或空类型等价于 False，可以直接用作判断条件。

（3）示例详解

①检查是否相等。

大多数条件测试都将一个变量的当前值同特定值进行比较。最简单的判断条件检查变量的值是否与特定值相等：

```
>>> car = 'bmw'
>>> car == 'bmw'
True
```

首先使用一个等号将 car 的值设置为 'bmw'。接下来，使用两个等号（==）检查 car 的值是否为 'bmw'。这个相等运算符在它两边的值相等时返回 True，否则返回 False。在这个示例中，两边的值相等，因此返回 True。 如果变量 car 的值不是 'bmw'，则上述判断将返回 False：

```
>>> car = 'audi'
>>> car == 'bmw'
False
```

一个等号是陈述，可解读为"将变量 car 的值设置为 'audi'"。两个等号是发问，可解读为"变量 car 的值是 'bmw' 吗？"。大多数编程语言使用等号的方式都与这里演示的相同。

②检查是否相等时不考虑大小写。

在 Python 中检查是否相等时区分大小写。例如，两个大小写不同的值会被视为不相等：

```
>>> car = 'Audi'
>>> car == 'audi'
False
```

如果大小写很重要，这种行为有其优点。但如果大小写无关紧要，而只想检查变量的值，那么可将变量的值转换为小写，再进行比较：

```
>>> car = 'Audi'
>>> car.lower() == 'audi'
True
```

无论值 'Audi' 的大小写如何，上述判断都将返回 True，因为该判断不区分大小写。函数 lower() 不会修改存储在变量 car 中的值，因此进行这样的比较时不会影响原来的变量：

```
>>> car = 'Audi'
>>> car.lower() == 'audi'
True
>>> car
'Audi'
```

将首字母大写的字符串 'Audi' 存储在变量 car 中，获取变量 car 的值并将其转换为小写，再将结果与字符串 'audi' 进行比较。这两个字符串相同，因此 Python 返回 True。从输出可知，这个判断并没有影响存储在变量 car 中的值。

③检查是否不相等。

要判断两个值是否不等，可结合使用惊叹号（!）和等号（!=），其中的惊叹号表示不，在很多编程语言中都如此。

下面通过 if 语句来演示如何使用不等运算符。把要求的比萨配料存储在一个变量中，再打印一条消息，指出顾客要求的配料是否是意式小银鱼（anchovies）：

toppings.py：

```
requested_topping = 'mushrooms'
if requested_topping != 'anchovies':
    print("Hold the anchovies!")
```

将 requested_topping 的值与 'anchovies' 进行比较，如果它们不相等，Python 将返回 True，进而执行紧跟在 if 语句后面的代码；如果这两个值相等，Python 将返回 False，因此不执行紧跟在 if 语句后面的代码。 由于 requested_topping 的值不是 'anchovies'，因此执行 print 语句：

```
Hold the anchovies!
```

大多数条件表达式都检查两个值是否相等，但有时候检查两个值是否不等的效率会更高。

④比较数字。

检查数值非常简单。例如，下面的代码检查一个人是否是 18 岁：

```
>>> age = 18
>>> age == 18
True
```

还可以检查两个数字是否不等。例如，下面的代码在提供的答案不正确时打印一条消息：

```
magic_number.py
answer = 17
  if answer != 42:
    print("That is not the correct answer. Please try again!")
```

answer（17）不是 42，条件得到满足，因此缩进的代码块得以执行：

```
That is not the correct answer. Please try again!
```

条件语句中可包含各种数学比较，如小于、小于等于、大于、大于等于：

```
>>> age = 19
>>> age < 21
True
>>> age <= 21
True
>>> age > 21
False
>>> age >= 21
False
```

在 if 语句中可使用各种数学比较，这让用户能够直接检查关心的条件。

⑤检查多个条件。

有时需要同时检查多个条件。例如，有时需要在两个条件都为 True 时才执行相应的操作，而有时只要求一个条件为 True 时就执行相应的操作。在这些情况下，可使用关键字 and 和 or。

● 使用 and 检查多个条件。

要检查是否两个条件都为 True，可使用关键字 and 将两个判断条件合而为一；如果每个判断条件都为 True，整个表达式就为 True；如果至少有一个判断条件为 False，整个表达式就为 False。

例如，要检查是否两个人都不小于 21 岁，可使用下面的判定：

```
>>> age_0 = 22
>>> age_1 = 18
>>> age_0 >= 21 and age_1 >= 21
False
>>> age_1 = 22
>>> age_0 >= 21 and age_1 >= 21
True
```

定义了两个用于存储年龄的变量：age_0 和 age_1，检查这两个变量是否都大于等于 21；左边的判定条件为 True，但右边的判定条件为 False，因此整个条件表达式的结果为 False。将 age_1 改为 22，这样 age_1 的值大于 21，因此两个判定条件都为 True，整个条件表达式的结果为 True。

为改善可读性，可将每个判定条件都分别放在一对小括号内，但并非必须这样做。如果使用括号，判定条件将类似于下面这样：

```
(age_0 >= 21) and (age_1 >= 21)
```

● 使用 or 检查多个条件。

关键字 or 也能够用于检查多个条件，但只要至少有一个条件满足，就能使整个判定条件判定为 True。仅当两个条件都为 False 时，使用 or 的表达式才为 False。

下面再次检查两个人的年龄，但检查的条件是至少有一个人的年龄不小于 21 岁：

```
>>> age_0 = 22
>>> age_1 = 18
>>> age_0 >= 21 or age_1 >= 21
True
>>> age_0 = 18
>>> age_0 >= 21 or age_1 >= 21
False
```

同样，首先定义了两个用于存储年龄的变量。由于对 age_0 的判断已为 True，因此整个表达式的结果为 True。接下来，将 age_0 减小为 18；测试中，两个条件都为 False，因此整个表达式的结果为 False。

⑥布尔表达式。

随着对编程的了解越来越深入，将遇到布尔表达式，它可以理解为判断条件的别名。与条件表达式一样，布尔表达式的结果要么为 True，要么为 False。

布尔值通常用于记录条件，如程序是否正在运行，或用户是否可以编辑网站的特定内容：

```
>>> project_active = True
>>> can_edit = False
```

在跟踪程序状态或程序中重要的条件方面，布尔值提供了一种高效的方式。

4. if 语句

理解判断条件后，就可以开始编写 if 语句了。if 语句有很多种，选择使用哪种取决于要测试的条件数。

（1）简单的 if 语句

最简单的 if 语句只有一个判断和一个操作：

```
if conditional_test:
    do something
```

在第 1 行中，可包含任何判断条件，而在紧跟在判断后面的缩进代码块中，可执行任何操作。

如果判断条件的结果为 True，Python 就会执行紧跟在 if 语句后面的代码；否则 Python 将忽略这些代码。

假设有一个表示某人年龄的变量，想知道这个人是否够投票的年龄，可使用如下代码：

```
>>> age = 19
>>> if age >= 18:
>>>    print("You are old enough to vote!")
```

Python 检查变量 age 的值是否大于或等于 18；答案是肯定的，因此 Python 执行缩进的 print 语句：

```
You are old enough to vote!
```

在 if 语句中，缩进的作用与 for 循环中相同。如果判断条件为 True，将执行 if 语句后面所有缩进的代码行，否则将忽略它们。

在紧跟在 if 语句后面的代码块中，可根据需要包含任意数量的代码行。下面在一个人够投票的年龄时再打印一行输出，问他是否登记了：

```
>>> age = 19
>>> if age >= 18:
>>>     print("You are old enough to vote!")
>>>     print("Have you registered to vote yet?")
```

判断条件为 True，而两条 print 语句都缩进了，因此它们都将执行：

```
You are old enough to vote!
Have you registered to vote yet?
```

如果 age 的值小于 18，这个程序将不会有任何输出。

（2）if...else 语句

经常需要在判断条件为 True 时执行一个操作，并在没有通过时执行另一个操作，在这种情况下，可使用 Python 提供的 if...else 语句。if...else 语句块类似于简单的 if 语句，但其中的 else 语句能够指定判断条件为 False 时要执行的操作。

下面的代码在一个人够投票的年龄时显示与前面相同的消息，同时在这个人不够投票的年龄时也显示一条消息：

```
>>> age = 17
>>> if age >= 18:
>>>     print("You are old enough to vote!")
>>>     print("Have you registered to vote yet?")
>>> else:
>>>     print("Sorry, you are too young to vote.")
>>>     print("Please register to vote as soon as you turn 18!")
```

如果判断条件为 True，就执行第一个缩进的 print 语句块；如果判断条件为 False，就执行 else 代码块。这次 age 小于 18，判断条件为 False，因此执行 else 代码块中的代码：

```
Sorry, you are too young to vote.
Please register to vote as soon as you turn 18!
```

上述代码之所以可行，是因为只存在两种情形：要么够投票的年龄，要么不够。if...else 结构非常适合用于要让 Python 执行两种操作之一的情形。在这种简单的 if...else 结构中，总是会执行两个操作中的一个。

（3）if...elif...else 结构

经常需要检查超过两个的情形，为此可使用 Python 提供的 if...elif...else 结构。Python 只执行 if...elif...else 结构中的一个代码块，它依次检查每个判断条件，直到遇到通过了的判断条件。判断条件为 True 后，Python 将执行紧跟在它后面的代码，并跳过余下的条件。

在现实世界中，很多情况下需要考虑的情形都超过两个。例如，来看一个根据年龄段收费的。

景区门票：

4 岁以下免费；

4~18 岁收费 15 元；

18 岁（含）以上收费 30 元。

如果只使用一条 if 语句，如何确定门票价格呢？下面的代码确定一个人所属的年龄段，并打印一条包含门票价格的消息：

```
tickets.py
age = 12
if age < 4:
    print("Your admission cost is ¥0.")
elif age < 18:
    print("Your admission cost is ¥15.")
else:
    print("Your admission cost is ¥30.")
```

if 条件表达式检查一个人是否不满 4 岁，如果是这样，Python 就打印一条合适的消息，并跳过余下的判断条件。elif 代码行其实是另一个 if 判定，它仅在前面的判断条件为 False 时才会运行。

在这里，这个人不小于 4 岁，因为第一个判断条件为 False。如果这个人未满 18 岁，Python 将打印相应的消息，并跳过 else 代码块。如果 if 判断条件和 elif 判断条件都为 False 时，Python 将运行 else 代码块中的代码。

在这个示例中，判断的结果为 False，因此不执行其代码块。然而，第二个判断的结果为 True（12 小于 18），因此将执行其代码块。输出为一个句子，向用户指出了门票价格：

```
Your admission cost is ¥15.
```

只要年龄超过 17 岁，前两个判断条件都会为 False。在这种情况下，将执行 else 代码块，指出门票价格为 30 元。

为让代码更简洁，可不在 if...elif...else 代码块中打印门票价格，而只在其中设置门票价格，并在它后面添加一条简单的 print 语句：

```
age = 12
if age < 4:
  price = 0
elif age < 18:
  price = 15
else:
  price = 30
print("Your admission cost is ¥" + str(price) + ".")
```

根据人的年龄设置变量 price 的值。在 if...elif...else 结构中设置 price 的值后，一条未缩进的 print 语句会根据这个变量的值打印一条消息，指出门票的价格。

这些代码的输出与前一个示例相同，但 if...elif...else 结构的作用更小，它只确定门票价格，而不是在确定门票价格的同时打印一条消息。除效率更高外，这些修订后的代码还更容易修改：要调整输出消息的内容，只需修改一条而不是三条 print 语句。

（4）使用多个 elif 代码块

可根据需要使用任意数量的 elif 代码块。例如，假设前述景区要给老年人打折，可再添加一个判断条件，判断顾客是否符合打折条件。下面假设对于 65 岁（含）以上的老人，可以半价（即 15 元）购买门票：

```
age = 12
if age < 4:
    price = 0
elif age < 18:
```

```
        price = 15
elif age < 65:
        price = 30
else:
        price = 15
print("Your admission cost is ¥" + str(price) + ".")
```

这些代码大都未变。第二个 elif 代码块通过检查确定年龄不到 65 岁后，才将门票价格设置为全票价格——30 元。请注意，在 else 代码块中，必须将所赋的值改为 15，因为仅当年龄超过 65（含）时，才会执行这个代码块。示例中省略 else 代码块，Python 并不要求 if...elif 结构后面必须有 else 代码块。在有些情况下，else 代码块很有用；而在其他一些情况下，使用一条 elif 语句来处理特定的情形更为清晰：

```
age = 12
if age < 4:
        price = 0
elif age < 18:
        price = 15
elif age < 65:
        price = 30
elif age >= 65:
        price = 15
print("Your admission cost is ¥" + str(price) + ".")
```

elif 代码块在顾客的年龄超过 65（含）时，将价格设置为 15 元，这比使用 else 代码块更清晰些。经过这样的修改后，每个代码块都仅在通过了相应的测试时才会执行。

else 是一条包罗万象的语句，只要不满足任何 if 或 elif 中的条件测试，其中的代码就会执行，这可能会引入无效甚至恶意的数据。如果知道最终要测试的条件，应考虑使用一个 elif 代码块来代替 else 代码块。这样，就可以肯定仅当满足相应的条件时代码才会执行。

总之，如果只想执行一个代码块，就使用 if...elif...else 结构；如果要运行多个代码块，就使用一系列独立的 if 语句。

2.2.4　评定多名学生等级

目前程序计算完一次即结束，如需计算不同成绩需要重复运行本程序，是否可以实现程序一直运行，计算多名学员的成绩，直至选择退出才结束程序？

2.3　任意次评定单项科目成绩

2.3.1　程序持续运行直至用户选择退出

在根据学员完成 3 000 m 长跑的时间计算出相应成绩，根据成绩判断所处等级的基础上，增加功能：使程序可以一直运行，直到用户选择退出。

2.3.2　循环语句的运用

流程图如图 2-7 所示。

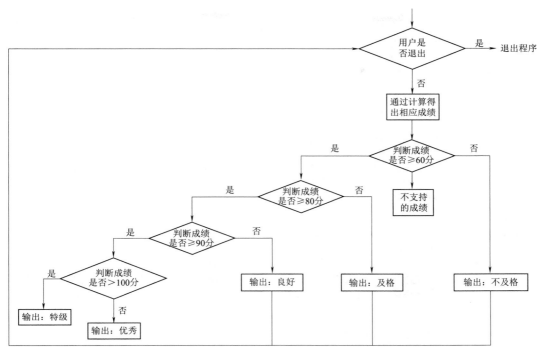

图2-7 流程图

程序1：

```
"""
    功能：3 000 m成绩统计
    版本：0.3
    增加：循环（无限循环）输入多名学员的3 000 m跑步时间，进行计算与评定，直至用户决定退出
"""

# 3 000 m成绩输入
str_time = input('请输入完成3 000 m跑步时间（**.**分）（退出程序请输入Q）：')

# 循环变量，赋值使其类型为整型
i = 0
while str_time != 'Q':

    # 循环变量递增计数
    i = i + 1

    # 将字符串转换成数字
    time = eval(str_time)

    # 换算为秒
    final = time*60
    scores = int(55 + (820 - final) / 14.4 * 5)

    # 输出结果
    print('3 000 m跑步成绩为：', scores)

    # 使用多分支结构
```

```
    if scores > 100:
        grade = '特级'
    elif scores >= 90:
        grade = '优秀'
    elif scores >= 80:
        grade = '良好'
    elif scores >= 60:
        grade = '及格'
    else:
        grade = '不及格'
    print('3 000 m跑步评定为：', grade)
    str_time = input('请输入完成3 000 m跑步时间 (**.** 分) (退出程序请输入Q)：')
print('共评定学员人数为：', i)
print('程序已退出！')
```

程序2：

```
"""
    功能：3 000 m成绩统计
    版本：0.3
    增加：循环（无限循环）输入多名学员的3 000 m跑步时间，进行计算与评定，直至用户决定退出
         改变循环条件书写样式，使用break语句结束循环
"""

# 循环变量，赋值使其类型为整型
i = 0
while True:
    # 3 000 m成绩输入
    str_time = input('请输入完成3 000 m跑步时间 (**.** 分) (退出程序请输入Q)：')

    # 判定是否满足结束循环条件
    if str_time == 'Q':
        break

    # 循环变量递增计数
    i = i + 1

    # 将字符串转换成数字
    time = eval(str_time)

    # 换算为秒
    final = time*60
    scores = int(55 + (820 - final) / 14.4 * 5)

    # 输出结果
    print('3 000 m跑步成绩为：', scores)

    # 使用多分支结构
    if scores > 100:
        grade = '特级'
    elif scores >= 90:
        grade = '优秀'
    elif scores >= 80:
        grade = '良好'
    elif scores >= 60:
        grade = '及格'
```

```
    else:
        grade = '不及格'
    print('3 000 m跑步评定为: ', grade)
print('共评定学员人数为: ', i)
print('程序已退出! ')
```

2.3.3 while语句

Python 语言的循环结构分为无限循环（while）和遍历循环（for）。

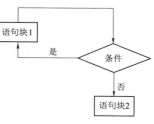

1. while 循环

while 循环流程图如图 2-8 所示。

使用方法：

图2-8 while 循环流程图

```
while <条件>:
    <语句块 1>
 <语句块 2>
```

当条件为真（True）时，执行语句块 1，语句块 1 执行完毕后再次判定条件，该过程将反复执行，直到条件为假（False）时，将退出循环判定而执行语句块 2。

可以使用 while 循环来计数。例如，下面的 while 循环从 1 数到 5：

counting.py：

```
current_number = 1
while current_number <= 5:
    print(current_number)
    current_number += 1
```

在第 1 行，将 current_number 设置为 1，从而指定从 1 开始数。接下来的 while 循环被设置成：只要 current_number 小于或等于 5，就接着运行这个循环。循环中的代码打印 current_number 的值，再使用代码 current_number += 1（代码 current_number = current_number + 1 的简写）将其值加 1。

只要满足条件 current_number <= 5，Python 就接着运行这个循环。由于 1 小于 5，因此 Python 打印 1，并将 current_number 加 1，使其为 2；由于 2 小于 5，因此 Python 打印 2，并将 current_number 加 1，使其为 3；依此类推。一旦 current_number 大于 5，循环将停止，整个程序也将到此结束：

```
1
2
3
4
5
```

很多程序中很可能就包含 while 循环。例如，监控系统游戏使用 while 循环，确保在用户想监控时不断运行，并在用户想终止时停止运行。因此，while 循环很有用。

无限循环也有一种扩展模式，使用方法是：

```
while  <条件>:
    <语句块 1>
else:
    <语句块 2>
```

在扩展模式下，while 循环正常执行完毕后，将继续执行 else 语句中的内容。因此可以在语句块 2 中放置评价循环执行情况的语句。

```
>>> i = 0
>>> str = 'abcd'
>>> while i < len(str)
>>>     print( str[ i ])
>>>     i = i + 1
>>> else:
>>>     s = '循环正常结束'
>>> print(s)
a
b
c
d
循环正常结束
```

2. for 循环

for 语句又称遍历循环，可以遍历任何序列的项目，比如列表、元组或者字符串等。

使用方法：

```
for  <循环变量>  in  <遍历结构>:
    <语句块>
```

for 语句是从遍历结构中逐一提取元素，放在循环变量中，对于每个所提取的元素执行一次语句块。for 语句循环体（语句块）执行次数是根据遍历结构中元素个数来确定的。

遍历循环也有扩展模式，使用方法如下：

```
for  <循环变量>  in  <遍历结构>:
    <语句块 1>
else:
    <语句块 2>
```

该扩展模式的执行方式与 while 循环扩展模式相同。还需要说明的是，只有执行完全部的循环而没有中途退出，才会执行 else 语句。

for 语句的具体使用将在后续章节详细介绍。

3. 让用户选择何时退出

可使用 while 循环让程序在用户愿意时不断地运行，如下面的程序 parrot.py 所示。我们在其中定义了一个退出值，只要用户输入的不是这个值，程序就接着运行：

parrot.py

```
>>> prompt = "\nTell me something, and I will repeat it back to you:"
>>> prompt += "\nEnter 'quit' to end the program. "
>>> message = ""
>>> while message != 'quit':
>>>     message = input(prompt)
>>>     print(message)
```

我们定义了一条提示消息，告诉用户有两个选择：要么输入一条消息，要么输入退出值（这里为 'quit'）。接下来，创建了一个变量 message，用于存储用户输入的值。将变量 message 的初始值设置为空字符串 ""，让 Python 首次执行 while 代码行时有可供检查的东西。Python 首次执行 while 语句时，需要将 message 的值与 'quit' 进行比较，但此时用户还没有输入。如果没有可供比较的东西，Python 将无法继续运行程序。为解决这个问题，必须给变量 message 指定一个初始值。虽然这个初始值只是一个空字符串，但符合要求，让 Python 能够执行 while 循环所需的比较。只要 message 的值不是 'quit'，这个循环就会不断运行。

首次遇到这个循环时，message 是一个空字符串，因此 Python 进入这个循环。执行到代码行 message = input(prompt) 时，Python 显示提示消息，并等待用户输入。不管用户输入是什么，都将存储到变量 message 中并打印出来；接下来，Python 重新检查 while 语句中的条件。只要用户输入的不是单词 'quit'，Python 就会再次显示提示消息并等待用户输入。等到用户终于输入 'quit' 后，Python 停止执行 while 循环，而整个程序也到此结束：

```
Tell me something, and I will repeat it back to you:
Enter 'quit' to end the program. Hello everyone!
Hello everyone!
Tell me something, and I will repeat it back to you:
Enter 'quit' to end the program. Hello again.
Hello again.
Tell me something, and I will repeat it back to you:
Enter 'quit' to end the program. quit
quit
```

这个程序美中不足的是，它将单词 'quit' 也作为一条消息打印了出来。为修复这种问题，只需使用一个简单的 if 测试：

```
>>> prompt = "\nTell me something, and I will repeat it back to you:"
>>> prompt += "\nEnter 'quit' to end the program. "
>>> message = ""
>>> while message != 'quit':
>>>     message = input(prompt)
>>>     if message != 'quit':
>>>         print(message)
```

现在，程序在显示消息前将进行简单的检查，仅在消息不是退出值时才打印它：

```
Tell me something, and I will repeat it back to you:
Enter 'quit' to end the program. Hello everyone!
Hello everyone!
Tell me something, and I will repeat it back to you:
Enter 'quit' to end the program. Hello again.
Hello again.
Tell me something, and I will repeat it back to you:
Enter 'quit' to end the program. quit
```

4. 使用标志

在前一个示例中，程序在满足指定条件时执行特定的任务。但在更复杂的程序中，很多不同的事件都会导致程序停止运行。在这种情况下，该怎么办呢？

例如，在程序运行中，多种事件都可能导致程序结束，如数据缺少、数据不规范等。导致程序结束的事件很多时，如果在一条 while 语句中检查所有这些条件，将既复杂又困难。

在要求很多条件都满足才继续运行的程序中，可定义一个变量，用于判断整个程序是否处于活动状态。这个变量称为标志，充当了程序的交通信号灯。可让程序在标志为 True 时继续运行，并在任何事件导致标志的值为 False 时让程序停止运行。这样，在 while 语句中就只需检查一个条件——标志的当前值是否为 True，并将所有测试（是否发生了应将标志设置为 False 的事件）都放在其他地方，从而让程序变得更为整洁。

下面来在前一节的程序 parrot.py 中添加一个标志。把这个标志命名为 active（可给它指定任何名称），它将用于判断程序是否应继续运行：

```
>>> prompt = "\nTell me something, and I will repeat it back to you:"
>>> prompt += "\nEnter 'quit' to end the program. "
>>> active = True
>>> while active:
>>>     message = input(prompt)
>>>     if message == 'quit':
>>>         active = False
>>>     else:
>>>         print(message)
```

我们将变量 active 设置成了 True，让程序最初处于活动状态。这样做简化了 while 语句，因为不需要在其中做任何比较——相关的逻辑由程序的其他部分处理。只要变量 active 为 True，循环就将继续运行。

在 while 循环中，在用户输入后使用一条 if 语句来检查变量 message 的值。如果用户输入的是 'quit'，就将变量 active 设置为 False，这将导致 while 循环不再继续执行；如果用户输入的不是 'quit'，就将输入作为一条消息打印出来。

这个程序的输出与前一个示例相同。在前一个示例中，将条件测试直接放在了 while 语句中，而在这个程序中，使用了一个标志来指出程序是否处于活动状态，这样如果要添加测试（如 elif 语句）以检查是否发生了其他导致 active 变为 False 的事件，将很容易。在复杂的程序中，如很多事件都会导致程序停止运行的游戏中，标志很有用：在其中的任何一个事件导致活动标志变成 False 时，主游戏循环将退出，此时可显示一条游戏结束消息，并让用户选择是否要重新玩。

5. 使用 break 退出循环

要立即退出 while 循环，不再运行循环中余下的代码，而不管条件测试的结果如何，可使用 break 语句。break 语句用于控制程序流程，可使用它来控制哪些代码行将执行，哪些代码行不执行，从而让程序按要求执行代码。

下面是一个让用户指出他到过哪些地方的程序。在这个程序中，我们可以在用户输入 'quit' 后使用 break 语句立即退出 while 循环：

cities.py：

```
prompt = "\nPlease enter the name of a city you have visited:"
prompt += "\n(Enter 'quit' when you are finished.) "
while True:
    city = input(prompt)
    if city == 'quit':
        break
    else:
        print("I'd love to go to " + city.title() + "!")
```

以 while True 打头的循环将不断运行，直到遇到 break 语句。这个程序中的循环不断输入用户到过的城市的名字，直到输入 'quit' 为止。用户输入 'quit' 后，将执行 break 语句，导致 Python 退出循环：

```
Please enter the name of a city you have visited:
(Enter 'quit' when you are finished.) New York
I'd love to go to New York!
Please enter the name of a city you have visited:
(Enter 'quit' when you are finished.) San Francisco
```

```
I'd love to go to San Francisco!
Please enter the name of a city you have visited:
(Enter 'quit' when you are finished.) quit
```

注意： 在任何 Python 循环中都可使用 break 语句。

6. 在循环中使用 continue

要返回到循环开头，并根据条件测试结果决定是否继续执行循环，可使用 continue 语句，它不像 break 语句那样不再执行余下的代码并退出整个循环。例如，来看一个从 1 数到 10，但只打印其中偶数的循环：

counting.py：

```
current_number = 0
while current_number < 10:
    current_number += 1
    if current_number % 2 == 0:
        continue
    print(current_number)
```

首先将 current_number 设置成 0，由于它小于 10，Python 进入 while 循环。进入循环后，以步长 1 的方式往上数，因此 current_number 为 1。接下来，if 语句检查 current_number 与 2 的求模运算结果。如果结果为 0（意味着 current_number 可被 2 整除），就执行 continue 语句，让 Python 忽略余下的代码，并返回循环的开头。如果当前的数字不能被 2 整除，就执行循环中余下的代码，Python 将这个数字打印出来：

```
1
3
5
7
9
```

7. 避免无限循环

每个 while 循环都必须有停止运行的途径，这样才不会没完没了地执行下去。例如，下面的循环从 1 数到 5：

counting.py：

```
x = 1
while x <= 5:
    print(x)
    x += 1
```

但如果像下面这样不小心遗漏了代码行 x += 1，那么这个循环将没完没了地运行：

```
# 这个循环将没完没了地运行！
>>> x = 1
>>> while x <= 5:
>>>     print(x)
```

在这里，x 的初始值为 1，但根本不会变，因此条件测试 x <= 5 始终为 True，导致 while 循环没完没了地打印 1，如下所示：

```
1
1
1
1
```

每个程序员都可能会因不小心而编写出无限循环，在循环的退出条件比较微妙时尤其如此。如果程序陷入无限循环，可按【Ctrl+C】组合键，也可关闭显示程序输出的终端窗口。 要避免编写无限循环，务必对每个 while 循环进行测试，确保它按预期那样结束。如果希望程序在用户输入特定值时结束，可运行程序并输入这样的值；如果在这种情况下程序没有结束，应检查程序处理这个值的方式，确认程序至少有一个这样的地方能让循环条件为 False 或让 break 语句得以执行。

2.3.4 带单位数据的处理

目前程序中处理的原始数据是通过人为核算过的，是否可以实现输入带单位的原始数据几分几秒，依然可以实现成绩的评定？

2.4 数据格式化处理

2.4.1 按照格式要求输入时间

在根据学员完成 3 000 m 长跑的时间计算出相应成绩，根据成绩判断所处等级，并且程序可以一直运行，直到用户选择退出为止的基础上，增加功能：按照格式要求输入时间。

2.4.2 字符串的处理

程序 1：

```
"""
    功能：3 000 m 成绩统计
    版本：0.4
    增加： 有单位数据，字符串处理（切片）
"""
i = 0
while True:
    # 3 000 m 成绩输入（秒为十以内时，十位用空格替代 0 或只输入个位）
    str_time = input('请输入完成 3 000 m 跑步时间 (mm\'ss): ')

    # 判定是否满足结束循环条件
    if str_time == 'Q':
        break

    # 循环变量递增计数
    i = i + 1

    # 截取相应单位时间并转换为数值，字符串切片
    str_m = str_time[:2]
    str_s = str_time[3:]      # 下标也可以写为：[-2:]
    m = eval(str_m)
    s = eval(str_s)

    # 换算为秒
    final = m * 60 + s

    # 将时间换算为成绩
    scores = int(55 + (820 - final) / 14.4 * 5)
```

```python
# 输出结果
print('3 000 m跑步成绩为：', scores)

# 使用多分支结构
if scores > 100:
    grade = '特级'
elif scores >= 90:
    grade = '优秀'
elif scores >= 80:
    grade = '良好'
elif scores >= 60:
    grade = '及格'
else:
    grade = '不及格'
print('3 000 m跑步评定为：', grade)
```

程序2：

```python
"""
    功能：3 000 m成绩统计
    版本：0.4
    增加：有单位数据，字符串处理（切片）
          format格式化，数据类型转换
"""
i = 0
while True:
    # 3 000 m成绩输入
    str_time = input('请输入完成3 000 m跑步时间(mm\'ss)：')

    # 判定是否满足结束循环条件
    if str_time == 'Q':
        break

    # 循环变量递增计数
    i = i + 1

    # 截取相应单位时间并转换为数值，字符串切片
    str_m = str_time[:2]
    str_s = str_time[3:]        # 下标也可以写为：[-2:]
    # 将字符串直接转换为整型数据
    m = int(str_m)
    s = int(str_s)

    # 换算为秒
    final = m * 60 + s

    # 将时间换算为成绩
    scores = int(55 + (820 - final) / 14.4 * 5)

    # 使用多分支结构
    if scores > 100:
        grade = '特级'
    elif scores >= 90:
        grade = '优秀'
    elif scores >= 80:
```

```
        grade = '良好'
    elif scores >= 60:
        grade = '及格'
    else:
        grade = '不及格'
print('3 000 m跑步成绩为: {}   评定为: {}'.format(scores, grade))
```

2.4.3 字符串切片和格式化输出

1. 字符串的索引

索引是指获取字符串中特定偏移的一个元素。给出一个字符串,可输出任意一个字符,如果索引为负数,就是相当于从后向前数。

使用方法:

```
<字符串或字符串变量>[序号]
```

字符串包括两种序号体系:正向递增序号和反向递减序号。如果字符串长度为L,正向递增需要以最左侧字符序号为0,向右依次递增,最右侧字符序号为L-1;反向递减序号以最右侧字符序号为-1,向左依次递减,最左侧字符序号为-L。

```
>>>print("Hello"[0])     #表示输出字符串中第一个字符
H
>>>print("Hello"[-1])    #表示输出字符串中最后一个字符
o
```

2. 字符串(列表)的切片

切片是指获取字符串中某个子串或区间的元素。

使用方法:

```
<字符串或字符串变量>[N:M]
```

切片获取字符串从N到M(不包含M)的字符元素,N和M为字符串的索引序号,可以混合使用正向递增序号和反向递减序号。切片要求N和M都在字符串的索引区间,如果N大于等于M,则返回空字符串。如果N缺失,则默认将N设为0;如果M缺失,则默认表示到字符串结尾。

```
>>> print("Hello"[1:3])
el
>>> print("Hello"[0:-3])
He
>>> print("Hello"[:3])    #从第一个字符开始截取
Hel
>>> print("Hello"[0:])    #从第一个字符开始截取,一直截取到最后
Hello
>>> print("Hello"[:])     #道理同上
Hello
```

还可以采用步长截取法,表示从第一个字符开始截取,间隔2个字符取一个。

```
>>> print("Hello"[::2])
Hlo
>>> print("Hello"[::-2])
olH
```

3. 字符串操作

1)字符串基本操作符

① x + y:连接两个字符串 x 与 y。

```
>>> str = "123" + "456"
>>> str
'123456'
```

② x * n 或 n * x：复制 n 次字符串 x。

```
>>> "123" * 3
'123123123'
```

③ x in s：如果 x 是 s 的子串，则返回 True，否则返回 False。

```
>>> str = "hello world!"
>>> "hello" in str
True
>>> "python" in str
False
>>> "H" in str
False
```

2）字符串处理

（1）处理函数

① len(s)：返回字符串 s 的长度，也可返回其他组合数据类型的元素个数。字符串的长度以
Unicode 字符为计数基础，所以所有字符（中英文字符及标点字符等）都是 1 个长度单位。

```
>>> len("hello,python 语言 !")
15
```

② str(s)：返回任意类型 s 所对应的字符串形式。s 为数字类型或其他类型。

```
>>> str(123)
'123'
```

③ chr(s)：返回 Unicode 编码 s 对应的单字符。

```
>>> chr(1010)
'ϲ'
```

④ ord(s)：返回单字符 s 表示的 Unicode 编码。

```
>>> ord("世")
4e16
```

⑤ hex(s)：返回整数 x 对应十六进制数的小写形式字符串。

```
>>> hex(123)
'0x7b'
```

⑥ oct(s)：返回整数 x 对应八进制数的小写形式字符串。

```
>>> oct(-123)
'-0o173'
```

（2）处理方法

Python 语言中，所有的数据类型都采用面向对象实现，因而很多数据类型都有一些属于面
向对象程序设计领域的处理方法。方法也是一个函数，只是调用的方式不同。对象的方法是指
绑定到对象的函数。函数的调用方式为 fun(x)，而方法则采用 A.B() 形式，例如，str.func(x)，其
中 str 为操作对象。下面简单列出一些 Python 内置的常用字符串处理方法。

① str.lower()：将字符串 str 的所有字符转换为小写字符并返回。

```
>>> str = "Python"
>>> str.lower()
```

```
'python'
```

② str.upper()：将字符串 str 的所有字符转换为大写字符并返回。

```
>>> str = "Python"
>>> str.upper()
'PYTHON'
```

③ str.split(exc = None)：返回一个列表，根据 exc 将字符串 str 分隔而成，若省略 exc 则默认以空格分隔。

```
>>> str = "Hello Python world!"
>>> str.split('o')
['Hell', ' Pyth', 'n w', 'rld']
>>> str = "Hello Python world!"
>>> str.split()
['Hello', 'Python', 'world!']
```

④ str.count(sub)：返回 sub 子串在字符串 str 中出现的次数。

```
>>> str = "Hello Python world!"
>>> str.count('o')
3
```

⑤ str.replace(old, new)：在字符串 str 中，将所有的 old 子串替换为 new 子串，并返回。

```
>>> str = "Hello Python world!"
>>> str.replace('Python', 'C programe')
'Hello C programe world!'
```

⑥ str.center(width, fillchar)：将字符串 str 按照 width 变量值的宽度居中存放，若字符串 str 长度小于 width，则空余部分用 fillchar 变量值填充，若省略 fillchar 则默认以空格填充。

```
>>>str = "Python"
>>>str.center(10, "+")
'++Python++'
```

⑦ str.strip(chars)：从字符串 str 中去掉在其左侧和右侧 chars 变量中列出的字符。

```
>>>str = "++Python++"
>>>str.strip('+')
'Python'
```

⑧ str.join(it)：在 it 变量的每一个元素后增加一个 str 字符串。

```
>>> str = ","
>>>a = "123"
>>>str.join(a)
'1,2,3'
>>>list = ['1', '2', '3', '4']
>>>str.join(list)
'1,2,3,4'
```

4. format 格式化输出

format 格式化输出的常用方法如下：

```
>>>print("{:.2f}".format(3.1415926))        # 保留小数点后两位
3.14
>>>print("{:+.2f}".format(3.1415926))       # 带符号保留小数点后两位
+3.14
>>>print("{:+.2f}".format(-10))             # 带符号保留小数点后两位
-10.00
```

```
>>>print("{:+.0f}".format(-10.00))          # 不带小数
-10
>>>print("{:0>2d}".format(1))               #数字补零（填充左边，宽度为2）
01
>>>print("{:x<2d}".format(1))               # 数字补 x（填充右边，宽度为4）
1x
>>>print("{:x<4d}".format(10))              # 数字补 x（填充右边，宽度为4）
10xx
>>>print("{:,}".format(1000000))            # 以逗号分隔的数字格式
1,000,000
>>>print("{:.2%}".format(0.12))             # 百分比格式，小数点后保留两位
12.00%
>>>print("{:.2e}".format(1000000))          # 指数记法，小数点后保留两位
1.00e+06
>>>print("{:<10d}".format(10))              # 左对齐（宽度为10）
10
>>>print("{:>10d}".format(10))              #10 右对齐（默认，宽度为10）
        10
>>>print("{:^10d}".format(10))              #10 中间对齐（宽度为10）
    10
```

（1）格式符

b：输出整数的二进制形式。

c：输出整数对应的 Unicode 字符。

d：输出整数的十进制形式。

o：输出整数的八进制形式。

x：输出整数的小写十六进制形式。

X：输出整数的大写十六进制形式。

e：输出浮点数对应的小写字母 e 的指数形式。

E：输出浮点数对应的大写字母 E 的指数形式。

f：输出浮点数的标准浮点形式。

%：输出浮点数的百分比形式。

（2）对齐与填充

^、<、> 分别是居中、左对齐、右对齐，后面带宽度。

: 后面带填充字符，只能是一个字符，不指定的话默认就是空格。

（3）format 基础字符串替换

format 中的字符串参数可以使用 {num} 来表示。0 表示第一个，1 表示第二个，依此类推。

为了更好地了解上面的用法，首先来看看 format 的源码：

```
def format(self, *args, **kwargs): # known special case of str.format
    """
    S.format(*args, **kwargs) -> string
    Return a formatted version of S, using substitutions from args and kwargs.
    The substitutions are identified by braces ('{' and '}').
    """
    pass12345678
```

使用 args 和 kwargs 的替换返回 S 的格式化版本，替换由花括号（'{' 和 '}'）标识。

再来看看实际的例子：

```
print("{0} and {1} is good for big data".format("python","java"))
print("{} and {} is good for big data".format("python","java"))
print("{1} and {0} and {0} is good for big data".format("python","java")123)
```

让代码 run 起来以后的结果：

```
python and java is good for big data
python and java is good for big data
java and python and python is good for big data123
```

还可以为参数指定名字：

```
>>> print("{lan1} is as well as {lan2}".format(lan1="python",lan2="java"))
python is as well as java
```

5. Python 中数据类型转换

type() 函数可以判断变量的类型。但有些运算及运算结果需按指定的数据类型进行操作，仅判断其类型不能满足需求。所以 Python 的一些内置函数可以方便地在数据类型之间进行转换。类型间转换函数如表 2-3 所示。

表2-3　类型间转换函数

函　数	描　述
int(x)	将 x 转换为整数，x 可以是浮点数或字符串
float(x)	将 x 转换为浮点数，x 可以是整数或字符串
str(x)	将 x 转换为字符串，x 可以是整数或浮点数

```
>>>int(123.1+12.31)
135
>>>float(123)
123.0
>>>str(123)
'123'
```

1）使用 int() 函数来获取数值输入

使用 input() 函数时，Python 将用户输入解读为字符串。请看下面让用户输入其年龄的解释器会话：

```
>>> age = input("How old are you? ")
How old are you? 21
>>> age
'21'
```

用户输入的是数字 21，但请求 Python 提供变量 age 的值时，它返回的是 '21'——用户输入的数值的字符串表示。怎么知道 Python 将输入解读成了字符串呢？因为这个数字用引号括起了。如果只想打印输入，这一点问题都没有；但如果试图将输入作为数字使用，就会引发错误：

```
>>> age = input("How old are you? ")
How old are you? 21
age >= 18
Traceback (most recent call last):
  File "<stdin>", line 1, in <module>
    TypeError: unorderable types: str() >= int()
```

试图将输入用于数值比较时，Python 会引发错误，因为它无法将字符串和整数进行比较：不能将存储在 age 中的字符串 '21' 与数值 18 进行比较。

为解决这个问题，可使用 int() 函数，它让 Python 将输入视为数值。int() 函数将数字的字符串表示转换为数值表示，如下所示：

```
>>> age = input("How old are you? ")
How old are you? 21
age = int(age)
>>> age >= 18
True
```

在这个示例中，在提示时输入 21 后，Python 将这个数字解读为字符串，但随后 int() 函数将这个字符串转换成了数值表示。这样 Python 就能运行条件测试了：将变量 age（它现在包含数值 21）同 18 进行比较，看它是否大于或等于 18。测试结果为 True。

如何在实际程序中使用 int() 函数呢？请看下面的程序，它判断一个人是否满足坐过山车的身高要求：

rollercoaster.py：

```
height = input("How tall are you, in inches? ")
height = int(height)
if height >= 36:
    print("\nYou're tall enough to ride!")
else:
    print("\nYou'll be able to ride when you're a little older.")
```

在这个程序中，为何可以将 height 同 36 进行比较呢？因为在比较前，height = int(height) 将输入转换成了数值表示。如果输入的数字大于或等于 36，就告诉用户他满足身高条件：

```
How tall are you, in inches? 71
You're tall enough to ride!
```

将数值输入用于计算和比较前，务必将其转换为数值表示。

2）其他类型转换

（1）list 转换为 str

假设有一个名为 test_list 的 list，转换后的 str 名为 test_str，则转换方法如下：

```
test_str = "".join(test_list)
```

例如：

```
>>>nums = ['1', '2', '3']
>>>"".join(nums)
'123'
```

需要注意的是，该方法需要 list 中的元素为字符型，若是整型，则需要先转换为字符型后再转换为 str 类型。

```
>>> nums = [1, 2, 3]
>>> nums_str = "".join([str(x) for x in nums])
>>> print(nums_str)
123
```

（2）str 转换为 list

假设有一个名为 test_str 的 str，转换后的 list 名为 test_list，则转换方法如下：

```
test_list=list(test_str)
```

例如：

```
>>> string = "123"
```

```
>>> list(string)
['1', '2', '3']
```

2.4.4 代码复用

目前程序中的一些代码，可能需要重复使用，如每次使用都重新编写一次代码，则过于繁冗，是否可以实现同一段代码编写一次但可以重复使用？

2.5 程序封装

2.5.1 程序模块化

在按照格式要求输入学员完成 3 000 m 长跑的时间，计算出相应成绩，判断所处等级，并且程序可以一直运行，直到用户选择退出为止的基础上，增加功能：对相关功能进行封装，使程序模块化。

2.5.2 函数的运用

程序：

```
"""
    功能：3 000 m 成绩统计
    版本：0.5
    增加：程序结构化，函数的定义及使用
          lambda 匿名函数
"""


def evaluation(scores):
    """
    评定等级
    """
    # 使用多分支结构
    if scores > 100:
        grade = '特级'
    elif scores >= 90:
        grade = '优秀'
    elif scores >= 80:
        grade = '良好'
    elif scores >= 60:
        grade = '及格'
    else:
        grade = '不及格'
    return grade
def main():
    """
    主函数

    """

    i = 0
    while True:
        # 3 000 m 成绩输入
```

```
        str_time = input('请输入完成 3 000 m 跑步时间 (mm'ss)：')

        # 判定是否满足结束循环条件
        if str_time == 'Q':
            break

        # 循环变量递增计数
        i = i + 1

        # 截取相应单位时间并转换为数值，字符串切片
        str_m = str_time[:2]
        str_s = str_time[3:]
        # 将字符串直接转换为整型数据
        m = int(str_m)
        s = int(str_s)

        # 使用 lambda 定义函数，功能：将时间换算为秒
        final = lambda x, y: x * 60 + y

        # 调用 lambda 函数，将时间换算为成绩
        scores = int(55 + (820 - final(m, s)) / 14.4 * 5)

        # 输出结果，调用 evaluation 函数
        print('3 000 m 跑步成绩为：{}  评定为：{}'.format(scores,evaluation(scores)))
    print('共评定学员人数为：', i)
    print('程序已退出！')


if __name__ == '__main__':
    main()
```

2.5.3　定义函数、传递参数和返回值

函数是一段组织好的、可重复使用的、用来实现单一或相关联功能的代码段。这段功能代码经过定义而有了名字，在程序中需要使用该功能时，直接调用该函数名即可实现代码的重复使用。因此函数的操作包括了函数的定义及其使用。

1. 函数的定义

下面是一个打印问候语的简单函数，名为 greet_user()：

greeter.py：

```
def greet_user():
# 显示简单的问候语
    print("Hello!")
greet_user()      # 调用函数语句
```

这个示例演示了最简单的函数结构。使用关键字 def 来告诉 Python 要定义一个函数。这是函数定义，向 Python 指出了函数名，还可能在括号内指出函数为完成其任务需要什么样的信息。在这里，函数名为 greet_user()，它不需要任何信息就能完成其工作，因此括号是空的（即便如此，括号也必不可少）。最后，定义以冒号结尾。

紧跟在 def greet_user(): 后面的所有缩进行构成了函数体。代码行 print("Hello!") 是函数体内的唯一一行代码，greet_user() 只做一项工作：打印 Hello!。

要使用这个函数，可调用它。函数调用让 Python 执行函数的代码。要调用函数，可依次指

定函数名以及用括号括起的必要信息。由于这个函数不需要任何信息，因此调用它时只需输入 greet_user() 即可。和预期的一样，它打印 Hello!：

```
Hello!
```

综上所述，函数定义的基本语法形式为：

```
def <函数名> (<参数列表>):
    <函数体>
    return <返回值列表>
```

总地来说，函数的使用共分为 4 个步骤：

①函数定义。使用保留字 def 将一段代码定义为函数，需要确定函数名、参数名、参数的个数，使用参数名称作为形式参数（占位符）编写函数内部的功能代码。

②函数调用。通过函数名调用函数功能，对函数的各个参数赋予实际值，实际值可以是实际数据，也可以是在调用函数前已经定义过的变量。

③函数执行。函数被调用后，使用实际参数（赋予形式参数的实际值）参与函数内部代码的运行，如果有结果则进行输出。

④函数返回。函数被调用后，根据 return 保留字的指示决定是否返回结果，如果返回结果，则结果将被放置到函数被调用的位置，函数使用完毕，程序继续运行。

（1）向函数传递信息

只需稍作修改，就可以让函数 greet_user() 不仅向用户显示 Hello!，还将用户的名字用作抬头。为此，可在函数定义 def greet_user() 的括号内添加 username。通过在这里添加 username，就可让函数接收给 username 指定的值。现在，这个函数要求调用它时给 username 指定一个值。调用 greet_user() 时，可将一个名字传递给它，如下所示：

```
def greet_user(username):
# 显示简单的问候语
    print("Hello, " + username.title() + "!")
greet_user('jesse')        #调用函数语句
```

代码 greet_user('jesse') 调用函数 greet_user()，并向它提供执行 print 语句所需的信息。这个函数接收传递给它的名字，并向这个人发出问候：

```
Hello, Jesse!
```

同样，greet_user('sarah') 调用函数 greet_user() 并向它传递 'sarah'，打印 Hello, Sarah!。

可以根据需要调用函数 greet_user() 任意次，调用时无论传入什么样的名字，都会生成相应的输出。

（2）实参和形参

前面定义函数 greet_user() 时，要求给变量 username 指定一个值。调用这个函数并提供这种信息（人名）时，它将打印相应的问候语。

在函数 greet_user() 的定义中，变量 username 是一个形参——函数完成其工作所需的一项信息。在代码 greet_user('jesse') 中，值 'jesse' 是一个实参。实参是调用函数时传递给函数的信息。调用函数时，将要让函数使用的信息放在括号内。在 greet_user('jesse') 中，将实参 'jesse' 传递给了函数 greet_user()，这个值被存储在形参 username 中。

2. 参数传递

1）位置实参

调用函数时，Python 必须将函数调用中的每个实参都关联到函数定义中的一个形参。最简单的关联方式是基于实参的顺序。这种关联方式称为位置实参。为明白其中的工作原理，来看一个显示宠物信息的函数。这个函数指出一个宠物属于哪种动物以及它叫什么名字，如下所示：

pets.py：

```
def describe_pet(animal_type, pet_name):
# 显示宠物的信息
    print("\nI have a " + animal_type + ".")
    print("My " + animal_type + "'s name is " + pet_name.title() + ".")
describe_pet('hamster', 'harry')
```

这个函数的定义表明，它需要一种动物类型和一个名字。调用 describe_pet() 时，需要按顺序提供一种动物类型和一个名字。例如，在前面的函数调用中，实参 'hamster' 存储在形参 animal_type 中，而实参 'harry' 存储在形参 pet_name 中。在函数体内，使用了这两个形参来显示宠物的信息。

输出描述了一只名为 Harry 的仓鼠：

```
I have a hamster.
My hamster's name is Harry.
```

（1）调用函数多次

可以根据需要调用函数任意次。要再描述一个宠物，只需再次调用 describe_pet() 即可：

```
def describe_pet(animal_type, pet_name):
# 显示宠物的信息
    print("\nI have a " + animal_type + ".")
    print("My " + animal_type + "'s name is " + pet_name.title() + ".")
describe_pet('hamster', 'harry')
describe_pet('dog', 'willie')
```

第二次调用 describe_pet() 函数时，向它传递了实参 'dog' 和 'willie'。与第一次调用时一样，Python 将实参 'dog' 关联到形参 animal_type，并将实参 'willie' 关联到形参 pet_name。与前面一样，这个函数完成其任务，但打印的是一条名为 Willie 的狗的信息。至此，我们有一只名为 Harry 的仓鼠，还有一条名为 Willie 的狗：

```
I have a hamster.
My hamster's name is Harry.
I have a dog.
My dog's name is Willie.
```

调用函数多次是一种效率极高的工作方式。只需在函数中编写描述宠物的代码一次，然后每当需要描述新宠物时，都可调用这个函数，并向它提供新宠物的信息。即便描述宠物的代码增加到了 10 行，依然只需使用一行调用函数的代码，就可描述一个新宠物。

在函数中，可根据需要使用任意数量的位置实参，Python 将按顺序将函数调用中的实参关联到函数定义中相应的形参。

（2）位置实参的顺序很重要

使用位置实参来调用函数时，如果实参的顺序不正确，结果可能出乎意料：

```
def describe_pet(animal_type, pet_name):
# 显示宠物的信息
    print("\nI have a " + animal_type + ".")
    print("My " + animal_type + "'s name is " + pet_name.title() + ".")
describe_pet('harry', 'hamster')
```

在这个函数调用中，先指定名字，再指定动物类型。由于实参 'harry' 在前，这个值将存储到形参 animal_type 中；同理，'hamster' 将存储到形参 pet_name 中。结果是得到了一个名为 Hamster 的 harry：

```
I have a harry.
My harry's name is Hamster.
```

如果结果像上面一样出错，请确认函数调用中实参的顺序与函数定义中形参的顺序一致。

2）避免实参错误

提供的实参多于或少于函数完成其工作所需的信息时，将出现实参不匹配错误。例如，如果调用函数 describe_pet() 时没有指定任何实参，结果将如何呢？

```
def describe_pet(animal_type, pet_name):
# 显示宠物的信息
    print("\nI have a " + animal_type + ".")
    print("My " + animal_type + "'s name is " + pet_name.title() + ".")
describe_pet()
```

Python 发现该函数调用缺少必要的信息，而 traceback 指出了这一点：

```
Traceback (most recent call last):
    File "pets.py", line 6, in <module>
        describe_pet()
  TypeError: describe_pet() missing 2 required positional arguments: 'animal_
type' and 'pet_name'
```

traceback 指出了问题出在什么地方，使用户能够回过头去找出函数调用中的错误。traceback 指出了导致问题的函数调用，指出该函数调用少两个实参，并指出了相应形参的名称。如果这个函数存储在一个独立的文件中，也许无须打开这个文件并查看函数的代码，就能重新正确地编写函数调用。

Python 读取函数的代码，并指出需要为哪些形参提供实参。这也是应该给变量和函数指定描述性名称的另一个原因，这样会使 Python 提供的错误消息更有帮助。如果提供的实参太多，将出现类似的 traceback，帮助用户确保函数调用和函数定义匹配。

3）可选参数传递

形参在函数定义时也可以指定默认值，当函数被调用时，如没有实参传入对应的参数值，则使用函数定义时的默认值替代。定义的时候可选参数都写在非可选参数的后面，语法形式为：

```
def < 函数名 >(< 非可选参数列表 >, < 可选参数 > = < 默认值 >):
    < 函数体 >
    return < 返回值列表 >
```

例如：

```
>>>def plus(x, y = 10):
        print(x + y)
>>>plus(20)
30
>>>plus(1, 2)
3
```

4）参数名传递

函数调用时默认采用位置实参传递法，同时支持参数名方式传递参数，语法形式为：

```
< 函数名 > (< 参数名 > = < 实际值 >)
```

例如：

```
>>>def plus(x, y):
```

```
        print(x + y)
>>>plus( x = 1, y = 2)
3
>>>plus( y = 3, x = 4)
7
```

参数名传递方式不需要注意参数传递的顺序，参数之间的顺序可以任意调整，只需对指定参数赋予实际值即可。

3. 返回值

函数并非总是直接显示输出，它也可以处理一些数据，并返回一个或一组值。函数返回的值称为返回值。在函数中，可使用 return 语句将值返回到调用函数的代码行。返回值让用户能够将程序的大部分繁重工作移到函数中去完成，从而简化主程序。

1）返回简单值

下面来看一个函数，它接收名和姓并返回整洁的姓名：

formatted_name.py：

```
def get_formatted_name(first_name, last_name):
# 返回整洁的姓名
    full_name = first_name + ' ' + last_name
    return full_name.title()
musician = get_formatted_name('jimi', 'hendrix')
print(musician)
```

函数 get_formatted_name() 的定义通过形参接收名和姓。它将姓和名合而为一，在它们之间加上一个空格，并将结果存储在变量 full_name 中。然后，将 full_name 的值转换为首字母大写格式，并将结果返回到函数调用行。

调用返回值的函数时，需要提供一个变量，用于存储返回的值。在这里，将返回值存储在了变量 musician 中。输出为整洁的姓名：

```
Jimi Hendrix
```

原本只需编写下面的代码就可输出整洁的姓名，相比于此，前面做的工作好像太多了：

```
print("Jimi Hendrix")
```

但在需要分别存储大量名和姓的大型程序中，get_formatted_name() 这样的函数非常有用。用户分别存储名和姓，每当需要显示姓名时都调用这个函数。

2）结合使用函数和 while 循环

可将函数同本书前面介绍的任何 Python 结构结合起来使用。例如，下面将结合使用函数 get_formatted_name() 和 while 循环，以更正规的方式问候用户。下面尝试使用名和姓跟用户打招呼：

greeter.py：

```
def get_formatted_name(first_name, last_name):
# 返回整洁的姓名
    full_name = first_name + ' ' + last_name
    return full_name.title()
# 这是一个无限循环！
while True:
    print("\nPlease tell me your name:")
    f_name = input("First name: ")
    l_name = input("Last name: ")
```

```
    formatted_name = get_formatted_name(f_name, l_name)
    print("\nHello, " + formatted_name + "!")
```

在这个示例中，使用的是 get_formatted_name() 的简单版本，不涉及中间名。其中的 while 循环让用户输入姓名：依次提示用户输入名和姓。

但这个 while 循环存在一个问题：没有定义退出条件。用户提供一系列输入时，该在什么地方提供退出条件呢？要让用户能够尽可能容易地退出，因此每次提示用户输入时，都应提供退出途径。每次提示用户输入时，都使用 break 语句提供退出循环的简单途径：

```
def get_formatted_name(first_name, last_name):
# 返回整洁的姓名
    full_name = first_name + ' ' + last_name
    return full_name.title()
while True:
    print("\nPlease tell me your name:")
    print("(enter 'q' at any time to quit)")
    f_name = input("First name: ")
    if f_name == 'q':
        break
    l_name = input("Last name: ")
    if l_name == 'q':
        break
    formatted_name = get_formatted_name(f_name, l_name)
    print("\nHello, " + formatted_name + "!")
```

添加了一条消息来告诉用户如何退出，然后在每次提示用户输入时，都检查其输入的是否是退出值，如果是，就退出循环。现在，这个程序将不断地问候，直到用户输入的姓或名为 'q' 为止：

```
Please tell me your name:
(enter 'q' at any time to quit)
First name: eric
Last name: matthes
Hello, Eric Matthes!
Please tell me your name:
(enter 'q' at any time to quit)
First name: q
```

4. Python 中的 lambda 函数用法

传入多个参数的 lambda 函数：

```
def sum(x,y):
    return x+y
```

用 lambda 来实现：

```
>>> p = lambda x,y:x+y
>>> print(p(4,6))
10
```

传入一个参数的 lambda 函数：

```
>>> a=lambda x:x*x
>>> print(a(3))          # 注意：这里直接a(3)可以执行，但没有输出，print 不能少
9
```

多个参数的 lambda 形式：

```
>>> a = lambda x,y,z:(x+8)*y-z
>>> print(a(5,6,8))
```

70

匿名函数 lambda 是指一类无须定义标识符（函数名）的函数或子程序。lambda 函数可以接收任意多个参数 (包括可选参数) 并且返回单个表达式的值。

要点：

① lambda 函数不能包含命令。

②包含的表达式不能超过一个。

说明：一定非要使用 lambda 函数；任何能够使用它们的地方，都可以定义一个单独的普通函数来进行替换。将它们用在需要封装特殊的、非重用代码上，可以避免代码充斥着大量单行函数。

lambda 匿名函数的格式：冒号左边是参数，可以有多个，用逗号隔开；冒号右边为表达式。其实 lambda 返回值是一个函数的地址，也就是函数对象。

```
>>> a=lambda x:x*x
>>> print(a)
<function <lambda> at 0x000001A3AAAB7A60>
>>> print(a(3))
9
```

5. 变量的作用域

一般在函数体外定义的变量称为全局变量，在函数内部定义的变量称为局部变量。全局变量所有作用域都可读，局部变量只能在本函数可读。函数在读取变量时，优先读取函数本身自有的局部变量，再去读全局变量。

（1）局部变量

局部变量仅在所在函数内部有效，当函数退出时变量将不再存在。

例如：

```
>>> def sum(x,y):
        z = x+y      # z 是 sum() 函数内的局部变量
        return z
>>> s = sum(1, 2)
>>> print(s)
3
>>> print(z)
Traceback (most recent call last):
  File "<pyshell#11>", line 1, in <module>
    print(z)
NameError: name 'z' is not defined
```

需要注意的是，在作用域中定义的变量，一般只在作用域中有效。作用域的概念在 Python 与 C 语言中有很大的差别，Python 在 if...elif...else、for...else、while、try...except\try...finally 等关键字的语句块中并不会产生作用域，在这些结构中定义的变量不会仅在该结构中有效。只有当变量在 Module（模块）、Class（类）、def（函数）中定义时，才会有作用域的概念。

例如：

```
>>> if True:
      variable = 100
      print(variable)
100
```

```
>>> print(variable)
100
```

（2）全局变量

全局变量在程序执行过程中全程有效。全局变量在函数内使用时，需要提前使用保留字 global 声明，且声明的变量名需与函数外部全局变量同名。

例如：

```
>>> n = 5                       # n 为全局变量
>>> def sum (x, y):
        global n                # 声明全局变量
        return (x + y) * n      # 使用全局变量
>>> print(sum(1, 2))
15
```

如果在函数内部没有使用 global 声明全局变量，即使与全局变量同名，也不是全局变量。

例如：

```
>>> n = 5                       # n 为全局变量
>>> def sum (x, y):
        n = x + y
        return n                # 此处 n 不是全局变量
>>> print(sum(1, 2))
3
>>> print(n)                    # 此处 n 为全局变量，函数内 n 未改变其值
5
```

2.5.4 多个项目的评定

目前程序只能处理一名学员单项目（3 000 m）成绩的评定，是否可以实现多名学员成绩一次性输入批量评定，及一名学员多个项目成绩的一次性评定？

2.6 成绩批量化评定

2.6.1 多名学生成绩及一名学生多科目成绩的存储

在按照格式要求输入学员完成 3 000 m 长跑的时间，计算出相应成绩，判断所处等级，并且程序可以一直运行，直到用户选择退出为止，对相关功能进行封装，使程序模块化的基础上，增加功能：将 n 名学员 3 000 m 跑步成绩及一名学员多科目成绩存入列表中。

2.6.2 列表的运用

程序 1：

```
"""
    功能：3 000 m 成绩统计
    版本：0.6
    增加： 将 n 名学员 3 000 m 跑步成绩存入列表中
           相关字符串处理，for 循环
"""


def evaluation(scores):
```

```python
"""
评定等级
"""
# 使用多分支结构
if scores > 100:
    grade = '特级'
elif scores >= 90:
    grade = '优秀'
elif scores >= 80:
    grade = '良好'
elif scores >= 60:
    grade = '及格'
else:
    grade = '不及格'
return grade


def main():
    """
    主函数

    """
    # 定义列表，分别用于存放时间、成绩、等级

    time_str_list = []
    scores_list = []
    grades_list = []

    # 输入统计学员的数量
    n = int(input('请输入需要统计学员数量：'))

    # 循环控制完成n名学员的成绩统计
    # i = 0
    for i in range(n):

        time_str = input('请输入第{}名学员完成3 000 m跑步时间：'.format(i+1))

        # 将输入时间添加到时间列表中
        time_str_list.append(time_str)
        # 将时间分隔为"分""秒"两个部分
        time_list = time_str.split('.')
        # 将时间换算为秒
        final = int(time_list[0])*60+int(time_list[1])
        # 将时间换算为成绩
        scores = 100 - (final - 690)//14.4*5
        # 将成绩添加到成绩列表中
        scores_list.append(int(scores))
        # 调用evaluation函数评定等级，并将结果添加到成绩列表中
        grades_list.append(evaluation(scores))

    print()

    # 利用循环输出所有数据及结果
    # i = 0
    for i in range(n):
```

```
        print('{}: 时间: {}, 成绩: {}, 等级: {}'.format(i+1, time_str_list[i],
scores_list[i], grades_list[i]))


if __name__ == '__main__':
    main()
```

程序 2:

```
"""
    功能: 3 000 m 成绩统计
    版本: 0.6
    增加:  - 将 n 名学员 3 000 m 跑步成绩存入列表中
           相关字符串处理, for 循环
         - 一名学员的多项体能考试成绩的统计, 并给出综合评定
"""


def evaluation_all(scores_all):
    """
    评定综合等级
    """
    # 使用多分支结构
    if scores_all > 360:
        grade = '特级'
    elif scores_all >= 360:
        grade = '优秀'
    elif scores_all >= 320:
        grade = '良好'
    elif scores_all >= 240:
        grade = '及格'
    else:
        grade = '不及格'
    return grade


def evaluation(scores):
    """
    评定单项等级
    """
    # 使用多分支结构
    if scores > 100:
        grade = '特级'
    elif scores >= 90:
        grade = '优秀'
    elif scores >= 80:
        grade = '良好'
    elif scores >= 60:
        grade = '及格'
    else:
        grade = '不及格'
    return grade


def main():
    """
```

```
    主函数
    """

    # 定义列表，分别用于存放项目、成绩、等级
    project_list = ['学号', '仰卧起坐', '俯卧撑', '100 m', '3 000 m', '引体向上']
    scores_list = [0, 0, 0, 0, 0, 0]
    grades_list = []

    # 录入各项考核数据，并分隔字符串，存入列表
    print('请输入以下信息及项目记录，用空格分隔')
    record_str = input('学号 仰卧起坐 俯卧撑 100 m 3 000 m 引体向上：')
    record_list = record_str.split(' ')

    # 转换各项考核数据
    situp_num = int(record_list[1])
    pushup_num = int(record_list[2])
    time_100m = float(record_list[3])
    time_3000m = record_list[4].split('.')
    pullup_num = int(record_list[5])

    _3000m = int(time_3000m[0]) * 60 + int(time_3000m[1])

    # 换算各项考核成绩存入 scores_list
    scores_list[0] = record_list[0]

    scores_list[1] = int(100 - (87 - situp_num)//4.6 * 5)
    scores_list[2] = int(100 - (80 - pushup_num)//5.5 * 5)
    scores_list[3] = int(100 - (time_100m - 12.8)//0.3 * 5)
    scores_list[4] = int(100 - (_3000m - 690)//14.4*5)
    scores_list[5] = int(100 - (30 - pullup_num)//2.2 * 5)

    # 评定各项等级并存入 grades_list
    grades_list.append(record_list[0])
    total = 0
    for i in range(len(record_list)-1):
        grades_list.append(evaluation(scores_list[i+1]))
        total += scores_list[i+1]    # 计算总成绩

    # 输出所有数据
    print()
    print('学号：{}，各项成绩及等级如下所示：'.format(record_list[0]))
    i = 0
    for i in range(len(record_list)-1):
        print('{}：{}，{}分，评定为：{}'.format(project_list[i+1],
record_list[i+1], scores_list[i+1], grades_list[i+1]))

    # 存入总成绩，给出综合评定，并输出
    scores_list.append(total)
    # 综合评定原则：单项有一项为不及格，总评为不及格；无不及格项目，则按总分给出相应级别评定
    for i in range(len(grades_list)):
        if grades_list[i] == '不及格':
            grades_list.append('不及格')
            break
    if i == len(grades_list)-1:
```

```
        grades_list.append(evaluation_all(total))
    print('    总分：{}  综合评定为：{}'.format(scores_list[len(scores_
list)-1], grades_list[len(grades_list)-1]))


if __name__ == '__main__':
    main()
```

程序 3：

```
"""
    功能：3000m 成绩统计
    版本：0.6
    增加：  -将 n 名学员 3 000 m 跑步成绩存入列表中
            相关字符串处理，for 循环
            -一名学员的多项体能考试成绩的统计，并给出综合评定
            -异常数据处理，学号是否满足 11 位要求
"""


def evaluation_all(scores_all):
    """
    评定综合等级
    """
    # 使用多分支结构
    if scores_all > 360:
        grade = '特级'
    elif scores_all >= 360:
        grade = '优秀'
    elif scores_all >= 320:
        grade = '良好'
    elif scores_all >= 240:
        grade = '及格'
    else:
        grade = '不及格'
    return grade


def evaluation(scores):
    """
    评定单项等级
    """
    # 使用多分支结构
    if scores > 100:
        grade = '特级'
    elif scores >= 90:
        grade = '优秀'
    elif scores >= 80:
        grade = '良好'
    elif scores >= 60:
        grade = '及格'
    else:
        grade = '不及格'
    return grade
```

```python
def main():
    """
    主函数
    """
    # 定义列表，分别用于存放项目、成绩、等级
    project_list = ['学号', '仰卧起坐', '俯卧撑', '100 m', '3 000 m','引
体向上']
    scores_list = [0, 0, 0, 0, 0, 0]
    grades_list = []

    # 录入各项考核数据，并分隔字符串，存入列表
    print('请输入以下信息及项目记录，用空格分隔')
    record_str = input('学号 仰卧起坐 俯卧撑 100 m 3 000 m 引体向上：')
    record_list = record_str.split(' ')

    # 判断学号是否为 11 位数
    while len(record_list[0]) != 11:
        print('请重新输入以下信息及项目记录，用空格分隔，注意：学号必须是 11 位')
        record_str = input('学号 仰卧起坐 俯卧撑 100 m 3 000 m 引体向上：')
        record_list = record_str.split(' ')

    # 异常数据处理
    try:
        # 转换各项考核数据
        situp_num = int(record_list[1])
        pushup_num = int(record_list[2])
        time_100m = float(record_list[3])
        time_3000m = record_list[4].split('.')
        pullup_num = int(record_list[5])

        _3000m = int(time_3000m[0]) * 60 + int(time_3000m[1])

        # 换算各项考核成绩存入 scores_list
        scores_list[0] = record_list[0]

        scores_list[1] = int(100 - (87 - situp_num) // 4.6 * 5)
        scores_list[2] = int(100 - (80 - pushup_num) // 5.5 * 5)
        scores_list[3] = int(100 - (time_100m - 12.8) // 0.3 * 5)
        scores_list[4] = int(100 - (_3000m - 690) // 14.4 * 5)
        scores_list[5] = int(100 - (30 - pullup_num) // 2.2 * 5)

        # 评定各项等级并存入 grades_list
        grades_list.append(record_list[0])
        total = 0
        for i in range(len(record_list) - 1):
            grades_list.append(evaluation(scores_list[i + 1]))
            total += scores_list[i + 1]   # 计算总成绩

        # 输出所有数据
        print()
        print('学号：{}，各项成绩及等级如下所示：'.format(record_list[0]))
        # i = 0
        for i in range(len(record_list) - 1):
            print('{}：{}，{} 分，评定为：{}'.format(project_list[i + 1],
record_list[i + 1], scores_list[i + 1],grades_list[if1]))
```

```
        # 存入总成绩，给出综合评定，并输出
        scores_list.append(total)
        # 综合评定原则：单项有一项为不及格，总评为不及格；无不及格项目，则按总分给出
相应级别评定
        for i in range(len(grades_list)):
            if grades_list[i] == '不及格':
                grades_list.append('不及格')
                break
        if i == len(grades_list) - 1:
            grades_list.append(evaluation_all(total))
        print('    总分: {}  综合评定为: {}'.format(scores_list[len(scores_
list) - 1], grades_list[len(grades_list) - 1]))


        # 异常数据处理
    except ValueError:
        print('请输入正确的信息！')
    except IndexError:
        print('输入的信息过少！')
    except:
        print('程序异常！')


if __name__ == '__main__':
    main()
```

2.6.3 for循环、对列表、元组和字典的相关操作

1. 组合数据类型

计算机不仅是对单个变量表示的数据进行处理，大多数情况下需要对一组或一批数据进行批量处理。这类能表示一组或一批数据的类型称为组合数据类型。在 Python 中，最常用的组合数据类型分为三大类，即集合类型、序列类型和映射类型。

（1）集合类型

Python 中的集合类型与数学中的集合概念一致，是一个元素集合，元素之间无序，相同的元素在集合中唯一存在（用来过滤掉重复元素），且元素类型只能是不可变的数据类型（整数、浮点数、字符串、元组等），用花括号"{}"表示，没有索引和位置的概念，集合中的元素可以动态增加或删除。由于集合元素是无序的，因此不能进行比较，也不能排序，且集合的输出顺序与定义顺序可以不一致。

例如：

```
>>> S = {1001, 12.3, "1010"}
>>> type( S )
< class  'set' >
>>> len( S )
3
>>> print( S )
{12.3, "1010", 1001}
>>> T = {1001, 12.3, "1010", 1001, 1001}
>>> print( T )
{12.3, "1010", 1001}
```

集合类型有 4 个基本操作，如图 2-9 所示。

①a & b：交集，返回一个新的集合，包括同时在集合 a 和 b 中的元素。

②a | b：并集，返回一个新的集合，包括集合 a 和 b 中的所有元素。

③$a-b$：差集，返回一个新的集合，包括在集合 a 中但不在集合 b 中的元素。

④a ^ b：补集，返回一个新的集合，包括集合 a 和 b 中非共同元素。

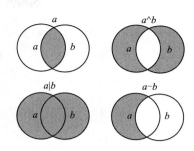

图2-9　集合的基本操作

例如：

```
>>> S = {1001, 12.3, "1010"}
>>> T = {1001, 45.6, "1010", 1010}
>>> S & T
{1001, "1010"}
>>> S | T
{1001, 12.3, 45.6, "1010", 1010}
>>> S ^ T
{12.3, 1010, 45.6}
>>> S - T
{12.3}
>>> T - S
{45.6, 1010}
```

集合还有一些常用的操作函数或方法。例如：

S.add(x)：如果数据项 x 不在集合 S 中，则将 x 增加到 S。

S.remove(x)：如果 x 在集合 S 中，则移除该元素；不在则产生 KeyError 异常。

S.clear()：移除 S 中所有数据项。

len(S)：返回集合 S 元素个数。

x in S：如果 x 是 S 的元素，则返回 True；否则返回 False。

x not in S：如果 x 不是 S 的元素，则返回 True；否则返回 False。

set(x)：将其他组合数据类型 x 变成集合类型，也可以生成空集合。

在 Python 语言中集合的最大作用就是去掉重复元素，适用于任何组合数据类型。

（2）序列类型

序列是具有先后关系的一组元素，是一维元素向量，元素类型可以不同。类似数学元素序列：$s_0, s_1, \cdots, s_{n-1}$，元素间由序号引导，通过下标访问序列的特定元素，下标从 0 开始编号。由于元素之间存在顺序关系，所以序列中可以存在数值相同但位置不同的元素。

Python 语言中字符串、列表、元组都属于序列类型。字符串（str）是单一字符的有序组合。列表（list）中则可以是多种类型元素的序列类型。

元组（tuple）一般以小括号和逗号进行组织，一旦定义就不能修改，而且元组类型的所有操作都可以用列表类型来实现，所以如确认程序中数据不需要修改，可以使用元组，否则经常用列表替代元组来使用。元组使用序列类型的操作符和函数。

```
>>> t = (1, 2, 3)          # 定义元组 t
>>> type( t )
<class 'tuple'>
```

```
>>> 1 in t                    # 如果1是t的元素，则返回True，否则返回False
True
>>> 4 not in t                # 如果4不是t的元素，则返回True，否则返回False
True
>>> s = (4, 5, 6)
>>> t + s
(1, 2, 3, 4, 5, 6)
>>> t * 2
(1, 2, 3, 1, 2, 3)
>>> t[ 1 ]
2
>>> t[ :2]
(1, 2)
>>> t[ ::2]
(1, 3)
>>> len( t )
3
>>> min( t )
1
>>> max( t )
3
>>> t.index( 2 )
1
>>> t.count( 1 )
1
```

（3）映射类型

映射类型是序列类型的扩展。是"键–值"数据项的组合，每个元素是一个键值对 (key, value)，元素之间是无序的。键值对 (key,value) 是一种二元关系，源于属性和值的映射关系。键（key）表示一个属性，也可以理解为一个类别或项目，值（value）是属性的内容，键值对表示了一个属性和它的值。键值对将映射关系结构化，用于存储和表达。在 Python 中的字典类型就属于映射类型。

2. 列表

（1）定义

列表属于序列类型，是包含 0 个或多个元素的有序序列。可以创建包含字母表中所有字母、数字 0~9 或所有家庭成员姓名的列表；也可以将任何东西加入列表中，其中的元素之间可以没有任何关系。列表没有长度限制，元素类型可以不同，不需要预定义长度。

在 Python 中，用方括号（[]）来表示列表，并用逗号来分隔其中的元素。也可以通过 list(x) 函数将集合或字符串类型转换成列表类型。list() 函数可生成空列表。支持对序列类型的所有操作。

例如：

```
>>> project_list = ['学号', '仰卧起坐', '俯卧撑', '100 m', '3 000 m', '引体向上']
>>> project_list
['学号', '仰卧起坐', '俯卧撑', '100 m', '3 000 m', '引体向上']
>>> list( '引体向上' )
['引', '体', '向', '上']
>>> list()
[ ]
```

（2）索引

索引是列表的基本操作，用于获取列表中的一个元素。该操作采用序列类型的索引方式，即正向递增序号或反向递减序号，使用中括号作为索引操作符，索引序号不能超过列表的元素范围（0~ 元素个数 -1），否则会产生 IndexError 错误。

例如：

```
>>> project_list = ['学号', '仰卧起坐', '俯卧撑', '100 m', '3 000 m', '引体向上']
>>> project_list[ 2 ]
'俯卧撑'
>>> project_list[ -2 ]
'3 000 m'
>>> project_list[ 6 ]
Traceback ( most recent call last ):
  File "<pyshell#35>" , line 1, in <module>
  project_list[ 6 ]
IndexError: list index out of range
```

（3）切片

获取或处理列表的部分片段，称为列表切片，是列表的基本操作，即获得列表的零个或多个元素。切片后得到的结果也是列表类型。使用起来和字符串的切片相似。

使用方式：

```
<列表或列表变量>[N : M]
```

或

```
<列表或列表变量>[N : M : K]
```

以上实现切片获取列表从索引为 N 到 M（不包括 M）的元素，组成新的列表。其中索引序号，可以混合使用正向递增序号和反向递减序号，一般要求 N 小于 M。当 N 大于等于 M 时，返回空列表。当有 K 参数时，切片获取列表从索引为 N 到 M（不包含 M）以 K 为步长所对应的元素组成新列表。当 N 为列表首元素索引序号即 0 时，可省略；当 M 为列表末元素索引序号即 -1 时，可省略。

例如：

```
>>> project_list = ['学号', '仰卧起坐', '俯卧撑', '100 m', '3 000 m', '引体向上']
>>> project_list[ 1 : 3 ]
['仰卧起坐', '俯卧撑']
>>> project_list[ -5 : -1 : 2 ]
['仰卧起坐', '100 m']
```

3. 列表的操作

1）操作函数

列表的操作函数采用序列类型的通用操作函数。

例如：

```
>>>scores_list = [95, 56, 87, 66, 73, 91]
>>>len( scores_list )          # 获得列表的元素个数（长度）
6
>>>min( scores_list )          # 获得列表的最小值元素
56
>>>max( scores_list )          # 获得列表的最大值元素
95
>>>list("python")              # 将其他类型转换为列表类型
['p', 'y', 't', 'h', 'o', 'n']
```

注意：在使用 min() 和 max() 函数时，必须先确定列表中元素的类型是可以进行比较，如不能进行比较，则会报错。

例如：

```
>>>list = ['03020221679', 20,65,18.3, '12.30', '优秀']
>>>min( list )        # 列表中元素类型不相同，不能进行比较
Traceback ( most recent call last) :
  File "<pyshell#15>", line 1, in <module>
    min( list )
TypeError: '<' not supported between instances of 'str' and 'float'
```

2）操作方法

列表操作方法如表 2-4 所示。

表 2-4　列表操作方法

方　　法	描　　述
ls.append(x)	在列表 ls 最后增加一个元素 x
ls.insert(i, x)	在列表 ls 第 i 位置增加元素 x
ls.clear()	删除 ls 中所有元素
ls.pop(i)	将列表 ls 中第 i 项元素取出并从 ls 中删除该元素
ls.remove(x)	将列表中出现的第一个元素 x 删除
ls.reverse()	列表 ls 中元素反转
ls.copy()	生成一个新列表，复制 ls 中所有元素

基本上可以把列表的操作和方法归结为三大类，即增、删、改。

（1）修改列表元素

修改列表元素的语法与访问列表元素的语法类似。要修改列表元素，可指定列表名和要修改的元素的索引，再指定该元素的新值。

```
>>> scores_list = [0, 0, 0, 0]
>>> scores_list[0] = record_list[0]         # 换算各项考核成绩存入 scores_list
>>> scores_list[1] = int(100 - (87 - situp_num)//4.6 * 5)
>>> scores_list[2] = int(100 - (80 - pushup_num)//5.5 * 5)
>>> scores_list[3] = int(100 - (time_100m - 12.8)//0.3 * 5)
```

使用切片可以对列表的片段进行修改，修改内容可以不等长，即当使用一个列表去改变另一个列表的值时，两个列表不需要长度一样，但遵循"多增少减"的原则。

```
>>> list = ['0', '1', '2', '3']
>>> list[1:2] = [4, 5, 6]
>>> print(list)
['0', 4, 5, 6, '2', '3']
>>> list[1:4]=[4]
>>> print(list)
['0', 4, '2', '3']
```

（2）在列表中添加元素

在列表中添加新元素时，最简单的方式是将元素附加到列表末尾。

延用上例：

```
>>> scores_list.append( int(100 - (_3000m - 690)//14.4*5) )
```

方法 append() 让动态地创建列表易如反掌，先创建一个空列表，再使用一系列的 append()
语句添加元素。

```
>>> time_str_list = []
>>> time_str = input('请输入第{}名学员完成3公里跑步时间：'.format(i+1))
>>> time_str_list.append(time_str)        # 将输入时间添加到时间列表中
```

除了在列表的末尾添加新元素，还可以使用方法 insert() 在列表的任何位置添加新元素。需
要指定新元素的索引和值。

```
>>>list = ['0', '1', '3']
>>>ls.insert(2, '2')
>>>print( ls )
['0', '1', '2', '3']
```

（3）删除列表元素

使用方法 clear() 清空整个列表，即删除列表所有元素。

例如：

```
>>> list = ['0', '1', '2', '3']
>>> list.clear()
>>> print(list)
[ ]
```

方法 pop() 将返回列表中指定序号的元素，并将其从列表中删除。

例如：

```
>>> list = ['0', '1', '2', '3']
>>> print(list.pop(1))
1
>>> print(list)
['0', '2', '3']
```

当需要删除列表中第一次出现的元素时，则需要使用方法 remove()。

```
>>> list = ['0', '1', '2', '3', '1']
>>> list.remove('1')
>>> print(list)
['0', '2', '3', '1']
```

除了使用上述列表方法，还可以使用 Python 保留字 del 对列表元素或片段进行删除，书写
格式如下：

```
del <列表变量>[<索引序号>]
del <列表变量>[<索引起始>：<索引结束>]
del <列表变量>[<索引起始>：<索引结束>:<步长>]
```

例如：

```
>>> list = ['0', '1', '2', '3']
>>> del list[1]
>>> print(list)
['0', '2', '3']
>>> del list[1:]
>>> print(list)
['0']
>>> list = ['0', '1', '2', '3', '4']
>>> del list[1:4:2]
>>> print(list)
['0', '2', '4']
```

（4）列表间赋值

复制并生成一个新的列表，可以使用方法 copy()。使用 copy() 方法后，两个列表如发生变化，彼此互不影响。

```
>>> list1=[1,2,3,4]
>>> list2=list1.copy()
>>> list1.clear()
>>> list1
[]
>>> list2
[1, 2, 3, 4]
```

如果不使用 copy() 方法，而使用赋值方式，则不能产生新的列表，仅能为列表增加一个别名，即两个列表名所指向的是同一组内容。

```
>>> list1=[1,2,3,4]
>>> list2=list1
>>> list1.clear()
>>> print(list2)
[]
```

4. 字典

Python 中字典是一种基本的数据结构，它将键与值联系起来，形成 <Key - Value> 的键值对形式，让用户可以通过键快速找到对应的值，键和值可以是任意数据类型。

（1）创建字典（定义）

在 Python 中创建字典很简单，使用 { } 即可创建一个空字典，可以使用 ":" 来连接键和值，然后使用 "," 分隔多个键值对。

```
>>> empty_dict = {}
>>> print(empty_dict)
{}
>>> member = {"lilei":16,"hanmeimei":17}
>>> print(member)
{'lilei': 16, 'hanmeimei': 17}
```

（2）字典的索引

在字典中是利用键值对关系索引元素，< 值 >=< 字典变量 >[< 键 >]。

利用索引和赋值配合，可以对字典中每个元素进行修改，也可以向字典中增加元素。

例如：

```
>>> member = {"lilei":16,"hanmeimei":17}
>>> member["lilei"] = 18
>>> print(member)
{'lilei': 18, 'hanmeimei': 17}
>>> member["polly"] = 2
{'lilei': 18, 'hanmeimei': 17, 'polly': 2}
```

5. 字典的操作

（1）操作函数

① len(member) 给出字典 dic 的元素个数，即长度。例如：

```
>>> member = {"lilei":16,"hanmeimei":17}
>>> len(member)
2
```

② min (member) 和 max (member) 分别返回字典 member 中最小和最大索引值，使用这两个函数的前提是字典中各索引元素可以进行比较。例如：

```
>>> member = {"lilei":16,"hanmeimei":17}
>>> min(member)
'hanmeimei'
>>> max(member)
'lilei'
```

③ dict() 函数用于生成一个空字典，作用和 {} 相同。例如：

```
>>> member = dict()
>>> print(member)
{}
```

（2）操作方法

字典类型无法直接通过值进行索引，这是键值对定义的约束。

<字典变量>.<方法名称>（<方法参数>）

① member.keys() 返回字典中所有键信息，返回结果是 Python 的一种内部数据类型（dict_keys），专用于表示字典的键。也可以将其转换为其他类型，方便使用。例如：

```
>>> member = {"lilei":16,"hanmeimei":17}
>>> member.keys()
dict_keys(['lilei', 'hanmeimei'])
>>> type(member.keys())
<class 'dict_keys'>
>>> list(member.keys())
['lilei', 'hanmeimei']
```

② member.values() 返回字典中的所有值信息，返回结果是 Python 的一种内部数据类型 dict_values。例如：

```
>>> member = {"lilei":16,"hanmeimei":17}
>>> member.values()
dict_values([16, 17])
>>> type(member.values())
<class 'dict_values'>
```

③ member.items() 返回字典中的所有键值对信息，返回结果是 Python 的一种内部数据类型 dict_items，键值对以元组类型（即括号形式）表示。例如：

```
>>> member = {"lilei":16,"hanmeimei":17}
>>> member.items()
dict_items([('lilei', 16), ('hanmeimei', 17)])
>>> type(member.items())
<class 'dict_items'>
```

④ member.get(key, default) 根据键信息查找并返回值信息，如果 key 存在则返回相应值，否则返回默认值；第二个元素 default 可以省略，如果省略则默认值为空。例如：

```
>>> member = {"lilei":16,"hanmeimei":17}
>>> member.get('lilei')
16
>>> member.get('polly')
>>> member.get('polly','不存在')
'不存在'
```

⑤ member.pop(key, default) 根据键信息查找并取出值信息，如果 key 存在则返回相应值，

否则返回默认值；第二个元素 default 可以省略，如果省略则默认值为空。在取出相应值后，将该键值对从字典中删除。例如：

```
>>> member = {"lilei":16,"hanmeimei":17}
>>> member.pop('lilei')
16
>>> print(member)
{'hanmeimei': 17}
>>> member.pop('polly','不存在')
'不存在'
```

⑥ member.popitem() 随机从字典中取出一个键值对，以元组 (key, value) 形式返回。取出后从字典中删除这个键值对。例如：

```
>>> member = {"lilei":16,"hanmeimei":17}
>>> print(member.popitem())
('hanmeimei', 17)
>>> member
{'lilei': 16}
```

⑦ member.clear() 删除字典中所有键值对。例如：

```
>>> member = {"lilei":16,"hanmeimei":17}
>>> member.clear()
>>> member
{}
```

⑧保留字 del 用来删除字典中某一个元素。例如：

```
>>> member = {"lilei":16,"hanmeimei":17}
>>> del member["lilei"]
>>> member
{'hanmeimei': 17}
```

⑨保留字 in 用来判断一个键是否在字典中。如果在则返回 True，否则返回 False。例如：

```
>>> member = {"lilei":16,"hanmeimei":17}
>>> "lilei" in member
True
>>> "polly" in member
False
```

6. 元组

列表非常适合用于存储在程序运行期间可能变化的数据集。列表是可以修改的，这对处理网站的用户列表或程序中的角色列表至关重要。然而，有时需要创建一系列不可修改的元素，元组（tuple）可以满足这种需求。Python 将不能修改的值称为不可变的，而不可变的列表则称为元组。

（1）定义元组

元组看起来犹如列表，但使用圆括号而不是方括号来标识。定义元组后，就可以使用索引来访问其元素，就像访问列表元素一样。

例如，如果有一个大小不应改变的矩形，可将其长度和宽度存储在一个元组中，从而确保它们不能修改：

```
>>> dimensions = (200, 50)
>>> print(dimensions[0])
>>> print(dimensions[1])
```

```
200
50
```

以上代码首先定义了元组 dimensions，为此使用了圆括号而不是方括号。然后分别打印该元组的各个元素，使用的语法与访问列表元素时使用的语法相同。

接着，尝试修改元组 dimensions 中的一个元素：

```
>>> dimensions = (200, 50)
>>> dimensions[0] = 250
Traceback (most recent call last):
  File "dimensions.py", line 3, in <module>
    dimensions[0] = 250
TypeError: 'tuple' object does not support item assignment
```

以上代码试图修改第一个元素的值，导致 Python 返回类型错误消息。由于试图修改元组的操作是被禁止的，因此 Python 指出不能给元组的元素赋值。

（2）修改元组变量

虽然不能修改元组的元素，但可以给存储元组的变量赋值。因此，如果要修改前述矩形的尺寸，则可重新定义整个元组：

```
>>> dimensions = (200, 50)
>>> print("Original dimensions:")
>>> for i in dimensions:
>>>     print(i)
>>> dimensions = (400, 100)
>>> print("\nModified dimensions:")
>>> for i in dimensions:
>>>     print(i)
Original dimensions:
200
50
Modified dimensions:
400
100
```

在此例中将一个新元组存储到变量 dimensions 中，这次，Python 不会报告任何错误，因为给元组变量赋值是合法的。

相比于列表，元组是更简单的数据结构。如果需要存储的一组值在程序的整个生命周期内都不变，可使用元组。

7. 遍历循环：for

遍历循环是从遍历结构中逐一提取元素，放在循环变量中，对于每个提取的元素执行一次语句块。for 语句的执行次数是根据遍历结构中元素个数来确定的。

（1）遍历字符串

可以逐一遍历字符串的每个字符。例如：

```
>>> for i in "python":
    print(i)
p
y
t
h
o
n
```

　　在此例中循环变量 i 随着循环执行一次其值变换一次，从字符串的首字符开始，依次获取一个字符直至字符串尾字符，后循环结束。

　　（2）遍历列表类型

　　例如：

```
>>> list=[1,"2",[3,"4"],5]
>>> for i in list:
    print(i*2)
2
22
[3, '4', 3, '4']
10
```

　　在此例中循环变量 i 随着循环执行一次其值变换一次，从列表的首元素开始，依次获取一个元素直至列表尾部，后循环结束。

　　（3）遍历字典类型

　　例如：

```
>>> member = {"lilei":16,"hanmeimei":17}
>>> for i in member:
    print("字典的键和值分别为：{}和{}".format(i,member.get(i)))
```

　　在此例中字典的键和值分别为 lilei 和 16，字典的键和值分别为：hanmeimei 和 17，由于键值对中的键相当于索引，所以 for 循环返回的变量名是字典的索引值。如果需要获取该键对应的值，可以在循环语句块中通过 get() 方法获得。

　　（4）遍历元组类型

　　像列表一样，可以使用 for 循环来遍历元组中的所有值。例如：

```
>>> dimensions = (200, 50)
>>> for i in dimensions:
>>>     print(i)
200
50
```

　　（5）使用 range() 函数指定循环次数

　　例如：

```
>>> for i in range(5):
    print(i)
0
1
2
3
4
```

　　在此例中循环变量 i 的值随 range() 函数生成的数字序列而变，如为 range(n) 默认变化范围为 0~n-1。也可以使用两个参数指定其变化范围，如 range(1,5)，则序列为 [1,2,3,4]。如果加入第三个参数，则可以规定递增的加数，如 range(1,5,2)，则序列为 [1,3]。

　　8. 函数：split()

　　（1）split()：拆分字符串

　　通过指定分隔符对字符串进行切片，并返回分隔后的字符串列表（list）。

　　语法：

```
str.split(str="",num=string.count(str))[n]
```

参数说明：

str：分隔符，默认为空格，但是不能为空 (' ')。若字符串中没有分隔符，则把整个字符串作为列表的一个元素。

num：分隔次数。如果存在参数 num，则仅分隔成 num+1 个子字符串，并且每一个子字符串可以赋给新的变量。

[n]：选取第 n 个分片。

注意：当使用空格作为分隔符时，对于中间为空的项会自动忽略。

（2）分离字符串

例如：

```
>>> string = "www.gziscas.com.cn"
>>> print(string.split('.'))          # 以 '.' 为分隔符
['www', 'gziscas', 'com', 'cn']
>>> print(string.split('.', 2))       # 分隔两次
['www', 'gziscas', 'com.cn']
>>> print(string.split('.',2)[1])     # 分隔两次，并取序列为 1 的项
gziscas
```

2.6.4　拓展：数据永久保存

目前程序运行所需数据及结果，当程序运行结束或突发断电情况时会全部消失，如需要之前的数据或评定结果需要再次运行程序并输入，是否可以实现数据的永久保存及重复使用？

2.7　成绩存储及重复使用

2.7.1　将信息存入文本文件

在按照格式要求输入学员完成 3 000 m 长跑的时间，计算出相应的成绩，判断所处等级，并且程序可以一直运行，直到用户选择退出为止，对相关功能进行封装，使程序模块化的基础上，增加功能：将学员体能考核成绩及评定结果存入文本文件中，并实现读取、修改、写入。

2.7.2　文件的使用

程序 1：

```
"""
    功能：3 000 m 成绩统计
    版本：0.7
    增加：－将相关考核成绩存入文件中
          注：在当前目录下 physical_1.0.txt 文件已存在
"""


def evaluation_all(scores_all):
    """
    评定综合等级
    """
    # 使用多分支结构
    if scores_all > 360:
```

```python
            grade = '特级'
        elif scores_all >= 360:
            grade = '优秀'
        elif scores_all >= 320:
            grade = '良好'
        elif scores_all >= 240:
            grade = '及格'
        else:
            grade = '不及格'
    return grade


def evaluation(scores):
    """
    评定单项等级
    """
    # 使用多分支结构
    if scores > 100:
        grade = '特级'
    elif scores >= 90:
        grade = '优秀'
    elif scores >= 80:
        grade = '良好'
    elif scores >= 60:
        grade = '及格'
    else:
        grade = '不及格'
    return grade


def main():
    """
    主函数
    """
    # 定义列表，分别用于存放项目、成绩、等级
    project_list = ['学号', '仰卧起坐', '俯卧撑', '100 m', '3 000 m', '引体向上']
    scores_list = [0, 0, 0, 0, 0, 0]
    grades_list = []

    # 录入各项考核数据，并分隔字符串，存入列表
    print('请输入以下信息及项目记录，用空格分隔')
    record_str = input('学号 仰卧起坐 俯卧撑 100 m 3 000 m 引体向上：')
    record_list = record_str.split(' ')

    # 判断学号是否为11位数
    while len(record_list[0]) != 11:
        print('请重新输入以下信息及项目记录，用空格分隔，注意：学号必须是11位')
        record_str = input('学号 仰卧起坐 俯卧撑 100 m 3 000 m 引体向上：')
        record_list = record_str.split(' ')

    # 异常数据处理
    try:
        # 转换各项考核数据
        situp_num = int(record_list[1])
        pushup_num = int(record_list[2])
```

```
        time_100m = float(record_list[3])
        time_3000m = record_list[4].split('.')
        pullup_num = int(record_list[5])

        _3000m = int(time_3000m[0]) * 60 + int(time_3000m[1])

        # 换算各项考核成绩存入 scores_list
        scores_list[0] = record_list[0]

        scores_list[1] = int(100 - (87 - situp_num) // 4.6 * 5)
        scores_list[2] = int(100 - (80 - pushup_num) // 5.5 * 5)
        scores_list[3] = int(100 - (time_100m - 12.8) // 0.3 * 5)
        scores_list[4] = int(100 - (_3000m - 690) // 14.4 * 5)
        scores_list[5] = int(100 - (30 - pullup_num) // 2.2 * 5)

        # 评定各项等级并存入 grades_list
        grades_list.append(record_list[0])
        total = 0
        for i in range(len(record_list) - 1):
            grades_list.append(evaluation(scores_list[i + 1]))
            total += scores_list[i + 1]   # 计算总成绩

        # 输出所有数据
        print()
        print('学号：{}，各项成绩及等级如下所示：'.format(record_list[0]))
        i = 0
        for i in range(len(record_list) - 1):
            print('{}：{}，{}分，评定为：{}'.format(project_list[i + 1],
record_list[i + 1], scores_list[i + 1],
                                                grades_list[i + 1]))

        # 存入总成绩，给出综合评定，并输出
        scores_list.append(total)
        # 综合评定原则：单项有一项为不及格，总评为不及格；无不及格项，则按总分给出
相应级别评定
        for i in range(len(grades_list)):
            if grades_list[i] == ' 不及格 ':
                grades_list.append(' 不及格 ')
                break
        if i == len(grades_list) - 1:
            grades_list.append(evaluation_all(total))
        print('        总分：{}   综合评定为：{}'.format(scores_
list[len(scores_list) - 1], grades_list[len(grades_list) - 1]))

    # 将相关数据写入文件（文件创建形式，写入形式及格式）
        f = open('physical_1.0.txt', 'a')
        # i = 0
        for i in range(6):
            f.write(record_list[i])
            f.write(' ')
        f.write('\n')
        # i = 0
        for i in range(7):
            f.write(str(scores_list[i]))
            f.write(' ')
```

```python
            f.write(grades_list[6])
            f.write('\n')
            f.close()

    # 异常数据处理
    except ValueError:
        print('请输入正确的信息！')
    except IndexError:
        print('输入的信息过少！')
    except:
        print('程序异常！')


if __name__ == '__main__':
    main()
```

程序2：

```python
"""
    功能：3 000 m 成绩统计
    版本：0.7
    增加：  从文件中读出数据，评定结果再写回文件
            注：在当前目录下 physical_1.0.txt 文件已存在，且存有相关格式数据
"""


def evaluation_all(scores_all):
    """
    评定综合等级
    """
    # 使用多分支结构
    if scores_all > 400:
        grade = '特级'
    elif scores_all >= 360:
        grade = '优秀'
    elif scores_all >= 320:
        grade = '良好'
    elif scores_all >= 240:
        grade = '及格'
    else:
        grade = '不及格'
    return grade


def evaluation(scores):
    """
    评定单项等级
    """
    # 使用多分支结构
    if scores > 100:
        grade = '特级'
    elif scores >= 90:
        grade = '优秀'
    elif scores >= 80:
        grade = '良好'
    elif scores >= 60:
```

```
            grade = '及格'
        else:
            grade = '不及格'
    return grade


def main():
    """
    主函数
    """

    # 定义列表，分别用于存放项目、成绩、等级
    project_list = ['学号', '仰卧起坐', '俯卧撑', '100 m', '3 000 m', '引体向上']
    scores_list = [0, 0, 0, 0, 0, 0]
    grades_list = []

    # 从文件读入原始考核数据，并存入 record_list 列表中
    f = open('physical_1.0.txt', 'r')
    record_str = f.readline()
    f.close()

    record_list = record_str.split(' ')

    # 异常数据处理
    try:
        # 转换各项考核数据
        situp_num = int(record_list[1])
        pushup_num = int(record_list[2])
        time_100m = float(record_list[3])
        time_3000m = record_list[4].split('.')
        pullup_num = int(record_list[5])

        _3000m = int(time_3000m[0]) * 60 + int(time_3000m[1])

        # 换算各项考核成绩存入 scores_list
        scores_list[0] = record_list[0]

        scores_list[1] = int(100 - (87 - situp_num) // 4.6 * 5)
        scores_list[2] = int(100 - (80 - pushup_num) // 5.5 * 5)
        scores_list[3] = int(100 - (time_100m - 12.8) // 0.3 * 5)
        scores_list[4] = int(100 - (_3000m - 690) // 14.4 * 5)
        scores_list[5] = int(100 - (30 - pullup_num) // 2.2 * 5)

        # 评定各项等级并存入 grades_list
        grades_list.append(record_list[0])
        total = 0
        for i in range(len(record_list) - 1):
            grades_list.append(evaluation(scores_list[i + 1]))
            total += scores_list[i + 1]   # 计算总成绩

        # 输出所有数据
        print()
        print('学号：{}，各项成绩及等级如下所示：'.format(record_list[0]))
        i = 0
        for i in range(len(record_list) - 1):
```

```
                print('{}: {}, {}分, 评定为: {}'.format(project_list[i + 1],
record_list[i + 1], scores_list[i + 1],
                                            grades_list[i + 1]))

        # 存入总成绩, 给出综合评定, 并输出
        scores_list.append(total)
        # 综合评定原则: 单项有一项为不及格, 总评为不及格; 无不及格项目, 则按总分给出
相应级别评定
        for i in range(len(grades_list)):
            if grades_list[i] == '不及格':
                grades_list.append('不及格')
                break
        if i == len(grades_list) - 1:
            grades_list.append(evaluation_all(total))
        print('        总分: {}  综合评定为: {}'.format(scores_
list[len(scores_list) - 1], grades_list[len(grades_list) - 1]))

        # 将相关数据写入文件(文件创建形式, 写入形式及格式)
        f = open('physical_1.0.txt', 'a')
        # f.writelines(record_list)
        f.write('\n')
        # i = 0
        for i in range(7):
            f.write(str(scores_list[i]))
            f.write(' ')
        f.write(grades_list[6])
        f.write('\n')
        f.close()

        # 异常数据处理
    except ValueError:
        print('请输入正确的信息!')
    except IndexError:
        print('输入的信息过少!')
    except:
        print('程序异常!')


if __name__ == '__main__':
    main()
```

2.7.3 文件和程序异常处理

1. 文件

在程序运行时，数据保存在内存的变量里。内存中的数据在程序结束或关机后会消失。如果想要在下次开机运行程序时还使用同样的数据，就需要把数据存储在不易失的存储介质中，例如硬盘、光盘或U盘里。不易失存储介质上的数据保存在以存储路径命名的文件中。通过读写文件，回程序就可以在运行时保存数据。

文件是存储在辅助存储器上的一组数据序列，可以包含任何数据内容。概念上，文件是数据的集合和抽象。

1）文件的类型

文件包括文本文件和二进制文件两种类型。

①文本文件一般由单一特定编码的字符组成，如 UTF-8 编码，内容容易统一展示和阅读。大部分文本文件都可以通过文本编辑软件或文字处理软件创建、修改和阅读。由于文本文件存在编码，所以，它也可以看作存储在磁盘上的长字符串，如一个 TXT 格式的文本文件。

②二进制文件直接由比特 0 和比特 1 组成，没有统一的字符编码，文件内部数据的组织格式与文件用途有关。二进制是信息按照非字符但有特定格式形成的文件，如 PNG 格式的图片文件、AVI 格式的视频文件。二进制文件和文本文件最主要的区别在于是否有统一的字符编码。二进制文件由于没有统一的字符编码，只能当作字节流，而不能看作字符串。

2）对文件的操作

在 Python 中对文件的操作通常按照以下 3 个步骤进行：

①使用 open() 函数打开（或建立）文件，返回一个 file 对象。

②使用 file 对象的读 / 写方法对文件进行读 / 写操作。其中，将数据从外存传输到内存的过程称为读操作，将数据从内存传输到外存的过程称为写操作。

③使用 file 对象的 close() 方法关闭文件。

（1）打开 / 建立文件

open() 函数用来打开文件。open() 函数需要一个字符串路径，表明希望打开文件，并返回一个文件对象。其语法格式如下：

```
f = open(filename, mode, buffering)
```

其中，f 是 open() 函数返回的文件对象；参数 filename（文件名）是必写参数，它既可以是绝对路径，也可以是相对路径；模式（mode）和缓冲（buffering）为可选项；mode 是指明文件类型和操作的字符串，常用值如表 2-5 所示。

表2-5 open()函数中mode参数的常用值

值	描　　述
'r'	读模式，如果文件不存在，则发生异常
'w'	写模式，如果文件不存在，则先创建文件再打开；如果文件存在，则清空文件内容后再打开
'a'	追加模式，如果文件不存在，则先创建文件再打开；如果文件存在，打开文件后将新内容追加到原内容之后
'b'	二进制模式，可添加到其他模式中使用
'+'	读 / 写模式，可添加到其他模式中使用

说明：

①当 mode 参数省略时，可以获得能读取文件内容的文件对象，即 'r' 是 mode 参数的默认值。

②'+' 参数指明读和写都是允许的，可以用到其他任何模式中。例如，可以用 'r+' 打开一个文本文件并读 / 写。

③'b' 参数改变处理文件的方法。通常，Python 处理的是文本文件，当处理二进制文件（如声音文件或图像文件）时应该在模式参数中增加 'b'。例如，可以用 'rb' 来读取一个二进制文件。

open() 函数的第三个参数 buffering 用来控制缓冲。当该参数取 0 或 False 时，I/O 是无缓冲的，所有读 / 写操作直接针对硬盘。当该参数取 1 或 True 时，I/O 有缓冲，此时 Python 使用内存代替硬盘，使程序的运行速度更快，只有在使用 flush() 或 close() 时才会将数据写入硬盘。

当参数大于 1 时，表示缓冲区的大小，以字节为单位；负数表示使用默认缓冲区大小。

下面举例说明 open() 函数的使用。

先用记事本创建一个文本文件，取名为 hello. txt；然后输入以下内容，保存在 D 盘的 python 文件夹中：

```
Hello!
Zhongguo Tianjin
```

在交互式环境中输入以下代码：

```
>>> helloFile = open ("D:\\python\\hello.txt")
```

这条命令将以读取文本文件的方式打开放在 D 盘 python 文件夹下的 hello. txt 文件。读模式是 Python 打开文件的默认模式。当文件以读模式打开时，只能从文件中读取数据，不能向文件写入或修改数据。

当调用 opend 函数时将返回一个文件对象，在本例中文件对象保存在 helloFile 变量中。

```
>>> print(helloFile)
<_io.TextIOWrapper name = ' D:\\python\\hello.txt'mode = 'r' encoding = 'cp936'>
```

在打印文件对象时可以看到文件名、读 / 写模式和编码格式。cp936 是指 Windows 系统中的第 936 号编码格式，即 GB2312 的编码。接下来就可以调用 helloFile 文件对象的方法读取文件中的数据了。

（2）读取文本文件

用户可以调用文件对象的多种方法读取文件内容。

① read() 方法。不设置参数的 read() 方法将整个文件的内容读取为一个字符串。read() 方法一次读取文件的全部内容，性能根据文件大小而变化，例如 1 GB 的文件在读取时需要使用 1 GB 内存。

例如：调用 read() 方法读取 hello.txt 文件中的内容。

```
>>> helloFile = open("D: \\python\\hello. txt")
>>> fileContent = helloFile.read()
>>> helloFile. close()
>>> print(filecontent)
Hello!
Zhongguo Tianjin
```

用户也可以设置最大读入字符数来限制 read() 函数一次返回的大小。

例如：设置参数一次读取 3 个字符来读取文件。

```
>>> helloFile = open("D: \\python\\hello. txt")
>>> fileContent =""
>>> while True:
>>>     fragment = helloFile.read(3)
>>>     if fragment == "":      # 或者 if not fragment
>>>       break
>>>     fileContent += fragment
>>> helloFile.close()
>>> print(fileContent)
```

在读到文件结尾之后，read() 方法会返回空字符串，此时 fragment=="" 成立 , 退出循环。

② readline() 方法。readline() 方法从文件中获取一个字符串，每个字符串就是文件中的每一行。

例如：调用 readline() 方法读取 hello.txt 文件中的内容。

```
>>> helloFile = open("D:\\python\\hello.txt")
>>> fileContent = ""
>>> while True:
>>>     line = helloFile.readline ()
>>>      if line == "":    # 或者 if not line
>>>         break
>>>     fileContent += line
>>> helloFile.close()
>>> print (fileContent)
```

当读取到文件结尾之后，readline() 方法同样返回空字符串，使得 line=="" 成立，跳出循环。

③ readlines() 方法。readines() 方法返回一个字符串列表，其中的每一项是文件中每一行的字符串。

例如：使用 readlines() 方法读取文件内容。

```
>>> helloFile = open ("D:\\python\\hello.txt")
>>> fileContent = helloFile.readlines()
>>> helloFile.close()
>>> print (fileContent)
>>> for line in fileContent:     # 输出列表
>>>     print (line)
```

readines() 方法也可以设置参数，指定一次读取的字符数。

④ seek() 方法。seek() 方法能够移动读取指针的位置。helloFile.seek(0) 将读取指针移动到文件开头，helloFile.seek(2) 将读取指针移动到文件结尾。

（3）写文本文件

写文件和读文件相似，都需要先创建文件对象连接，所不同的是，打开文件时是以写模式或添加模式打开。如果文件不存在，则创建该文件。

与读文件时不能添加或修改数据类似，写文件时也不允许读取数据。在用写模式打开已有文件时会覆盖文件的原有内容，从头开始，就像用一个新值覆写一个变量的值。例如：

```
>>> helloFile = open("D:\\python\\hello.txt","w")
# 用写模式打开已有文件时会覆盖文件的原有内容
>>> fileContent = helloFile, read()
Traceback(most recent call last):
File"<pyshell#1>", line 1, in <module>
IOError:File not open for reading
>>> helloFile.close()
>>> helloFile = open ("D:\\python\\hello.txt")
>>> fileContent = helloFile. read()
>>> len(fileContent)
0
>>> helloFile.close()
```

由于用写模式打开已有文件时文件的原有内容被清空，所以再次读取内容时长度为 0。

① write() 方法。write() 方法用于将字符串参数写入文件。

例如：用 write() 方法写文件。

```
>>> helloFile = open ("D:\\python\\hello.txt","w")
>>> helloFile. write("First line. \nSecond line. \n")
>>> helloFile. close()
>>> helloFile = open("D:\\python\\hello.txt","a")
>>> helloFile. write("third line. ")
```

```
>>> helloFile.close()
>>> helloFile = open("D:\\python\\hello.txt")
>>> fileContent = helloFile.read()
>>> helloFile. close ()
>>> print (fileContent)
First line.
Second line.
third line.
```

当以写模式打开文件 hello. txt 时，文件的原有内容被覆盖。调用 write() 方法将字符串参数写入文件，这里 "\n" 代表换行符。关闭文件之后再次以添加模式打开文件 hello. txt，调用 write() 方法写入的字符串 "third line." 被添加到了文件末尾。最终以读模式打开文件后读取到的内容共有 3 行字符串。

注意：write() 方法不能自动在字符串末尾添加换行符，需要用户自己添加 "\n"。

② writelines() 方法。writelines(sequence) 方法向文件写入一个序列字符串列表，如果需要换行则要自己加入每行的换行符。例如：

```
>>> obj = open("log.txt","w")
>>> list2 = ["11","test","hello","44","55"]
>>> obj.writelines(list2)
>>> obj.close()
```

运行结果是生成一个 log.txt 文件，内容是 11testhello4455，可见没有换行。另外，注意 writelines() 方法写入的序列必须是字符串序列，整数序列会产生错误。

（4）文件的关闭

用户应该牢记使用 close() 方法关闭文件。关闭文件是取消程序和文件之间连接的过程，内存缓冲区中的所有内容将写入磁盘，因此必须在使用文件后关闭文件确保信息不会丢失。

如果要确保文件关闭，可以使用 try...finally 语句，在 finally 子句中调用 close() 方法：

```
helloFile = open("D:\\python\\hello.txt","w")
try:
    helloFile. write ("Hello, Sunny Day!")
finally:
    helloFile. close()
```

也可以使用 with 语句自动关闭文件：

```
>>> with open("D:\\python\\hello.txt") as helloFile:
>>>     s = helloFile. read()
>>>     print (s)
```

with 语句可以打开文件并赋值给文件对象，之后就可以对文件进行操作了。文件会在语句结束后自动关闭，即使是由于异常引起的结束也是如此。

2. 数据的维度

数据的维度用于表明数据之间的基本关系和逻辑，根据数据的关系不同，可以分为一维数据、二维数据和高维数据。

1）一维数据

一维数据由对等关系的有序或无序数据构成，采用线性方式组织，对应于数学中数组的概念。任何表现为序列或集合的内容都可以看作一维数据。Python 中主要采用列表形式表示一维数据，此时应注意列表中每个数据的数据类型（字符串）。

（1）一维数据的存储

一维数据的文件存储由多种方式，总体思路是采用特殊字符分隔各数据。

①空格分隔：

```
1  2  3  4
```

②逗号（英文逗号）分隔：

```
1,2,3,4
```

③换行分隔：

```
1
2
3
4
```

④其他特殊符号分隔：

```
1；2；3；4
```

其中，逗号分隔的存储格式叫作 CSV（Comma-Separated Values，即逗号分隔值）格式，它是一种通用的、相对简单的文件格式，大部分编辑器都支持直接读入或保存文件为 CSV 格式，其扩展名为 .csv，如 Windows 系统内的记事本或微软的 Office Excel 等。例如：

```
>>> list=['1','2','3','4']
>>> file=open("number.csv","w")
>>> file.write(",".join(list)+"\n")
>>> file.close()
```

这里采用字符串的 join() 方法更为方便，程序执行后生成的 city.csv 文件内容为：

```
1,2,3,4
```

（2）一维数据的处理

对一维数据进行处理首先需要从 CSV 格式文件读入一维数据，并将其表示为列表对象。但对于从 CSV 文件中获取的最后一个元素后面包含了一个换行符（"\n"）。

```
>>> file = open("number.csv","r")
>>> list = file.read().split(",")
>>> file.close()
>>> print(list)
['1', '2', '3', '4\n']
```

这个换行对于数据的表达和使用来说是多余的，需要使用字符串的 strip() 方法去掉数据尾部的换行符，而后使用 split() 方法以逗号进行分隔。

```
>>> file = open("number.csv","r")
>>> list = file.read().strip('\n').split(",")
>>> file.close()
>>> print(list)
['1', '2', '3', '4']
```

一维数据采用简单的列表形式表示，因此其处理方法与列表类型操作一致。

2）二维数据

二维数据即表格数据，由关联关系数据构成，采用二维表格方式组织，对应数学中的矩阵，常见的表格都属于二维数据，如表 2-6 所示。

表2-6　学生综合评定量化考核表

姓名	学　号	仰卧起坐	俯卧撑	100 m	3 000 m	引体向上
张三	03020224001	52	35	13″8	13′15	10
李四	03020224002	45	50	13″7	13′25	9
王五	03020224003	65	43	13″4	11′32	19
邹六	03020224004	59	40	14″9	12′10	7

（1）二维数据的表示

由表 2-6 可见，二维数据由多个一维数据构成，可以看作一维数据的组合形式。因此，二维数据可以采用二维列表来表示，即列表的每个元素对应二维数据的一行，这个元素本身也是列表类型，其内部各元素对应这行中的各列值。表中的数据采用二维列表方式表示，如下所示。

```
list = [
        ['姓名', '学号', '仰卧起坐', '俯卧撑', '100 m', '3 000 m', '引体向上'],
        ['张三', '03020224001', '52', '35', '13″8', '13′15', '10'],
        ['李四', '03020224002', '45', '50', '13″7', '13′25', '9'],
        ['王五', '03020224003', '65', '43', '13″4', '11′32', '19'],
        ['邹六', '03020224004', '59', '40', '14″9', '12′10', '7']
      ]
```

二维数据一般采用相同的数据类型存储数据，便于操作，统一表示为字符串形式。

（2）二维数据的存储

二维数据由一维数据组成，用 CSV 格式文件存储。CSV 文件的每一行是一维数据，整个 CSV 文件是一个二维数据。表存储为 CSV 文件的结果如下，文件名为 physical.csv。

```
姓名,学号,仰卧起坐,俯卧撑,100 m,3 000 m,引体向上,
张三,03020224001,52,35,13″8,13′15,10,
李四,03020224002,45,50,13″7,13′25,9,
王五,03020224003,65,43,13″4,11′32,19,
邹六,03020224004,59,40,14″9,12′10,7,
```

二维列表对象输出为 CSV 格式文件可以采用遍历循环和字符串的 join() 方法相结合的方法：

```
# list 代表二维列表，如前，此处省略
>>> file = open("physical.csv","w")
>>> for row in list:
>>>     file.write(",".join(row)+ "\n")
>>> file.close()
```

（3）二维数据的处理

对二维数据进行处理首先需要从 CSV 格式文件读入二维数据，并将其表示为二维列表：

```
>>> file = open("physical.csv","r")
>>> list = []
>>> for line in file:
>>>     list.append(line.strip('\n').split(","))
>>> file.close()
>>> print(list)
[['姓名', '学号', '仰卧起坐', '俯卧撑', '100 m', '3 000 m', '引体向上'], ['张三', '03020224001', '52', '35', '13″8', '13′15', '10'], ['李四', '03020224002', '45', '50', '13″7', '13′25', '9'], ['王五', '03020224003', '65', '43', '13″4', '11′32', '19'], ['邹六', '03020224004', '59', '40', '14″9', '12′10', '7']]
```

二维数据处理等同于二维列表的操作，需要借助循环遍历实现对每个数据的处理。

```
for row in list:
    for column in row:
            <对第 row 行第 column 列元素进行处理 >
```

例如，按表格样式打印上例中的二维数据：

```
# 此处略去从 CSV 获取数据到二维列表 list
>>> for row in list:
>>>     line = ""
>>>     for column in row:
>>>             line += "{:10}\t".format(column)
>>>     print(line)
```

姓名	学号	仰卧起坐	俯卧撑	100 m	3 000 m	引体向上
张三	03020224001	52	35	13"8	13'15	10
李四	03020224002	45	50	13"7	13'25	9
王五	03020224003	65	43	13"4	11'32	19
邹六	03020224004	59	40	14"9	12'10	7

3）高维数据

高维数据由键值对类型的数据构成，采用对象方式组织，可以多层嵌套。

高维数据在 Web 系统中十分常用。作为当今 Internet 组织内容的主要方式，高维数据衍生出 HTML、XML、JSON 等具体数据组织的语法结构。

以 JSON 格式为例，下面给出了描述"本章"的高维数据表示形式，其中，冒号（:）形成一个键值对，逗号（,）分隔键值对，JSON 格式中 [] 组织各键值对成为一个整体，与"本章"形成高层次的键值对。高维数据相比一维和二维数据能表达更加灵活和复杂的数据关系。

```
"本章":[
            "3.1":"总项目提出",
            "3.2":"单人 3000 米时间输入输出",
            "3.3":"单人 3000 米成绩评定",
            "3.4":"任意次评定单项科目成绩",
            "3.5":"数据格式化处理",
            "3.6":"程序封装",
            "3.7":"成绩批量化评定",
            "3.8":"成绩存储及重复使用",
            "3.9":"优化程序",
            "3.10":"创客课堂",
    ]
```

3. 程序异常处理

Python 程序一般对输入有一定要求，当实际输入不满足程序要求时，可能会产生程序的运行错误。例如：

```
>>>n=eval(mput("请输入一个数字:"))
请输入一个数字: python

Traceback (most recent call last):
File"<pyshell#11>". line 1, in <module>
n = eval( input("请输入一个数字:"))
File"<string>", line 1, in <module>
Name Error: name'python 'is not defined
```

由于使用了 eval() 函数，如果用户输入不是一个数字则可能报错。这类由于输入与预期不匹配造成的错误有很多种可能性，不能逐一列出可能性进行判断。为了保证程序运行的稳定性，这类运行错误应该被程序捕获并合理控制。

Python 语言使用保留字 try 和 except 进行异常处理，基本的语法格式如下：

```
try:
        <语句块 1>
except:
        <语句块 2>
```

语句块 1 是正常执行的程序内容；当执行这个语句块发生异常时，则执行 except 保留字后面的语句块 2。

例如：

```
try:
    n = eval( input("请输入一个数字:"))
    print("输入数字的 3 次方值为:",n**3)
except:
    print("输入错误,请输入一个数字! ")
```

该程序执行效果如下：

```
>>>
请输入一个数字:1010
输入数字的 3 次方值为:1030301000
>>>
请输入一个数字: python
输入错误,请输入一个数字!
```

除了输入之外，异常处理还可以处理程序执行中的运行异常。例如：

```
for i in range(5):
    print(10/i, end = " ")
Traceback(most recent call last):
File"<pyshell#12>", line 2, in <module>
print(10/i, end = " ")
ZeroDivisionError: division by zero
```

这段代码中，由于初始 i 值为 0，10/i 实际上等价于 10/0，产生了除以 0 的情况，Python 不支持除数为 0 的操作，产生了 ZeroDivisionError 运行错误。采用 try...except 方式可以处理这样的异常情况。

```
try:
    for i in range(5):
    print(10/i,end=" ")
except:
    print("某种原因,出错了!")
```

该程序执行结果如下：

```
>>>
某种原因,出错了!
```

进一步，程序也可以结合特定的错误类型进行处理。在 except 后指明错误类型，对于除零错误，可以在 except 后面增加 ZeroDivisionError.，仅指定处理该类型错误，再增加 except 处理其余错误。

```
try:
    for i in range(5):
    print( 10/i, end=" ")
```

```
except ZeroDivision Error:
    print(" 除数为零，产生了除零错误！")
except:
    print(" 某种原因，出错了！")
```

该程序执行效果如下：

```
>>>
除数为零，产生了除零错误！
```

Python 的异常处理机制能够提高程序运行的可靠性。只要程序可能异常退出，无论哪种类型，都可以用 try...except 捕捉这种异常，使程序有更好的用户体验。编写程序中，建议在输入合规性判断、保证关键代码可靠性等方面广泛使用异常处理机制。

2.7.4　拓展：数据分析和统计的便捷性

目前程序实现了数据可以存储在文本文件中，但该格式的文件数据不便于数据的分析和统计，需要更优化更便利的数据文件格式，例如 Excel。如何实现数据的读写操作呢？如果现有库函数不能满足用户需要，如何扩展库？还有没有更友好的程序操作界面？

2.8　优化程序

2.8.1　将数据写入Excel文件

在将学员体能考核成绩及评定结果存入文本文件中，并实现读取、修改、写入的基础上增加功能：

①利用 Python 第三方库，将学员体能考核成绩相关数据写入 Excel 文件中，并实现数据的读取、修改、写入。

②利用 Python 库函数，实现学员考核数据的界面化输入。

2.8.2　Python第三方库和库函数

程序 1：

```
"""
    功能：3 000 m 成绩统计
    版本：0.8
    增加：使用第三方库操作 Excel 数据
         将数据写入：xlwt
"""
# !/usr/bin/env python
# -*- coding: utf-8 -*-


# 导入第三方库
import xlwt
import tkinter
import tkinter.messagebox


def pop_up_box():
    """
    使用图形界面输入考核数据
    """
```

```
record_list1 = []

def inputint():
    """
        获取消息框内输入的数据，并存入 record_list 列表中
    """
    if len(student_ID.get()) == 11:     # 判断学号是否为 11 位
        record_list1.append(student_ID.get())
        record_list1.append(situp_num.get())
        record_list1.append(pushup_num.get())
        record_list1.append(time_100m.get())
        record_list1.append(_3000m.get())
        record_list1.append(pullup_num.get())
        root.quit()
        root.destroy()
    else:
        tkinter.messagebox.showwarning('输入错误', '请输入 11 位学号！')

def inputclear():   # 清空消息框，重置
    student_ID.set('')
    situp_num.set('')
    pushup_num.set('')
    time_100m.set('')
    _3000m.set('')
    pullup_num.set('')

# 设置对话框样式
root = tkinter.Tk(className='输入信息')    # 弹出框名称
root.geometry('270x360')    # 设置弹出框的大小 w x h

l1 = tkinter.Label(root, text="学号：")
l1.pack()   # 这里的 side 可以赋值为 LEFT RTGHT TOP  BOTTOM
student_ID = tkinter.StringVar()   # 这即是输入框中的内容
entry1 = tkinter.Entry(root, textvariable=student_ID)   # 设置"文本变量"
entry1.pack()

l2 = tkinter.Label(root, text="仰卧起坐：")
l2.pack()   # 这里的 side 可以赋值为 LEFT RTGHT TOP  BOTTOM
situp_num = tkinter.StringVar()    # 这即是输入框中的内容
entry2 = tkinter.Entry(root, textvariable=situp_num)   # 设置"文本变量"
entry2.pack()

l3 = tkinter.Label(root, text="俯卧撑：")
l3.pack()   # 这里的 side 可以赋值为 LEFT RTGHT TOP  BOTTOM
pushup_num = tkinter.StringVar()   # 这即是输入框中的内容
entry3 = tkinter.Entry(root, textvariable=pushup_num)   # 设置"文本变量"
entry3.pack()

l4 = tkinter.Label(root, text="100 m：")
l4.pack()   # 这里的 side 可以赋值为 LEFT RTGHT TOP  BOTTOM
time_100m = tkinter.StringVar()    # 这即是输入框中的内容
entry4 = tkinter.Entry(root, textvariable=time_100m)   # 设置"文本变量"
entry4.pack()

l5 = tkinter.Label(root, text="3 000 m：")
```

```python
    l5.pack()    # 这里的 side 可以赋值为 LEFT  RTGHT  TOP    BOTTOM
    _3000m = tkinter.StringVar()    # 这即是输入框中的内容
    entry5 = tkinter.Entry(root, textvariable=_3000m)    # 设置"文本变量"为 var
    entry5.pack()

    l6 = tkinter.Label(root, text="引体向上：")
    l6.pack()    # 这里的 side 可以赋值为 LEFT   RTGHT  TOP    BOTTOM
    pullup_num = tkinter.StringVar()    # 这即是输入框中的内容
    entry6 = tkinter.Entry(root, textvariable=pullup_num)    # 设置"文本变量"为 var
    entry6.pack()

    btn1 = tkinter.Button(root, text='确定', command=inputint)
            # 按下此按钮 (Input)，触发 inputint 函数
    btn2 = tkinter.Button(root, text='清除', command=inputclear)
            # 按下此按钮 (Clear)，触发 inputclear 函数

    # 按钮定位
    btn2.pack(side='bottom')
    btn1.pack(side='bottom')
    root.mainloop()

    return record_list1


def main():
    # 定义列表，分别用于存放项目、成绩、等级
    project_list = ['学号', '仰卧起坐', '成绩', '俯卧撑', '成绩', '100 m',
'成绩', '3 000 m', '成绩', '引体向上', '成绩', '总分', '总评']

    # 调用界面录入各项考核数据，并分隔字符串，存入列表
    # 弹出成绩输入框
    record_list = pop_up_box()

    # 显示输入数据
    print(record_list)

    # 将输入数据结果写入 excel
    workbook = xlwt.Workbook(encoding='utf-8', style_compression=0)

    # Workbook 类初始化时有 encoding 和 style_compression 参数
    # encoding: 设置字符编码，一般要进行如上设置，这样就可以在 Excel 中输出中文了
    #           默认是 ASCII 编码。记得要在文件头部添加：
    #           # !/usr/bin/env python
    #           # -*- coding: utf-8 -*-
    # style_compression 表示是否压缩，不常用

    # 创建一个 sheet 对象，一个 sheet 对象对应 Excel 文件中的一张表格
    sheet1 = workbook.add_sheet('sheet1', cell_overwrite_ok=True)
    # sheet1 是这张表的名字，cell_overwrite_ok 表示是否可以覆盖单元格，是
Worksheet 实例化的一个参数，默认值是 False

    try:
        # 向 sheet1 中添加数据
        # 生成第一行，表头
        for i in range(0, len(project_list)):
```

```python
        sheet1.write(0, i, project_list[i])
    # 生成第二行，数据
    sheet1.write(1, 0, record_list[0])
    j = 1
    for i in range(1, len(project_list)-2):
        if i % 2 != 0:
            sheet1.write(1, i, record_list[j])
            j = j+1
        if j > len(record_list):
            break

    # 将以上操作保存到指定的 Excel 文件中
    workbook.save('physical_1.1.xls')

# 异常数据处理
except ValueError:
    print('请输入正确的信息！')
except IndexError:
    print('输入的信息过少！')
except:
    print('程序异常！')


if __name__ == '__main__':
    main()
```

程序 2：

```python
"""
    功能：3 000 m 成绩统计
    版本：0.8
    增加：使用第三方库操作 Excel 数据
         将数据读出：xlrd
"""
# !/usr/bin/env python
# -*- coding: utf-8 -*-

# 导入 xlrd 库
import xlrd
import xlwt


def evaluation_all(scores_all):
    """
    评定综合等级
    """
    # 使用多分支结构
    if scores_all > 400:
        grade = '特级'
    elif scores_all >= 360:
        grade = '优秀'
    elif scores_all >= 320:
        grade = '良好'
    elif scores_all >= 240:
        grade = '及格'
    else:
```

```
            grade = '不及格'
        return grade


    def evaluation(scores):
        """
        评定单项等级
        """
        # 使用多分支结构
        if scores > 100:
            grade = '特级'
        elif scores >= 90:
            grade = '优秀'
        elif scores >= 80:
            grade = '良好'
        elif scores >= 60:
            grade = '及格'
        else:
            grade = '不及格'
        return grade


    def main():

        # 定义列表，分别用于存放项目、成绩、等级
        project_list = ['学号', '仰卧起坐', '成绩', '俯卧撑', '成绩', '100 m',
    '成绩', '3 000 m', '成绩', '引体向上', '成绩', '总分', '总评']
        scores_list = [0, 0, 0, 0, 0, 0]
        grades_list = []
        record_list = []

        # 从指定 Excel 文件读取相关数据
        workbook = xlrd.open_workbook('physical_1.1.xls')

        # 根据 sheet 索引或者名称获取 sheet 内容
        sheet = workbook.sheet_by_index(0)

        # 获取整行或整列的值
        # 获取列数
        cols_num = sheet.ncols
        row1 = sheet.row_values(0)    # 第一行内容
        row2 = sheet.row_values(1)    # 第二行内容

        # 输出成绩
        record_list.append(row2[0])    # 成绩列表中加入学号
        for i in range(1, len(row1) - 2):
            if i % 2 == 0:
                record_list.append(row2[i-1])

        # 异常数据处理
        try:
            # 转换各项考核数据
            situp_num = int(record_list[1])
            pushup_num = int(record_list[2])
            time_100m = float(record_list[3])
```

```python
        time_3000m = record_list[4].split('.')
        pullup_num = int(record_list[5])

        _3000m = int(time_3000m[0]) * 60 + int(time_3000m[1])

        # 换算各项考核成绩存入 scores_list
        scores_list[0] = record_list[0]

        scores_list[1] = int(100 - (87 - situp_num) // 4.6 * 5)
        scores_list[2] = int(100 - (80 - pushup_num) // 5.5 * 5)
        scores_list[3] = int(100 - (time_100m - 12.8) // 0.3 * 5)
        scores_list[4] = int(100 - (_3000m - 690) // 14.4 * 5)
        scores_list[5] = int(100 - (30 - pullup_num) // 2.2 * 5)

        # 评定各项等级并存入 grades_list
        grades_list.append(record_list[0])
        total = 0
        for i in range(len(record_list) - 1):
            grades_list.append(evaluation(scores_list[i + 1]))
            total += scores_list[i + 1]    # 计算总成绩

        # 输出所有数据
        print()
        print('学号: {}, 各项成绩及等级如下所示: '.format(record_list[0]))
        i = 0
        for i in range(len(record_list) - 1):
            print('{}: {}, {} 分, 评定为: {}'.format(project_list[2 * i +
1], record_list[i + 1], scores_list[i + 1],
                                              grades_list[i + 1]))

        # 存入总成绩, 给出综合评定, 并输出
        scores_list.append(total)
        # 综合评定原则: 单项有一项为不及格, 总评为不及格; 无不及格项目, 则按总分给出
相应级别评定
        for i in range(len(grades_list)):
            if grades_list[i] == '不及格':
                grades_list.append('不及格')
                break
        if i == len(grades_list) - 1:
            grades_list.append(evaluation_all(total))
        print('       总分: {}  综合评定为: {}'.format(scores_list[len
(scores_list) - 1], grades_list[len(grades_list) - 1]))

        # 将结果写入 Excel
        workbook = xlwt.Workbook(encoding='utf-8', style_compression=0)

        # Workbook 类初始化时有 encoding 和 style_compression 参数
        # encoding: 设置字符编码, 一般要进行如上设置, 这样就可以再 excel 中输出中文了
        #           默认是 ascii。记得要在文件头部添加:
        #           # !/usr/bin/env python
        #           # -*- coding: utf-8 -*-
        # style_compression 表示是否压缩, 不常用

        # 创建一个 sheet 对象, 一个 sheet 对象对应 Excel 文件中的一张表格
        sheet1 = workbook.add_sheet('sheet1', cell_overwrite_ok=True)
        # sheet1 是这张表的名字, cell_overwrite_ok 表示是否可以覆盖单元格, 是
Worksheet 实例化的一个参数, 默认值是 False
```

```
        # 向 sheet1 中添加数据
        # 生成第一行，表头
        for i in range(0, len(project_list)):
            sheet1.write(0, i, project_list[i])
        # 生成第二行，数据
        sheet1.write(1, 0, record_list[0])
        j = 1
        for i in range(1, len(project_list)-2):
            if i % 2 != 0:
                sheet1.write(1, i, record_list[j])
                j = j+1
            if j > len(record_list):
                break
        j = 1
        for i in range(1, len(project_list)-2):
            if i % 2 == 0:
                sheet1.write(1, i, scores_list[j])
                j = j+1
            if j > len(scores_list)-1:
                break
        sheet1.write(1, 11, scores_list[6])
        sheet1.write(1, 12, grades_list[6])

        # 将以上操作保存到指定的 Excel 文件中
        workbook.save('physical_1.1.xls')

    # 异常数据处理
    except ValueError:
        print(' 请输入正确的信息！')
    except IndexError:
        print(' 输入的信息过少！')
    except:
        print(' 程序异常！')


if __name__ == '__main__':
    main()
```

2.8.3　Python计算生态、对Excel文件的操作和图形界面设计

1. Python 计算生态

1）标准库

使用标准库函数，需要使用 import 保留字，例如：

```
>>>import turtle
>>>import time
```

（1）turtle 库

turtle（海龟）库是 Python 语言中重要的标准库之一，它能够进行基本的图形绘制。想象一个小海龟，在一个横轴为 x、纵轴为 y 的坐标系原点（0,0）位置开始，根据一组函数指令的控制，在这个平面坐标系中移动，从而在爬行的路径上绘制了图形。turtle 库包含 100 多个功能函数，主要包括画布函数、画笔状态函数和画笔运动函数 3 类。

①画布（canvas）。画布就是 turtle 展开用于绘图的区域，默认大小为（400, 300），可以设

置它的大小和初始位置。

● 设置画布大小：

```
turtle.screensize(canvwidth = None, canvheight = None, bg = None)
```

例如：参数分别为画布的宽（单位：像素）、高、背景颜色。

```
>>> turtle.screensize(800,600, "green")
>>> turtle.screensize()          # 返回默认大小 (400, 300)
```

● 设置画布初始位置

```
turtle.setup(width = 0.5, height = 0.75, startx = None, starty = None)
```

参数：width, height：输入宽和高为整数时，表示像素；为小数时，表示占据计算机屏幕的比例；(startx, starty)：这一坐标表示矩形窗口左上角顶点的位置，如果为空，则窗口位于屏幕中心。

例如：

```
>>> turtle.setup(width = 0.6,height = 0.6)
>>> turtle.setup(width = 800,height = 800, startx = 100, starty = 100)
```

② 画笔 (pen)。

● 画笔的状态。

在画布上，默认有一个坐标原点为画布中心的坐标轴，坐标原点上有一只面朝 x 轴正方向小海龟。这里描述小海龟时使用了两个词语：坐标原点（位置），面朝 x 轴正方向（方向），turtle 绘图中，就是使用位置方向描述小海龟（画笔）的状态。

● 画笔的属性。

turtle.pensize()：设置画笔的宽度。

turtle.pencolor()：没有参数传入，返回当前画笔颜色，传入参数设置画笔颜色，可以是字符串如 "green"、"red"，也可以是 RGB 3 元组。

turtle.speed(speed)：设置画笔移动速度，画笔绘制的速度范围 [0,10] 整数，数字越大速度越快。

③ 绘图命令。

操纵海龟绘图有着许多命令，这些命令可以划分为 3 种：一种为运动命令；一种为画笔控制命令；还有一种是全局控制命令。

画笔运动命令如表 2-7 所示。

表2-7　画笔运动命令

命　　令	说　　明
turtle.home()	将 turtle 移动到起点 (0,0) 和向东
turtle.speed(speed)	画笔绘制的速度范围为 [0,10] 之间的整数
turtle.forward(distance)	向当前画笔方向移动 distance 像素长度
turtle.backward(distance)	向当前画笔相反方向移动 distance 像素长度
turtle.right(degree)	顺时针移动 degree°
turtle.left(degree)	逆时针移动 degree°
turtle.pendown()	移动时绘制图形放下笔，默认绘制
turtle.penup()	移动时不绘制图形，提起笔，用于另起一个地方绘制时用
turtle.circle(r,extent,step)	绘制一个指定半径、弧度范围、阶数（正多边形）的圆
turtle.dot(diameter,color)	绘制一个指定直径和颜色的圆

画笔控制命令如表 2-8 所示。

表2-8　画笔控制命令

命　　令	说　　明
turtle.pencolor()	画笔颜色
turtle.pensize(width)	画笔宽度（绘制图形时的宽度）
turtle.color(color1, color2)	同时设置 pencolor=color1，fillcolor=color2
turtle.filling()	返回当前是否为填充状态
turtle.begin_fill()	准备开始填充图形
turtle.end_fill()	填充完成
turtle.hideturtle()	隐藏画笔的 turtle 形状
turtle.showturtle()	显示画笔的 turtle 形状

全局控制命令如表 2-9 所示。

表2-9　全局控制命令

命　　令	说　　明
turtle.clear()	清空 turtle 窗口，但是 turtle 的位置和状态不会改变
turtle.reset()	清空窗口，重置 turtle 状态为起始状态
turtle.undo()	取消最后一个图的操作
turtle.isvisible()	返回当前 turtle 是否可见
turtle.stamp()	复制当前图形
turtle.write(s , [font=("font-name",font_size,"font_type")])	写文本，s 为文本内容，font 是字体的参数，分别为字体名称，大小和类型；font 为可选项，font 参数也是可选项

其他命令如表 2-10 所示。

表2-10　其他命令

命　　令	说　　明
turtle.mainloop() 或 turtle.done()	启动事件循环，调用 Tkinter 的 mainloop() 函数。必须是乌龟图形程序中的最后一个语句
turtle.mode(mode=None)	设置乌龟模式（"standard"，"logo(向北或向上)" 或 "world()"）并执行重置。如果没有给出模式，则返回当前模式
turtle.undo()	取消最后一个图的操作
turtle.isvisible()	返回当前 turtle 是否可见
turtle.stamp()	复制当前图形
turtle.write(s , [font=("font-name",font_size,"font_type")])	写文本，s 为文本内容，font 是字体的参数，分别为字体名称，大小和类型；font 为可选项，font 参数也是可选项

（2）random 库

Python 标准库中的 random 函数，可以生成随机浮点数、整数、字符串，以及帮助实现随机选择列表序列中的一个元素、打乱一组数据等。

Random 库常用函数如表 2-11 所示。

表2-11　Random库常用函数

函　　数	描　　述
seed(a = None)	初始化随机数种子，默认值为当前系统时间
random()	生成一个 [0.0,1.0] 之间的随机小数
randint(a,b)	生成一个 [a,b] 之间的整数
getrandbits(k)	生成一个 k 比特长度的随机整数
randrange(start,stop[, step])	生成一个 [start,stop] 之间以 step 为步数的随机整数
uniform(a, b)	生成一个 [a,b] 之间的随机小数
choice(seq)	从序列类型（如列表）中随机返回一个元素
shuffle(seq)	将序列类型中元素随机排列，返回打乱后的序列
sample(pop,k)	从 pop 类型中随机选取 k 个元素，以列表类型返回

（3）time 库

time 库是 Python 提供的处理时间标准库。time 库提供系统精确计时器的计时功能，可以用来分析程序性能，也可让程序暂停运行时间。

time 库的功能主要分为 3 个方面：时间处理、时间格式化和计时。

①时间处理，主要包括 4 个函数：

time.time() 获取当前时间戳。

time.gmtime(secs) 获取当前时间戳对应的 struct_time 对象。

time.localtime(secs) 获取当前时间戳对应的本地时间的 struct_time 对象。

time.ctime(secs) 获取当前时间戳对应的易读字符串表示，内部会调用 time.localtime() 函数以输出当地时间。

struct_time 对象的元素构成如表 2-12 所示。

表2-12　struct_time对象的元素构成

下　　标	属　　性	值
0	tm_year	年份，整数 [1,12]
1	tm_mon	月份 [1,12]
2	tm_mday	日期 [1,31]
3	tm_hour	小时 [0,23]
4	tm_min	分钟 [0,59]
5	tm_sec	秒 [0,61]
6	tm_wday	星期 [0,6]（0 表示星期一）
7	tm_yday	该年第几天 [1,366]
8	tm_isdst	是否夏令时：0 否，1 是，-1 未知

②时间格式化，主要包括 3 个函数：

time.mktime() 将 struct_time 对象 t 转换为时间戳，t 代表当地时间。

time.strftime() 利用一个格式字符串，对时间格式进行表示。

time.strptime() 用于提取字符串中的时间来生成 struct_time 对象，可以很灵活地作为 time 模块的输入接口。

strftime() 方法的格式化控制符如表 2-13 所示。

表2-13 strftime()方法的格式化控制符

格式化字符串	日期 / 时间	值范围和实例
%Y	年份	0001~9999
%m	月份	01~12
%B	月名	January~December
%b	月名缩写	Jan~Dec
%d	日期	01~31
%A	星期	Monday~Sunday
%a	星期缩写	Mon~Sun
%H	小时（24 h）	00~23
%I	小时（12 h）	00~12
%p	上 / 下午	AM,PM
%M	分钟	00~59
%S	秒	00~59

2）第三方库

Python 语言有标准库和第三方库两类库，标准库随 Python 安装包一起发布，用户可以随时使用，第三方库需要在安装后才能使用。由于 Python 语言经历了数次版本更迭，而且第三方库由全球开发者分布式维护，缺少统一的集中管理，所以 Python 第三方库曾经一度制约了 Python 语言的普及和发展。随着官方 pip 工具的应用，Python 第三方库的安装变得十分容易。

（1）获取与安装

①最常用且最高效的 Python 第三方库安装方式是采用 pip 工具安装。使用 pip 安装第三方库需要联网。安装一个库的命令格式如下：

```
pip install <拟安装库名>
```

绝大部分库都可以通过 pip 进行安装。受限于操作系统编译环境，有极少数库无法在 Windows 环境正确安装，此时请使用自定义方式或文件安装方式安装。

②自定义安装，指按照第三方库提供的步骤和方式安装。第三方库都有主页用于维护库的代码和文档。以科学计算用的 numpy 为例，开发者维护的官方主页是：

```
http://www.numpy.org/
```

浏览该网页找到下载链接，如下：

```
http://www.scipy.org/scipylib/download.html
```

进而根据指示步骤安装。自定义安装一般适用于在 pip 中尚无登记或安装失败的第三方库。

③文件安装。由于 Python 某些第三方库仅提供源代码，通过 pip 下载文件后无法在 Windows 系统编译安装，会导致第三方库安装失败。为了解决这类第三方库安装问题，美国加州大学尔湾分校提供了一个页面，帮助 Python 用户获得 Windows 可直接安装的第三方库文件，链接地址如下：

```
http://www.lfd.uci.edu/~gohlke/pythonlibs/
```

选择所需库对应的 .whl 文件下载到本地，后采用 pip 命令安装即可。

一般优先采用 pip 工具安装，如果安装失败，则选择自定义安装或文件安装。另外，如果需要在没有网络条件下安装 Python 第三方库，可直接采用文件安装方式。

（2）PyInstaller 库

PyInstaller 是一个十分有用的第三方库，它能够在 Windows、Linux、Mac OS X 等操作系统下将 Python 源文件（即 .py 文件）打包，通过对源文件打包，变成直接可以运行的可执行文件。Python 程序可以在没有安装 Python 的环境中运行，也可以作为一个独立文件方便传递和管理。

PyInstaller 需要在命令行（控制台）下用 pip 工具安装：

```
:/>pip install pyinstaller
```

PyInstaller 针对不同操作系统打包生成的可执行文件都不同。有关 PyInstaller 库的更多介绍请访问 http://www.pyinstaller.org/。

使用 PyInstaller 库对 Python 源文件打包十分简单，使用方法如下：

```
:\>pyinstaller <Python 源程序文件名 >
```

执行完毕后，源文件所在目录将生成 dist 和 build 两个文件夹。其中 build 目录是 PyInstaller 存储临时文件的目录，可以安全删除。最终的打包程序在 dist 内部与源文件同名的目录中。目录中其他文件是可执行文件的动态链接库。

使用 PyInstaller 库需要注意以下问题：

①文件路径中不能出现空格和英文句号（.）。

②源文件必须是 UTF-8 编码，暂不支持其他编码类型。采用 IDLE 编写的源文件都保存为 UTF-8 编码形式，可直接使用。

PyInstaller 命令的常用参数如表 2-14 所示。

表2-14 PyInstaller命令的常用参数

参 数	功 能
-h,--help	查看帮助
--clean	清理打包过程中的临时文件
-D,--onedir	默认值，生成 dist 目录
-F,--onefile	在 dist 文件夹中只生成独立的打包文件
-i< 图标文件名 .ico>	指定打包程序使用的图标（icon）文件

（3）jieba 库

由于中文文本中的单词不是通过空格或者标点符号分隔，中文及类似语言存在一个重要的"分词"问题。jieba 是 Python 中一个重要的第三方中文分词函数库，能够将一段中文文本分隔成中文词语的序列。

jieba 库支持 3 种分词模式：

①精确模式，将句子最精确地切开，适合文本分析。

②全模式，把句子中所有的可以成词的词语都扫描出来，速度非常快，但是不能解决歧义。

③搜索引擎模式，在精确模式的基础上，对长词再次切分，提高召回率，适合用于搜索引擎分词。

例如：

```
>>>import jieba
>>>jieba.lcut(" 大学计算机基础 ")
['大学 ', '计算机', '基础 ]        # 中文短语的分词结果
```

jieba 库常用的分词函数如表 2-15 所示。

表2-15　jieba库常用的分词函数

函　　数	描　　述
jieba.lcut(s)	精确模式，返回一个列表类型
jieba.lcut(s, cut_all = True)	全模式，返回一个列表类型
jieba.lcut_for_search(s)	搜索引擎模式，返回一个列表类型
jieba.add_word(w)	向分词词典中增加新词 w

2. Python 对 Excel 文件的操作

在很多情况下，需要对大量的数据进行分析统计，必然需要使用 Excel 这个强大的工具。Python 必然要实现对 Excel 的良好操控。

Python 对 Excel 文件主要进行的就是读写操作，主要有 xlrd、xlwt、xlutils、openpyxl、pandas、win32com 等几种。下面以 xlrd 和 xlwt 为例简要介绍。

（1）xlrd

xlrd 主要是用来读取 Excel 文件，支持 .xls 以及 .xlsx 文件：

```
import xlrd
workbook = xlrd.open_workbook(u'pysical_1.0.xls')
sheet_names= workbook.sheet_names()                    # 获取 sheet 名称
for sheet_name in sheet_names:
    sheet2 = workbook.sheet_by_name(sheet_name)
    print sheet_name rows = sheet2.row_values(3)   # 获取第四行内容
    cols = sheet2.col_values(1)                     # 获取第二列内容
    print rows
    print cols
```

（2）xlwt

xlwt 主要是用来写 Excel 文件，支持 .xls 文件：

```
import xlwt
wbk = xlwt.Workbook()                      # 创建文件
sheet = wbk.add_sheet('sheet 1')           # 生成 sheet
sheet.write(0,1,'test text')               # 第 0 行第一列写入内容
wbk.save('test.xls')                       # 将以上操作保存到指定文件
```

（3）其他库的比较

由于设计目的不同，每个模块通常着重于某一方面功能，各有所长。

①xlwings：可结合 VBA 实现对 Excel 编程，具有强大的数据输入分析能力，同时拥有丰富的接口，能够结合 pandas/numpy/matplotlib 轻松应对 Excel 数据处理工作。

②openpyxl：简单易用，功能广泛，单元格格式 / 图片 / 表格 / 公式 / 筛选 / 批注 / 文件保护等功能应有尽有，图表功能是其一大亮点；缺点是对 VBA 支持得不够好。

③ pandas：数据处理是 pandas 的立身之本，Excel 为 pandas 输入 / 输出数据的容器。

④ win32com：从命名上就可以看出，这是一个处理 Windows 应用的扩展，Excel 只是该库能实现的一小部分功能。该库还支持 Office 的众多操作。需要注意的是，该库不单独存在，可通过安装 pypiwin32 或者 pywin32 获取。

⑤ xlsxwriter：拥有丰富的特性，支持图片 / 表格 / 图表 / 筛选 / 格式 / 公式等，功能与 openpyxl 相似，优点是相比 openpyxl 还支持 VBA 文件导入、迷你图等功能；缺点是不能打开 / 修改已有文件，意味着使用 xlsxwriter 需要从零开始。

⑥ DataNitro：作为插件内嵌到 Excel 中，可完全替代 VBA，在 Excel 中使用 Python 脚本。可协同其他 python 库。这是付费插件。

⑦ xlutils：基于 xlrd/xlwt，功能特点中规中矩；缺点是仅支持 XLS 文件。

3. 图形界面设计

1）概述

Python 提供了多个图形开发界面的库，几个常用的 Python GUI 库如下：

① Tkinter：Tkinter 模块（Tk 接口）是 Python 的标准 Tk GUI 工具包的接口。Tkinter 可以在大多数 UNIX 平台下使用，同样可以应用在 Windows 和 Macintosh 系统里。Tk8.0 的后续版本可以实现本地窗口风格，并良好地运行在绝大多数平台中。

② wxPython：wxPython 是一款开源软件，是 Python 语言的一套优秀的 GUI 图形库，允许 Python 程序员方便地创建完整的、功能健全的 GUI 用户界面。

③ Jython：Jython 程序可以和 Java 无缝集成。除了一些标准模块以外，Jython 使用 Java 的模块。Jython 几乎拥有标准的 Python 中不依赖 C 语言的全部模块，例如，Jython 的用户界面使用 Swing、AWT 或者 SWT。Jython 可以被动态或静态地编译成 Java 字节码。

2）Tkinter 库

Tkinter 是 Python 的标准 GUI 库。由于 Tkinter 是内置到 Python 的安装包中，只要安装好 Python，之后就能 Import Tkinter 库，而且 IDLE 也是用 Tkinter 编写而成，对于简单的图形界面，Tkinter 还是能应付自如的，使用 Tkinter 可以快速地创建 GUI 应用程序。本书主要使用 Tkinter 设计图形界面。

（1）使用 Tkinter 创建 GUI 应用程序

使用 Tkinter 创建一个 GUI 应用程序是一件容易的事。需要做的是执行以下步骤：

①导入 Tkinter 模块。

②创建控件。

③指定这个控件的 master，即这个控件属于哪一个。

④告诉 GM(geometry manager) 有一个控件产生了。

例如：

```
import tkinter
window = tkinter.Tk()              # 创建主窗口
window.title('Tianjin')            # 设置窗口标题
window.geometry('400*400')         # 设置窗口大小
window.mainloop()                  # 进入消息循环
```

（2）Tkinter 组件

Tkinter 提供了各种控件，如按钮、标签和文本框，这些控件通常被称为控件或者部件。

目前有 15 种 Tkinter 部件，如表 2-16 所示。

表2-16　Tkinter部件

控　件	描　述
Label	标签控件，可以显示文本和位图
Button	按钮控件，在程序中显示按钮
Entry	输入控件，用于显示简单的文本内容
Checkbutton	多选框控件，用于在程序中提供多项选择框
Frame	框架控件，在屏幕上显示一个矩形区域，多用来作为容器
Canvas	画布控件，显示图形元素（如线条）或文本
Listbox	列表框控件，在 Listbox 窗口小部件中用来显示一个字符串列表给用户
Menubutton	菜单按钮控件，用于显示菜单项
Menu	菜单控件，显示菜单栏、下拉菜单和弹出菜单
Message	消息控件，用来显示多行文本，与 label 类似
Radiobutton	单选按钮控件，显示一个单选的按钮状态
Scale	范围控件，显示一个数值刻度，为输出限定范围的数字区间
Scrollbar	滚动条控件，当内容超过可视化区域时使用，如列表框
Text	文本控件，用于显示多行文本
Spinbox	输入控件，与 Entry 类似，但是可以指定输入范围值
PanedWindow	一个窗口布局管理的插件，可以包含一个或者多个子控件
LabelFrame	一个简单的容器控件，常用于复杂的窗口布局
tkMessageBox	用于显示应用程序的消息框

这些组件和其他开发语言提供的组件功能相似，属性也类似，一些通用的属性如表 2-17 所示。

表2-17　通用属性介绍

属性值	属　性　描　述
bg	控件的背景颜色
fg	组件中的字体颜色
font	设置文本的字体样式和字号
height	设置控件高度
width	设置控件宽度
bd	设置控件边框的大小，默认为 2 像素
relief	设置边框样式，包括 falt、sunken、raised、groove、ridge，默认为 flat
text	设置文本内容
anchor	锚点，控制文本的位置，默认居中（可选：n 北，e 东，s 南，w 西，center 居中，ne se，sw，nw）
justify	显示多行文本的时候，设置不同行之间的对齐方式（left、right、center）
wraplength	根据宽度限制控件每行显示的字符的数量
underline	下画线，默认没有；取值就是带下画线的字符串索引，为 0 时，第一个字符带下画线
padx	在 x 轴方向上的内边距（padding），是指控件的内容与控件边缘的距离
pady	在 y 轴方向上的内边距（padding）

下面简要介绍几个常用组件。

① Label 控件。Label 控件用以显示文字和图片；通常被用来展示信息，而非与用户交互；也可以绑定单击等事件，只是通常不这么用。

```
label = thinter.Label(win,text=' 你好 ',anchor='nw')   # 在标签左上角显示 " 你好 "
labl.pack()                                            # 显示标签
```

anchor 属性指定文本（Text）或图像（Bitmap/Image）在 Label 中的显示位置，对应于东、南、西、北以及 4 个角，如图 2-10 所示。

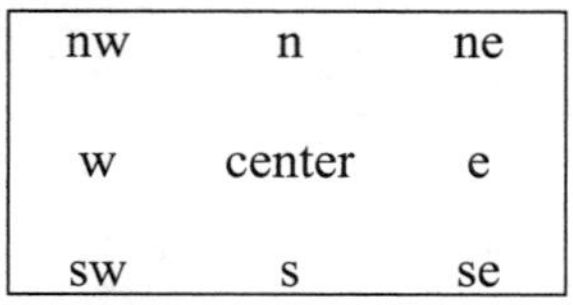

② Button 控件。Button 控件是一个标准的 Tkinter 小部件，用于各种按钮，如果用鼠标单击按钮，可能会开始一些操作。Button 可以显示文本和图片。按钮只能以单一字体显示文本，文本可以跨越多行。

nw	n	ne
w	center	e
sw	s	se

图2-10　anchor属性示意

```
btn1 = tkinter.Button(root, text=' 确 定 ',
command=inputint)
# 按下此按钮 (Input)，触发 inputint 函数
```

③ Entry 输入。输入控件用于显示简单的文本内容，和 iOS 中的 UITextField 一样。

```
entry1 = tkinter.Entry(root, textvariable=student_ID)    # 设置 " 文本变量 "
entry1.pack()                                            # 显示文本
```

另外，可以使用 get() 方法获取单行文本框内输入的内容。

（3）几何管理

Tkinter 控件有特定的几何状态管理方法，管理整个控件区域组织。Tkinter 公开的几何方法包括包、网格、位置，如表 2-18 所示。

表2-18　Tkinter公开的几何方法

几 何 方 法	描　　述
pack()	包装
grid()	网格
place()	大小、位置

更多关于 Tkinter 的介绍，详见 https://wiki.python.org/moin/TkInter。

常用的 Python 内置函数如表 2-19 所示。

表2-19　常用的Python内置函数

函数名称	函 数 说 明
abs(x)	x 的绝对值。如果 x 是复数，则返回复数的模
all(x)	组合类型变量 x 中所有元素都为真时返回 True，否则返回 False；若 x 为空，则返回 True
any(x)	组合类型变量 x 中任一元素都为真时返回 True，否则返回 False；若 x 为空，则返回 False
bin(x)	将整数 x 转换为等值的二进制字符串，如 bin(1010) 的结果是 '0b1111110010'
bool(x)	将 x 转换为 Boolean 类型，即 True 或 False。如 bool('')
chr(x)	返回 Unicode 为 i 的字符
complex(r,i)	创建一个复数 r+i*1j，其中 i 可以省略。如 complex(10,10) 的结果是 10+10j
dict()	创建字典类型。如 dict() 的结果是一个空字典 {}

续表

函数名称	函 数 说 明
divmod(a,b)	返回 a 和 b 的商及余数。如 divmod(10,3) 结果是 (3,1)
eval(s)	计算字符串 s 作为 Python 表达式的值。如 eval('1+99') 的结果是 100
exec(s)	计算字符串 s 作为 Python 语句的值。如 exec('a = 1+999') 运行后，变量 a 的值为 1000
float(x)	将 x 转换成浮点数。如 float(1010) 的结果是 1010.0
hex(x)	将整数转换为十六进制字符串。如 hex(1010) 的结果是 '0x3f2'
input(x)	获取用户输入，其中 s 是字符串，作为提示信息
int(x)	将 x 转换成整数。如 int(9.9) 的结果是 9
len(x)	计算变量 x 的长度。如 len(range(10)) 的结果是 10
list(x)	创建或将变量 x 转换成一个列表类型。如 list({10,9,8}) 的结果是 [8,9,10]
max(a1,a2,...)	返回参数的最大值。如 max(1,2,3,4,5) 的结果是 5
min (a1,a2,...)	返回参数的最小值。如 min(1,2,3,4,5) 的结果是 1
oct(x)	将整数 x 转换成等值的八进制字符串形式。如 oct(1010) 的结果是 '0o1762'
open(fname,m)	打开文件，包括文本方式和二进制方式等。其中，m 部分可以省略，默认是以文本可读形式打开
ord(c)	返回一个字符的 Unicode 编码值。如 ord(' 字 ') 的结果是 23383
pow(x,y)	返回 x 的 y 次幂。如 pow(2,pow(2,2)) 的结果是 16
print(x)	打印变量或字符串 x。print() 的 end 参数用来表示输出的结尾字符
range(a,b,s)	从 a 到 b（不含）以 s 为步长产生一个序列。如 list(range(1,10,3)) 的结果是 [1,4,7]
reversed(r)	返回组合类型 r 的逆序迭代形式。如 for i inreversed([1,2,3]) 将逆序遍历列表
round(n)	四舍五入方式计算 n。如 round(10.6) 的结果是 11
set(x)	将组合数据类型 x 转化成集合类型。如 set([1,1,1,1]) 的结果是 {1}
sorted(x)	对组合数据类型 x 进行排序，默认从小到大。如 sorted([1,3,5,2,4]) 的结果是 [1,2,3,4,5]
str(x)	将 x 转换为等值的字符串类型。如 str(0x1010) 的结果是 '4112'
sum(x)	对组合数据类型 x 计算求和结果。如 sum([1,3,5,2,4]) 的结果是 15
type(x)	返回变量 x 的数据类型。如 type({1:2}) 的结果是 <coass 'dict'>

2.8.4　拓展：多名学生的评定及保存

通过以上章节的学习，是否可以独立完成学员体能考核成绩核算及评定项目？一名学员的实现了，能否继续实现多名学员考核成绩的评定及保存？

2.9　项目扩展

某队学员体能考核成绩如表 2-20 所示（此处给出前 10 行数据）。要求对学员成绩进行统计分析。并以列 3 000 米为例，统计各个分数段的成绩分布情况，以柱状图的形式表示出来。

表2-20　学员体能考核成绩表（部分）

姓　名	学　　号	仰卧起坐	俯卧撑	100 米	3 000 米	引体向上
王超然	03642013183	52	35	13.13	13.41	5
张　帅	03642013176	45	41	14	13.25	20
王　阔	03642013177	45	50	13.12	13.35	2
朱孟祥	03642013178	58	38	13	13.25	10
郭晓东	03642013179	70	40	13.12	13.25	5
孙永晗	03642013180	53	32	14.13	13.25	9
王文涛	03642013181	54	37	14.15	13.25	11
迟博文	03642013182	45	30	14.1	13.25	1
周广民	03642013184	51	38	14.05	13.25	17
周吕坤	03642013185	51	40	14.05	13.25	13

本节使用 Python 进行数据处理分析，使用 jupyter notebook 作为开发实验环境。

本节用到的第三方库主要有：

① Pandas 库：提供了高性能的数组计算功能和大量的数据模型、函数，可以方便快捷地处理电子表格及关系数据库中的结构化数据。

② Matplotlib 库：提供了完整的图表样式函数和个性化的自定义设置，可以满足几乎所有的 2D 和一些 3D 绘图的需要。

在这些工具和开发环境的支撑下，就可以开始数据分析了。按照一般流程，首先需要对原始获取的数据进行预处理。

1. 数据导入

Excel 表格数据是常用的一种数据。可以通过 Pandas 库中的 read_excel 和 to_excel 函数对它进行读取与存储。

通过 read_excel() 函数读取数据，可通过参数 sheet_name 指定读取的工作簿。

代码如下：

```
import pandas as pd
df=pd.read_excel('E:/ 科研 / 大数据 / 代码 / 体能测试数据 .xlsx',sheet_name='Sheet1')
df
```

运行结果如图 2-11 所示。

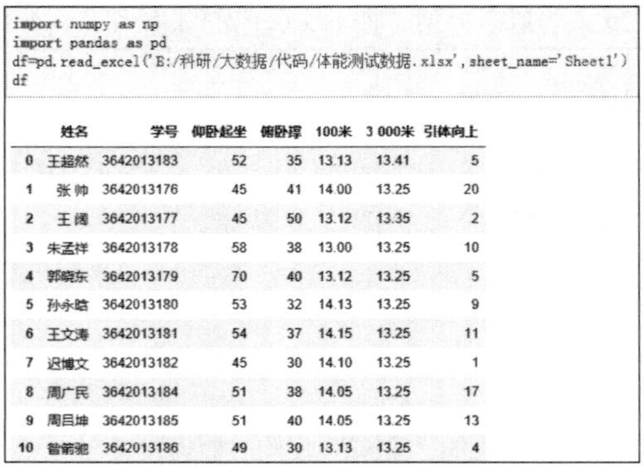

```
import numpy as np
import pandas as pd
df=pd.read_excel('E:/科研/大数据/代码/体能测试数据.xlsx',sheet_name='Sheet1')
df
```

	姓名	学号	仰卧起坐	俯卧撑	100米	3 000米	引体向上
0	王超然	3642013183	52	35	13.13	13.41	5
1	张帅	3642013176	45	41	14.00	13.25	20
2	王阔	3642013177	45	50	13.12	13.35	2
3	朱孟祥	3642013178	58	38	13.00	13.25	10
4	郭晓东	3642013179	70	40	13.12	13.25	5
5	孙永晗	3642013180	53	32	14.13	13.25	9
6	王文涛	3642013181	54	37	14.15	13.25	11
7	迟博文	3642013182	45	30	14.10	13.25	1
8	周广民	3642013184	51	38	14.05	13.25	17
9	周吕坤	3642013185	51	40	14.05	13.25	13
10	智箭驰	3642013186	49	30	13.13	13.25	4

图2-11　数据导入运行结果

2. 数据变换

在这一步移除分析中的非必要数据。用到的属性方法如下：

df.shape：查看行数和列数。

df.info()：查看索引、数据类型和内存信息。

对数据进行简单描述，看是否有缺失值或异常值，运行结果如图2-12所示。

通过运行结果可以看出，总共有49条数据，通过统计暂时看不出是否有缺失值。通过打印数据的info信息可以看出每列数据的类型和缺失值。显然不存在缺失值。

其他可能的属性和方法包括：

（1）取前n行和后n行

df.head(n)：查看DataFrame对象的前n行。

df.tail(n)：查看DataFrame对象的最后n行。

df.head(5)：查看DataFrame对象的前5行。

df.tail(5)：查看DataFrame对象的最后5行。

（2）取数据列和行的名字

df.columns：取列名。

df.index：取行名。

（3）数据转置——T方法

df.T。

（4）排序——score属性

df.sort。

```
df. shape

(49, 7)

df. info()

<class 'pandas. core. frame. DataFrame'>
RangeIndex: 49 entries, 0 to 48
Data columns (total 7 columns):
姓名          49 non-null object
学号          49 non-null int64
仰卧起坐        49 non-null int64
俯卧撑         49 non-null int64
100米        49 non-null float64
3000米       49 non-null float64
引体向上        49 non-null int64
dtypes: float64(2), int64(4), object(1)
memory usage: 2.8+ KB
```

图2-12　数据变换运行结果

（5）提取特定的某列数据——iloc方法

```
df.iloc[:,0].head()        # 提取第一列的前五行
```

Python的索引是从0开始而非1。为了取出从4到5行的前两列数据，可使用：

```
df.iloc[3:5,0:2]
```

取第5行的三列数据，可使用

```
df.iloc[4:5,0:3]
```

（6）舍弃数据中的列——drop属性

```
df.drop(df.columns[1],axis=1).head()        # 舍弃第 1 列
df.drop(df.columns[[1,2]],axis=1).head()      # 舍弃第 1 列和第 2 列
```

axis参数告诉函数到底舍弃列还是行。如果axis等于0，那么就舍弃行。

3. 统计分析

"统计"的手法，就是从原始数据，也就是"原始的现实"中，抽取出分布的特征和特点的方法。统计学使用的方法叫"压缩"，是指"将作为数据列举的大量数字，以一定的基准进行整理，只抽取有意义的信息"。

通过describe()方法，可以对数据的统计特性进行描述。describe()方法可以对每个数值型列进行统计，经常用于对数据的初步观察时使用。

```
df.describe()
```

运行结果如图2-13所示。

In [16]:
```
df.describe()
```
Out[16]:

	学号	仰卧起坐	俯卧撑	100米	3000米	引体向上
count	4.900000e+01	49.000000	49.000000	49.000000	49.000000	49.000000
mean	3.628544e+09	51.653061	37.897959	13.718163	13.200612	10.020408
std	1.507643e+07	5.569826	6.898807	0.689766	0.473235	4.972800
min	3.612013e+09	43.000000	18.000000	13.000000	11.450000	1.000000
25%	3.612013e+09	49.000000	35.000000	13.120000	13.250000	7.000000
50%	3.642013e+09	51.000000	38.000000	14.000000	13.250000	10.000000
75%	3.642013e+09	54.000000	41.000000	14.080000	13.350000	13.000000
max	3.642013e+09	70.000000	58.000000	16.130000	13.830000	21.000000

图2-13　统计分析运行结果1

去掉学号列，再使用 describe() 方法。

```
df.drop(df.columns[1],axis=1). describe()
```

运行结果如图 2-14 所示。

In [17]:
```
df.drop(df.columns[1],axis=1).describe()
```
Out[17]:

	仰卧起坐	俯卧撑	100米	3000米	引体向上
count	49.000000	49.000000	49.000000	49.000000	49.000000
mean	51.653061	37.897959	13.718163	13.200612	10.020408
std	5.569826	6.898807	0.689766	0.473235	4.972800
min	43.000000	18.000000	13.000000	11.450000	1.000000
25%	49.000000	35.000000	13.120000	13.250000	7.000000
50%	51.000000	38.000000	14.000000	13.250000	10.000000
75%	54.000000	41.000000	14.080000	13.350000	13.000000
max	70.000000	58.000000	16.130000	13.830000	21.000000

图2-14　统计分析运行结果2

统计分析用到的常用函数如表 2-21 所示。

表2-21　常用函数

函数名	功　　能	函数名	功　　能
count()	非空元素计算	median()	中位数
min()	最小值	mode()	众数
max()	最大值	var()	方差
idxmin()	最小值的位置	std()	标准差
idxmax()	最大值的位置	mad()	平均绝对偏差
quantile(0.1)	10% 分位数	skew()	偏度
sum()	求和	kurt()	峰度
mean()	均值	describe()	一次性输出多个描述性统计指标

自定义一个函数，将这些统计指标汇总在一起：

```
def status(x) :
    return pd.Series([x.count(),x.min(),x.idxmin(),x.quantile(.25),x.median(),
                      x.quantile(.75),x.mean(),x.max(),x.idxmax(),x.
```

```
mad(),x.var(),
                        x.std(),x.skew(),x.kurt()],index=['总数','最小值','
最小值位置','25%分位数','中位数','75%分位数','均值','最大值','最大值位置','平均
绝对偏差','方差','标准差','偏度','峰度'])
```

对 "3 000 米 " 列进行统计，查看这些统计函数的函数值，代码如下：

```
df1 = df.iloc[:,2]
status(df1)
```

运行结果如图 2-15 所示。

4. 可视化

Python 中有许多可视化模块，最流行的当属 matpalotlib
库。使用 matpalotlib 库时需要使用 import 引入该库。语句为：

```
import matplotlib.pyplot as plt
```

在进行数据的汇总和分析时经常需要对连续性的数据
变量进行分段汇总。可以使用 pandas 中 cut() 函数来实现此
功能。cut() 函数语法为：

```
pandas.cut(x,bins,right=True,labels=None,ret
bins=False,precision=3,include_lowest=False)
```

参数说明：

x：要进行划分的一维数组

```
In [41]:  df1=df.iloc[:,5]
          status(df1)
Out[41]:  总数           49.000000
          最小值          11.450000
          最小值位置        16.000000
          25%分位数       13.250000
          中位数          13.250000
          75%分位数       13.350000
          均值           13.200612
          最大值          13.830000
          最大值位置        38.000000
          平均绝对偏差        0.237651
          方差            0.223952
          标准差           0.473235
          偏度           -2.807720
          峰度            8.170665
          dtype: float64
```

图2-15 "3 000米"统计分析运行结果

bins：①整数，表示将 x 划分为多个等间距的区间。例如：

```
pd.cut(np.array([1,2,3,4,5,6,7,8,9]),3,retbins=True)
```

②序列，将 x 划分在指定的序列中，若不在该序列中，则是 NaN。例如：

```
pd.cut(np.array([1.2, 2.2, 3.2, 4.2, 5.2]),[1,2,3],retbins=True)
```

right：表示是否包含右端点。在默认情况下，每段值不包含左边的界值，只包含右边的界值。
如果要选择左边界，那么只需要让参数 right = False 就可以了。

labels：表示是否用标记来代替返回的 bins。例如：

```
pd.cut([1,2,3,4],4,labels=['one','two','three','four'])
```

retbins：表示是否返回间距 bins。

precision：精度。

include_lowest：表示是否包含左端点。

将 3000 米的成绩分段进行统计，代码为：

```
df1=df.iloc[:,5]
sections=[11,11.5,12,12.5,13,13.5,14]
group_names=['11-12','12-12','12.1-12.5','12.6-13','13.1-13.5','13.6-14']
cuts=pd.cut(df1,sections,labels=group_names)
counts=pd.value_counts(cuts)
dict(counts)
```

上面代码中指定了 7 个分段数值：11,11.5,12,12.5,13,13.5,14。指定了 6 个分段标签，分别
为 '11-12','12-12','12.1-12.5','12.6-13','13.1-13.5' 和 '13.6-14'。分段数值有 7 个，但是分段的标签只
有 6 个，这是因为 pandas 默认的分段数值必须要多一个，否则会报错。

使用 dict() 函数计算每个每段中包含的数值个数，结果如图 2-16 所示。

```
Out[55]:   {'13.1-13.5': 42,
            '13.6-14': 3,
            '12-12': 2,
            '12.1-12.5': 1,
            '11-12': 1,
            '12.6-13': 0}
```

图2-16　运行结果

接下来使用 matpalotlib 库中的 show() 函数画出柱状图。

```
plt.show(cuts.value_counts().plot(kind='bar'))
%matplotlib inline
```

柱状图如图 2-17 所示。

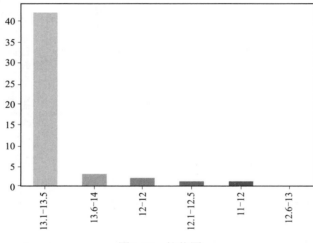

图2-17　柱状图

第 3 章 » 算 法 之 美

★ ★ ★

算法是计算机科学美丽的体现之一。算法不是用来背诵的，而是要理解的。对算法的深刻理解，可以使我们在日常生活、行政管理、时间规划、经营理财等各类问题的解决上得到莫大的助益。算法是超乎于程序语言之外的，设计好算法后，用哪种程序语言来编程就是直接而相对简单的。本章介绍用计算机解决问题的思维方式，各种算法是计算思维的核心，大家可以体会算法之美。

3.1 求解平方根

3.1.1 求解实数 c 的平方根

求解任意实数 c 的平方根。

3.1.2 计算机问题求解方法

1. 计算机问题求解的基本步骤

计算机是对数据（信息）进行自动处理的机器系统。从根本上说，计算机是一种工具，人们利用它通过计算来解决问题。随着计算机科学的发展，使用计算机进行问题求解已经成为计算机科学的最基本方法，在其他学科（如生物、物理、化学、经济和社会等学科）的研究中也发挥着重要的作用。计算机问题求解即是以计算机为工具、利用计算思维解决问题的实践活动。

人进行问题求解的过程可归纳为以下步骤：

①理解问题：输入是什么，输出是什么。

②制订计划：准备如何解决问题。

③执行计划：具体解决问题。

④回头看：检查结果。

对上述问题求解的步骤逐条进行考察，看计算机能在每一步做些什么事：

①理解问题：计算机如何理解问题？

②制订计划：计算机能制订计划吗？如果不能，如何针对计算机制订计划？即什么样的计划可能在计算机上实现？什么样的形式才能让计算机知道该做什么和怎么做？

③执行计划：只有这个才真正是计算机能做的。

④回头看：为什么结果是（不）正确的？求解效率还能提高吗？

因此，计算机问题求解是一个发挥人的特长——抽象，以及计算机的特长——自动化，利用计算解决问题的思维方法。这恰好是计算思维的本质。

2. 计算机算法的重要特征

①有限定的运行步骤，即算法必须能在执行有限个步骤之后终止。

②具有确定的执行步骤。算法执行的每一步都是确定的，必须具有确切的定义。而相对应的非确定执行步骤，可以把它想象为在无限多种可能的步骤中任意一个步骤都可以被执行。

③具有输入项（Input）。每个算法都需要输入，这些输入可以是一个数组，或是一个图的结构等。算法将对可以接收的输入形式进行相应的计算和转换。

④输出项（Output）。每个算法都有一个或者多个输出，以告知用户算法的运行结果。

⑤对于计算机系统是可行的。算法执行的任何步骤都是计算机系统可以执行的若干操作。

3.1.3 逐次逼近法

要设计一个算法来解决问题，首先要定义问题，并确定问题的输入和输出。求解平方根问题的输入是一个任意的实数 c，问题的定义是求 c 的算术平方根，输出是 c 的算术平方根，这个问题有多种解决的途径。根据以往所学的知识，可能最先想到的是采用趋近的方法来求解。这个算法的描述如下：

输入：一个任意实数 c。

输出：c 的算术平方根 g。

①从 0 到 c 的区域里选取一个整数 g'，满足 $g' < c$ 且 $(g'+1)^2 > c$。

②如果 $g'^2 - c$ 足够接近于 0，g' 即为所求算术平方根的解 $g = c^{1/2}$。

③否则，以步长 h 增加 g'：$g = g' + h$，其中，h 为设定精度（可设为 0.000 1）下的步长（可设为 0.000 01），即每次对 g' 作调整的值。

④重复步骤②直到满足条件，此时输出 g'，并终止计算。

这个算法所得到的计算结果的精度，也就是最终输出的平方根值 g' 接近于真实的值 g 的程度，是给定的值 0.000 1。在上面的算法中，当 $|g'^2 - c| \leqslant 0.000\ 1$ 时，所得到的 g' 可以作为 c 的算术平方根的解接受。算法第③步中的步长是指每次改变 g' 值的跨度，以使结果渐渐向精确解靠近。这个步长的跨度决定了解的精确度，步长越小，精确度越高。但是如果步长太小，会使得 g' 达到可接受范围的速度变慢；而如果步长跨越过大，又可能导致找不到精度范围内的解。

对于这样一个算法的描述，计算机怎么知道每一步怎么执行呢？首先需要确定使用哪种编程语言来实现这个算法，本节以 Python 作为编程工具。下面，就用 Python 编写这个算法的程序。

```
#<程序：平方根运算1>
def square_root_1():                      # 函数定义，函数名为 square_root_1
    c = 10                                # 所求平方根的输入，即该段程序求根号 10
    i = 0                                 #记录执行循环次数
    g = 0
    for j in range(0, c+1):               #for 循环开始
        if (j * j > c and g == 0):        #if 语句块，获取g，使得g^2<c, (g+1)^2>c
            g = j - 1
    #for 循环结束
    while (abs(g * g - c) > 0.0001):      # 判断g^2-c是否在精度范围内，while 循环
        g += 0.00001                      #g 每次加步长，以逼近所求解
        i = i + 1
        print("%d: g = %.5f" % (i, g))
# 函数外，执行下面的语句
square_root_1()
```

　　这个短短 13 行的程序实现了计算平方根的功能。该段程序包括两个循环部分和一个判断部分。if 判断语句嵌套在第一个 for 循环中，目的是通过逐步递增找到一个合适的平方根估计值 g，使得 $g^2<c$，$(g+1)^2>c$。索引变量 j 从 0 开始遍历整数序列 $[0, c]$。如果 j^2 第一次大于 c，那么 g 等于 $j-1$ 就是一个满足条件的估计值。紧随其后的 while 循环用于逐步逼近精度范围内的平方根解。在 while 循环中，print 语句将中间过程打印到屏幕以方便对逼近最终解的过程进行观察。在输出打印函数 print() 里的格式符号 %d 代表以整数的形式打印输出；格式符号 %.5f 代表以小数点后 5 位的实数形式打印输出一个实数；符号 %（i, g）代表需要打印输出的两个变量，每个变量的数据类型需要对应打印输出的数据类型。因此，变量 i 是以整数形式打印，g 是以浮点数形式打印。注意，# 后面为注释，是给程序员和读者看的，Python 程序执行过程中不会执行注解行。为了让程序更具有可读性，写程序时加上注释是非常必要的。

　　程序运行结果如下：

```
1: g = 3.00001
2: g = 3.00002
…
16226: g = 3.16226
16227: g = 3.16227
```

　　实际运行该程序会发现，程序运行的时间较长。如果把解的精度和步长缩小，那么运行时间会明显延长，这意味着该算法的时间性能还不理想。要提高程序运行的效率，就需要改进算法。

3.1.4　拓展：二分法趋近和牛顿迭代法

1. 解平方根算法二——二分法趋近求解

　　观察逐次逼近法（算法一）的输出结果，可以发现，虽然能够得到正确的算术平方根求解结果，但是实验对解的精度要求提高时，该算法的效率明显降低。因为输出结果精度增加时，算法不得不减小步长 h，以避免 $g+h$ 跳过可接受的解范围。观察程序后可以发现，随着精度的提高，h 的值减小，算法所需要进行循环的次数大大增加了。算法一例子中，精度要求 0.000 1，算法的循环次数已达到 16 227 次。如果提高精确度，循环的次数会成倍增长。这是算法一运行效率低的原因。

　　根据上面的分析，如果能够减少逼近最终解的步骤，加快逼近过程，便能更快速地求解。一个在计算机科学领域常用的快速搜索方法是"二分法"，二分法的字面意义即"一分为二"的方法。其基本思想是，每次将求解值域的区间减少一半，因此可以快速缩小搜索的范围。所谓求解值域区间就是精确值可能存在的范围。不妨假设 c 的平方根为 x，令 $f(x)=x^2-c$，求 c 的平方根 x 即是求 $f(x)=0$ 的解，如图 3-1 所示。

　　当 $c \geqslant 1$ 时，解的范围是 $0<x<c$。不妨先假设 min=0，max=c。则 x 的值介于 min 和 max 之间，然后取中间值(min+max)/2，令该值为 g。比较 g^2-c 与 0，如果 $|g^2-c|$ 在求解精度范围内，该值即为所求解；否则，如果 $g^2-c>0$，表示 g 的值偏大，因此从 g 到 max 的区间不可能包含要找的最终解。于是，可以在算法中将新的 max 设定为当前 g 的值，并继续搜索。同理，如果 $g^2-c<0$，表示 g 的值偏小，此时可以将新的 min 设定为当前 g 的值。每一次循环都将求解范围缩小了一半。这就是二分法的求解过程，它大大加快了问题求解的速度。

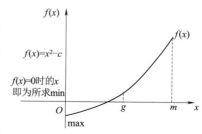

图3-1　二分查找法求算术平方根

假设初始值设定为 max=10，min=0，中点值 g=5。测试 g=5，发现 5×5=25>10，这表示正确的平方根值 x 不在 5~10 这一区域内，所以可以不再考虑 5~10 的区域。于是可以将 max 设定为 5。这样，求解空间立刻变为了原来的一半。接下来以同样的方式用二分法缩小解的空间。对于新的中间值 g=2.5，比较 2.5^2 和 10 的大小。因为 2.5 的平方比 10 小，那么 0~2.5 的区间就可以不考虑了，得到新的求解空为 [2.5, 5]。依此类推，经过 n 次循环后，所得到的范围就减到 $10/2^n$ 数量级。这个求解过程以指数级的速度逼近精确解。例如，当 n=40 时，$10/2^{40}$ 就已经到小数点后 11 位了。

设定精度为 0.000 001，改进后求平方根的具体算法描述如下：

输入：一个任意实数 c。

输出：c 的算术平方根 g。

①令 min=0，max=c。

②令 g'=(min+max)/2。

③如果 g'^2-c 足够接近于 0，g' 即为所求解 g。

④否则，如果 $g'^2<c$，min=g'，否则 max=g'。

⑤重复步骤②，直到满足条件，输出 g'，终止程序。

其具体实现如下：

```
#< 程序：平方根运算2- 二分法 >
def square_root_2 ():
        i = 0
        c = 0
        m_max = c
        m_min = 0
        g = (m_min+m_max)/2
while abs (g * g - c)>0.00000000001:        # while 循环开始
        if (g * g < c):
                m_min = g
        else:
                m_max = g
        g = (m_min + m_max)/2
        i = i + 1
        print ("%d: %.13f" % (i, g))        #while 循环结束
# 函数之外执行
square_root_2 ()
```

该算法实现如下：

该程序用 15 行代码实现了求解平方根的功能。程序包括一个 while 循环部分以及一个 if 语句。循环部分判断 g^2 与 c 的大小，然后针对不同的情况，改变相应 m_min 或 m_max 的值，快速缩小求解空间。运行该程序的输出如下：

```
1: 2.5000000000000
2: 3.7500000000000
3: 3.1250000000000
…
38: 3.1622776601762
39: 3.1622776601671
```

分析结果可知，该算法仅仅用了 39 次循环迭代便实现了平方根的计算，并且精度由 0.000 1 提高到了 0.000 000 000 01。相比于算法一的 16 227 次循环，算法效率得到了非常大的提升。

2. 解平方根算法三——牛顿迭代法趋近求解

相对算法一来说，算法二有更高的运算效率。这是不是意味着算法二即为平方根的最佳解法呢？实际上，可以进一步修改算法，获得更少的循环次数，加快 g 的求解过程，而且可以得到同样精度甚至是更高精度的解。在计算机科学里，要养成良好的思维习惯，持续不断地对设计进行优化，寻找更高效的求解方法，这也是计算机科学美的重要体现。

为了获得更少的循环次数，算法三利用牛顿迭代法逼近近似解。首先构建一个函数 $f(x)$，使得 $f(x)=0$ 时对应的 x 的解就是 c 的平方根。令 $f(x)=x^2-c$，这样求 c 的平方根的问题就转换为求解 $f(x)=0$ 的问题。设 x_0 是 $f(x)=0$ 的根，选取 g_0 作为 x_0 的初始近似值，算法的核心在于如何推导下一个 g_1，使得 g_1 更趋近于 x_0 值。依此类推，直到找到精确范围内的正确解为止。

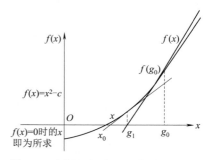

算法的思想是：当 $x=g_0$ 时，过点 $f(x)$ 做一条切线。这条切线与 x 轴相交于一点，这个交点就是 g_1。从图 3-2 可以清楚地看到 g_1 比 g_0 更趋近于正确的平方根值。然后，再经过 $f(x=g_1)$ 做一条切线，同样，该切线与 x 轴的交点成为下一个更趋近于精确值 x 的近似值 g_2。依此类推，直到 g_0 的平方和 c 的差值达到所设定的精度为止。

图3-2　牛顿迭代法求正数 c 的平方根

通过数学计算，可以得出 g_1 和 g_0 的关系是

$$g_1=(g_0+c/g_0)/2$$

具体推导如下：过点 $(g_0, f(g_0))$ 做 $f(x)$ 的切线 L，可以算出切线的斜率 $f(x)=x^2-c$ 的导数（对 x 微分）就是 $2x$。切线 L 的斜率就是 $g'(g_0)=2g_0$。

L 的方程为 $y=f(g_0)+g'(g_0)(x-g_0)$，设 L 与 x 轴交点坐标为 $(g_1, 0)$，则 $0=f(g_0)+f'(g_0)(g_1-g_0)$。因为 $f(g_0)=g_0^2-c$ 和 $g'(g_0)=2g_0$，代入计算可得 $g_1=(g_0+c/g_0)/2$。

依此类推，每次循环将近似值 g_i 更新为 $(g_i+c/g_i-1)/2$，新的 g 更加接近最终解。在 n 次循环迭代后，近似值 $g_{n+1}=(g_n+c/g_n)/2$，这就是牛顿迭代公式。

求任意正数 c 的平方根的具体算法描述如下：

①先设 $g=c/2$。

②如果 g^2-c 足够接近于 0，g 即为所求。

③否则 $g=(g+c/g)/2$。

④重复步骤②。

其具体实现如下：

```
#<程序：平方根运算 3- 牛顿迭代法 >
import math
def square_root_3():
        c = 10
        g = c/2
        i = 0
        while abs(g * g - c) > 0.00000000001:
                i = i + 1
                g = (g + c/g)/2
                print("%d: %.13f" % (i,g))
square_root_3()
```

该程序仅用 7 行代码就实现了解平方根的功能，运行结果如下：

```
1: 3.5000000000000
2: 3.1785714285714
3: 3.1623194221509
4: 3.1622776604441
5: 3.1622776601684
[Finished in 0.1s]
```

观察发现，算法三仅仅用了 5 次循环迭代便实现了一个求解平方根的计算。相比于算法二的 39 次迭代，又得到了很大的改进，上面的实际运行结果显示实际时间缩短到 0.1 s 之内。

计算机科学的最神妙有趣之处，就是它对于"算法"的研究。解决同一个问题可以设计出各种不同的算法，不是获得解就结束了，而且要分析不同算法之间对程序执行效率的影响，不同的算法会有很显著的性能优劣差异，岂可不慎乎？

3.2 绘制分形树

3.2.1 绘制分形树

在屏幕中绘制出分形树。

3.2.2 分形几何和递归算法

1. 分形几何学的基本思想

客观事物具有自相似性的层次结构，局部和整体在形态、功能、信息、时间、空间等方面具有统计意义上的相似性，称为自相似性。自相似性是指局部是整体成比例缩小的性质。由于分形树具有这样的对称性和自相似性，所以可以用递归来完成绘制。

2. 递归算法

（1）递归的定义

递归，就是在运行的过程中调用自己。构成递归需具备的条件：

①子问题须与原始问题为同样的事，且更为简单。

②不能无限制地调用本身，须有个出口，化简为非递归状况处理。

在数学和计算机科学中，递归指由一种（或多种）简单的基本情况定义的一类对象或方法，并规定其他所有情况都能被还原为其基本情况。

例如，下列为某人祖先的递归定义：某人的双亲是他的祖先（基本情况）。某人祖先的双亲同样是某人的祖先（递归步骤）。

斐波纳契数列（Fibonacci Sequence），又称黄金分割数列，指的是这样一个数列：1、1、2、3、5、8、13、21……斐波纳契数列是典型的递归案例。

递归关系就是实体自己和自己建立关系：

Fib(0) = 1 [基本情况]

Fib(1) = 1 [基本情况]

对所有 $n > 1$ 的整数：Fib(n) = (Fib(n-1) + Fib(n-2)) [递归定义]

尽管有许多数学函数均可以递归表示，但在实际应用中，递归定义的高开销往往会让人望而却步。例如，阶乘 (1) = 1 [基本情况]

对所有 $n > 1$ 的整数：阶乘 $(n) = (n \times$ 阶乘 $(n-1))$ [递归定义]

　　一种便于理解的心理模型，是认为递归定义对对象的定义是按照"先前定义的"同类对象来定义的。例如，你怎样才能移动 100 个箱子？答案：你首先移动一个箱子，并记下它移动到的位置，然后再去解决较小的问题：你怎样才能移动 99 个箱子？最终，你的问题将变为怎样移动一个箱子，而这时已经知道该怎么做。

　　（2）递归的本质

　　递归是大道至简思想的极好体现，本质就是将大规模的问题逐层转换为同一规律的小规模问题，直到小规模的问题有已知解或是很容易得出结论为止。

　　（3）递归的过程

　　递归可以分为递推和回归两个步骤：递推是第一步，是将大规模问题转换为小规模同等问题的过程；回归是第二步，是从小问题的已知解逐层构造大规模问题的复杂解的过程。

　　（4）递归与循环的关系

　　①相同：递归与循环都是解决重复操作的机制：都需要找到规律，都需要控制规律转换的结束。

　　②不同：就算法效率而言，递归算法的实现往往要比循环消耗更多的时间（调用和返回均需要额外的时间）与存储空间（用来保存不同次调用情况下变量的当前值的栈空间），也限制了递归的深度。每个循环原则上总可以转换成与它等价的递归算法，反之不然。递归的层次是可以控制的，而循环嵌套的层次只能是固定的，因此递归是比循环更灵活的重复操作机制。

3.2.3　递归绘制分形树

　　根据上述递归思想，绘制分形树只要确定开始树枝长、每层树枝的减短长度和树枝分叉的角度，就可以把分形树画出来了。

　　具体步骤如下：

　　①树干初始值为 80。

　　②每次绘制完树枝后，画笔右转 20°。

　　③绘制下一段树枝时，长度减少 15。重复步骤②～③直到终止。

　　④终止条件：树干长度小于 5，此时为顶端树枝。

　　⑤达到终止条件后，画笔左转 40°，以当前长度减少 15，绘制树枝。

　　⑥右转 20°，回到原方向，退回上一个节点，直到操作完毕。

　　用 Python 编写分形树的绘制程序如下：

```
#< 程序：递归绘制分形树 >
import turtle
def draw_branch(branch_length):
    """

        绘制分形树
    """
    if branch_length > 5:
        # 绘制右侧树枝
        turtle.forward(branch_length)
        print('向前 ', branch_length)
        turtle.right(20)
        print('右转 20')
        draw_branch(branch_length - 15)
```

```
        # 绘制左侧树枝
        turtle.left(40)
        print('左转 40')
        draw_branch(branch_length - 15)

        # 返回之前的树枝
        turtle.right(20)
        print('右转 20')
        turtle.backward(branch_length)
        print('向后 ', branch_length)
def main():
    """
        主函数
    """
    turtle.left(90)
    turtle.penup()
    turtle.backward(150)
    turtle.pendown()
    turtle.color('brown')
    draw_branch(80)
    turtle.exitonclick()

if __name__ == '__main__':
    main()
```

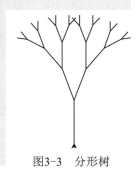

图3-3　分形树

程序运行结果如图 3-3 所示。

3.2.4　智能车路径探索

1. 扩展任务——智能车路径探索

无人驾驶汽车是通过车载传感系统感知道路环境，自动规划行车路线并控制车辆到达预定目标的智能汽车。智能车技术中，首先要解决的就是感知障碍物并能够进行避障的路径探索问题。我们将该问题简化为智能车在迷宫里的避障寻径问题进行研究，利用计算机编程解决这类问题，再次体会递归算法之美。

2. 项目的实施

项目负责人对地图进行抽象简化并能够建立对应的数学模型；对数学模型进行分析研究，选定对应的存储结构（逻辑结构和物理结构）；剖析研究迷宫问题中递归算法的具体应用；利用递归编程解决对应的交通路径探索问题。

（1）用数学模型重新定义问题

已知条件包括：$n \times n$ 迷宫、迷宫的入口、迷宫的出口。

图 3-4 是一个 12×12 迷宫，灰色部分是墙，白色部分是可以走的路，12×12 表示这个迷宫的长和宽分别是 12。如图 3-4 所示，迷宫的入口在上面，迷宫的出口在右面。

分析已知条件和问题之后，有时还不能直接对问题进行求解。一般来说，很多问题都是用语言描述的，而计算机科学求解问题的方式是计算。因为语言上的描述是不能进行计算的，所以需要将这些问题用数学的形式重新描述。也就是说，要用数学模型重新定义问题。用数学模型重新定义问题是计算机科学求解问题时至关重要

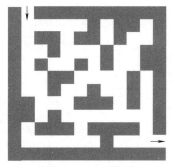

图3-4　12×12迷宫

的环节。它的成功与否直接决定着能否解决问题。

　　观察如图 3-4 所示的 12×12 迷宫。这个迷宫其实是由 12×12=144 个格子组成的，其中灰色格子代表墙，白色格子代表路，如图 3-5（a）所示。"灰色格子代表墙，白色格子代表路"是用语言形式描述的，需要转换成数学形式。用 1 和 0 分别定义灰色格子和白色格子，可以得到如图 3-5（b）所示的迷宫。

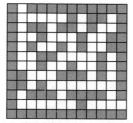

（a）将迷宫划分为12×12个格子

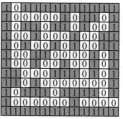

（b）用0、1定义迷宫格子

图3-5　用数学形式重新定义12×12的迷宫

　　观察图 3-5（b），这个迷宫是不是看起来很像一个二维数组？将上面 12×12 的迷宫定义为如下的二维数组：

$$
\begin{aligned}
\text{m[12][12]=[} & 1,\ 0,\ 1,\ 1,\ 1,\ 1,\ 1,\ 1,\ 1,\ 1,\ 1,\ 1,\\
& 1,\ 0,\ 0,\ 0,\ 0,\ 0,\ 1,\ 0,\ 1,\ 1,\ 0,\ 1,\\
& 1,\ 0,\ 1,\ 1,\ 0,\ 1,\ 1,\ 0,\ 1,\ 0,\ 0,\ 1,\\
& 1,\ 0,\ 0,\ 1,\ 0,\ 0,\ 1,\ 0,\ 0,\ 1,\ 1,\\
& 1,\ 0,\ 1,\ 1,\ 1,\ 0,\ 1,\ 0,\ 1,\ 0,\ 1,\ 1,\\
& 1,\ 0,\ 0,\ 1,\ 1,\ 0,\ 0,\ 0,\ 0,\ 1,\ 0,\ 1,\\
& 1,\ 0,\ 0,\ 1,\ 0,\ 0,\ 1,\ 0,\ 0,\ 1,\ 0,\ 1,\\
& 1,\ 1,\ 0,\ 0,\ 1,\ 1,\ 1,\ 0,\ 1,\ 0,\ 1,\ 1,\\
& 1,\ 1,\ 0,\ 1,\ 0,\ 0,\ 0,\ 0,\ 0,\ 0,\ 0,\ 1,\\
& 1,\ 0,\ 1,\ 1,\ 0,\ 1,\ 1,\ 1,\ 1,\ 0,\ 1,\ 1,\\
& 1,\ 0,\ 0,\ 0,\ 0,\ 0,\ 0,\ 1,\ 0,\ 0,\ 0,\ 0,\\
& 1,\ 1,\ 1,\ 1,\ 1,\ 1,\ 1,\ 1,\ 1,\ 1,\ 1,\ 1]
\end{aligned}
$$

　　有了对迷宫的数学定义，就可以很简单地定义迷宫的入口和出口了。如图 3-4 所示的迷宫入口为 m[0][1]，出口为 m[10][11]。

　　路径探索问题就是要找一条从入口到出口的路径，如果存在就返回这条路径；如果不存在，就返回不存在这种路径。观察图 3-5（b），能够走的路是用 0 标示的白色格子。此路径如果存在，一定是由 0 标示的白色格子组成的。也就是说，要在二维数组 m 中找一条从 m[0][1] 到 m[10][11]全部为 0 的路径。

　　至此，我们已经为智能车路径探索问题进行了数学形式的定义。

　　（2）将原问题分解成小问题

　　按照计算机科学解决问题的基本思路，将路径探索问题分解成小问题。

　　路径探索时，只知道下一步可以走的路。在每一个白格子上，智能车可以选择向上、下、左、右这 4 个相邻的格子走。但是，只有当相邻的格子是白色的时候才能走。如图 3-6 所示，如果

智能车在中间的白色格子，它可以向上、下、左、右这 4 个
相邻的格子走。因为右边和下边相邻的格子是墙，所以它只
能向上或者向左走。

图3-6 判断每个格子的行走方向

在每一个格子上的行走情况可以用数组的形式表示为：
假设智能车在 m[i][j]（0<i<9, 0<j<9），与 m[i][j] 上、下、左、右相邻的元素分别是 m[i-1][j]、
m[i+1][j]、m[i][j-1]、m[i][j+1]。只有这些相邻元素为 0 时，智能车才能走过去。

因此，可以通过决定下一步走的方向，将当前位置到出口的路径问题转换成 m[i][j] 到出口
的路径问题，其中 m[i][j] 是当前位置的相邻位置，并且 m[i][j]=0。这样就能将原分解成小问题。

（3）求解小问题，用小问题的解构造大问题的解

路径探索的时候，如果走到了死胡同就返回前面，去尝试没有走过的路。最终会出现两种
结果：第一种，找到出口；第二种，走了所有能走的路都走不到出口。

转换路径问题时，如果尝试了所有相邻位置 m[i][j]，都不能得到出口到出口的路径问题解，
就相当于走到了死胡同。此时就要返回到最近的没有走过的位置，继续转换路径问题。最后会
出现两种结果：第一种，最终能将原问题转换成入口到出口的路径问题，从而得到一条从入口
到出口的路径；第二种，找遍所有转换方式都不能得到入口到出口的路径问题，从而可以知道
没有从入口到出口的路径。

问题求解：假设智能车在如图 3-4 的某未知地形的入口处，想要到达目的地，是否能成功？
如果可以，请给出路径。

根据前面思考的解题思路，用 Python 实现智能车路径探索问题的代码如下：

```
#< 程序：智能车路径探索 _ 递归 >
m=[[ 1, 0, 1, 1, 1, 1, 1, 1, 1, 1, 1, 1],
   [1, 0, 0, 0, 0, 0, 1, 0, 1, 1, 0, 1],
   [1, 0, 1, 0, 1, 1, 0, 1, 0, 1, 0, 1],
   [1, 0, 1, 1, 0, 0, 0, 1, 0, 0, 1, 1],
   [1, 0, 1, 0, 0, 1, 0, 1, 0, 0, 1, 1],
   [1, 0, 0, 1, 1, 0, 0, 0, 0, 1, 0, 1],
   [1, 0, 0, 1, 0, 0, 0, 0, 1, 0, 1, 1],
   [1, 1, 0, 0, 0, 1, 1, 1, 0, 0, 1, 1],
   [1, 1, 0, 0, 0, 0, 0, 0, 0, 0, 0, 1],
   [1, 0, 1, 1, 1, 0, 1, 1, 1, 1, 0, 1],
   [1, 0, 0, 0, 0, 0, 0, 1, 0, 0, 0, 0],
   [1, 1, 1, 1, 1, 1, 1, 1, 1, 1, 1, 1]]
sta1=0;sta2=1;fsh1=10;fsh2=11;success=0

def Labyrinth ():
    print(' 显示迷宫：')
    for i inrange(len(m)):print(m[i])
    print(' 入口：m[%d][%d]  出口：m[%d][%d]'% (sta1, sta2, fsh1, fsh2))
    if (visit(sta1,sta2)) == 0:print(' 没有找到出口 ')
    else:
        print(' 显示路径：')
        for i in range(12):print(m[i])
def visit(i,j):
    m[i][j] = 2
    global success
    if(i == fsh1)and(j == fsh2): success = 1
    if(success != 1)and(m[i-1][j] == 0):visit(i-1, j)
    if(success != 1)and(m[i+1][j] == 0):visit(i+1, j)
```

```
        if(success ! = 1)and(m[i][j-1] == 0):visit(i, j-1)
        if(success ! = 1)and(m[i][j+1] == 0):visit(i, j+1)
        if success ! = 1: m[i][j]=3
        return success

if(_name_ == "_main_"):
    LabyrinthRat()
```

运行程序，可以得到下面的结果：

```
>>> 显示迷宫:
[1, 0, 1, 1, 1, 1, 1, 1, 1, 1, 1, 1]
[1, 0, 0, 0, 0, 0, 1, 0, 1, 1, 0, 1]
[1, 0, 1, 1, 0, 1, 1, 0, 1, 0, 0, 1]
[1, 0, 0, 1, 0, 0, 0, 1, 0, 0, 1, 1]
[1, 0, 1, 0, 0, 1, 0, 1, 0, 0, 1, 1]
[1, 0, 0, 1, 1, 0, 0, 0, 0, 1, 0, 1]
[1, 0, 0, 1, 0, 0, 1, 0, 0, 1, 0, 1]
[1, 1, 0, 0, 0, 1, 1, 1, 0, 0, 0, 1]
[1, 1, 0, 1, 0, 0, 0, 0, 0, 0, 0, 1]
[1, 0, 1, 1, 1, 0, 1, 1, 1, 0, 0, 1]
[1, 0, 0, 0, 0, 0, 0, 1, 0, 0, 0, 0]
[1, 1, 1, 1, 1, 1, 1, 1, 1, 1, 1, 1]
入口: m[0][1]; 出口: m[10][11]
显示路径:
[1, 2, 1, 1, 1, 1, 1, 1, 1, 1, 1, 1]
[1, 2, 3, 3, 3, 3, 1, 0, 1, 1, 3, 1]
[1, 2, 1, 1, 3, 1, 1, 0, 1, 3, 3, 1]
[1, 2, 0, 1, 3, 3, 3, 1, 0, 3, 1, 1]
[1, 2, 1, 3, 3, 1, 3, 1, 3, 1, 1, 1]
[1, 2, 3, 1, 1, 2, 2, 2, 3, 1, 1, 1]
[1, 2, 2, 1, 2, 2, 1, 2, 2, 1, 3, 1]
[1, 1, 2, 2, 2, 1, 1, 1, 2, 1, 3, 1]
[1, 1, 3, 1, 3, 3, 3, 3, 2, 2, 2, 1]
[1, 3, 1, 1, 1, 3, 1, 1, 1, 1, 2, 1]
[1, 3, 3, 3, 3, 3, 3, 1, 3, 3, 2, 2]
[1, 1, 1, 1, 1, 1, 1, 1, 1, 1, 1, 1]
```

结果中的路径用 2 标示，走过的失败的路径用 3 标示。

3.3　学生成绩的排序与查找

3.3.1　学员体能考核成绩排序查找

在前面的章节，我们学习了 Python 的基础知识，统计并分析了学员的体能测试结果数据。在本节中，我们继续对之前的数据进行操作：

①按学员的总成绩进行排序。

②通过学号对指定学员的信息进行查找操作。

通过具体的项目来学习排序和查找的相关算法，并利用计算机编程解决问题。

3.3.2　冒泡排序和二分法查找

1. 冒泡排序

冒泡排序（Bubble Sort）是一种简单的排序算法。它重复地走访过要排序的数列，通过两重循环遍历每一个数后将最大的"冒"出去。冒泡是相邻元素之间的比较，每次把最大的"冒"出去且可以原地排序。尽管这个算法是最简单了解和实现的排序算法之一，但它对于包含大量的元素的数列排序效率很低。

算法描述：

①比较相邻的元素。如果第一个比第二个大，就进行交换。

②对每一对相邻元素进行同样的操作，从开始第一对到结尾的最后一对。这步完成后，最后的元素会是最大的数。

③针对所有的元素重复以上的步骤，除了最后一个。

④持续每次对越来越少的元素重复上面的步骤，直到没有任何一对数字需要比较。

2. 二分法查找

在计算机科学中，二分法查找（Binary Search）是一种在有序数组中查找某一特定元素的搜索算法。搜索过程从数组的中间元素开始，如果中间元素正好是要查找的元素，则搜索过程结束；如果某一特定元素大于或者小于中间元素，则在数组大于或小于中间元素的那一半中查找，而且跟开始一样从中间元素开始比较。如果在某一步骤数组为空，则代表找不到。这种搜索算法每一次比较都使搜索范围缩小一半。

时间复杂度：二分查找的时间复杂度是 $O(\log n)$。

设总共有 n 个元素，每次查找的区间大小就是 n，$n/2$，$n/4$，$\cdots$，$n/2^k$（接下来操作元素的剩余个数），其中 k 就是循环的次数，每次循环都比较 value 和中间值的大小。

由于 $n/2^k$ 取整后 $>=1$，即令 $n/2^k=1$，可得 $k=\log_2 n$，（是以 2 为底的 n 的对数），所以时间复杂度可以表示 $O(\log n)$。

3.3.3 运用冒泡排序和二分法查找

对之前章节程序中学员的体能测试数据，按照总分数由高到低的顺序进行排序；然后在排序后的数据中，按照指定的学号，查找并输出对应学员的所有数据信息。

用 Python 编写程序如下：

```
#<程序：学生成绩的排序与查找>
import xlrd
fname = "new.xlsx"
bg = xlrd.open_workbook(fname)
shxrange = range(bg.nsheets)
try:
    sh = bg.sheet_by_name("Sheet")
except:
    print('no sheet in %s named Sheet', format(fname))
nrows = sh.nrows-1
ncols = sh.ncols
print('原始表中有 {} 行、{} 列数据 '.format(nrows, ncols))

row_list = []
print('原始数据为：')
for i in range(1,sh.nrows):
    row_data = sh.row_values(i)
    row_list.append(row_data)
    print(row_list[i-1])
    i = i+1
```

```
print ('排序后数据为：')
for i in range(0,len(row_list)):
    for j in range(0,  len(row_list)- i - 1):
        if row_list[j][-1] > row_list[j+1][-1]:
            row_list[j],  row_list[j + 1] = row_list[j + 1],  row_list[j]
    print(row_list[len(row_list)-1-i])

value=eval(input)' 请输入要查找的成绩：'))
start = 0;  end = len(row_list)-1
while start <= end:
    mid = int((start + end) / 2)
    if row_list[mid][ncols-1] == value:
        break
    elif row_list[mid][ncols-1] > value:
        end = mid - 1
    else:
        start = mid + 1
print(row_list[mid])
```

3.3.4 拓展：排序和查找算法简介

1. 排序算法

排序有内部排序和外部排序之分：内部排序是数据记录在内存中进行排序；外部排序是因排序的数据很大，一次不能容纳全部的排序记录，在排序过程中需要访问外存。

通常所说的排序算法是指内部排序算法，即数据记录在内存中进行排序。内部排序的分类：

一种是比较排序，时间复杂度 $O(n\log n) \sim O(n^2)$，主要方法有冒泡排序、选择排序、快速排序、插入排序、希尔排序、归并排序、堆排序等。

另一种是非比较排序，时间复杂度可以达到 $O(n)$，主要方法有计数排序、基数排序、桶排序等。

几种常用的排序算法复杂度如表 3-1 所示。

表3-1　几种常用的排序算法复杂度

排序算法	平均时间复杂度	最坏复杂度	空间复杂度	稳 定 性
冒泡排序	$O(n^2)$	$O(n^2)$	$O(1)$	稳定
选择排序	$O(n^2)$	$O(n^2)$	$O(1)$	不稳定
直接插入排序	$O(n^2)$	$O(n^2)$	$O(1)$	稳定
快速排序	$O(n\log n)$	$O(n^2)$	$O(n\log n)$	不稳定
归并排序	$O(n\log n)$	$O(n\log n)$	$O(1)$	稳定
堆排序	$O(n\log n)$	$O(n\log n)$	$O(1)$	不稳定
希尔排序	$O(n\log n)$	$O(n^8)^1$	$O(1)$	不稳定
基数排序	$O(\log B)$	$O(\log B)$	$O(n)$	稳定
二叉树排序	$O(n\log n)$	$O(n\log n)$	$O(n)$	稳定

（1）冒泡排序

算法描述见 3.3.2 节，Python 实现代码如下：

```
def bubble_sort(lst):
```

```
        if len(lst) <= 1:
            return lst
    for ind in range(len(lst)-1,0,-1):
        flag = False
        for sub_ind in range(ind):
            if lst[sub_ind] > lst[sub_ind + 1]:
                lst[sub_ind], lst[sub_ind+1] = lst[sub_ind+1], lst[sub_ind]
                flag = True
        if flag == False:
            break
    return lst
```

（2）插入排序

插入排序（Insertion Sort）是一种简单直观的排序算法。它的工作原理是：通过构建有序序列，对于未排序数据，在已排序序列中从后向前扫描，找到相应位置并插入。插入排序在实现上通常采用 in-place 排序（即只需用到 $O(1)$ 的额外空间的排序），因而在从后向前扫描过程中，需要反复把已排序元素逐步向后挪位，为最新元素提供了插入空间。

算法描述：

①从第一个元素开始，该元素可以认为已经被排序。

②取出下一个元素，在已经排序的元素序列中从后向前扫描。

③如果该元素（已排序）大于新元素，将该元素移到下一位置。

④重复步骤③，直到找到已排序的元素小于或者等于新元素的位置。

⑤将新元素插入到该位置后重复步骤②～⑤。

Python 实现代码如下：

```
def insertion_sort(lst):
    if len(lst) == 1:
        return lst

    for i in range(1, len(lst)):
        temp = lst[i]
        j = i - 1
        while j >= 0 and temp < lst[j]:
            lst[j + 1] = lst[j]
            j -= 1
        lst[j + 1] = temp
    return lst
```

（3）快速排序（Quick Sort）

在平均状况下，排序 n 个项目要 $O(n\log n)$ 次比较。在最坏状况下则需要 $O(n^2)$ 次比较，但这种状况并不常见。事实上，快速排序通常明显比其他算法更快，因为它的内部循环（Inner Loop）可以在大部分的架构上很有效率地被实现出。

快速排序使用分治法（Divide and Conquer）策略来把一个序列（List）分为两个子序列（Sub-Lists）。

算法描述：

①从数列中挑出一个元素，称为"基准"（Pivot）。

②重新排序数列，所有比基准值小的元素摆放在基准前面，所有比基准值大的元素摆在基准后面（相同的数可以放到任何一边）。在这个分区结束之后，该基准就处于数列的中间位置。

这个称为分区（Partition）操作。

③递归地（Recursively）把小于基准值元素的子数列和大于基准值元素的子数列排序。

Python 实现代码如下：

```
def quicksort(lst):
    less = []
    greater = []
    if len(lst) <= 1:
        return lst
    else:
        pivot = lst[-1]
        for num in lst[: -1]:
            if num < pivot:
                less.append(num)
            if num >= pivot:
                greater.append(num)
        return quicksort(less) + [pivot] + quicksort(greater)
```

2. 查找算法

1）基本概念

查找（Searching）就是根据给定的某个值，在查找表中确定一个其关键字等于给定值的数据元素（或记录）。

查找表（Search Table）：由同一类型的数据元素（或记录）构成的集合。

关键字（Key）：数据元素中某个数据项的值，又称键值。

主键（Primary Key）：可唯一地标识某个数据元素或记录的关键字。

2）常用的查找算法

常用的查找算法包括顺序查找、二分查找、哈希表查找和二叉树查找。接下来介绍几种常用的查找算法，其他算法有兴趣的同学可以通过学习网站进行查看和自学。

（1）顺序查找

顺序查找又称线性查找，是一种最简单的查找方法。

从表的一端开始，向另一端逐个按要查找的值 key 与关键码 key 进行比较，若找到，则查找成功，并给出数据元素在表中的位置；若整个表检测完，仍未找到与关键码相同的 key 值，则查找失败，给出查找失败信息。

①适用性：适用于线性表的顺序存储结构和链式存储结构。平均查找长度 =$(n+1)/2$。

②顺序查找优缺点：

缺点：是当 n 很大时，平均查找长度较大，效率低。

优点：对表中数据元素的存储没有要求。另外，对于线性链表，只能进行顺序查找。

③时间复杂度：有可能第 1 个、第 2 个位置就找到了，也有可能遍历到最后一个位置才找到，所以，每次所要查找比较的平均次数是 $(1+2+3+\cdots+n)/n=(n+1)/2$，时间复杂度是 $O(n)$。

Python 实现代码如下：

```
def seqSearch(myList, value):
    for i in range(len(myList)):
        if myList[i] == value:
            isFound = True
            print('已找到数值 ',value,' 在第 ',i,' 个位置 ')
            return i
```

```
        print('没有找到数值 ',value)
        return -1

list1 = [2,5,7,9,100,88,292,39]
idx1 = seqSearch(list1,88)
idx2 = seqSearch(list1,99)
print(idx1, idx2)
```

（2）二分查找

算法见 3.3.2 节，Python 实现代码如下：

```
# 非递归实现
def binSearch(myList, value):
    start = 0; end = len(myList)- 1
    while start <= end:
        mid = int((start + end) )/ 2)
        if myList[mid] == value:
            return mid
        elif myList[mid] > value:
            end = mid - 1
        else:
            start = mid + 1
    return -1;
# 递归实现
def RecurBinSearch(myList, start, end, value):
    mid = int((start + end) / 2)
    if (len(myList) == 0 | value < myList[start] | value > myList[end]):
        return -1
    if myList[mid] == value:
        return mid
    elif myList[mid] > value:
        return RecurBinSearch(myList, start, mid - 1, value)
    elif myList[mid] < value :
        return RecurBinSearch(myList, mid + 1, end, value)
```

3.4   物资运输方案

3.4.1   运输物资价值最大化设计方案

假设某仓库被敌方发现，需要尽快转移装备物资。现有一辆 8 吨位的军用货车可以运输物资，仓库内有 5 种物资需要运送，每种物资的质量不同价值也不同，如表 3-2 所示。请问：如何设计运输方案，能够使得一次运输物资的价值最大化？

表3-2   物资的质量和价值

物　　品	编　号　i	质　量　$w(i)$/t	价　值　$v(i)$/万元
A	1	4	450
B	2	5	570
C	3	2	220
D	4	1	110
E	5	6	670

3.4.2 递归求解方案

有一种最简单的方法，就是找出所有能够装入货车使得总质量 W 不超过 8 t 的物品组合。这样的组合可以找到 {A}、{B}、{C}、{D}、{E}、{A, C}、{A, D}、{B, C}、{B, D}、{C, E}、{D, E}、{A, C, D} 和 {B, C, D}，其中能得到总价最大的是最后一种组合，它的总价 V=900 万元。上述方式虽然可以找到的最大总价的物品组合，可是如果有 n 个物品就会有 2^n-1 种组合，要在 2^n-1 种组合中找到价值最大的组合显然是非常耗时的。

根据计算思维的解题思路，我们需要考虑的是"怎么分，怎么合"的问题。也就是设计递归关系，看这个问题是否可以转换成比较小的问题。最直观的是，n 个物品的运输问题能否转换成 $n-1$ 个物品的运输问题。首先将 n 个物品用索引从 1 开始到 n 来指定。

定义 $a(i, j)$ 为：考虑前 i（$1 \leqslant i \leqslant n$）个物品，能够装入容量为 j 的货车的物品组合所形成的最大价值。

考虑已经知道前 $n-1$ 个物品的最优解 $a(n-1, j)$，要求 n 个物品的最优解 $a(n,j)$，会出现如下情况：

①当货车的容量 j 大于等于第 n 个物品的质量 $w(n)$，即 $j-w(n) \geqslant 0$。可以考虑放进第 n 个物品，在这种情况下，运输的总价值为 $a(n-1, j-w(n))+v(n)$。

②当货车的容量 j 大于等于第 n 个物品的质量 $w(n)$，可以考虑不放进第 n 个物品入货车。在这种情况下，运输的总价值为 $a(n-1, j)$。

③货车的容量 j 小于第 n 个物品的质量 $w(n)$，第 n 个物品不能放入货车。在这种情况下，运输的总价值为 $a(n-1, j)$。

当 $j \geqslant w(n)$（$1 \leqslant i \leqslant n$），运输的最大价值应该为 $a(n-1, j-w(n))+v(n)$ 和 $a(n-1, j)$ 中较大的值。当 $j<w(n)$，运输的最大价值应该为 $a(n-1, j)$。通过上述分析可以得到运输问题的递归式如下：

$$a(i, j)=\begin{cases} 0, & i=0或j=0 \\ a(i-1, j), & i<w(i) \\ \max(a(i-1, j), a(i-1, j-w(i))+v(i)), & j \geqslant w(i) \end{cases} \quad (3-1)$$

假设有 n 个物品，货车可承受 m 的质量。那么整个问题的最佳解就是 $a(n, m)$ 的值了。用递归的方法解决这个问题的 Python 代码如下：

```
#<程序：背包问题_递归>
w = [0,4,5,2,1,6]                      # w[i]是物品的质量
v = [0,450,570,220,110,670]           # v[i]是物品的价值
n = len(w)-1
j = 8                                  # 背包的容量
x = [False for raw in range(n+1)]     # x[i]为True表示物品被放入背包
def knap_r(n,j):
    if(n == 0)or(j == 0):
        x[n] = False
        return 0
    elif(j >= w[n]and(knap_r(n-1,j-w[n])+v[n]>knap_r(n-1,j)):
        x[n] = Ture
        return knap-r(n-1,j-w[n])+v[n]
    else:
        x[n] = False
        returnknap_r(n-1,j)
print("最大价值为: ",knap_r(n,j))
print("物品的装入情况为: ",x[1: ])
```

但是用递归来解决这个问题是很耗时的，这是因为，在用递归实现的代码中，knap_r(n, j)函数中有 3 次调用本身。在前两次函数调用中，要计算 knap_r(n-1, j-w[n])+v[n] 和 knap_r(n-1,j)，而在第 3 次调用时还要重新计算 knap_r(n-1，j-w[n])+p[n] 或者 knap_r(n-1, j)。显然这里存在了很多重复计算。

3.4.3　动态规划求解方案

为了避免这些重复计算，下面用动态规划来解决这个问题。根据动态规划的基本思想，有了递归式，接下来就是建立动态规划表了。根据公式（3-1）可以生成例子的动态规划表，如表 3-3 所示，其中 a(5，8) 就是所能得到的最大价值 900。

表 3-3　装物品的动态规划表

i	j								
	0	1	2	3	4	5	6	7	8
0	0	0	0	0	0	0	0	0	0
1	0	0	0	0	450	450	450	450	450
2	0	0	0	0	450	570	570	570	570
3	0	0	220	220	450	570	670	790	790
4	0	110	220	330	450	570	680	790	900
5	0	110	220	330	450	570	680	790	900

接下来用回溯的方法找出货车上装入的物品。首先从最大价 a(5,8)=900 开始，在判断物品 E 时，由于 8 ≥ w(5)，而 a(4, 8) 较大，则 E 没有放入货车；回溯到 a(4, 8)=900，在判断物品 D 时，由于 8 ≥ w(4)，而 a(3, 7)+110 较大，则 D 被放入货车；回溯到 a(3, 7)=790，在判断物品 C 时，由于 7 ≥ w(3)，而 a(2, 5)+220 较大则 C 被放入货车；回溯到 a(, 5)=570，在判断物品 B 时，由于 5=w2，而 a(1, 0)+570 较大，则 B 被放入货车；回溯到 a(1, 0)=0，则物品 A 没有放入货车。从而得到被放入货车的物品是 B、C 和 D。回溯的路线如表 3-3 中的箭头所示。

用 Python 实现运输价值最大化问题的动态规划算法，代码如下：

```
#<程序：运输价值最大化问题_动态规划>
w = [0,4,4,2,1,6]                         # w[i]是物品的质量
v = [0,45,57,22,11,67]                    # v[i]是物品的价值
n = len(w)-1
m = 8                                     #背包的容量
x = [False for raw in range(n+1)]         # x[i]为True，表示物品被放入背包
# a[i][j]是 i 个物品中能够装入容量为 j 的背包的物品多能形成的最大价值
a = [[0 for col in range(m+1)] for raw in range(n+1)]
def knap_DP(n, m):
    # 创建动态规划表
    for i in range(1,n+1):
        for j in range(1,m+1):
            a[i][j] = a[i-1][j]
            if(j >= w[i]and(a[i-1][j-w[i]]+v[i]>a[i-1][j])):
                a[i][j] = a[i-1][j-w[i]]+v[i]
            # 回溯a[i][j]的生成过程，找到装入背包的物品
    j = m
    for i in range(n,0,-1):
```

```
        if a[i][j] > a[i-1][j]:
            x[i] = True
            j = j-w[i]
    Mv = a[n][m]
    return Mv
print("最大价值为: ",knap_DP(n, m))
print("物品的装入情况为: ",x[1: ])
```

运行程序，可以得到：

```
>>>
最大价值为：900
物品的装入情况为：[ False,True,True,True,False]
```

比较上面两个程序，其实它们之间的不同就在于是否建立动态规划表，用动态规划实现的代码中，首先建立了动态规划表，这样对于已经计算过的 a(i, j) 就不需要进行重复计算了，从而减少程序的运行时间。动态规划算法是一种以空间换取时间的算法，它将可能会重复用到的数据保存起来，后面一旦要使用这些数据只要去表中查找即可。

动态规划通常用于求解具有某种最优性质的问题。它也是将待求解问题分解成若干子问题，先求解子问题，然后从这些子问题的解得到原问题的解。动态规划分解得到的子问题并不是相互独立的。因此，在求解子问题时，可以利用已经求解的子问题的解来构造待求解的子问题的解。如此一来，通过将已经求解的子问题的解保存起来，在求解后面的子问题时就能省掉很多重复计算。

3.4.4 拓展：找零钱

1. 扩展任务——找零钱

已知有 4 种硬币如表 3-4 所示，求找给顾客 63 分的最少硬币个数。

2. 项目实施

根据动态规划求解问题的基本思想，首先将原问题划分成小问题。原问题是在 4 种面值的硬币中，找给顾客 63 分钱的最少硬币数。

动态规划算法思路：

记 $d\{n\}=\{\}$ 表示兑换面值为 n 的最优解组合为 $\{x_1,$

表3-4 硬币种类和面值

硬币 i	面值 $v(i)$/ 分
1	1
2	5
3	10
4	25

$x_2, x_3, ...\}$；从子问题出发，取 0 分只有一种方法为 $\{0\}$，即 $d(0)=\{0\}$，取 1 分（0+1）分，最优解为 1 分 +0 分，即 $d(0)+1=\{0, 1\}=\{1\}$；取 2 分有两种方式，即 $d(0)+2=\{2\}$ 或 $d(1)+1=\{1, 1\}$，易知最优解为 $\{2\}$。依此类推，兑换面值为 n 的最优解为 $d(n)=\max\{d(n-i)+i\}$，其中 $i \leqslant n$。

```
#< 程序：利用动态规划 (Dynamic Programming) 的思想实现零钱找零 >
def coins_changeDP(coin_values, change, min_counts=None, last_used_coins=None):

    if min_counts == None:
        min_counts = [0] * (change + 1)
    if last_used_coins == None:
        last_used_coins = [0] * (change + 1)

    for cents in range(change + 1):
        min_count = cents
        for value in [i for i in coin_values if i <= cents]:
```

```
                    if 1 + min_counts[cents-value] < min_count:
                        min_count = 1 + min_counts[cents-value]
                        last_used_coins[cents] = value
                min_counts[cents] = min_count

    return min_counts[-1], print_coins(change, last_used_coins)

def print_coins(change, last_used_coins):
    used_coins = []
    while change > 0:
        used_coins.append(str(last_used_coins[change]))
        change = change - last_used_coins[change]
    return ','.join(used_coins)

def main()
    import timeit
    value_list = [1,5,10,25]
    t1 = timeit.Timer('coins_changeDP(%s, %s)'% (value_list, 63),'from_
main_import coins_changeDP,main')
    print(t1.timeit(number=1))

main()
```

运行结果如下：

```
0.00013727575620237076
```

利用动态规划算法，0.14 ms 对 63 分零钱做出了找零方案。

3.5　运输交通的最短路径规划

3.5.1　运输最短路径规划

现实生活中，经常会遇到这样的命题：两点间有多条路径时，总能找到一条代价最小的（这个代价有可能是时间、距离、油耗等）。对于不同的问题，尽管其代价不尽相同，但是问题的本质却是一致的，就是要寻找一条代价最小的路径。最短路径算法就是来解决这类问题的具体算法，接下来研究如何利用最短路径算法来解决实际生活中的交通路径规划问题。

项目负责人对地图进行抽象简化并能够建立对应的数学模型；对数学模型的拓扑结构进行分析研究，选定对应的存储结构（逻辑结构和物理结构）；对不同的最短路径问题算法进行对比分析选取恰当的算法；编程解决对应的交通路径规划问题。

3.5.2　数据结构和Dijkstra算法

1. 数据结构

数据结构具体指同一类数据元素中，各元素之间的相互关系，包括 3 个组成成分：数据的逻辑结构、数据的存储结构和数据的运算。

数据的逻辑结构：指反映数据元素之间的逻辑关系的数据结构，其中的逻辑关系是指数据元素之间的前后件关系，而与它们在计算机中的存储位置无关。逻辑结构包括：集合结构、线性结构、树形结构、图形结构。

数据的物理结构：指数据的逻辑结构在计算机存储空间的存放形式。

数据的物理结构是数据结构在计算机存储器中的具体实现，是逻辑结构的表示（又称存储映像），它包括数据元素的机内表示和关系的机内表示。由于具体实现的方法有顺序、链接、索引、散列等多种，所以一种数据结构可表示成一种或多种存储结构。

在许多类型的程序设计中，数据结构的选择是一个基本的设计考虑因素。许多大型系统的构造经验表明，系统实现的困难程度和系统构造的质量都严重依赖于是否选择了最优的数据结构。许多时候，确定了数据结构后，算法就容易得到了。有些时候事情也会反过来，会根据特定算法来选择数据结构与之适应。不论哪种情况，选择合适的数据结构都是非常重要的。

选择了数据结构，算法也随之确定。数据（而不是算法）是系统构造的关键因素。这种洞见导致了许多种软件设计方法和程序设计语言的出现，面向对象的程序设计语言就是其中之一。

2. 图

图（Graph）由顶点的有穷非空集合和顶点之间边的集合组成，通常表示为 $G(V, E)$，其中，G 表示一个图，V 是图 G 中顶点的集合，E 是图 G 中边的集合。

图按照无方向和有方向分为无向图和有向图，如图 3-7 所示。

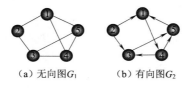

（a）无向图G_1　　（b）有向图G_2

图3-7　图

按照图上的边是否有权，分为有权图和无权图。（当图中的边或者弧存在与其相关的数字时，将这些数字称为权。）

3. 最小生成树

在一个任意连通图 G 中，如果取它的全部顶点和一部分边构成一个子图 G'，即 $V(G')=V(G)$ 和 $E(G') \subseteq E(G)$。若同时满足边集 $E(G')$ 中的所有边既能够使全部顶点连通而又不形成任何回路，则称子图 G' 是原图 G 的一棵生成树。

对于一个连通网（即连通带权图，假定每条边上的权值均为正实数）来说，生成树不同，每棵树的权（即树中所有边上的权值总和）也可能不同。其中权值最小的生成树称为图的最小生成树。

最小生成树其实是最小权重生成树的简称。一个有 N 个节点的连通图的生成树是原图的极小连通子图，且包含原图中的所有 N 个节点，并且有保持图连通的最少的边。

3.5.3　Dijkstra算法求解

算法思想：Dijkstra 算法采用的是一种贪心的策略，声明一个数组 dis 来保存源点到各个顶点的最短距离和一个保存已经找到了最短路径的顶点的集合 T，初始时，原点 s 的路径权重被赋为 0（dis[s] = 0）。若对于顶点 s 存在能直接到达的边 (s, m)，则把 dis[m] 设为 $w(s, m)$，同时把所有其他（s 不能直接到达的）顶点的路径长度设为无穷大。初始时，集合 T 只有顶点 s。

然后，从 dis 数组选择最小值，则该值就是源点 s 到该值对应的顶点的最短路径，并且把该点加入 T 中，此时完成一个顶点。新加入的顶点是否可以到达其他顶点并且看看通过该顶点到达其他点的路径长度是否比源点直接到达短，如果是，那么就替换这些顶点在 dis 中的值。 最后，又从 dis 中找出最小值，重复上述动作，直到 T 中包含了图的所有顶点。

分组对地图进行建模，选定恰当的算法解决地图中的交通规划最短路径问题。实施过程如下：

①研究演习或其他实际场景中的现实问题，抽象出其拓扑结构，用图来表示具体问题。选定其数据结构。

②在数学模型的基础上，深入研究问题的特质，选取适合本模型的算法。

③在数据结构和算法的基础上，进入编程环境解决抽象出的问题，将问题还原为最初的实际情况，给出解决方案。

④总结实施过程中遇到的问题和难题，并提出解决和改进方法。

具体程序实现如下：

```python
MAX = 10
WQ = 999

# 定义存放图的邻接矩阵的二维数组
cost = [[0 for i in range(MAX)] for i in range(MAX)]

# 求最短路径算法
def dijkstra(n, i0):
    dist = [0 for i in range(MAX)]        # 定义存放距离值的一维数组
    pre = [0 for i in range(MAX)]         # 定义存放路径前点的一维数组

    s = [0 for i in range(MAX)]
    #  v1 = 0  # 指定源点
    max = WQ

    v1 = i0 - 1
    for i in range(0,n):
        s[i] = 0
    s[v1] = 1

    for i in range(0,n):
        dist[i] = cost[v1][i]
        if dist[i] < max:
            pre[i] = i0
        else:
            pre[i] = 0

    # 重复 n - 1 次，选取 n - 1 条最短路径
    pre[v1] = 0
    for i in range(0,n):
        min = max
        # 在未选点中，比较选取最小距离值
        for j in range(0,n):
            if ()not s[j]) and dist[j] < min):
                min=dist[j]
                k=j
        # 调整顶点分组
        s[k]=1
        # 更新其他未选点的距离值
        for j in range(0,n):
            if (not s[j]) and (dist[j] > dist[k]+cost[k][j]):
                dist[j]=dist[k]+cost[k][j]
```

```
                        pre[j]=k+1
            # 输出路径及距离值
            for i in range(0,n):
                print("(", "%2d"%dist[i], "):",(i+1), end = "")
                p=pre[i]
                while p != 0:
                    print("<-", p,  end = "")
                    p = pre[p - 1]
                print()

def main():
    # 指定顶点及边数
    n = 5
    en = 14

    # 打开文件读入图数据
    file_object = open('file/graph.txt',  'rU')

    print("\n 读入图数据，初始中 ......\n")
    for i in range(0,n):
        for j in range(0,n):
            if i == j:
                cost[i][j] = 0
            else:
                cost[i][j] = WQ

    result = []
    try:
        for line in file_object:
            result.append(list (line.split(',')))
    finally:
        file_object.close()
    for i in range(0,14):
        row = result[i][0]
        column = result[i][1]
        value = result[i][2]
        cost[int(row) - 1][int(column) - 1] = int(value.split('\n')[0])
    # 输出图
    for i in range(0,n):
        for j in range(0,n):
            print("%6d"%cost[i][j], end = "")
        print("")
    # 指定源点
    print ("\n 请指定源点为 :")
    i0 = input()
    dijkstra(n, int(i0))
    print("")

main()
```

3.5.4 拓展：最短路径求解算法总结

1. 最短路径算法

从某顶点出发，沿图的边到达另一顶点所经过的路径中，各边上权值之和最小的一条路径称为最短路径。解决最短路径问题有以下算法：Dijkstra 算法、Bellman-Ford 算法、Floyd 算法和

SPFA 算法等。

最短路径问题是图论研究中的一个经典算法问题，旨在寻找图（由节点和路径组成的）中两节点之间的最短路径。算法具体的形式包括：

①确定起点的最短路径问题，即已知起始节点求最短路径的问题。适合使用 Dijkstra 算法。

②确定终点的最短路径问题与确定起点的问题相反，该问题是已知终结节点，求最短路径问题。在无向图中该问题与确定起点的问题完全等同，在有向图中该问题等同于把所有路径方向反转的确定起点的问题。

③确定起点终点的最短路径问题，即已知起点和终点，求两节点之间的最短路径。

④全局最短路径问题，求图中所有的最短路径。适合使用 Floyd-Warshall 算法。

（1）Dijkstra 算法

见 3.5.3 节所述。

（2）Floyd 算法

算法思想：通过 Floyd 计算图 $G=(V, E)$ 中各个顶点的最短路径时，需要引入两个矩阵：矩阵 D 中的元素 $a[i][j]$ 表示顶点 i（第 i 个顶点）到顶点 j（第 j 个顶点）的距离；矩阵 P 中的元素 $b[i][j]$，表示顶点 i 到顶点 j 经过了 $b[i][j]$ 记录的值所表示的顶点。

假设图 G 中顶点个数为 N，则需要对矩阵 D 和矩阵 P 进行 N 次更新。初始时，矩阵 D 中顶点 $a[i][j]$ 的距离为顶点 i 到顶点 j 的权值；如果 i 和 j 不相邻，则 $a[i][j]=\infty$，矩阵 P 的值为顶点 $b[i][j]$ 的 j 值。接下来，对矩阵 D 进行 N 次更新。第 1 次更新时，如果 $a[i][j]$ 的距离 $>a[i][0]+a[0][j]$（$a[i][0]+a[0][j]$ 表示 i 与 j 之间经过第 1 个顶点的距离），则更新 $a[i][j]$ 为 $a[i][0]+a[0][j]$，更新 $b[i][j]=b[i][0]$。同理，第 k 次更新时，如果 $a[i][j]$ 的距离 $>a[i][k-1]+a[k-1][j]$，则更新 $a[i][j]$ 为 $a[i][k-1]+a[k-1][j]$，$b[i][j]=b[i][k-1]$。更新 N 次之后，操作完成。

（3）SPFA 算法

SPFA 算法是求解单源最短路径问题的一种算法，由理查德·贝尔曼（Richard Bellman）和莱斯特·福特（Leicester Ford）创立。这种算法也称 Moore-Bellman-Ford 算法，因为爱德华·摩尔（Edward Moore）也为这个算法的发展做出了贡献。它的原理是对图进行 $V-1$ 次松弛操作，得到所有可能的最短路径。其优于 Dijkstra 算法的方面是边的权值可以为负数、实现简单；缺点是时间复杂度过高，高达 $O(VE)$。但算法可以进行若干种优化提高效率。

算法的思路：用数组 dis 记录每个节点的最短路径估计值，用邻接表或邻接矩阵来存储图 G。采取动态逼近法：设立一个先进先出的队列用来保存待优化的节点，优化时每次取出队首节点 u，并且用 u 点当前的最短路径估计值对离开 u 点所指向的节点 v 进行松弛操作，如果 v 点的最短路径估计值有所调整，且 v 点不在当前的队列中，就将 v 点放入队尾。这样不断从队列中取出节点来进行松弛操作，直至队列空为止。

带有负环的图是没有最短路径的，所以在执行算法时，要判断图是否带有负环。方法有两种：开始算法前，调用拓扑排序进行判断（一般不采用，浪费时间）；如果某个点进入队列的次数超过 N 次则存在负环（N 为图的顶点数）。

2. 最小生成树算法

一个有 n 个节点的连通图的生成树是原图的极小连通子图，包含原图中的所有 n 个节点，并且有保持图连通的最少的边。

许多应用问题都是一个求无向连通图的最小生成树问题。例如，要在 n 个城市之间铺设光缆，主要目标是要使这 n 个城市的任意两个之间都可以通信，但铺设光缆的费用很高，且各个城市之间铺设光缆的费用不同；另一个目标是要使铺设光缆的总费用最低。这就需要找到带权的最小生成树。

最小生成树可以用 Kruskal（克鲁斯卡尔）算法或 Prim（普里姆）算法求出。

（1）Kruskal 算法

算法思路：Kruskal 算法是基于贪心的思想得到的。首先我们把所有的边按照权值先从小到大排列，接着按照顺序选取每条边，如果这条边的两个端点不属于同一集合，那么就将它们合并，直到所有的点都属于同一个集合为止。这里我们就可以用到一个工具——并查集。并查集（Union Find）是一种用于管理分组的数据结构。它具备两个操作：①查询元素 a 和元素 b 是否为同一组。②将元素 a 和 b 合并为同一组）。换而言之，Kruskal 算法就是基于并查集的贪心算法。

（2）Prim 算法

算法思路：首先从图中的一个起点 a 开始，把 a 加入 U 集合，然后，寻找从与 a 有关联的边中权重最小的那条边并且该边的终点 b 在顶点集合 (V-U) 中，也把 b 加入集合 U 中，并且输出边 (a, b) 的信息，这样集合 U 就有 {a, b}，然后，寻找与 a 关联和 b 关联的边中权重最小且终点 c 在集合 (V-U) 中的边，把 c 加入集合 U 中，并且输出对应的那条边的信息，这样集合 U 就有 {a, b, c} 这 3 个元素了，依此类推，直到所有顶点都加入集合 U。

3.6 蒙特卡罗方法求 π 值

3.6.1 求解 π 值

求圆周率 π 的值。

3.6.2 蒙特卡罗方法简介

蒙特卡罗方法也称统计模拟方法，是 20 世纪 40 年代中期随着科学技术的发展和电子计算机的发明提出的一种以概率统计理论为指导的数值计算方法，是使用随机数（或更常见的伪随机数）来解决很多计算问题的方法。

通常蒙特卡罗方法可以粗略地分成两类：

①所求解的问题本身具有内在的随机性，借助计算机的运算能力可以直接模拟这种随机的过程。例如，在核物理研究中，分析中子在反应堆中的传输过程。中子与原子核作用受到量子力学规律的制约，人们只能知道它们相互作用发生的概率，却无法准确获得中子与原子核作用时的位置以及裂变产生的新中子的行进速率和方向。科学家依据其概率进行随机抽样得到裂变位置、速度和方向，模拟大量中子的行为后，经过统计就能获得中子传输的范围，作为反应堆设计的依据。

②所求解问题可以转换为某种随机分布的特征数，比如随机事件出现的概率，或者随机变量的期望值。通过随机抽样的方法，以随机事件出现的频率估计其概率，或者以抽样的数字特征估算随机变量的数字特征，并将其作为问题的解。

蒙特卡罗方法的精髓：用统计结果去计算频率，从而得到真实值的近似值。下面用蒙特卡罗方法求圆周率 π 的值。

3.6.3 运用蒙特卡罗方法求解 π 值

早在计算机发明以前，法国数学家布冯（Buffon）和拉普拉斯（Laplace）就提出了使用随机模拟来估算值的方法。假设要在一个边长为 2 的正方形中嵌一个圆，如图 3-8 所示，那么这个圆的半径 r 就是 1。根据 π 的定义，圆的面积 $=\pi r^2$。因为 r 为 1，所以 π = 圆的面积。但是圆的面积是多少呢？布冯认为可以估计出圆的面积，方法是向正方形附近扔大量的针（他宣称针是按照随机路径下落的），然后找出针尖落在正方形内的针的数量，再找出针尖落在圆内的针的数量，用二者的比值就可以估计出圆的面积。

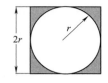

图3-8　相切于正方形内的圆

在这个正方形内部，随机产生 n 个点（这些点服从均匀分布），计算它们与中心点的距离是否大于圆的半径，以此判断是否落在圆的内部。统计圆内的点数，与 n 的比值乘以 4，就是 π 的值。理论上，n 越大，计算的 π 值越准。

```
#<程序：蒙特卡罗方法计算圆周率>
import random,math,time
start_time = time.perf_counter()
s = 1000*1000
hits = 0
for i in range(s):
    x = random.random()
    y = random.random()
    z = math.sqrt(x**2+y**2)
    if z<=1:
        hits +=1
PI = 4*(hits/s)
print(PI)
end_time = time.perf_counter()
print("{: .2f}S".format(end_time-start_time))
```

运行结果：

```
3.14134
0.59S
```

3.6.4　拓展：求定积分

1. 项目的扩展任务——求定积分

蒙特卡罗方法的一个重要应用就是求定积分。求图 3-9 所示 $f(x)$ 在 $[a, b]$ 的积分。

2. 项目的实施

当在 $[a, b]$ 之间随机取一点 x 时，它对应的函数值就是 $f(x)$。接下来就可以用 $f(x)(b-a)$ 来粗略估计曲线下方的面积，如图 3-10 所示，也就是需要求的积分值，当然这种估计（或近似）是非常粗略的。

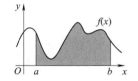

图3-9　$f(x)$ 在 $[a, b]$ 的积分

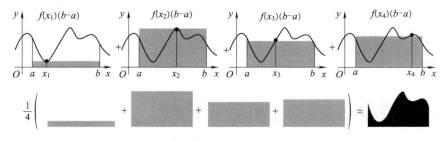

图3-10　面积求解

在图 3-10 中，做了 4 次随机采样，得到了 4 个随机样本 x_1，x_2，x_3，x_4，并且得到了这 4 个样本的 $f(x_i)$ 的值分别为 $f(x_1)$，$f(x_2)$，$f(x_3)$，$f(x_4)$。对于这 4 个样本，每个样本能求一个近似的面积值，大小为 $f(x_i)(b-a)$。对照图 3-10 下面部分很容易理解，每个样本都是对原函数 f 的近似，所以我们认为 $f(x)$ 的值一直都等于 $f(x_i)$。

按照图 3-9 中的提示，求出上述面积的数学期望，就完成了蒙特卡罗积分。

用数学公式表达上述过程：

$$S= \frac{1}{4}[f(x_1)(b-a)+f(x_2)(b-a)+f(x_3)(b-a)+f(x_4)(b-a)]$$

$$= \frac{1}{4}(b-a)[f(x_1)+f(x_2)+f(x_3)+f(x_4)]$$

$$= \frac{1}{4}(b-a)\sum_{i=1}^{4}f(x_i)$$

对于更一般的情况，假设要计算的积分如下：

$$I=\int_a^b g(x)\mathrm{d}x$$

其中被积函数 $g(x)$ 在 $[a, b]$ 内可积。如果选择一个概率密度函数为 $f_X(x)$ 的方式进行抽样，并且满足 $\int_a^b f_X(x)=1$，那么令 $g*(x)=\dfrac{g(x)}{f_X(x)}$ 原有的积分可以写成如下形式：

$$I=\int_a^b g*(x)f_X(x)\mathrm{d}x$$

那么求积分的步骤如下：

①产生服从分布律 $F(X)$ 的随机变量 X_i（$i=1$，2，…，N）。
②计算均值

$$\bar{I}=\frac{1}{N}\sum_{i=1}^{N}g*(X_i)$$

此时有 $\bar{I}=1$。

当然，实际应用中，最常用的还是取 f_X 为均匀分布：

$$f_X(x)=\frac{1}{b-a}，\quad a\leqslant x\leqslant b$$

此时

$$g*(x)=(b-a)g(x)$$

代入积分表达式有

$$I=(b-a)\int_a^b g(x)\frac{1}{b-a}\mathrm{d}x$$

最后有

$$\bar{I}=\frac{b-a}{N}\sum_{i=1}^{N}g(X_i)$$

如果从直观上理解这个式子也非常简洁明了：在 $[a, b]$ 区间上按均匀分布取 N 个随机样本 X_i，计算 $g(X_i)$ 并取均值，得到的相当于 y 坐标值，然后乘以 $(b-a)$ 为 x 坐标长度，得到的即为对应矩形的面积，即积分值。

编程实现如下：

```
#< 蒙特卡罗方法求函数 y=x^2 在 [0,1] 内的定积分（值）>
```

```
import numpy as np
import matplotlib.pyplot as plt

def f(x):
    return x**2
# 投点次数
n = 10000
# 矩形区域边界
x_min, x_max = 0.0, 1.0
y_min, y_max = 0.0, 1.0
# 在矩形区域内随机投点
x = np.random.uniform(x_min, x_max, n)  # 均匀分布
y = np.random.uniform(y_min, y_max, n)
# 统计落在函数 y=x^2 图像下方的点的数目
res = sum(np.where(y < f(x), 1, 0))
# 计算定积分的近似值 (Monte Carlo 方法的精髓：用统计值去近似真实值)
integral = res / n
print('integral: ', integral)
# 画个图看看
fig = plt.figure()
axes = fig.add_subplot(111)
axes.plot(x, y,'ro',markersize = 1)
plt.axis('equal')  # 防止图像变形
axes.plot(np.linspace(x_min, x_max, 10), f(np.linspace(x_min, x_max,
10)), 'b-')  # 函数图像
#plt.xlim(x_min, x_max)
plt.show()
```

第 ④ 章 » 数据库及应用
★★★

本章简介：

① 编写程序将学生的体能考核数据存入数据库。

② 使用 SQL 对数据库中学员体能考核数据进行增删改查。

③ 使用 Python 编程操作 MySQL 数据库对学员体能考核数据进行增删改查。

④ 定时获取树莓派 CPU 温度并存放到一个文件中。

⑤ 编写程序将 CPU 温度数据存入 SQLite 数据库。

⑥ 编程调用网络服务将 CPU 温度数据上传云端。

4.1 将数据存入MySQL数据库

4.1.1 数据库

1. 数据库概述

我们已经学习了使用文件（TXT 文件、Excel 文件）存放学生体能考核数据，大家可能会认为，存储数据用文件就可以了，为什么还要使用数据库？

这是因为，文件保存数据有以下几个缺点：文件的安全性问题；文件不利于查询和对数据的管理；文件不利于存放海量数据；文件在程序中控制不方便。

为了解决上述问题，人们设计出更加利于管理数据的数据库，能够更有效地管理数据。数据库是以数据结构的形式组织数据的，数据库是用户层面的，可以通过结构化查询语言（SQL）去操纵数据。

数据库可视为电子化的文件柜——存储电子文件的处所，用户可以对文件中的数据运行新增、截取、更新、删除等操作。所谓"数据库"，是以一定方式存储在一起、能予多个用户共享、具有尽可能小的冗余度、与应用程序彼此独立的数据集合。

2. 数据库管理系统

数据库管理系统（Database Management System，DBMS）是为管理数据库设计的计算机软件系统，一般具有存储、截取、安全保障、备份等基础功能。

数据库管理系统主要分为以下两类：

（1）关系数据库

关系数据库是创建在关系模型基础上的数据库，借助于集合代数等数学概念和方法来处理数据库中的数据。现实世界中的各种实体以及实体之间的各种联系均用关系模型来表示。

典型代表有 MySQL、Oracle、Microsoft SQL Server、Access 及 SQLite 等。

（2）非关系型数据库

非关系型数据库是对不同于传统的关系数据库的数据库管理系统的统称。与关系数据库最大的不同点是不使用 SQL 作为查询语言。

典型代表有 BigTable（Google）、Cassandra、MongoDB、CouchDB。

3. 数据模型

能表示实体类型及实体间联系的模型称为"数据模型"。

数据模型分为 3 类：概念数据模型、逻辑数据模型和物理数据模型。

（1）概念数据模型

概念数据模型（Conceptual Data Model）贴近于现实世界，它独立于计算机系统，完全不涉及信息在计算机中的表示，只是用来描述某个特定组织所关心的信息结构。

最常用的概念数据模型是 E-R（Entity-Relationship）模型，即实体－联系模型。它的数据描述有：

①实体：客观存在，可以互相区别的事物。

②实体集：性质相同的同类实体的集合。

③属性：实体的特性。

④实体标识符。

⑤联系：实体之间的相互联系。

E-R 模型可以用 E-R 图来表示，如图 4-1 所示。

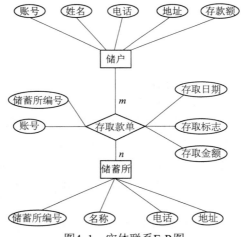

图4-1　实体联系E-R图

E-R 图有 3 个基本成分：矩形框，用于表示实体类型（考虑问题的对象）；菱形框，用于表示联系类型；椭圆形框，用于表示实体和联系类型的属性，实体的主键属性里文字下方应该有下画线。实体和联系都可以有属性。一般说来，E-R 图里实体都是名词，而联系都是动词。

E-R 图的优点：简单、容易理解，真实反映用户的需求；与计算机无关，用户容易接受。

与一个联系有关的实体集个数称为元数。一个联系可以是一元联系、二元联系或多元联系。根据实体参与的数量，二元联系又可分为一对一（1:1，乘客和座位）、一对多（1:N，车间和工人）和多对多（$M:N$，学生和课程）。

根据属性的可分性，属性可分为基本属性和复合属性。比如，地址可以包含邮编街道门牌号，它是一个复合属性。

根据属性的值的数量，属性可分为单值属性和多值属性。比如，一个人的姓名是单值属性，而其网名是多值属性。多值属性在 E-R 图中用双线椭圆表示。

此外，还有导出属性（派生属性），它通过具有相互信赖的属性推导出来。比如，一个学生的平均成绩。导出属性在 E-R 图里用虚线椭圆表示。

注意：属性的值可以是空值。

存在依赖（Existence Dependency）：如果实体 x 的存在依赖于实体 y 的存在，则称 x 存在依赖于 y。y 称为支配实体，而 x 称为从属实体（弱实体）。弱实体主键的一部分或全部从被依赖实体获得。如果 y 被删除，那么 x 也要被删除。从属实体的集合称为弱实体集。弱实体在 E-R 图里用双线矩形表示。比如，某单位的职工子女信息，如果职工不在该单位了，其子女信息也就没有意义了，所以职工子女信息是一个弱实体。

（2）逻辑数据模型

逻辑数据模型（Logical Data Model）贴近于计算机上的实现，是用户从数据库看到的模型，是具体 DBMS 所支持的数据模型。此模型既要面向用户，又要面向系统，主要用于 DBMS 的实现。逻辑模型有层次模型、网状模型和关系模型。

①层次模型：用树状结构表示实体类型及实体间联系的数据模型，盛行于 20 世纪 70 年代。其缺点是只能表示 $1:N$ 的关系，且查询和操作很复杂。

②网状模型：用有向图表示实体类型及实体间联系的数据模型，盛行于 20 世纪 70 年代至 80 年代中期。其特点是记录之间联系通过指针实现，$M:N$ 也容易实现，查询效率较高。其缺点是数据结构复杂，编程复杂。

③关系模型：用二维表格表示实体集；用关键码（而不是用指针）导航数据。SQL 是具有代表性的语言。

（3）物理数据模型

物理数据模型（Physical Data Model）面向于计算机物理表示，描述了数据在存储介质上的组织结构，不仅和具体的 DBMS 有关，还与操作系统和硬件有关。每一种逻辑数据模型在实现时都有起对应的物理数据模型。DBMS 为了保证其独立性与可移植性，大部分物理数据模型的实现工作由系统自动完成，而设计者只设计索引、聚集等特殊结构。

E-R 模式的设计过程为：设计局部 E-R 模式、设计全局 E-R 模式和全局 E-R 模式的优化。

局部 E-R 模式设计基于需求分析的结果：①确定局部结构范围；②实体定义；③联系定义；④属性分配；⑤查看是否还有待分析的局部结构，若有则跳到第②步，否则进入全局 E-R 模式设计阶段。

全局 E-R 模式设计基于局部 E-R 模式：①确定公共实体类型；②合并两个局部的 E-R 模式；③检查并消除冲突；④重复第③步直到不再有冲突；⑤检查是否还有未合并的局部 E-R 模式，若有则跳到第②步，否则便完成了 E-R 模式设计。

全局 E-R 模式的优化：实体类型的合并（一般的可以把 $1:1$ 联系的两个实体类型合并）；冗余属性的消除；冗余联系的消除（通常利用规范化理论中的函数依赖的概念消除冗余联系）。

在 E-R 模式设计过程中，常需要对 E-R 模型进行种种变换。变换包括：分裂、合并和增加删除。

实体的分裂可分为水平分裂和垂直分裂。水平分裂根据应用对象的不同，分成两个具有相同属性的实体，比如书店的书可以水平分裂成"有库存"和"无库存"两个实体，以便对两种实体进行不同的操作。垂直分裂根据属性的使用频率，分成两个属性不同的实体，比如图书有作者、版次、价格等属性，分成包含常用的作者、版次属性的图书和包含不常用的价格属性的图书。垂直分裂的好处是可以减少每次存取的数据量。

联系的分裂可以细化联系，比如程序员和项目的联系"参与"，可以分裂成"开发"和"维护"。合并是分裂的逆过程。合并的联系类型只能是定义在相同的实体类型上的。

4. E-R 模型向关系模型的转换规则

实例类型的转换：将每个实体类型转换成一个关系模型，实体的属性即为关系模型的属性，实体的标识符即为关系模型的键。

二元联系类型的转换：

① 1:1 联系：在由实体转换成的两个关系模式之间选任一个加上一个属性来表示另一个关系模式的键和联系。也就是结果只有两张表，其中一张表里会有外键表示联系。

② 1:N 联系：在 N 端实体转换成的关系模式里加上 1 端实体类型的键和联系类型和属性。最终的结果也是两个表，N 端的表有外键。

③ M:N 联系：将联系类型转换成关系模式，其属性为两端实体类型的键加上联系类型的属性，而键为两端实体键的组合。最终的结果有三张表，其中一张表专门表示联系，包含另两个表的外键。

5. 关系数据库理论

（1）关系模型相关概念

关系模型是用二维表格表示实体，用键码进行数据导航的数据模型。数据导航是指从已知数据查找未知数据的方法。

在关系模型中，记录称为元组，为行（Row）；字段称为属性，为列（Column）。

① 超键（Super Key）是可以唯一标识元组的属性集。

② 候选键（Candidate Key）是不含多余属性的超键。

③ 主键（Primary Key）是用户选做元组标识的候选键。

④ 外键（Foreign Key）是当模式 R 中的属性 K 是其他模式的主键，那么 K 在 R 中称为外键。

举个例子，屏幕上的点的信息如下：

x 坐标	y 坐标	颜色	大小

假定每个位置上的点是唯一的，但颜色和大小不唯一，那么首先属性集（x 坐标, y 坐标, 颜色, 大小）可以唯一标识记录，它便是一个超键。同理，属性集（x 坐标，y 坐标，大小）也是表的一个超键。然而可以发现，这两个超键有多余的属性，真正起到标识作用的是（x 坐标, y 坐标），而它没有多余的属性，因为（x 坐标）或（y 坐标）不能单独用来标识一个点，所以它是一个候选键。它是这个表里唯一的候选键，用户可以选择用它作为主键来标识元组。如果假定颜色也是唯一的，那么表格里有两个候选键：（x 坐标，y 坐标）和（颜色），而用户可以任选其一作为主键。

如果主键出现在别的表中，比如一个"射线"表：

x 坐标	y 坐标	方向

那么（x 坐标，y 坐标）在"射线"表里就是一个外键。

关系是一个属性集相同的元组的集合。由于是集合，因此：

① 关系中没有重复的元组。

② 关系中的元组是无序的，即没有行序。

③ 每个属性都是不可分解的整体，比如只能是整型、字符这种简单类型，而不能是结构体这种复杂的类型。

根据元组的数目，关系可分为有限关系和无限关系。

关系模式有三类完整性规则：

① 实体完整性规则，即主键的值不能是空值。

② 参照完整性规则，即不允许（通过外键）引用不存在的实体。

③ 用户定义的完整性规则，比如属性"性别"只能接收"男"和"女"作为合法值，其他的输入都是非法的。

关于参照完整性，当在一个参照关系里作为删除记录时，有 3 种策略：

① 级联删除：将参照关系中所有外键值与被参照关系中要删除的元组的主键值相同的元组一起删除。

② 受限删除：仅当参数关系中没有外键与被参照关系中要删除的元组主键值相同时才允许删除，否则拒绝删除操作。

③ 置空值删除：删除被参照关系中的元组，并将参照关系中相应的外键值置空值。

而向参照关系插入元组时，有两种策略：

① 受限插入：仅当被参照关系存在相应的元组，且其主键和要插入的元组的外键值相同时才允许插入，否则拒绝插入操作。

② 递归插入：首先在被参照关系里插入主键值等于参照关系里要插入的元组的外键值相同的元组，再在参照关系里插入元组。

关于实体完整性，主键的修改操作有两种方法：一种不允许修改主键；另一种允许修改主键，但必须保证修改后的主键唯一且非空。当修改的主键是参照关系的外键时，可以使用 3 种策略：级联修改、受限修改和置空值删除。

（2）关系代数的运算

① 5 个基本操作：并（Union，∪）、差（set difference，−）、笛卡儿积（Cartesian product，×）、投影（Projection，Π）和选择（Selection，σ）。

② 4 个组合操作：交（Intersection，∩）、θ 连接（θ-Join，θ）、自然连接（Natural join，⋈）和除法（Division，÷）。

③ 7 个扩充操作：改名（Rename，ρ）、广义投影、赋值（←）、外连接（Outer joins，⟕⟖⟗）、外部并、半连接（Semijoin，⋉⋊）、聚集操作（Aggregation）、选择运算和投影运算。

其中，选择运算为从关系中选择满足给定条件的元组。比如 $\sigma A<5(R)$ 在关系 R 中选择属性 A 的值小于 5 的元组。投影运算为从关系中取出若干列组成新的关系，投影结果里要删除重复的元组。比如 $\Pi A，B(R)$ 从关系 R 中取出属性集（A，B）。

（3）关系代数运算示例

例如，有学生信息表 S_1：

学号	姓名	电话
1	X	123
2	Y	456
3	Z	789

得到姓名为 Y 的学生的电话：Π 电话 (σ 姓名 $=Y(R)$)。

①并运算：合并两个关系，即元组合并。这两个关系必须是同构的，即属性集应该相同。

例如，有另一种学生信息表 S_2：

学号	姓名	电话
3	Z	789
4	M	999

$S_1 \cup S_2$ 的结果为：

学号	姓名	电话
1	X	123
2	Y	456
3	Z	789
4	M	999

注意：并运算时要删除重复的元组。

②交运算：得到同时出现在两个关系的元组集合。

例如，$S_1 \cap S_2$ 的结果为：

学号	姓名	电话
3	Z	789

③差运算：得到出现在一个关系而不在另一个关系的元组集合。

例如，$S_1 - S_2$ 的结果为：

学号	姓名	电话
1	X	123
2	Y	456

换句话说，$(S_1 - S_2) \cap S_2 = \varnothing$，而 $(S_1 - S_2) \cup S_1 = S_1$。

④笛卡儿乘积运算：把一个关系中的每个元组和另一个关系的所有元组连接成新关系中的一个元组。新关系的元组数是两个关系的元组数之积。

比如，有一张选课表 SC_1

学号	课程
1	语文
2	数学

那么 $S_1 \times SC_1$ 的结果为：

学号	姓名	电话	学号	成绩
1	X	123	1	语文
1	X	123	2	数学
2	Y	456	1	语文
2	Y	456	2	数学
3	Z	789	1	语文
3	Z	789	2	数学

运算中的查询优化：尽可能早地执行选择操作和投影操作；避免直接做笛卡儿乘积，把笛卡儿乘积之前和之后的一连串操作和投影合并起来做。

⑤除运算：类似于（但不完全是）笛卡儿乘积的逆运算，被除关系的属性集（M, N）真包

含除关系的属性集（N），得到的结果关系的属性集为被除关系的属性集与除关系的属性集的差集（M），且结果关系是与除关系的笛卡儿乘积被包含于被除关系的最大关系。换句话说，若 $R_1(M, N) \div R_2(N) = R_3(M)$，则 $R_3(M) \times R_2(N) \subseteq R_1(M, N)$，而在 $\Pi M(R_1) - R_3$ 里，没有任何子集能满足这样的关系。

例如，有选课表 SC_2

学号	课程
1	语文
2	数学
1	数学

和课程表 C_2

课程
语文
数学

那么 $SC_2 \div C_2$ 的结果为：

学号
1

结果其实为选修了所有课程的学生学号。

除运算的另一种形式表达为：$r \div s = \Pi R-S(r) - \Pi R-S((\Pi R-S(r) \times s) - \Pi R-S, S(r))$（小写 r、s 为关系名，而大写 R、S 分别为 r、s 的属性集）。

⑥ 更名运算：$\rho x(E)$ 可以返回关系表达式的结果，并重命名这个表达式为 x。$\rho x(A_1, A_2, \cdots, A_n)(E)$ 同时将各属性更名为 $A_1, A_2, \cdots, A_n$。例如，数学成绩比王红同学高的学生：

$\Pi S.$ 姓名 $(\sigma R.$ 成绩 $< S.$ 成绩 $\wedge R.$ 课程 $=$ 数学 $\wedge S.$ 课程 $=$ 数学 $\wedge R.$ 姓名 $=$ 王红 $(R \times \rho S(R))$

其实更名运算就是 SQL 里的 as。

⑦ θ 连接：从两个关系的广义笛卡儿积中选取给属性间满足一定条件的元组通常写法为：

$R \bowtie S$

$A \; \theta \; B$

A、B 分别为 R 和 S 上可比的属性列。θ 为算术比较符，如果是等号则称为等值连接。例如，数学成绩比王红同学高的学生的另一种表示方式可以是：

$\Pi S.$ 姓名 $(\sigma$ 课程 $=$ 数学 $\wedge$ 姓名 $=$ 王红 $(R)) \bowtie \sigma$ 课程 $=$ 数学 $\rho S(R) R.$ 成绩 $< S.$ 成绩

⑧ 自然连接：从两个关系的广义笛卡儿积中选取在相同属性列上取值相等的元组，并去掉重复的列。比如前面的 S1 表和 SC1 表的自然连接的结果为：

学号	姓名	电话	成绩
1	X	123	语文
2	Y	456	数学

赋值运算：用于存储临时变量，比如 $r \div s$ 的过程可写成：

temp1 $\leftarrow \Pi R-S(r)$

temp2 $\leftarrow \Pi R-S(tmp1 \times s) - \Pi R-S(r)$

result $\leftarrow$ temp1-temp2

⑨ 广义投影：在投影列表中使用算术表达式来对投影进行扩展：$\Pi F_1, F_2, \cdots, F_n(E)$，其中 $F_1, F_2, \cdots, F_n$ 是算术表达式。比如：$\Pi A*5, B+3(R)$。

⑩ 外连接：为避免自然连接时因失配而发生的信息丢失，可以假定往参与连接的一方表中附加一个取值全为空值的行，它和参与连接的另一方表中的任何一个未匹配上的元组都能匹配，称之为外连接。

$$外连接＝自然连接＋未匹配元组$$

外连接的形式有：左外连接、右外连接和全外连接。

$$左外连接＝自然连接＋左侧表中未匹配元组$$
$$右外连接＝自然连接＋右侧表中未匹配元组$$
$$全外连接＝自然连接＋两侧表中未匹配元组$$

考虑表"学生借书信息"（R）

学号	书名	借出时间
1	数据库	2012.1.2
5	设计模式	2012.3.6
8	操作系统	2012.4.8

和"学生会信息"（S）：

学号	学生会
1	科技部
3	体育部

自然连接：$R \bowtie S$：

学号	书名	借出时间	学生会
1	数据库	2012.1.2	科技部

左外连接：$R \bowtie S$

学号	书名	借出时间	学生会
1	数据库	2012.1.2	科技部
5	设计模式	2012.3.6	null
8	操作系统	2012.4.8	null

右外连接：$R \bowtie S$

学号	书名	借出时间	学生会
1	数据库	2012.1.2	科技部
3	null	null	体育部

全外连接：$R \bowtie S$

学号	书名	借出时间	学生会
1	数据库	2012.1.2	科技部
3	null	null	体育部
5	设计模式	2012.3.6	null
8	操作系统	2012.4.8	null

⑪ 半连接：类似于自然连接，但 $R \bowtie S$ 的连接的结果只是在 S 中有在公共属性名字上相等的元组所有的 R 中的元组，而 $R \bowtie S$ 刚好相反。

还是以前面的"学生借书信息"和"学生会信息"为例：

$R \ltimes S$：

学号	书名	借出时间
1	数据库	2012.1.2

$R \rtimes S$：

学号	学生会
1	科技部

⑫ 聚集函数：求一组值的统计信息，返回单一值。使用聚集的集合可以是多重集，即一个值可以重复出现多次。如果想去除重复值，可以用连接符"-"将 distinct 附加在聚集函数名后，如 sum-distinct。

聚集函数包括：

sum：求和。例如，求 001 号学生的总成绩：sumscore(σ s#=001(SC))

avg：求平均数。

count：计数。

max：求最大值。

min：求最小值。

聚集函数可以使用分组，将一个元组集合分为若干组，在每个分组上使用聚集函数。它的形式是：属性下标 G 聚集函数属性下标 (关系)。例如，"学号 G avg 分数 (成绩表)"得到每个学生的平均成绩。

分组运算 G 的一般形式是：$G_1 G_2, \cdots, G_n G F_1(A_1), F_2(A_2), \cdots, F_m(A_m)(E)$。在关系表达式 E 里，所有在 G_1, G_2, $\cdots$, G_n 上相等的元组分成一组，分别在属性 A_1 上执行 F_1，属性 A_2 上执行 F_2，$\cdots$，属性 A_m 上执行 F_m。

4.1.2 MySQL数据库

MySQL 是一种开放源代码的关系型数据库管理系统（RDBMS），使用最常用的数据库管理语言——结构化查询语言（SQL）进行数据库管理。MySQL 是开放源代码的，因此任何人都可以在 General Public License 的许可下下载并根据个性化的需要对其进行修改。MySQL 因为其速度快、可靠性和适应性高而备受关注。大多数人都认为在不需要事务化处理的情况下，MySQL 是管理内容最好的选择。

1. 启动 MySQL 服务器

两种方法：

① 用 winmysqladmin，如果计算机启动时已自动运行，则可直接进入下一步操作。

② 在 DOS 方式下运行：

```
d:/mysql/bin/mysqld
```

2. 进入 MySQL 交互操作界面

在 DOS 方式下，运行：

```
d:/mysql/bin/mysql -u root -p
```

出现提示符，此时已进入 MySQL 的交互操作方式。

如果出现 "ERROR 2003: Can't connect to MySQL server on 'localhost' (10061)"，说明 MySQL 还没有启动。

3. 退出 MySQL 操作界面

在 mysql> 提示符下输入 quit 可以随时退出交互操作界面：

```
mysql> quit
Bye
```

也可以用 control-D 命令退出。

4. 第一条命令

```
mysql> select version(), current_date();
+----------------+----------------+
| version()      | current_date() |
+----------------+----------------+
| 3.23.25a-debug | 2001-05-17     |
+----------------+----------------+
1 row in set(0.01 sec)
```

此命令要求 MySQL 服务器告诉用户版本号和当前日期。尝试用不同大小写操作上述命令，看结果如何。

结果说明 MySQL 命令的大小写结果是一致的。

练习如下操作：

```
mysql>SELECT (20+5)*4;
mysql>SELECT (20+5)*4,sin(pi()/3);
mysql>SELECT (20+5)*4 AS Result,sin(pi()/3); (AS: 指定假名为 Result)
```

5. 多行语句

一条命令可以分成多行输入，直到出现分号 ";" 为止：

```
mysql> SELECT
-> USER()
->,
-> now()
->;
+--------------------+----------------------------+
| USER()             | now()                      |
+--------------------+----------------------------+
| ODBC@localhost| 2001-05-17 22:59:15             |
+--------------------+----------------------------+
```

6. 使用 SHOW 语句找出在服务器上当前存在什么数据库：

```
mysql> SHOW DATABASES;
+----------+
| Database |
+----------+
```

★ ★ ★

```
| mysql    |
| test     |
+----------+
3 rows in set(0.00 sec)
```

7. 创建一个数据库 abccs

```
mysql> CREATE DATABASE abccs;
```

注意：不同操作系统对大小写的敏感性。

8. 选择你所创建的数据库

```
mysql> USE abccs
Database changed
```

此时已经进入刚才所建立的数据库 abccs。

9. 创建一个数据库表

查看现在数据库中存在什么表：

```
mysql> SHOW TABLES;
Empty set(0.00 sec)
```

说明刚才建立的数据库中还没有数据库表。下面来创建一个数据库表 mytable，表的内容包含姓名、性别、出生日期、出生城市。

```
mysql> CREATE TABLE mytable (name VARCHAR(20), sex CHAR(1),
-> birth DATE, birthaddr VARCHAR(20));
Query OK, 0 rows affected (0.00 sec)
```

由于 name、birthadd 的列值是变化的，因此选择 VARCHAR，其长度不一定是 20。可以选择 1 ～ 255 的任何长度，如果以后需要改变它的字长，可以使用 ALTER TABLE 语句。性别只需一个字符就可以表示:"m" 或 "f"，因此选用 CHAR(1)；birth 列使用 DATE 数据类型。

创建一个表后，可以查看运行结果，用 SHOW TABLES 显示数据库中有哪些表：

```
mysql> SHOW TABLES;
+--------------------+
| Tables in menagerie |
+--------------------+
| mytables           |
+--------------------+
```

10. 显示表的结构

```
mysql> DESCRIBE mytable;
+-------------+-------------+------+-----+---------+-------+
| Field       | Type        | Null | Key | Default | Extra |
+-------------+-------------+------+-----+---------+-------+
| name        | varchar(20) | YES  |     | NULL    |       |
| sex         | char(1)     | YES  |     | NULL    |       |
| birth       | date        | YES  |     | NULL    |       |
| deathaddr   | varchar(20) | YES  |     | NULL    |       |
+-------------+-------------+------+-----+---------+-------+
```

11. 查询所有数据

```
mysql> SELECT * FROM mytable;
+---------+------+------------+----------+
| name    | sex  | birth      | birthaddr|
+---------+------+------------+----------+
| abccs   |f     | 1977-07-07 | china    |
| mary    |f     | 1978-12-12 | usa      |
| tom     |m     | 1970-09-02 | usa      |
+---------+------+------------+----------+
3 row in set(0.00 sec)
```

12. 修正错误记录

假如 tom 的出生日期有错误，应该是 1973-09-02，则可以用 update 语句来修正：

```
mysql> UPDATE mytable set birth = "1973-09-02" WHERE name = "tom";
```

13. 选择特定行

上面修改了 tom 的出生日期，可以选择 tom 这一行来看看是否已经有了变化：

```
mysql> select * from mytable where name = "tom";
+--------+------+------------+------------+
| name   |sex   | birth      | birthaddr  |
+--------+------+------------+------------+
| tom    |m     | 1973-09-02 | usa        |
+--------+------+------------+------------+
1 row in set(0.06 sec)
```

上面 where 的参数指定了检索条件。还可以用组合条件来进行查询：

```
mysql> select * from mytable where sex = "f" and birthaddr = "china";
+--------+------+------------+------------+
| name   |sex   | birth      | birthaddr  |
+--------+------+------------+------------+
| abccs  |f     | 1977-07-07 | china      |
+--------+------+------------+------------+
1 row in set(0.06 sec)
```

14. 多表操作

在一个数据库中，可能存在多个表，这些表都是相互关联的。继续使用前面的例子。前面建立的表中包含了一些学员的基本信息，如姓名、性别、出生日期、出生地。再创建一个表，用于描述学员所发表的文章，内容包括作者姓名、文章标题、发表日期。

（1）查看第一个表 mytable 的内容

```
mysql> SELECT * FROM mytable;
+---------+------+------------+------------+
| name    | sex  | birth      | birthaddr  |
+---------+------+------------+------------+
| abccs   |f     | 1977-07-07 | china      |
| mary    |f     | 1978-12-12 | usa        |
| tom     |m     | 1970-09-02 | usa        |
+---------+------+------------+------------+
```

（2）创建第二个表 title（包括作者、文章标题、发表日期）

```
mysql> CREATE table title(writer varchar(20) NOT NULL,
-> title varchar(40) NOT NULL,
-> senddate date);
```

向该表中填加记录，最后表的内容如下：

```
mysql> SELECT * FROM title;
+--------+-------+------------+
| writer | title | senddate   |
+--------+-------+------------+
| abccs  | a1    | 2000-01-23 |
| mary   | b1    | 1998-03-21 |
| abccs  | a2    | 2000-12-04 |
| tom    | c1    | 1992-05-16 |
| tom    | c2    | 1999-12-12 |
+--------+-------+------------+
5 rows in set(0.00sec)
```

（3）多表查询

现在有了 mytable 和 title 两个表。利用这两个表可以进行组合查询。

例如，要查询作者 abccs 的姓名、性别、文章：

```
mysql> select name, sex, title from mytable, title
-> where name = writer and name='abccs';
+-------+------+-------+
| name  | sex  | title |
+-------+------+-------+
| abccs | f    | a1    |
| abccs | f    | a2    |
+-------+------+-------+
```

上面例子中，由于作者姓名、性别、文章记录在两个不同表内，因此必须使用组合来进行查询。必须要指定一个表中的记录如何与其他表中的记录进行匹配。

注意：如果第二个表 title 中的 writer 列也取名为 name（与 mytable 表中的 name 列相同）而不是 writer，那么必须用 mytable.name 和 title.name 表示，以示区别。

再举一个例子，用于查询文章 a2 的作者、出生地和出生日期：

```
mysql> SELECT title,writer,birthaddr,birth FROM mytable,title
-> WHERE mytable.name=title.writer AND title='a2';
+-------+--------+-----------+------------+
| title | writer | birthaddr | birth      |
+-------+--------+-----------+------------+
| a2    | abccs  | china     | 1977-07-07 |
+-------+--------+-----------+------------+
```

15. 增加一列

如在前面例子中的 mytable 表中增加一列表示是否单身 single：

```
mysql> ALTER table mytable ADD column single char(1);
```

16. 修改记录

将 abccs 的 single 记录修改为 y：

```
mysql> UPDATE mytable set single='y' WHERE name='abccs';
```

现在来看看发生了什么：

```
mysql> SELECT * FROM mytable;
+---------+------+------------+-----------+--------+
| name    | sex  | birth      | birthaddr | single |
+---------+------+------------+-----------+--------+
| abccs   |f     | 1977-07-07 | china     | y      |
| mary    |f     | 1978-12-12 | usa       | NULL   |
| tom     |m     | 1970-09-02 | usa       | NULL   |
+---------+------+------------+-----------+--------+
```

17. 增加记录

前面已经讲过如何增加一条记录，为便于查看，重复于此：

```
mysql> INSERT INTO mytable
-> values ('abc','f','1966-08-17','china','n');
Query OK, 1 row affected (0.05 sec)
```

查看一下：

```
mysql> SELECT * FROM mytable;
+---------+------+------------+-----------+--------+
| name    | sex  | birth      | birthaddr | single |
+---------+------+------------+-----------+--------+
| abccs   |f     | 1977-07-07 | china     | y      |
| mary    |f     | 1978-12-12 | usa       | NULL   |
| tom     |m     | 1970-09-02 | usa       | NULL   |
| abc     |f     | 1966-08-17 | china     | n      |
+---------+------+------------+-----------+--------+
```

18. 删除记录

用如下命令删除表中的一条记录：

```
mysql> DELETE FROM mytable WHERE name='abc';
```

DELETE 从表中删除满足由 WHERE 给出的条件的一条记录。
再显示结果：

```
mysql> SELECT * FROM mytable;
+---------+------+------------+-----------+--------+
| name    | sex  | birth      | birthaddr | single |
+---------+------+------------+-----------+--------+
| abccs   |f     | 1977-07-07 | china     | y      |
| mary    |f     | 1978-12-12 | usa       | NULL   |
| tom     |m     | 1970-09-02 | usa       | NULL   |
+---------+------+------------+-----------+--------+
```

19. 删除表

```
mysql> DROP table ****(表1的名字)，*** 表2的名字；
```

可以删除一个或多个表应谨慎使用。

20. 数据库的删除

```
mysql> DROP database 数据库名;
```

应谨慎使用。

21. 数据库的备份

退回到 DOS：

```
mysql> quit
d:mysqlbin
```

使用如下命令对数据库 abccs 进行备份：

```
mysqldump --opt abccs>abccs.dbb
```

abccs.dbb 就是数据库 abccs 的备份文件。

22. 用批处理方式使用 MySQL

首先建立一个批处理文件 mytest.sql，内容如下：

```
use abccs;
SELECT * FROM mytable;
SELECT name,sex FROM mytable WHERE name='abccs';
```

在 DOS 下运行如下命令：

```
d:mysqlbin mysql < mytest.sql
```

在屏幕上会显示执行结果。

如果想看结果，而输出结果很多，则可以使用如下命令：

```
mysql < mytest.sql | more
```

我们还可以将结果输出到一个文件中：

```
mysql < mytest.sql > mytest.out
```

23. 用 root 登录到 mysql

```
c:/mysql/bin/mysql -u root -p
```

4.1.3　使用MySQL-front操作MySQL数据库

使用 MySQL 数据库，建立数据表用来存放学生的体能考核数据。

1. 创建"学员体能考核"（xytnkh）数据库

进入 MySQL 命令行，输入：

```
CREATE DATABASE xytnkh;
```

2. 创建"体能考核数据记录表"（xytn_khsjjl）

在 MySQL 命令行中输入：

```
USE xytnkh;
```

使用新创建的数据库 xytnkh，然后输入如下代码创建数据表：

```
CREATE TABLE 'xytn_khsjjl' (
  'Id' int(11) NOT NULL AUTO_INCREMENT,
  'xuehao' varchar(20) DEFAULT NULL COMMENT '学号',
  'xingming' varchar(20) DEFAULT NULL COMMENT '姓名',
  'nianling' int(11) DEFAULT NULL COMMENT '年龄',
  'xm_ytxs' int(11) DEFAULT NULL COMMENT '引体向上',
  'xm_qbxc' int(11) DEFAULT NULL COMMENT '曲臂悬垂',
  'xm_ywqz' int(11) DEFAULT NULL COMMENT '仰卧起坐',
  'xm_sxp' double(6,2) DEFAULT NULL COMMENT '蛇形跑',
  'xm_3qm' double(6,2) DEFAULT NULL COMMENT '3千米',
  'koheriqi' date DEFAULT '0000-00-00' COMMENT '考核日期',
  PRIMARY KEY ('Id')
) ENGINE=MyISAM AUTO_INCREMENT=2 DEFAULT CHARSET=utf8;
```

建立的表结构如图 4-2 所示。

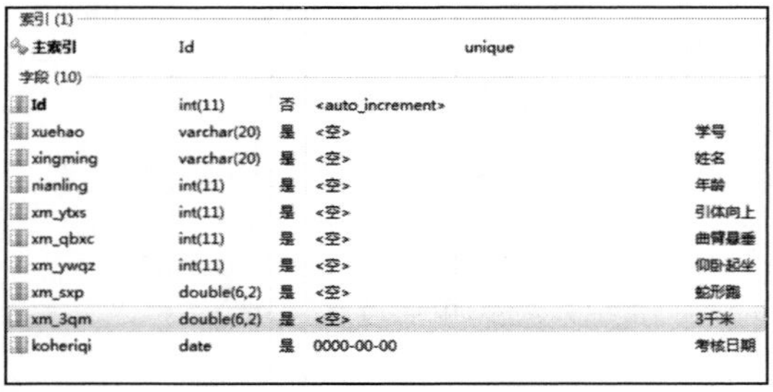

索引 (1)				
主索引	Id		unique	
字段 (10)				
Id	int(11)	否	<auto_increment>	
xuehao	varchar(20)	是	<空>	学号
xingming	varchar(20)	是	<空>	姓名
nianling	int(11)	是	<空>	年龄
xm_ytxs	int(11)	是	<空>	引体向上
xm_qbxc	int(11)	是	<空>	曲臂悬垂
xm_ywqz	int(11)	是	<空>	仰卧起坐
xm_sxp	double(6,2)	是	<空>	蛇形跑
xm_3qm	double(6,2)	是	<空>	3千米
koheriqi	date	是	0000-00-00	考核日期

图4-2　学员体能考核数据记录表结构

4.2　使用SQL操作数据

4.2.1　使用SQL操作数据库中学员体能考核数据

我们已经为存放学生的体能考核数据建立了数据库，并在数据库中新建了体能考核数据表。因为初学，先不考虑当前建表方式会导致数据冗余较大的问题，重点在于学习使用数据库管理数据的方法，最基本的就是使用 SQL 语句对数据表进行添加、修改、查询和删除等操作。

4.2.2　SQL结构化查询语言

SQL 可以分为两类：数据操作语言（Data Manipulation Language，DML）和数据定义语言（Data Definition Language，DDL）。

① DML 由查询和更新命令组成：

SELECT：从数据库中取出数据。

UPDATE：更新数据库的数据。

DELETE：从数据库中删除数据。

INSERT INTO：向数据库插入新数据。

② DDL 创建和删除数据库、创建和删除表、定义索引（关键字）、指定表之间的联系、定义表之间的约束。SQL 里最重要的 DDL 的语句有：

CREATE DATABASE：创建一个新的数据库

ALTER DATABASE：修改一个数据库。

CREATE TABLE：创建一张新的表。

ALTER TABLE：修改一张表。

DROP TABLE：删除一张表。

CREATE INDEX：创建一个索引。

DROP INDEX：删除一个索引。

用 SELECT 进行查询时，可以会有重复的记录。使用 DISTINCT 语句可以消除重复数据。比如：select distinct name from persons。使用 WHERE 可以指定查询的目标，比如：select * from persons where age >= 18。

WHERE 子句里允许的操作符有：

Operator Description

= Equal

< > Not equal

> Greater than

< Less than

>= Greater than or equal

<= Less than or equal

BETWEEN Between an inclusive range

LIKE Search for a pattern

IN To specify multiple possible values for a column

Note: In some versions of SQL the < > operator may be written as !=

IN 的语法是：

```
SELECT column_name(s)
FROM table_name
WHERE column_name IN (value1,value2,...)
```

BETWEEN 的语法是：

```
SELECT column_name(s)
FROM table_name
WHERE column_name
BETWEEN value1 AND value2
```

在对字符串比较时，需要用单引号包围字符串常量（多数据数据库系统也接收双引号），数值不应该使用别名。

LIKE 比较时可以使用的通配符有：

```
Wildcard Description
%  A substitute for zero or more characters
_  A substitute for exactly one character
[charlist]      Any single character in charlist
[^charlist]
or
[!charlist]     Any single character not in charlist
```

在进行条件判断时，可以使用 AND 和 OR 来连接逻辑表达式。

可以使用 ORDER BY 对查询的结果进行排序，它的语法为：

```
SELECT column_name(s)
FROM table_name
ORDER BY column_name(s) ASC|DESC
```

在 MySQL 里，可以使用 LIMIT 子句来定义查询结果的最大数量。 比如：select * from persons order by age limit 1。会看到年纪最小的人。在 SQL Server 里等价的语句是：

```
SELECT TOP number|percent column_name(s)
FROM table_name
```

注意：limit 和 top 都不是 SQL 标准。

INSERT 用来插入数据，语法为：

```
INSERT INTO table_name
VALUES (value1, value2, value3,...)
The second form specifies both the column names and the values to be inserted:
INSERT INTO table_name (column1, column2, column3,...)
VALUES (value1, value2, value3,...)
```

UPDATE 更新数据，语法为：

```
UPDATE table_name
SET column1=value, column2=value2,...
WHERE some_column=some_value
```

DELETE 删除表示的行，语法为：

```
DELETE FROM table_name
WHERE some_column=some_value
```

AS 可以为表起别名：

```
SELECT column_name(s)
FROM table_name
AS alias_name
```

SQL 里的连接：

● JOIN：自然连接；
● LEFT JOIN：左外连接；
● RIGHT JOIN：右外连接；
● FULL JOIN：全外连接。

INNER JOIN 语法：

```
SELECT column_name(s)
FROM table_name1
INNER JOIN table_name2
ON table_name1.column_name=table_name2.column_name
```

LEFT JOIN 语法：

```
SELECT column_name(s)
```

```
FROM table_name1
LEFT JOIN table_name2
ON table_name1.column_name=table_name2.column_name
```

RIGHT JOIN 语法：

```
SELECT column_name(s)
FROM table_name1
RIGHT JOIN table_name2
ON table_name1.column_name=table_name2.column_name
```

FULL JOIN 语法：

```
SELECT column_name(s)
FROM table_name1
FULL JOIN table_name2
ON table_name1.column_name=table_name2.column_name
```

UNION 求并集，语法为：

```
SELECT column_name(s) FROM table_name1
UNION
SELECT column_name(s) FROM table_name2
Note: The UNION operator selects only distinct values by default. To allow
duplicate values, use UNION ALL.
```

UNION ALL 保留重复的记录：

```
SELECT column_name(s) FROM table_name1
UNION ALL
SELECT column_name(s) FROM table_name2
```

SELECT INTO 可以把查询结果写入一张表里：

```
SELECT *
INTO new_table_name [IN externaldatabase]
FROM old_tablename
Or we can select only the columns we want into the new table:
SELECT column_name(s)
INTO new_table_name [IN externaldatabase]
FROM old_tablename
```

CREATE DATABASE 语法：

```
CREATE DATABASE database_name
```

CREATE TABLE 语法：

```
CREATE TABLE table_name
(
 column_name1 data_type,
 column_name2 data_type,
 column_name3 data_type,
 ...
)
```

SQL 约束：约束限定可以插入表的数据的类型。它可以在表创建（CREATE TABLE）时指定，也可以在表创建（用 ALTER TABLE）指定。常用的约束有：

```
NOT NULL
UNIQUE
PRIMARY KEY
FOREIGN KEY
CHECK
DEFAULT
```

NOT NULL 约束强制某一列不接收 NULL 值。例如：

```
CREATE TABLE Persons
(
 P_Id int NOT NULL,
 LastName varchar(255) NOT NULL,
 FirstName varchar(255),
 Address varchar(255),
 City varchar(255)
)
```

UNIQUE 约束保证某列没有重复记录。在 MySQL 中可以在创建表时有两种方法指定：

```
CREATE TABLE Persons
(
 P_Id int NOT NULL,
 LastName varchar(255) NOT NULL,
 FirstName varchar(255),
 Address varchar(255),
 City varchar(255),
 UNIQUE (P_Id)
)
```

或：

```
CREATE TABLE Persons
(
 P_Id int NOT NULL,
 LastName varchar(255) NOT NULL,
 FirstName varchar(255),
 Address varchar(255),
 City varchar(255),
 CONSTRAINT uc_PersonID UNIQUE (P_Id,LastName)
)
```

注意：第二种方式可以同时指定多列，只有在这些列上都相等的记录才视为重复。

在表创建后加入 UNIQUE 约束的方法是：

```
ALTER TABLE Persons
ADD UNIQUE (P_Id)
```

或

```
ALTER TABLE Persons
ADD CONSTRAINT uc_PersonID UNIQUE (P_Id,LastName)
```

注意：如果该列中已经有重复的记录，那么加入约束会失败。

删除 UNIQUE 约束：

```
ALTER TABLE Persons
DROP INDEX uc_PersonID
```

创建 PRIMARY KEY 约束：

```
CREATE TABLE Persons
(
 P_Id int NOT NULL,
 LastName varchar(255) NOT NULL,
 FirstName varchar(255),
 Address varchar(255),
 City varchar(255),
 PRIMARY KEY (P_Id)
)
```

修改表来加入 PRIMARY KEY 约束：

```
ALTER TABLE Persons
ADD PRIMARY KEY (P_Id)
```

或

```
ALTER TABLE Persons
ADD CONSTRAINT pk_PersonID PRIMARY KEY (P_Id,LastName)
```

删除 PRIMARY KEY 约束：

```
ALTER TABLE Persons
DROP PRIMARY KEY
```

创建外键 FOREIGN KEY：

```
CREATE TABLE Orders
(
 O_Id int NOT NULL,
 OrderNo int NOT NULL,
 P_Id int,
 PRIMARY KEY (O_Id),
 FOREIGN KEY (P_Id) REFERENCES Persons(P_Id)
)
```

修改表以创建 FOREIGN KEY：

```
ALTER TABLE Orders
ADD FOREIGN KEY (P_Id)
REFERENCES Persons(P_Id)
```

或

```
ALTER TABLE Orders
ADD CONSTRAINT fk_PerOrders
FOREIGN KEY (P_Id)
REFERENCES Persons(P_Id)
```

删除 FOREIGN KEY 约束：

```
ALTER TABLE Orders
DROP FOREIGN KEY fk_PerOrders
```

创建 CHECK 约束：

```
CREATE TABLE Persons
(
 P_Id int NOT NULL,
 LastName varchar(255) NOT NULL,
 FirstName varchar(255),
 Address varchar(255),
 City varchar(255),
 CHECK (P_Id>0)
)
```

或

```
CREATE TABLE Persons
(
 P_Id int NOT NULL,
 LastName varchar(255) NOT NULL,
 FirstName varchar(255),
 Address varchar(255),
 City varchar(255),
 CONSTRAINT chk_Person CHECK (P_Id>0 AND City='Sandnes')
)
```

修改表以创建 CHECK 约束：

```
ALTER TABLE Persons
ADD CHECK (P_Id>0)
```

或

```
ALTER TABLE Persons
ADD CONSTRAINT chk_Person CHECK (P_Id>0 AND City='Sandnes')
```

删除 CHECK 约束：

```
ALTER TABLE Persons
DROP CONSTRAINT chk_Person
```

或

```
ALTER TABLE Persons
DROP CHECK chk_Person
```

创建 DEFAULT 约束：

```
My SQL / SQL Server / Oracle / MS Access:
CREATE TABLE Persons
(
 P_Id int NOT NULL,
 LastName varchar(255) NOT NULL,
 FirstName varchar(255),
 Address varchar(255),
 City varchar(255) DEFAULT 'Sandnes'
)
```

修改表以创建 DEFAULT 约束：

```
ALTER TABLE Persons
ALTER City SET DEFAULT 'SANDNES'
```

或

```
ALTER TABLE Persons
ALTER COLUMN City SET DEFAULT 'SANDNES'
```

删除 DEFAULT 约束：

```
ALTER TABLE Persons
ALTER City DROP DEFAULT
```

创建 AUTO INCREMENT 约束，它只能作用在主键上：

```
CREATE TABLE Persons
(
 P_Id int NOT NULL AUTO_INCREMENT,
 LastName varchar(255) NOT NULL,
 FirstName varchar(255),
 Address varchar(255),
 City varchar(255),
 PRIMARY KEY (P_Id)
)
```

可以设置自增的起始值：

```
ALTER TABLE Persons AUTO_INCREMENT = 100
Indexes
```

索引用来提高数据查找的效率，用户看不到索引的存在。
注意：使用索引会使更新表的速度变慢，因为数据更新的同时还要更新索引。
在表上创建一个允许重复值的索引：

```
CREATE INDEX index_name
ON table_name (column_name)
```

在表上创建唯一的索引：

```
CREATE UNIQUE INDEX index_name
ON table_name (column_name)
```

删除 INDEX：

```
ALTER TABLE table_name DROP INDEX index_name
```

一个表上的约束可以通过 SHOW INDEX FROMtbl_name 来查看。MySQL 上可以通过修改一个列来增加约束：

```
ALTER TABLE t1 MODIFY col1 BIGINT UNSIGNED DEFAULT 1 COMMENT 'my column';
ALTER TABLE t1 CHANGE b b BIGINT NOT NULL;
```

但是要删除约束只能使用前面所述的 drop 的方式。
DROP TABLE 删除一张表：

```
DROP TABLE table_name
```

DROP DATABASE 删除一个数据库：

```
DROP DATABASE database_name
```

TRUNCATE TABLE 可以删除一张表的所有数据而不删除该表：

```
TRUNCATE TABLE table_name
```

ALTER TABLE 可以修改一张表：

增加一列：

```
ALTER TABLE table_name
ADD column_name datatype
```

删除一列：

```
ALTER TABLE table_name
DROP COLUMN column_name
```

修改一列：

```
ALTER TABLE table_name ALTER COLUMN column_name datatype
ALTER TABLE t1 MODIFY col1 BIGINT UNSIGNED DEFAULT 1 COMMENT 'my column';
ALTER TABLE t1 CHANGE b b BIGINT NOT NULL;
```

视图：

视图是基于一个 SQL 语句的结果集的一张虚拟表。

视图的优点：

① 提供了逻辑数据独立性。当数据的逻辑结构发生改变时，原有的应用程序不用修改。

② 简化了用户观点。用户只需用到数据库中的一部分，视图适应了用户需要。

③ 数据的安全保护功能。针对不同用户定义不同视图。

创建视图：

```
CREATE VIEW view_name AS
SELECT column_name(s)
FROM table_name
WHERE condition
```

更新视图：

```
CREATE OR REPLACE VIEW view_name AS
SELECT column_name(s)
FROM table_name
WHERE condition
```

删除视图：

```
DROP VIEW view_name
```

4.2.3 编写SQL代码管理数据库中的学员体能考核数据

使用 SQL 语言对"体能考核数据记录表"（xytn_khsjjl）进行增删改查。

1. 新增记录

```
INSERT INTO 'xytn_khsjjl' VALUES (1,'03022017087',' 李大强 ',20,10,NULL,73,19.10,
15.04,"2019-05-01");
```

按照上面的语法格式，可以向表中添加多名学员的体能考核记录。

表中记录如图4-3所示。

Id	xuehao	xingming	nianling	xm_ytxs	xm_qbxc	xm_ywqz	xm_...	xm_3...	koheriqi
1	03022017087	李大强	20	10	<NULL>	73	19.10	15.04	2018-11-21
2	03022017096	李小强	19	12	<NULL>	67	19.20	14.52	2018-11-21
3	03022017123	刘德友	21	15	<NULL>	71	19.05	14.57	2018-11-21

图4-3 体能考核成绩记录表

2. 查询

查询表中所有记录：

```
select * from 'xytn_khsjjl';
```

查询结果如图4-4所示。

```
1 select * from `xytn_khsjjl`;
```

Id	xuehao	xingming	nianling	xm_ytxs	xm_qbxc	xm_ywqz	xm_...	xm_3...	koheriqi
1	03022017087	李大强	20	10	<NULL>	73	19.10	15.04	2018-11-21
2	03022017096	李小强	19	12	<NULL>	67	19.20	14.52	2018-11-21
3	03022017123	刘德友	21	15	<NULL>	71	19.05	14.57	2018-11-21

图4-4 查询体能考核成绩记录表所有数据

查询表中年龄小于20的所有记录：

```
select * from 'xytn_khsjjl' where 'nianling'<20;
```

查询结果如图4-5所示。

```
1 select * from `xytn_khsjjl` where `nianling`<20;
```

Id	xuehao	xingming	nianling	xm_ytxs	xm_qbxc	xm_ywqz	xm_...	xm_3...	koheriqi
2	03022017096	李小强	19	12	<NULL>	67	19.20	14.52	2018-11-21

图4-5 查询体能考核成绩记录表中年龄小于20的数据

3. 修改记录

```
update 'xytn_khsjjl' set xm_ytxs = 11 where xingming = "李大强";
```

修改结果如图4-6所示。

```
1 update `xytn_khsjjl` set xm_ytxs= 11 where xingming = "李大强";
```

Id	xuehao	xingming	nianling	xm_ytxs	xm_qbxc	xm_ywqz	xm_...	xm_3...	koheriqi
1	03022017087	李大强	20	11	<NULL>	73	19.10	15.04	2018-11-21
2	03022017096	李小强	19	12	<NULL>	67	19.20	14.52	2018-11-21
3	03022017123	刘德友	21	15	<NULL>	71	19.05	14.57	2018-11-21

图4-6 修改体能考核成绩记录

4. 删除记录

```
delete from 'xytn_khsjjl' where xingming = "刘德友";
```

删除结果如图 4-7 所示。

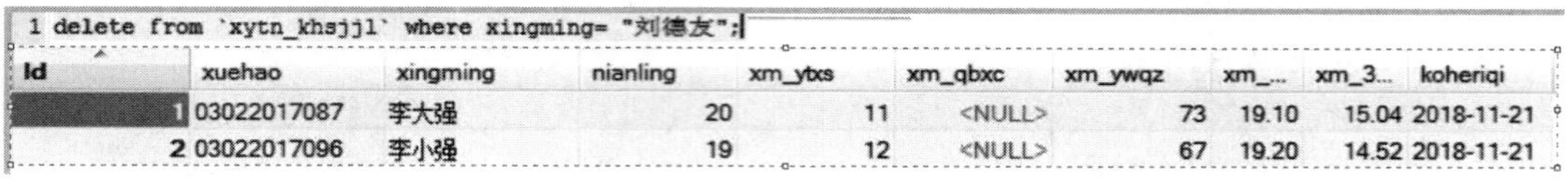

图4-7　删除体能考核成绩记录

4.3　使用Python编程操作数据库

4.3.1　编写程序操作MySQL数据库

我们已经学习了使用 SQL 语句对数据库中体能考核数据进行添加、修改、查询和删除等操作，但在实际应用中，经常需要在程序开发中就使用编程语言访问数据库并进行常用操作，本节就来学习如何使用 Python 操作 MySQL 数据库。

4.3.2　Python 标准数据库接口Python DB-API

Python 标准数据库接口为 Python DB-API。Python DB-API 为开发人员提供了数据库应用编程接口。不同的数据库需要下载不同的 DB API 模块。例如，需要访问 Oracle 数据库和 MySQL 数据库，就需要下载 Oracle 和 MySQL 数据库模块。

DB-API 是一个规范。它定义了一系列必需的对象和数据库存取方式，以便为各种底层数据库系统和多种数据库接口程序提供一致的访问接口。

Python 的 DB-API 为大多数的数据库实现了接口，使用它连接各数据库后，就可以用相同的方式操作各数据库。

Python DB-API 使用流程：

① 引入 API 模块。

② 获取与数据库的连接。

③ 执行 SQL 语句和存储过程。

④ 关闭数据库连接。

mysql-connector 是用于 Python 连接 MySQL 数据库的接口。

为了在 Python 中用 DB-API 编写 MySQL 脚本，必须确保已经安装了 MySQL。

可以使用 pip 命令来安装 mysql-connector：

```
python -m pip install mysql-connector
```

可以使用以下代码测试 mysql-connector 是否安装成功：

```
import mysql.connector
```

如果没有产生错误，则表明安装成功。

（1）创建数据库连接

可以使用以下代码来连接数据库：

```
demo_mysql_test.py:
import mysql.connector
mydb = mysql.connector.connect(
  host = "localhost",         # 数据库主机地址
  user = "yourusername",      # 数据库用户名
  passwd = "yourpassword"     # 数据库密码
)
print(mydb)
```

（2）创建数据库

创建数据库使用 CREATE DATABASE 语句，以下创建一个名为 runoob_db 的数据库：

```
demo_mysql_test.py:
import mysql.connector
mydb = mysql.connector.connect(
  host = "localhost",
  user = "root",
  passwd = "123456"
)
mycursor = mydb.cursor()
mycursor.execute("CREATE DATABASE runoob_db")
```

创建数据库前也可以使用 SHOW DATABASES 语句来查看数据库是否存在。

输出所有数据库列表：

```
import mysql.connector
mydb = mysql.connector.connect(
  host = "localhost",
  user = "root",
  passwd = "123456"
)
mycursor = mydb.cursor()
mycursor.execute("SHOW DATABASES")
for x in mycursor:
  print(x)
```

也可以直接连接数据库，如果数据库不存在，会输出错误信息：

```
import mysql.connector
mydb = mysql.connector.connect(
  host = "localhost",
  user = "root",
  passwd = "123456",
  database = "runoob_db"
)
```

（3）创建数据表

创建数据表使用 CREATE TABLE 语句，创建数据表前，需要确保数据库已存在，以下创建一个名为 sites 的数据表：

```
import mysql.connector
mydb = mysql.connector.connect(
  host = "localhost",
  user = "root",
  passwd = "123456",
  database = "runoob_db"
)
mycursor = mydb.cursor()
mycursor.execute("CREATE TABLE sites (name VARCHAR(255), url VARCHAR(255))")
```

执行成功后，可以看到数据库创建的数据表 sites，字段为 name 和 url。

也可以使用 SHOW TABLES 语句来查看数据表是否已存在：

```
import mysql.connector
mydb = mysql.connector.connect(
  host = "localhost",
  user = "root",
  passwd = "123456",
  database = "runoob_db"
)
mycursor = mydb.cursor()
mycursor.execute("SHOW TABLES")
for x in mycursor:
  print(x)
```

创建表时一般会设置一个主键（PRIMARY KEY），可以使用 INT AUTO_INCREMENT PRIMARY KEY 语句来创建一个主键，主键起始值为 1，逐步递增。

如果表已经创建，则需要使用 ALTER TABLE 语句来给表添加主键。

给 sites 表添加主键：

```
import mysql.connector
mydb = mysql.connector.connect(
  host = "localhost",
  user = "root",
  passwd = "123456",
  database = "runoob_db"
)
mycursor = mydb.cursor()
mycursor.execute("ALTER TABLE sites ADD COLUMN id INT AUTO_INCREMENT PRIMARY KEY")
```

如果还未创建 sites 表，可以直接使用以下代码创建：

```
import mysql.connector
mydb = mysql.connector.connect(
  host = "localhost",
  user = "root",
  passwd = "123456",
  database = "runoob_db"
)
mycursor = mydb.cursor()
mycursor.execute("CREATE TABLE sites (id INT AUTO_INCREMENT PRIMARY KEY, name VARCHAR(255), url VARCHAR(255))")
```

（4）插入数据

插入数据使用 INSERT INTO 语句。

向 sites 表插入一条记录：

```
import mysql.connector
mydb = mysql.connector.connect(
  host = "localhost",
  user = "root",
  passwd = "123456",
  database = "runoob_db"
)
mycursor = mydb.cursor()
sql = "INSERT INTO sites (name, url) VALUES (%s, %s)"
val = ("RUNOOB", "https://www.runoob.com")
mycursor.execute(sql, val)
mydb.commit()      # 数据表内容有更新，必须使用到该语句
print(mycursor.rowcount, "记录插入成功。")
```

执行代码，输出结果为：

```
1 记录插入成功
```

批量插入使用 executemany() 方法，该方法的第二个参数是一个元组列表，包含了要插入的数据。

向 sites 表插入多条记录：

```
import mysql.connector
mydb = mysql.connector.connect(
  host = "localhost",
  user = "root",
  passwd = "123456",
  database = "runoob_db"
)
mycursor = mydb.cursor()
sql = "INSERT INTO sites (name, url) VALUES (%s, %s)"
val = [
  ('Google', 'https://www.google.com'),
  ('Github', 'https://www.github.com'),
  ('Taobao', 'https://www.taobao.com'),
  ('stackoverflow', 'https://www.stackoverflow.com/')
]

mycursor.executemany(sql, val)
mydb.commit()      # 数据表内容有更新，必须使用到该语句
print(mycursor.rowcount, "记录插入成功。")
```

执行代码，输出结果为：

```
4 记录插入成功。
```

如果想在数据记录插入后，获取该记录的 ID，可以使用以下代码：

```
import mysql.connector
mydb = mysql.connector.connect(
  host = "localhost",
```

```
    user = "root",
    passwd = "123456",
    database = "runoob_db"
)
mycursor = mydb.cursor()
sql = "INSERT INTO sites (name, url) VALUES (%s, %s)"
val = ("Zhihu", "https://www.zhihu.com")
mycursor.execute(sql, val)
mydb.commit()
print("1 条记录已插入, ID:", mycursor.lastrowid)
```

执行代码，输出结果为：

```
1 条记录已插入，ID: 6
```

（5）查询数据

查询数据使用 SELECT 语句：

```
import mysql.connector
mydb = mysql.connector.connect(
    host = "localhost",
    user = "root",
    passwd = "123456",
    database = "runoob_db"
)
mycursor = mydb.cursor()
mycursor.execute("SELECT * FROM sites")
myresult = mycursor.fetchall()        # fetchall() 获取所有记录
for x in myresult:
    print(x)
```

执行代码，输出结果为：

```
(1, 'RUNOOB', 'https://www.runoob.com')
(2, 'Google', 'https://www.google.com')
(3, 'Github', 'https://www.github.com')
(4, 'Taobao', 'https://www.taobao.com')
(5, 'stackoverflow', 'https://www.stackoverflow.com/')
(6, 'Zhihu', 'https://www.zhihu.com')
```

也可以读取指定的字段数据：

```
import mysql.connector
mydb = mysql.connector.connect(
    host = "localhost",
    user = "root",
    passwd = "123456",
    database = "runoob_db"
)
mycursor = mydb.cursor()
mycursor.execute("SELECT name, url FROM sites")
myresult = mycursor.fetchall()
for x in myresult:
    print(x)
```

执行代码，输出结果为：

```
('RUNOOB', 'https://www.runoob.com')
('Google', 'https://www.google.com')
('Github', 'https://www.github.com')
('Taobao', 'https://www.taobao.com')
('stackoverflow', 'https://www.stackoverflow.com/')
('Zhihu', 'https://www.zhihu.com')
```

如果只想读取一条数据，可以使用 fetchone() 方法：

```
import mysql.connector
mydb = mysql.connector.connect(
  host = "localhost",
  user = "root",
  passwd = "123456",
  database = "runoob_db"
)
mycursor = mydb.cursor()
mycursor.execute("SELECT * FROM sites")
myresult = mycursor.fetchone()
print(myresult)
```

执行代码，输出结果为：

```
(1, 'RUNOOB', 'https://www.runoob.com')
```

如果我们要读取指定条件的数据，可以使用 WHERE 语句。
读取 name 字段为 RUNOOB 的记录：

```
import mysql.connector
mydb = mysql.connector.connect(
  host = "localhost",
  user = "root",
  passwd = "123456",
  database = "runoob_db"
)
mycursor = mydb.cursor()
sql = "SELECT * FROM sites WHERE name ='RUNOOB'"
mycursor.execute(sql)
myresult = mycursor.fetchall()
for x in myresult:
  print(x)
```

执行代码，输出结果为：

```
(1, 'RUNOOB', 'https://www.runoob.com')
```

也可以使用通配符 %：

```
import mysql.connector
mydb = mysql.connector.connect(
  host = "localhost",
  user = "root",
  passwd = "123456",
  database = "runoob_db"
)
mycursor = mydb.cursor()
```

```
sql = "SELECT * FROM sites WHERE url LIKE '%oo%'"
mycursor.execute(sql)
myresult = mycursor.fetchall()
for x in myresult:
  print(x)
```

执行代码，输出结果为：

```
(1, 'RUNOOB', 'https://www.runoob.com')
(2, 'Google', 'https://www.google.com')
```

查询结果排序可以使用 ORDER BY 语句，默认的排序方式为升序，关键字为 ASC，如果要设置降序排序，可以设置关键字 DESC。

按 name 字段字母的升序排序：

```
import mysql.connector
mydb = mysql.connector.connect(
  host = "localhost",
  user = "root",
  passwd = "123456",
  database = "runoob_db"
)
mycursor = mydb.cursor()
sql = "SELECT * FROM sites ORDER BY name"
mycursor.execute(sql)
myresult = mycursor.fetchall()
for x in myresult:
  print(x)
```

执行代码，输出结果为：

```
(3, 'Github', 'https://www.github.com')
(2, 'Google', 'https://www.google.com')
(1, 'RUNOOB', 'https://www.runoob.com')
(5, 'stackoverflow', 'https://www.stackoverflow.com/')
(4, 'Taobao', 'https://www.taobao.com')
(6, 'Zhihu', 'https://www.zhihu.com')
```

（6）删除记录

删除记录使用 DELETE FROM 语句。

删除 name 为 stackoverflow 的记录：

```
import mysql.connector
mydb = mysql.connector.connect(
  host = "localhost",
  user = "root",
  passwd = "123456",
  database = "runoob_db"
)
mycursor = mydb.cursor()
sql = "DELETE FROM sites WHERE name = 'stackoverflow'"
mycursor.execute(sql)
mydb.commit()
print(mycursor.rowcount, " 条记录删除")
```

执行代码，输出结果为：

```
1  条记录删除
```

注意：要慎重使用删除语句，删除语句要确保指定了 WHERE 条件语句，否则会导致整表数据被删除。

为了防止数据库查询发生 SQL 注入的攻击，可以使用 %s 占位符来转义删除语句的条件：

```python
demo_mysql_test.py
import mysql.connector
mydb = mysql.connector.connect(
  host = "localhost",
  user = "root",
  passwd = "123456",
  database = "runoob_db"
)
mycursor = mydb.cursor()
sql = "DELETE FROM sites WHERE name = %s"
na = ("stackoverflow", )
mycursor.execute(sql, na)
mydb.commit()
print(mycursor.rowcount, " 条记录删除")
```

执行代码，输出结果为：

```
1  条记录删除
```

（7）更新表数据

数据表更新使用 UPDATE 语句：

将 name 为 Zhihu 的字段数据改为 ZH：

```python
import mysql.connector
mydb = mysql.connector.connect(
  host = "localhost",
  user = "root",
  passwd = "123456",
  database = "runoob_db"
)
mycursor = mydb.cursor()
sql = "UPDATE sites SET name = 'ZH' WHERE name = 'Zhihu'"
mycursor.execute(sql)
mydb.commit()
print(mycursor.rowcount, " 条记录被修改")
```

执行代码，输出结果为：

```
1  条记录被修改
```

注意：UPDATE 语句要确保指定了 WHERE 条件语句，否则会导致整表数据被更新。

（8）删除表

删除表使用 DROP TABLE 语句。IF EXISTS 关键字是用于判断表是否存在，只有在存在的情况才删除：

```python
import mysql.connector
```

```
mydb = mysql.connector.connect(
  host = "localhost",
  user = "root",
  passwd = "123456",
  database = "runoob_db"
)
mycursor = mydb.cursor()
sql = "DROP TABLE IF EXISTS sites"   # 删除数据表 sites
mycursor.execute(sql)
```

4.3.3 使用Python操作体能考核数据

使用 Python 标准数据库接口 Python DB-API 访问 MySQL 数据库，通过 DB-API 接口对体能考核数据库中的数据进行增删改查等操作。

1. 查询学员体能考核记录

```
import mysql.connector               # 引入 API 模块
mydb = mysql.connector.connect(
  host = "localhost",
  user = "root",
  passwd = "root",
  database = "xytnkhsjk"
)                                     # 打开数据库连接

mycursor = mydb.cursor()

mycursor.execute("SELECT * FROM xytn_khsjjl order by xingming desc")   # 执
行 SQL 语句和存储过程
myresult = mycursor.fetchall()

for x in myresult:
  print(x)

mycursor.close()
mydb.close()                          # 关闭数据库连接
```

2. 插入一条体能考核记录

```
import mysql.connector
mydb = mysql.connector.connect(
  host = "localhost",
  user = "root",
  passwd = "root",
  database = "xytnkhsjk"
)
mycursor = mydb.cursor()
sql = "INSERT INTO 'xytn_khsjjl' VALUES (3,'03022017087','李大强 ',20,10,0,73,
19.10,15.04,'2019-05-01');"
mycursor.execute(sql)
mydb.commit()                         # 数据表内容有更新，必须使用到该语句
print(mycursor.rowcount, "记录插入成功。")
mycursor.close()
mydb.close()                          # 关闭数据库连接
```

4.4　获取树莓派CPU温度

4.4.1　定时获取树莓派CPU温度

在树莓派上，使用 Python 编程获取树莓派 CPU 的温度，并将温度数据在窗口输出。在此基础上设计程序实现每隔一段时间，通过 Python 文件 IO 操作获取一次树莓派 CPU 的温度信息。

4.4.2　Linux文件系统

通过文件操作读取树莓派 CPU 温度，在 linux 系统中任何设备的操作都被抽象成为文件读写，通过读取 /sys/class/thermal/thermal_zone0/temp 文件中的内容便获得树莓派 CPU 的温度。利用循环结构反复执行获取 CPU 温度的 Python 代码，通过加入延时代码控制时间间隔。

在 Linux 系统中有一个重要的概念：一切都是文件。其实这是 UNIX 哲学的一个体现，而 Linux 是重写 UNIX 而来，所以这个概念也就传承了下来。在 UNIX 系统中，把一切资源都看作文件，包括硬件设备。UNIX 系统把每个硬件都看成一个文件，通常称为设备文件，这样用户就可以用读写文件的方式实现对硬件的访问。

4.4.3　Python对文件的操作

Python 提供了必要的函数和方法进行默认情况下的文件基本操作。可以用 file 对象进行大部分的文件操作。

1. 打开文件：open() 函数

必须先用 Python 内置的 open() 函数打开一个文件，创建一个 file 对象，相关的方法才可以调用它进行读写。

语法：

```
file object = open(file_name [, access_mode][, buffering])
```

参数说明：

file_name：一个包含了要访问的文件名称的字符串值。

access_mode：决定了打开文件的模式，包括只读、写入、追加等。这个参数是非强制的，默认文件访问模式为只读（r）。

buffering：如果 buffering 的值被设为 0，就不会有寄存；如果 buffering 的值取 1，访问文件时会寄存行；如果将 buffering 的值设为大于 1 的整数，表明了这就是寄存区的缓冲大小；如果取负值，寄存区的缓冲大小则为系统默认。

2. 关闭文件：close() 函数

File 对象的 close() 方法刷新缓冲区里任何还没写入的信息，并关闭该文件，这之后便不能再进行写入。

当一个文件对象的引用被重新指定给另一个文件时，Python 会关闭之前的文件。用 close() 方法关闭文件是一个很好的习惯。

语法：

```
fileObject.close()
```

3. 读文件：read() 方法

read() 方法从一个打开的文件中读取一个字符串。需要重点注意的是，Python 字符串可以是二进制数据，而不是仅仅是文字。

语法：

```
fileObject.read([count])
```

在这里，被传递的参数是要从已打开文件中读取的字节计数。该方法从文件的开头开始读入，如果没有传入 count，它会尝试尽可能多地读取更多的内容，很可能是直到文件的末尾。

例如，在程序同路径下创建一个文本文件 foo.txt，向文件中添加内容 hello。使用 Python 编程如下：

```
# 打开一个文件
fo = open("foo.txt", "r+")
str = fo.read(10)
print ("读取的字符串是 : ", str)
# 关闭打开的文件
fo.close()
```

以上实例输出结果：

```
读取的字符串是：hello
```

4. 写文件：write() 方法

write() 方法可将任何字符串写入一个打开的文件。

write() 方法不会在字符串的结尾添加换行符（'\n'）。

语法：

```
fileObject.write(string)
```

在这里，被传递的参数是要写入到已打开文件的内容。

例如：

```
# 打开一个文件
fo = open("foo.txt", "w")
fo.write( "hello!\nwelcome to python!\n")
# 关闭打开的文件
fo.close()
```

上述方法会创建 foo.txt 文件，并将收到的内容写入该文件，并最终关闭文件。如果打开这个文件，将看到以下内容：

```
Hello !
welcome to python!
```

4.4.4 Python3 time模块

Python 程序能用很多方式处理时间。time 模块是一个常见的处理时间的工具集，该模块下有很多函数可以转换常见日期格式。

1. time() 方法

Python time time() 返回当前时间的时间戳（公元 1970 年后经过的浮点秒数）。

time() 方法语法：

```
time.time()
```

例如：

```
#!/usr/bin/python
import time;
print time.time();
```

输出：

```
1513913514.53
```

2. Python time localtime() 方法

Python time localtime() 方法类似 gmtime()，作用是格式化时间戳为本地的时间。如果 sec 参数未输入，则以当前时间为转换标准。 DST (Daylight Savings Time) flag (-1，0 or 1) 用于判断是否是夏令时。

localtime() 方法语法：

```
time.localtime([ sec ])
```

例如：

```
#!/usr/bin/python
import time
print time.localtime();
print time.localtime(time.time());
```

输出：

```
time.struct_time(tm_year=2017, tm_mon=12, tm_mday=22, tm_hour=11, tm_min=42,
tm_sec=36, tm_wday=4, tm_yday=356, tm_isdst=0)
time.struct_time(tm_year=2017, tm_mon=12, tm_mday=22, tm_hour=11, tm_min=42,
tm_sec=36, tm_wday=4, tm_yday=356, tm_isdst=0)
```

3. Python time asctime() 方法

Python time asctime() 方法接收时间元组并返回一个可读的形式为 "Tue Dec 11 18:07:14 2008"（2008 年 12 月 11 日周二 18 时 07 分 14 秒）的 24 个字符的字符串。

asctime() 方法语法：

```
time.asctime([t])   #t -- 9个元素的元组或者通过函数 gmtime() 或 localtime() 返
回的时间值
```

例如：

```
#!/usr/bin/python
import time
t = time.localtime()
print "time.asctime(t): %s " % time.asctime(t)
```

输出：

```
time.asctime(t): Fri Dec 22 11:28:47 2017
```

4. Python time ctime() 方法

Python time ctime() 方法把一个时间戳（按秒计算的浮点数）转化为 time.asctime() 的形式。如果参数未给或者为 None 的时候，将会默认 time.time() 为参数。它的作用相当于 asctime(localtime(secs))。该方法没有任何返回值。

ctime() 方法语法：

```
time.ctime([ sec ])    #sec -- 要转换为字符串时间的秒数
```

例如：

```
#!/usr/bin/python
import time
t = time.localtime()
print  time.asctime(t)
print  time.ctime()
```

输出：

```
Fri Dec 22 14:19:36 2017
Fri Dec 22 14:19:36 2017
```

5. Python time strftime() 方法

Python time strftime() 方法接收以时间元组，并返回以可读字符串表示的当地时间，格式由参数 format 决定。

strftime() 方法语法：

```
time.strftime(format[, t])
```

参数说明：

format：格式字符串。

t：可选参数，t 是一个 struct_time 对象。

Python 中时间日期格式化符号：

%y：两位数的年份表示（00 ～ 99）。

%Y：四位数的年份表示（000 ～ 9999）。

%m：月份（01 ～ 12）。

%d：月内中的一天（0 ～ 31）。

%H：24 小时制小时数（0 ～ 23）。

%I：12 小时制小时数（01 ～ 12）。

%M：分钟数（00 ～ 59）。

%S：秒数（00 ～ 59）。

%a：本地简化星期名称。

%A：本地完整星期名称。

%b：本地简化的月份名称。

%B：本地完整的月份名称。

%c：本地相应的日期表示和时间表示。

%j：年内的一天（001 ～ 366）。

%p：本地 A.M. 或 P.M. 的等价符。

%U：一年中的星期数（00 ～ 53）星期天为星期的开始。

%w：星期（0 ～ 6），星期天为星期的开始。

%W：一年中的星期数（00 ～ 53）星期一为星期的开始。

%x：本地相应的日期表示。

%X：本地相应的时间表示。

%Z：当前时区的名称。

%%：% 号本身。

例如：

```
#!/usr/bin/python
import time
print time.localtime();
print time.strftime("%Y-%m-%d %H:%M:%S",time.localtime());
print time.strftime("%a %b %d %H:%M:%S %Y", time.localtime())
```

输出：

```
time.struct_time(tm_year=2017, tm_mon=12, tm_mday=22, tm_hour=14, tm_min=3,
tm_sec=2, tm_wday=4, tm_yday=356, tm_isdst=0)
2017-12-22 14:03:02
Fri Dec 22 14:03:02 2017
```

6. Python time sleep() 方法

Python time sleep() 方法推迟调用线程的运行，可通过参数 secs（指秒数）表示进程挂起的时间。

sleep() 方法语法：

```
time.sleep(t)   #t -- 推迟执行的秒数
```

例如：

```
#!/usr/bin/python
import time
print "Start : %s" % time.ctime()
time.sleep(5)
print "End : %s" % time.ctime()
```

输出：

```
Start : Fri Dec 22 14:21:54 2017
End : Fri Dec 22 14:21:59 2017
```

4.4.5 使用循环反复读取存放温度的文件

① 获取树莓派 CPU 温度并输出，如图 4-8 所示。

```
# 打开文件
```

```
file = open("/sys/class/thermal/thermal_zone0/temp")
# 读取结果, 并转换为浮点数
temp = float(file.read()) / 1000
# 关闭文件
file.close()
# 向控制台打印
print ("temp : %.1f" %temp)
```

图4-8　读取树莓派温度

②引入循环结构反复执行获取温度的代码, 加入time来控制采集温度的时间间隔, 如图4-9所示。

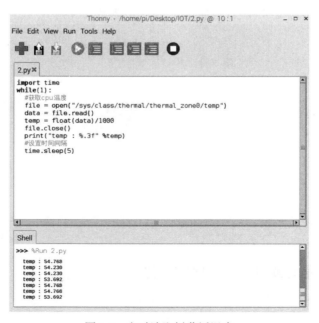

图4-9　定时读取树莓派温度

③ 将温度数据写入一个文件。

```
import time
while(1):
  # 打开文件
  file = open("/sys/class/thermal/thermal_zone0/temp")
  # 读取结果，并转换为浮点数
  temp = float(file.read()) / 1000
  file.close()
  # 打开一个文件
  fo = open("foo.txt", "a")
  fo.write( "temp:%.3f\n"%temp )
  # 关闭打开的文件
  fo.close()
  time.sleep(5)
```

4.5　将数据存入SQLite数据库

4.5.1　编写程序将CPU温度数据存入SQLite数据库

使用 Python 向 SQLite 数据库中插入树莓派温度记录。

在树莓派上安装 SQLite 数据库，然后使用 SQL 语言创建一张只包含 3 个字段的记录表——参数名称、时间和温度值。使用 Python 编程将获取到的 CPU 温度记录插入 SQlite 数据库中。

4.5.2　SQlite数据库

1. SQLite 数据库

（1）SQLite 的概念

SQLite 是一种开源、零配置、独立的事务关系数据库引擎，旨在嵌入应用程序中。

（2）安装 SQLite 数据库

SQLite 以其零配置而闻名，所以不需要复杂的设置或管理。 下面来看看如何在系统上安装 SQLite。

① 在 Windows 上安装 SQLite，按照以下步骤进行：

打开 SQLite 官方网站，转到下载页面 http://www.sqlite.org/download.html 并下载预编译的 Windows 二进制文件。

下载 sqlite-dll 和 sqlite-shell 的 zip 文件以及 qlite-tools-win32-x86-3170000.zip 文件。

创建一个文件夹 D:/software/sqlite 并放置这些文件。

进入 D:/software/sqlite 目录并打开 sqlite3 命令。它将如下所示：

```
D:\software\sqlite> sqlite3
SQLite version 3.18.0 2017-03-28 18:48:43
Enter ".help" for usage hints.
Connected to a transient in-memory database.
Use ".open FILENAME" to reopen on a persistent database.
sqlite>
```

上述方法有助于永久创建数据库、附加数据库和分离数据库。

② 在 Linux 上安装 SQLite。

当前，几乎所有的 Linux 操作系统都将 SQLite 作为一部分一起发布。可使用以下命令来检查当前计算机上是否安装了 SQLite。

```
$ sqlite3
SQLite version 3.7.15.2 2013-01-09 11:53:05
Enter ".help" for instructions
Enter SQL statements terminated with a ";"
sqlite>
```

如果没有看到上面的结果，那么当前 Linux 计算机上就还没有安装 SQLite。可以按照以下步骤安装 SQLite：

打开转到 SQLite 下载页面（http://www.sqlite.org/download.html），并从源代码部分下载文件 sqlite-autoconf-*.tar.gz。

按照以下步骤操作：

```
$ tar xvfz sqlite-autoconf-3071502.tar.gz
$ cd sqlite-autoconf-3071502
$ ./configure --prefix=/usr/local
$ make
$ make install
```

2. SQLite 数据库基本操作

（1）创建数据库

```
sqlite3 test.db
```

（2）创建表

CREATE TABLE 语句用于创建数据库中的表。

```
CREATE TABLE database_name.table_name(
 column1 datatype PRIMARY KEY(one or more columns),
 column2 datatype,
 column3 datatype,
 ...
 columnN datatype,
);
```

（3）删除表

DROP TABLE 语句用于删除表（表的结构、属性以及索引也会被删除）。

```
DROP TABLE database_name.table_name;
```

（4）修改表

ALTER TABLE 语句用于在已有的表中添加、修改或删除列。

如需在表中添加列，可使用下列语法：

```
ALTER TABLE table_name
ADD column_name datatype
```

（5）INSERT 语句

SQLite 的 INSERT INTO 语句用于向数据库的某个表中添加新的数据行。

```
INSERT INTO TABLE_NAME (column1, column2, column3,…,columnN) VALUES (value1,
value2, value3,…,valueN);
```

如果要为表中的所有列添加值，也可以不在 SQLite 查询中指定列名称，但要确保值的顺序与列在表中的顺序：

```
INSERT INTO TABLE_NAME VALUES (value1,value2,value3,…valueN);
```

也可以通过在一个有一组字段的表上使用 SELECT 语句填充数据到另一个表中（使用一个表来填充另一个表）。

```
INSERT INTO first_table_name [(column1, column2,…,columnN)] SELECT column1,
column2,…,columnN FROM second_table_name [WHERE condition];
```

（6）DELETE 语句

SQLite 的 DELETE 查询用于删除表中已有的记录。可以使用带有 WHERE 子句的 DELETE 查询来删除选定行，否则所有的记录都会被删除。

语法：

```
DELETE FROM table_name WHERE [condition];
```

（7）Select 语句

```
SELECT column1, column2,…,columnN FROM table_name;
```

如果想获取所有可用的字段，那么可以使用下面的语法：

```
SELECT * FROM table_name;
```

（8）Update 语句

SQLite 的 UPDATE 查询用于修改表中已有的记录。可以使用带有 WHERE 子句的 UPDATE 查询来更新选定行，否则所有的行都会被更新。

语法：

```
UPDATE table_name SET column1 = value1, column2 = value2,…, columnN = valueN
WHERE [condition];
```

（9）备份和恢复

备份数据使用 .dump 进行备份，语法如下：

```
sqlite3 db_name .dump > file
```

（10）导出数据

从数据库中导出数据，需要如下操作：

① 使用 .output 把输出定向到文件 .output file。

② 使用 SELECT 语句确定要导出的内容。

③ 将输出重定向回屏幕 .output stdout。

（11）导入数据

导入数据到表中，需要如下操作：

① 指定分隔符 .separator " "。

② 导入文件内容到表中 .import file table_name。

4.5.3　Python操作SQLite

① 创建数据库，创建表（如果要使用 SQL 必须要导入 sqlite3 库）。

```
import sqlite3
# 创建一个数据库，库名为 mytest1.db
conn = sqlite3.connect('./mytest1.db')
# 创建游标
cursor = conn.cursor()
# 创建表 students
sql = '''create table students (
    name text,
    username text,
    id int)'''
cursor.execute(sql)
# 使用游标关闭数据库的链接
cursor.close()
```

② 添加数据（要添加一些数据到表中，需要使用 INSERT 命令和一些特殊的格式）。

```
conn = sqlite3.connect('mytest1.db')
cursor = conn.cursor()
print('hello')
While True:
    name = input('student\'s name')
    username = input('student\'s username')
    id_num = input('student\'s id number:')
    #insert 语句，把一个新的行插入表中:
    sql = '''insert into students
        (name, username, id)
        values
        (:st_name, :st_username, :id_num)'''
        # 把数据保存到表中
        cursor.execute(sql,{'st_name':name, 'st_username':username,'id_num':id_num})
        conn.commit()
        cont = ('Another student?')
        if count[0].lower() == 'n':
            break
coursor.close()
```

③ 查询数据。

```
import sqlite3
import os
conn = sqlite3.connect('myest1.db')
cursor = conn.cursor()
# 查询学生表中所有的记录
sql = '''select *from students'''
# 执行语句
results = cursor.execute(sql)
```

```
# 遍历打印输出
all_students = results.fetchall()
for student in all_students:
    print(student)
```

4.5.4　反复读取温度数据并存入SQLite数据库

① 在树莓派上安装 sqlite3 数据库：

```
sudo apt-get install sqlite3
```

安装好 sqlite3 之后，在终端直接输入：

```
sqlite3
```

就可进入 sqlite3 命令行模式，可以在这个模式下使用 SQL 语句对数据库进行各种操作。

查看帮助：

```
sqlite>.help
```

查看设置：

```
sqlite>.show
```

格式化输出：

```
sqlite>.header on
sqlite>.mode column
sqlite>.timer on
```

② 使用 SQL 创建 CPU 温度记录表（参数名称、时间和温度值）。

创建数据库文件 cpu.db，在命令行输入：

```
sqlite3 cpu.db
```

创建 CPU 温度记录表 temps：

```
CREATE TABLE temps(
    name DEFAULT 'RPi.CPU',
    tdatetime DATETIME DEFAULT (datetime('now', 'localtime')),
    temperature NUMERIC NOT NULL
);
```

查看已创建的表：

```
sqlite>.tables
```

③ 向表中插入数据：

```
sqlite>INSERT INTO temps(name, tdatetime, temperature)
VALUES('RPi.CPU', datetime('now', 'localtime'), 40.2);
```

查看表中的数据：

```
sqlite>SELECT * FROM temps;
```

使用 Python 向数据库插入温度数据，如图 4-10 所示。

图4-10　定时将树莓派温度数据写入数据库

4.6　向云端上传CPU的温度

4.6.1　通过REST API向云端上传CPU的温度

使用 Python 将树莓派温度记录发送到云端。

4.6.2　Python实现网络数据服务

通过 Python 的 requests 模块发送网络服务请求，将获取到的 CPU 温度记录通过调用云端 RESTful 数据服务接口实现数据上传，如图 4-11 所示。

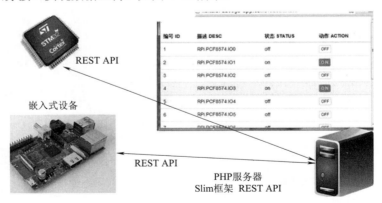

图4-11　数据通过网络REST API上传云端

注意：该功能的实现需要服务器端提供相应的服务 API。

4.6.3　REST服务和HTTP请求

1. 发送请求

使用 Requests 发送网络请求非常简单。

一开始要导入 Requests 模块：

```
>>> import requests
```

然后，尝试获取某个网页。本例中，来获取 Github 的公共时间线：

```
>>> r = requests.get('https://github.com/timeline.json')
```

现在，有一个名为 r 的 Response 对象。可以从这个对象中获取所有想要的信息。
Requests 简便的 API 意味着所有 HTTP 请求类型都是显而易见的。

例如，可以这样发送一个 HTTP POST 请求：

```
>>> r = requests.post("http://httpbin.org/post")
```

其他 HTTP 请求类型（PUT，DELETE，HEAD 以及 OPTIONS）格式如下：

```
>>> r = requests.put("http://httpbin.org/put")
>>> r = requests.delete("http://httpbin.org/delete")
>>> r = requests.head("http://httpbin.org/get")
>>> r = requests.options("http://httpbin.org/get")
```

2. 为 URL 传递参数

为 URL 的查询字符串（Query String）传递数据。如果是手工构建 URL，那么数据会以键 /
值对的形式置于 URL 中，跟在一个问号的后面。例如，httpbin.org/get?key=val。Requests 允许使
用 params 关键字参数，以一个字典来提供这些参数。

例如，如果想传递 key1=value1 和 key2=value2 到 httpbin.org/get，那么可以使用如下代码：

```
>>> payload = {'key1': 'value1', 'key2': 'value2'}
>>> r = requests.get("http://httpbin.org/get", params=payload)
```

通过打印输出该 URL，能看到 URL 已被正确编码：

```
>>> print (r.url)
'http://httpbin.org/get?key2=value2&key1=value1'
```

4.6.4 使用Python发送HTTP请求向云端上传数据

调用 REST API 将树莓派温度数据上传到云端，如图 4-12 所示。

图4-12 调用REST API将树莓派温度数据上传到云端

4.7 项目扩展

实现家庭室内温度远程监控是"智能家居"的初步，本节将使用树莓派和温度传感器来获取室内的温度数据，存入 SQLite 数据库。

相关硬件：

① 树莓派（Raspberry Pi）一个。

② DS18B20 温度传感器一个。

③ 4.7 kΩ 电阻一个 或 DS18B20 模块一个。

④ 杜邦线 3 根（双头母）。

相关训练内容：

① 使用 SQLite 建立相应的数据库和表存储室内温度数据。

② 使用 Python 编写程序定时获取温度传感器采集到的温度数据。

③ 编程将温度数据存入数据库表中。

第 ⑤ 章 » 网 站 设 计
★★★

本章简介:

① 提出教学课程网站首页制作项目。

② 介绍项目所需的相关预备知识点。

③ 从布局及内容编排讲解如何制作教学课程网站首页。

④ 提出在线成绩管理系统创建项目。

⑤ 讲解利用软件 Dreamweaver 创建在线成绩管理系统。

⑥ 介绍投票系统的项目要求及关键代码。

⑦ 创客课堂讲解如何利用 WebIOPi 框架编写网页代码实现控制 LED 灯。

5.1　教学课程网站首页制作

5.1.1　教学课程网站首页制作要求

要求制作教学课程网站,样例效果如图 5-1 所示。也可采用不同的布局框架。

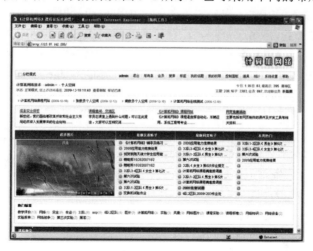

图5-1　网站首页样例效果

作为一个教学网站,其页面应简单明了,给人以清晰的感觉。页头部分主要放置导航栏菜单,使用户能够很清楚地看到网站的主要模块。页面主体分成两部分:左侧是图片框展示;右侧是课程相关资料等。网站页面制作要求涵盖多种标记,包括文本、图像、超链接、表格、表单、导航栏、动画效果等。网站内容应包括文本及图片展示设计、图文混排设计、超链接设计、导航菜单栏设计、内容检索和用户登录的表单设计以及网页样式统一化设计等。

5.1.2 网络应用基础知识、HTML、CSS 及 JavaScript

1. 网络应用基础知识

（1）万维网

万维网（World Wide Web，WWW）也称环球信息网，是一个大规模的、联机式的信息储藏所。万维网用链接（又称超链接）的方法能非常方便地从因特网上的一个站点访问另一个站点，从而主动地按需获取丰富的信息。图 5-2 所示为万维网网页之间的链接。

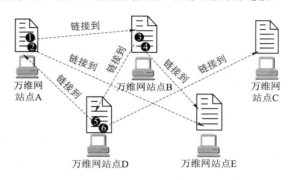

图5-2　万维网网页链接

万维网是分布式超媒体（Hypermedia）系统，它是超文本（Hypertext）系统的扩充。一个超文本由多个信息源链接而成，利用一个链接可使用户找到另一个文档，这些文档可以位于世界上任何一个连接在因特网上的超文本系统中，超文本系统是万维网的基础。

万维网以客户 / 服务器方式工作。浏览器就是在用户计算机上的万维网客户程序。万维网文档所驻留的计算机则运行服务器程序，因此这个计算机也称万维网服务器。客户程序向服务器程序发出请求，服务器程序向客户程序送回客户所要的万维网文档。

在一个客户程序主窗口上显示出的万维网文档称为页面（Page）。那么，如何才能快速地访问到指定的网页呢？下面通过几个问题来说明。

① 怎样标志分布在整个因特网上的万维网文档？

使用统一资源定位符 URL（Uniform Resource Locator）来标志万维网上的各种文档，每个文档在整个因特网范围内具有唯一的标识符 URL。

② 用什么协议实现万维网上各种超链接？

在万维网客户程序与万维网服务器程序之间进行交互所使用的协议，是超文本传送协议（Hypertext Transfer Protocol，HTTP）。HTTP 是一个应用层协议，它使用 TCP 连接进行可靠的传送。

③ 怎样使各种万维网文档都能在因特网上的各种计算机上显示出来，同时使用户清楚地知道在什么地方存在着超链接？

超文本标记语言（Hypertext Markup Language，HTML）使得万维网页面的设计者可以很方便地用超链接从本页面的某处链接到因特网上的其他万维网页面，并且能够在自己的计算机屏幕上将这些页面显示出来。

④ 怎样使用户能够很方便地找到所需的信息？

为了在万维网上方便地查找信息，用户可使用各种搜索工具（即搜索引擎）来有针对性地找到想要的信息。

下面详细介绍上述内容。

（2）统一资源定位符

统一资源定位符（URL）是互联网上标准资源的地址。互联网上的每个文件都有一个唯一的 URL，它包含的信息指出文件的位置以及浏览器应该怎么处理它。URL 是对可以从因特网上得到的资源的位置和访问方法的一种简洁的表示。URL 相当于一个文件名在网络范围的扩展。因此，URL 是与因特网相连的机器上的任何可访问对象的一个指针。

URL 由以冒号隔开的两部分组成。在 URL 中，字符对大写或小写没有要求。URL 的一般格式为：

```
< 协议 >：//< 主机 >：< 端口 >/< 路径 >
```

如图 5-3 所示。

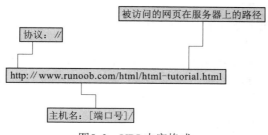

图5-3　URL内容格式

（3）超文本传送协议

超文本传送协议（HTTP）是用于从 WWW 服务器传输超文本到本地浏览器的传输协议，具有强大的自检能力，所以用户请求的文件到达客户端时，一定是准确无误的。它可以使浏览器更加高效，使网络传输减少。它不仅能够保证计算机正确快速地传输超文本文档，还确定了传输文档中的哪一部分，以及哪部分内容首先显示 (如文本先于图形) 等。

HTTP 是客户端浏览器或其他程序与 Web 服务器之间的应用层通信协议。在 Internet 上的 Web 服务器上存放的都是超文本信息，客户机需要通过 HTTP 协议传输所要访问的超文本信息。HTTP 包含命令和传输信息，不仅可用于 Web 访问，也可以用于其他因特网 / 内联网应用系统之间的通信，从而实现各类应用资源超媒体访问的集成。

2. 超文本标记语言

1）超文本标记语言简介

超文本标记语言（HTML）不是一种编程语言，而是一种描述性的标记语言，用于描述超文本中的内容和结构。HTML 最基本的语法是 < 标记符 ></ 标记符 >。标记符通常成对使用，有一个开头标记和一个结束标记。结束标记只是在开头标记的前面加一个斜杠"/"。当浏览器收到 HTML 文件后，就会解释里面的标记符，然后把标记符相对应的功能表达出来。

开发网页的方法主要有两种：一种是直接书写 HTML 源代码；另一种是使用网页制作软件（如 FrontPage、Dreamweaver 等）来制作网页。不论哪种方法，它们所使用的基础语言都是 HTML。HTML 是 WWW "世界"的通用"语言"，用于描述超文本文件。WWW "世界"诸服务器与浏览器之间通过它互相沟通。WWW"世界"中的信息可以通过它来"表现"。可以说，没有 HTML 就没有 WWW"世界"。

为了便于从整体上把握 HTML 文档的结构，通过一个 HTML 页面代码来介绍 HTML 页面的整体结构，代码如下：

```
<html>
 <head>
   <title> 网页标题 </title>
 </head>
 <body>
    网页内容
 </body>
</html>
```

从上述代码可以看出，一个基本的 HTML 网页由以下几部分构成：

① <html></html> 标记：说明本页面使用 HTML 语言编写。<html></html> 标记是 HTML 页面中所有标记的顶层标记，一个页面有且只有一对该标记，页面中的所有标记和内容都必须放在 <html></html> 标记对之间。

② <head></head> 标记：是 HTML 的头部标记，头部信息不显示在网页中。此标记内可以包括其他标记，用于说明文件标题和整个文件的一些公用属性，如可以通过 <style></style> 标记定义 CSS 样式表，通过 <script></script> 标记定义 JavaScript 脚本文件。

③ <title></title> 标记：title 是 head 中的重要组成部分，它包含的内容显示在浏览器的窗口标题栏中。如果没有 title 标记，则浏览器标题栏默认显示本页的文件名。

④ <body></body> 标记：body 包含 HTML 页面的实际内容，显示在浏览器窗口的客户区中。例如，页面中文字、图像、动画、超链接、导航栏以及其他 HTML 相关的内容都是定义在 body 标记里面。

2）网页文档分类

（1）静态网页

静态网页一般以 .html 或 .htm 为文件扩展名，只能浏览，不能实现客户端和服务器端的交流互动。在静态网页上，也可以出现各种动态的效果，如 Gif 格式的动画、Flash、滚动字幕等，这些"动态效果"只是视觉上的，与下面将要介绍的动态网页的概念是不同的。

用户通过 Web 浏览器请求静态网页，Web 服务器响应请求查找 Web 页，Web 服务器将静态网页发送到请求的浏览器，工作流程如图 5-4 所示。

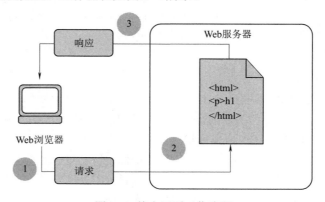

图5-4　静态网页工作流程

（2）动态网页

动态网页一般以 .asp、.aspx、.php、.jsp 作为文件扩展名，是通过网页脚本语言自动处理、自动更新的页面。网站页面随用户的输入而变化，能与客户端交流互动。例如，论坛的帖子就是通过网站服务器自动运行程序、自动处理信息，按照流程更新网页。

当 Web 服务器接收到对动态网页的请求时，它将做出不同的反应。它会将该页传递给一个负责完成页面的应用程序服务器，应用程序服务器读取页上的代码，根据代码中的指令完成页面，动态网页事先并不存在，当用户访问时才由网页服务器实时产生的网页，工作流程如图 5-5 所示。

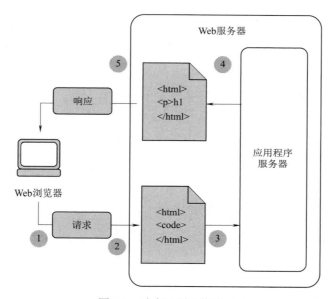

图5-5　动态网页工作流程

静态网页是网站建设的基础，静态网页和动态网页之间并不矛盾。为了网站适应搜索引擎检索的需求，既可以采用动态网站技术，也可以将网页内容转换为静态网页发布。

静态网页的 URL 中不含"？"和输入参数的网页，包括 .htm、.html、.shtml、.txt、.xml 等。动态网页指 URL 中含"？"或输入参数的网页，包括 ASP、PHP、CGI 等在服务器端进行处理的网页。

通过浏览器看到的网页，实际上都是浏览器"翻译"后的显示。在浏览器中右击，在弹出的快捷菜单中选择"查看源文件"命令即可打开这个网页源代码进行查看。

3）HTML 常用标记

（1）标记种类及属性

①单标记。所谓"单标记"，是指只需单独使用就能完整地表达意思的标记。这类标记包括两个类型：

● 无属性值。< 标记名称 >。

● 有属性值。< 标记名称 属性 =" 属性值 ">。

②双标记。所谓"双标记"，是指由开始标记和结束标记两部分构成，必须成对使用的标记。其中开始标记告诉 Web 浏览器从此处开始执行该标记所显示的功能，而结束标记则告诉 Web 浏

览器到这里结束该显示功能。开始标记前加一个斜杠（/）即成为结束标记。双标记的语法是：
< 标记 > 内容 </ 标记 >，其中"内容"是指要被这对标记作用的内容部分。

③标记属性。许多单标记和双标记的始标记内可以包含一些属性，其语法是：

```
< 标记名称 属性 1 属性 2 属性 3...>
```

各属性之间无先后次序，属性也可省略（即各自均取默认值）。

（2）HTML 常用标记

①文本控制标记。

a. 添加文本。

● 文本样式标记。

HTML 中提供了文本样式标记 <font>，用它来控制网页中文本的字体、字号和颜色。基本语法格式如下：

```
<font 属性 =" 属性值 "> 文本内容 </font>
```

该语法中 <font> 标记常用属性有 3 个，如表 5-1 所示。

表5-1　　<font>标记常用属性

属　　性	属　　性　　值	描　　述
face	微软雅黑、宋体、黑体等	设置文字的字体
size	取 1 ～ 7 之间的整数值	设置文字的字号大小
color	颜色名称、或十六进制 #RGB、rgb(r,g,b)	设置文字的颜色

● 文本格式化标记。

除了上述效果，有时还需要为文字设置粗体、斜体或下画线效果，文本格式化标记正是实现这一功能的标记，使文字以特殊的方式显示。常用文本格式化标记如表 5-2 所示。

表5-2　　常用文本格式化标记

文本格式化标记	描　　述
<b></b> 和 <strong></strong>	设置文字以粗体方式显示
<i></i> 和 <em></em>	设置文字以斜体方式显示
<s></s> 和 <del></del>	设置文字以加删除线方式显示
<u></u> 和 <ins></ins>	设置文字以加下画线方式显示

● 特殊字符标记。

浏览网页时常常会看到很多行业的信息都出现在网络上，每个行业都有自己的行业特性，如数学、物理和化学都有特殊的符号。那么如何在网页中添加这些特殊的字符呢？

在 HTML 中，特殊符号以 & 开头，后面跟相关特殊字符。例如，"<"和">"被用于声明标记，因此如果在代码中再需要输入大于号或者小于号的时候就不能直接输入了，而是要利用转义字符 "&lt"和 "&gt"分别代表大于号和小于号。HTML 为这些特殊字符准备了专门的替代代码。

b. 文本排版。

文章通常都有标题和段落，HTML 网页也不例外，为了能够使网页中的文字结构清晰、排版整齐地显示出来，HTML 提供了相应的标记。

● 标题标记。

标题标记是单标记，HTML 提供了 6 个等级的标题，即 hn（n=1，2，3，4，5，6），其中 <h1> 代表 1 级标题，级别最高，文字也最大，其他标题元素依次递减，<h6> 级别最低。基本语法格式如下：

```
<hn align = "对齐方式">标题文本</hn>
```

该语法中，属性 align 作为可选属性，用来指定标题在文章中的对齐方式，其取值可为 left（默认为标题文字左对齐）、center（标题文字居中对齐）、right（标题文字右对齐）。

● 段落标记。

段落标记是双标记，HTML 中通过 <p> 标记来定义段落，基本语法格式如下：

```
<p align = "对齐方式">段落文本</p>
```

该语法中，从 <p> 开始标记和 </p> 结束标记之间的内容形成一个段落。属性 align 作为 <p> 标记的可选属性，和标题标记 <hn> 一样，同样是使用属性 align 设置段落文本的对齐方式。默认情况下，一个段落中的文本会根据浏览器窗口的大小自动换行。

● 换行标记。

在 HTML 中，在段落标记中的文字会从左到右依次排列，直到浏览器窗口的右端，然后自动换行。如果是为了页面布局，可以用
 来强制换行。
 是一个单标记，它没有结束标记，是英文单词 break 的缩写，作用是在一段内强制换行。请注意，换行标记只是简单地开始新的一行，而当浏览器遇到段落标记时，通常会在相邻的段落之间插入一些垂直的间距。

● 水平线标记。

在 HTML 中，水平线标记是单标记，默认的是 100% 宽度水平分隔线，并且独占一行，可以将段落与段落之间隔开，使得文档层次分明。这些水平线可以通过插入图片实现，也可以通过标记来定义。<hr/> 就是创建水平线的标记，基本语法格式如下：

```
<hr 属性 ="属性值"/>
```

<hr/> 是单标记，在网页中输入一个 <hr/>，就添加了一条默认样式的水平线。<hr/> 标记常用属性如表 5-3 所示。

表5-3　<hr/>标记常用属性

属　性	属　性　值	描　述
align	left、center、right 三种值，默认为 center，居中对齐	设置水平线的对齐方式
size	像素为单位，默认为 2 像素	设置水平线的粗细
width	像素值，或浏览器窗口的百分比，默认为 100%	设置水平线的宽度
color	颜色名称或以十六进制 #RGB、rgb(r,g,b)	设置水平线的颜色

c. 文字列表。

文字列表可以有序地编排一些信息资源，使其结构化和条理化，并以列表的样式显示出来，以便浏览者更加快捷地获得相应的信息。

● 无序列表 ul。

无序列表是网页中最常用的列表。之所以称为"无序列表"，是因为其各个列表项之间没有顺序级别之分，相当于 Word 软件中的项目符号。基本语法格式如下：

```
<ul>
  <li>无序列表项 1</li>
  <li>无序列表项 2</li>
  <li>无序列表项 3</li>
  …
</ul>
```

在无序列表结构中，使用 <ul></ul> 标记表示这个无序列表的开始和结束，<li> 表示一个列表项的开始。在一个无序列表中可以包含多个列表项，并且 <li> 可以省略结束标记。

● 有序列表 ol。

有序列表即为有排列顺序的列表，其各个列表项按照一定的顺序排列，类似于 Word 软件中的自动编号功能。它的使用方法和无序列表的使用方法基本相同，基本语法格式如下：

```
<ol>
  <li>有序列表项 1</li>
  <li>有序列表项 2</li>
  <li>有序列表项 3</li>
  …
</ol>
```

使用 <ol></ol> 标记定义有序列表，每一个列表项前使用 <li></li>。每个项目都有前后顺序之分，多数用数字表示。

②图像标记。

在 HTML 中使用 <img/> 标记来定义图像，基本语法格式如下：

```
<img src = " 图像 URL"/>
```

其中，属性 src 用于指定图像文件的路径和文件名，它是 <img/> 标记的必需属性。

网页在引用需要的图像文件时，需要知道文件的位置，而表示文件位置的方法就是路径。网页中的路径通常分为绝对路径和相对路径，具体介绍如下：

● 相对路径：资源路径与打开页面有关联的路径叫相对路径。

● 绝对路径：资源路径与打开页面无关的路径叫绝对路径。

如果当前页面与引用资源在同一文件夹内则直接写资源名称；

如果引用资源在当前文件夹下一级的文件夹内则需写成：../ 文件夹名称 / 资源名称；

如果引用资源在当前文件夹上一级的文件夹内则需写成：../ 资源名称；

如果引用资源在当前文件夹上两级的文件夹内则需写成：../../ 资源名称。

图像标记更多的属性及描述如表 5-4 所示。

表5-4　\<img>标记属性

属性	属性值	描　述
src	URL	指定图像文件的路径
alt	文本	设置图像不能显示时的替换文本
title	文本	设置文本鼠标悬停时显示的内容
width	像素	设置图像的宽度
height	像素	设置图像的高度
border	数字	设置图像边框的宽度
vspace	像素	设置图像顶部和底部的空白（垂直边距）
hspace	像素	设置图像左侧和右侧的空白（水平边距）
align	left	设置将图像对齐到左边
	right	设置将图像对齐到右边
	top	设置将图像的顶端和文本的第一行文字对齐，其他文字居图像下方
	middle	设置将图像的水平中线和文本的第一行文字对齐，其他文字居图像下方
	bottom	设置将图像的底部和文本的第一行文字对齐，其他文字居图像下方

③超链接标记。

超链接是 HTML 文档的最基本特征之一。它能够在各个独立的页面之间方便地跳转，网页间通常都是通过链接方式相互关联的。当然，超链接除了可链接文本外，也可链接各种媒体，如声音、图像、动画，通过它们可感受丰富多彩的多媒体世界。

a. 创建超文本链接。

在 HTML 中创建超链接非常简单，只需用 \<a>\</a> 标记作用于需要被链接的文本即可。基本语法格式如下：

```
<a href = "链接目标" target = "目标窗口的弹出方式"> </a>
```

上述语法中，\<a> 标记是一个行内标记，用于定义超链接，href 和 target 为其常用属性。其中，href 用于指定链接目标的 url 地址，当标记 \<a> 应用 href 属性时，它就具有了超链接的功能；target 用于指定链接页面的打开方式，其取值有 _self 和 _blank 两种，_self 为默认值，指在原窗口中打开链接页面，_blank 为在新窗口中打开链接页面。

b. 创建图片链接。

在网页中，若将鼠标指针移到图片上，鼠标指针就变成了手形，单击就会打开链接页面，这样的链接就是图片链接。基本语法格式如下：

```
<a href = "链接地址" target = "目标窗口的弹出方式"><img src = "图片"/></a>
```

c. 创建锚点链接。

超链接除了可以链接到特定的文件和网站之外，还可以链接到本网页内部的特定内容。这可以使用 \<a> 标记的 name 或 id 属性，创建一个文档内部的书签。也就是说，可以创建指向文档片段的链接。基本语法格式如下：

```
<a name = " 锚点的名称 "></a>
```

利用锚点名称可以快速定位到目标内容。这个名称可以是数字或英文，或者两者的混合，最好区分大小写。同一个网页中可以有无数个锚点，但是不能有相同名称的两个锚点。建立锚点之后，就可以创建到锚点的链接，需要用 # 号以及锚点的名称作为 href 属性值。基本语法格式如下：

```
<a href = "# 锚点的名称 "> 引用内部书签 </a>
```

其中，在 href 属性后输入页面中创建的锚点的名称，可以链接到页面中不同的位置。一般网页内容比较多的网站会采用这种方法，比如电子书网页等。

d. 创建下载链接。

超链接 <a> 标记 href 属性用来指定链接目标，当然目标可以是各种类型的文件，当目标文件是浏览器能够识别的类型，则直接在浏览器中显示；如果不能识别，则会自动弹出一个新窗口，这就是文件下载窗口。可以通过这一功能实现用户对指定文件资源的下载。基本语法格式如下：

```
<a href = " 文件路径 / 文件名 " download = " 文件名 "></a>
```

e. 电子邮件链接。

当访问者单击某个链接以后，会自动打开电子邮件客户端软件，如 Outlook 或 Foxmail 等，浏览器会自动调用系统默认的邮件客户端程序，同时在邮件编辑窗口的收件人设置栏中自动添加收件人的地址，而其他的内容都是空白，留给访问者自行填写这个链接就是电子邮件链接。基本语法格式如下：

```
<a href = "mailto: 电子邮件地址 "></a>
```

④表格标记。

表格由行、列和单元格 3 部分组成，一般通过 3 个标记来创建，分别是表格标记 table、行标记 tr 和单元格标记 td。行表示表格中的水平间隔，列表示表格中的垂直间隔，单元格表示表格中行与列相交所产生的区域，如图 5-6 所示。

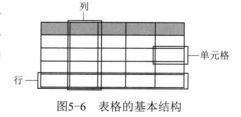

图5-6　表格的基本结构

基本语法格式如下：

```
<table>
  <tr>
    <td> 单元格内的文字 </td>
    <td> 单元格内的文字 </td>
  </tr>
  <tr>
    <td> 单元格内的文字 </td>
    <td> 单元格内的文字 </td>
  </tr>
</table>
```

<table> 标记和 </table> 标记分别表示表格的开始和结束，而 <tr> 和 </tr> 则分别表示行的开始和结束，必须嵌套在 <table></table> 标记中，在表格中包含几组 <tr></tr> 就表示该表格

为几行；<td> 和 </td> 分别表示单元格的开始和结束，必须嵌套在 <tr></tr> 标记中，有几组 <td></td> 就表示该行中有多少列。

为了使所创建的表格更加美观醒目，需要对表格的属性进行设置，主要包括表格的边框尺寸、表格的背景、表格的行属性、单元格属性等。表 5-5 为表格标记常用属性。

表5-5　表格标记常用属性

属 性	描 述
border	表格边框，如果不指定 border 属性，则不显示表格边框
bordercolor	表格边框颜色
bgcolor	表格背景颜色
background	表格背景图像
width，height	宽度，高度
align	表格在网页中的水平对齐方式
colspan	水平跨度，将两个或更多的相邻单元格组合成一个单元格
rowspan	垂直跨度，垂直方向上跨行
cellpadding	表格内文字与边框间距
cellspacing	表格内部每个单元格之间的间距

a. 设置表格背景。

添加表格背景是美化表格的一种最常用的方式。样例语法格式如下：

```
<table bgcolor = "yellow">
```

设置表格背景颜色为黄色，或者可添加一张图片作为背景，样例语法格式如下：

```
<table background = "images/1.jpg">
```

b. 合并单元格。

实际应用中，并不都是规范的表格，有时针对需求要将某些单元格进行合并。包含两个方向上的合并，上下和左右。分别要用到标记 <td> 的两个属性：

● rowspan 合并上下单元格，基本语法格式如下：

```
<td rowspan = " 数值 "> 单元格内容 </td>
```

其中，数值为共合并多少行单元格。

● colspan 合并左右单元格，基本语法格式如下：

```
<td colspan = " 数值 "> 单元格内容 </td>
```

其中，数值为共合并多少列单元格。

⑤表单标记。

表单主要用于收集用户在客户端提交的各种信息，可以说表单是用户和浏览器交互的重要媒介。其标记为 <form></form>。基本语法格式如下：

```
<form action = "url 地址 " method = " 提交方式 " name = " 表单名称 ">
```

```
各种表单控件
</form>
```

其中，action 用于指定处理表单数据的服务器程序的 URL 地址；method 属性用于设置表单数据的提交方式，取值为 get 或 post，get 为默认值，这种方式用户提交的数据将显示在浏览器的地址栏中，保密性差，而 post 方式则不会显示用户数据，保密性好；name 定义表单的名称，以区分同一页面中的多个表单。

表单是一个能够包含表单元素的区域。通过添加不同的表单元素，将显示不同的效果。表单元素是能够让用户在表单中输入信息的元素。常见的有文本框、密码框、下拉菜单、单选按钮、复选框等。

a. 单行文本输入框。

文本框是一种让访问者自己输入内容的表单对象，通常被用来填写信息或者进行简短的回答，如姓名、地址等。基本语法格式如下：

```
<input type = "text" name = "…" size = "…" maxlength = "…" value = "…">
```

其中，type="text" 定义文本输入框为单行；属性 name 定义文本框的名称，必须定义一个独一无二的名称；属性 size 定义文本框的宽度，属性值的取值单位是单个字符宽度；属性 maxlength 定义文本框最多输入的字符数；属性 value 定义文本框的初始值。

b. 多行文本输入框。

多行文本输入框主要用于需要输入较长的文本信息，利用情况说明或备注。基本语法格式如下：

```
<textarea name = "…" cols = "…" rows = "…" wrap = "…"></textarea>
```

其中，属性 name 定义多行文本框的名称，必须定义一个独一无二的名称；属性 cols 定义多行文本框的宽度，属性值的取值单位是单个字符宽度；相应的属性 rows 定义多行文本框的高度；属性 wap 用来实现自动换行，当用户输入的一行文本长于文本区的宽度时，浏览器会自动将多余的文字移到下一行，属性值为 virtual 或 physical。

c. 密码域。

密码输入框是一种特殊的文本域，主要用于输入一些保密信息。当用户输入文本时，文字会被星号或其他符号代替，而输入的文字会被隐藏，这样就增加了输入文本的安全性。基本语法格式如下：

```
<input type = "password" name = "…" size = "…" maxlength = "…">
```

其中，type="password" 定义输入框为密码框；属性 name 定义密码框的名称，必须定义一个独一无二的名称；属性 size 定义密码框的宽度，属性值的取值单位是单个字符宽度；属性 maxlength 定义最多输入的字符数。

d. 单选按钮。

单选按钮用于让网页浏览者在一组选项里只能选择一个。基本语法格式如下：

```
<input type = "radio" name = "…" value = "…">
```

其中，type="radio" 定义单选按钮；属性 name 定义单选按钮的名称，单选按钮都是以组为单位使用的，在同一组中的单选项都必须用同一个名称；属性 value 定义单选按钮的值，在同一组中，它们的值必须是不同的。

e. 复选框。

复选框用于让网页浏览者在一组选项里可以同时选择多个选项。基本语法格式如下：

```
<input type = "checkbox" name = "…" value = "…">
```

其中，type="checkbox" 定义输入框为复选框；属性 name 定义复选框的名称，在同一组中的复选框都必须用同一个名称；属性 value 定义复选框的值。

f. 列表框。

列表框主要用于在有限的空间里设置多个选项。列表框既可以用作单选，也可以用作复选。基本语法格式如下：

```
<select name = "…" size = "…" multiple = "…">
<option value = "…" selected>
…
</option>
</select>
```

其中，属性 size 定义下拉选择框的行数；属性 name 定义下拉选择框的名称；属性 multiple 表示可以多选，如果不设置本属性，则只为单选；属性 value 定义选择项的值；属性 selected 表示默认已经选择本选项。

g. 按钮。

普通按钮用于控制其他定义了处理脚本的处理工作。基本语法格式如下：

```
<input type = "button" name = "…" value = "…" onClick = "…">
```

其中，type="button" 定义普通按钮；属性 name 定义普通按钮的名称；属性 value 定义按钮的显示文字；属性 onClick 表示单击行为，也可以是其他事件（通过指定脚本函数来定义按钮的行为）。

提交按钮用来将输入的信息提交到服务器。基本语法格式如下：

```
<input type = " submit" name = "…" value = "…">
```

其中，type="submit" 定义提交按钮；属性 name 定义提交按钮的名称；属性 value 定义按钮的显示文字。通过提交按钮，可以将表单里的信息提交给表单内 action 所指向的文件。

重置按钮用来重新设置表单中输入的信息。基本语法格式如下：

```
<input type = "reset" name = "…" value = "…">
```

其中，type="reset" 定义重置按钮；属性 name 定义重置按钮的名称；属性 value 定义按钮的显示文字。通过重置按钮，可以将表单里的信息内容清空，重新填写。

3. 层叠样式表

1）层叠样式表简介

层叠样式表（Cascading Style Sheets，CSS）是一种用来表现 HTML 等文件样式的计算机语言。CSS 不仅可以静态地修饰网页，还可以配合各种脚本语言动态地对网页各元素进行格式化。CSS 能够对网页中元素位置的排版进行像素级的精确控制，支持几乎所有的字体字号样式，拥有对网页对象和模型样式编辑的能力。

CSS 样式表可以单独存放在一个 CSS 文件中，这样就可以在多个页面中使用同一个 CSS 样式表。CSS 样式表理论上不属于任何页面文件，在任何页面文件中都可以将其引用，这样就可以实现多个页面风格的统一。

CSS 基础语法：CSS 样式表由若干样式规则组成，这些样式规则可以应用到不同的元素或文档来定义它们显示的外观。每一条样式规则由 3 部分构成：选择符（selector）、属性（property）和属性值（value），基本语法格式如下：

```
selector{property: value}
```

参数说明：

selector 选择符可以采用多种形式，可以为文档中的 HTML 标记，例如 <body>、<table>、<p> 等，也可以是 XML 文档中的标记；

property 属性则是选择符指定的标记所包含的属性；

value 指定了属性的值。如果定义选择符的多个属性，则属性和属性值为一组，组与组之间用分号（;）隔开，基本语法格式如下：

```
selector{property1: value1; property2; value2; …}
```

CSS 样式表能很好地控制页面显示，以分离网页内容和样式代码，其方式通常包括行内样式、内嵌样式、链接样式和导入样式。其中，行内样式和内嵌样式不需新建专用 CSS 文件，但链接样式需建立一个专用的 CSS 文件。

（1）行内样式

行内样式是所有样式中比较简单、直观的方法，行内样式表是在 HTML 标记内部，就是直接把 CSS 代码添加到 HTML 的标记中，即作为 HTML 标记的属性标记存在。通过这种方法，可以很简单地对某个元素单独定义样式。

使用行内样式的方法是直接在 HTML 标记中使用 style 属性，该属性的内容就是 CSS 的属性和值。样例语法格式如下：

```
<p style = "color: yellow; font-size: 20px; font-weight: bold; "> 段落样式 </p>
```

（2）内嵌样式

内嵌样式就是将 CSS 样式代码添加到 <head> 与 </head> 之间，并且用 <style> 和 </style> 标记进行声明。这种写法虽然没有完全实现页面内容和样式控制代码完全分离，但可以设置一些比较简单的样式，并统一页面样式。样例语法格式如下：

```
<head>
 <style type = "text/css">
 p{
  font-size: 20px;
  font-weight: bold;
  color: yellow;
 }
 </style>
</head>
```

（3）链接样式

链接样式也称外部样式表，是 CSS 中使用频率最高也是最实用的方法。它是在页面的头部区域，使用标记链接一个外部的 CSS 文件来实现，它能很好地实现将"页面内容"和"样式风格代码"分离成两个甚至多个文件，实现了页面框架 HTML 代码和 CSS 代码的完全分离，使得前期制作和未来后期维护都变得很容易。

链接样式是指在外部定义 CSS 样式表并形成以 .css 为扩展名的文件，然后在页面中通过 <link> 链接标记链接到页面中，而且该链接语句必须放在页面的 <head> 标记区。样例语法格式如下：

```
<link rel = "stylesheet" type = "text/css" href = "1.css"/>
```

参数说明：

rel 指定链接到样式表，其值为 stylesheet。

type 表示样式表类型为 CSS 样式表。

href 指定了 CSS 样式表所在位置，此处表示当前路径下名称为 1.css 的文件。这里使用的是相对路径。如果 HTML 文档与 CSS 样式表没有在同一路径下，则需要指定样式表的绝对路径或引用位置。

外部样式表可以实现 CSS 代码在多个页面之间跨页引用，有效地简化了代码，也让网站中的页面存在统一的风格，是最常用的 CSS 文档引用方法。

（4）导入样式

导入样式和链接样式基本相同，都是创建个单独的 CSS 文件，然后再引入到 HTML 文件中，只不过语法和运行方式有差别。采用导入样式的样式表，在 HTML 文件初始化时，会被导入到 HTML 文件内，作为文件的一部分，类似于内嵌效果。而链接样式是在 HTML 标记需要样式风格时才以链接方式引入。

导入外部样式表是指在内部样式表的 <style> 标记中，使用 @import 导入一个外部样式表。样例语法格式如下：

```
<head>
<style type = "text/css">
@import "1.css"
</head>
```

2）CSS 的方法及属性

可利用 CSS 样式表中的方法及属性对网页中的任一部分内容进行设置。下面针对不同元素逐一讲解。

（1）文本

① 设置文字的字体。

font-family 属性用于指定文字字体类型，例如楷体、黑体、宋体等，即在网页中展示文字的不同字体。基本语法格式如下：

```
{font-family: name}
```

其中，name 为字体名称，按优先顺序排列，以逗号隔开，如果字体名称包含空格，例如 Times New Roman，则应使用双引号引起来：{font-family : "Times New Roman"}。

② 设置文字的字号。

在 CSS 新规定中，通常使用 font-size 设置文字大小，基本语法格式如下：

```
{font-size: 数值 }
```

其中，通过数值来定义字体大小，例如，用 font-size：20px 的方式定义字体大小为 20 像素。此外，还可以通过给定的 large 之类的属性值来定义字体的大小。font-size 属性值如表 5-6 所示。

表5-6 font-size属性值

属性值	描 述
small	小。绝对字体尺寸。根据对象字体进行调整变小
medium	正常。默认值。绝对字体尺寸。根据对象字体进行调整
large	大。绝对字体尺寸。根据对象字体进行调整变大
larger	相对字体尺寸。相对于父对象中字体尺寸进行相对增大。使用成比例的 em 单位计算
smaller	相对字体尺寸。相对于父对象中字体尺寸进行相对减小。使用成比例的 em 单位计算
length	百分数或由浮点数字和单位标识符组成的长度值，不可为负值。其百分数取值是基于父对象中字体的尺寸值

③ 设置文字的颜色。

在 CSS 样式中，通常使用属性 color 来设置颜色。其属性值通常使用下面的方式设定：

```
color：颜色值
```

④ 设置文字格式化样式。

● 属性 font-style 通常用来定义字体风格，即字体的显示样式。基本语法格式如下：

```
{font-style: normal|italic|oblique|inherit; }
```

其中，normal 为默认值，显示一个标准的字体样式；italic 显示为斜体的字体样式；oblique 将没有斜体变量的特殊字体显示为倾斜的字体样式；inherit 则是从父元素继承字体样式。

● 属性 font-weight 可以定义字体的粗细程度，基本语法格式如下：

```
{font-weight:100-900|bold|bolder|lighter|normal; }
```

属性 font-weight 有 13 个有效值，分别是 100 ~ 900、bold、bolder、lighter、normal 一共 9 个级别。默认值为 normal，bolder 为更粗的字体，lighter 为更细的字体。属性值设置为 100 ~ 900，值越大，加粗的程度就越高。

● 属性 text-decoration 是文本修饰属性，该属性可以为页面提供多种文本的修饰效果，例如下画线、删除线、闪烁等。基本语法格式如下：

```
{text: none|underline|blink|overline|line-through; }
```

其中，none 为默认值，对文本不做修改；underline、overline 分别为添加下画线和上画线效果；line-through 为删除线效果；blink 为闪烁效果。

⑤ 设置文本的水平对齐方式。

文本的对齐方式可以根据页面布局来选择，可以设置多种对齐方式，通过 text-align 属性进行设置。基本语法格式如下：

```
{text-align: sTextAlign; }
```

text-align 属性值如表 5-7 所示。

表5-7　text-align属性值

属性值	描　述
start	文本向行的开始边缘对齐
end	文本向行的结束边缘对齐
left	文本向行的左边缘对齐。垂直方向的文本中，文本在 left-to-right 模式下向开始边缘对齐
right	文本向行的右边缘对齐。垂直方向的文本中，文本在 left-to-right 模式下向结束边缘对齐
center	文本在行内居中对齐
justify	文本根据 text-justify 的属性设置方法分散对齐

⑥ 设置文本的行高。

属性 line-height 属性用来设置行间距，即行高。基本语法格式如下：

```
{line-height: normal|length;}
```

其中，normal 为默认行高，即标准行高；length 为百分比数值或由浮点数和单位标识符组成的长度值，允许为负值。

⑦ 设置文本的缩进效果。

在普通段落中，通常首行缩进两个字符，用来表示这是一个段落的开始。同样在网页的文本编辑中可以通过指定属性，来控制文本缩进。属性 text-indent 就是用来设定文本块中首行缩进的。基本语法格式如下：

```
{text-indent: length; }
```

其中，length 属性值表示由百分比数字或由浮点数字和单位标识符组成的长度值，允许为负值。属性 text-indent 有两种缩进方式：一种是直接定义缩进的长度；另一种是以定义百分比来实现缩进效果。

（2）图像

① 设置图像缩放。

使用 CSS 中的 max-width 和 max-height 缩放图像。max-width 和 max-height 分别用来设置图片宽度最大值和高度最大值。当图片的尺寸小于最大宽度或者高度，图片就按原尺寸大小显示。当图片默认尺寸超出了定义的大小，就以 max-width 所定义的宽度值显示，而图片高度则同比例变化，max-height 同理。

② 设置图片的对齐方式。

图片的对齐方式分为横向对齐与纵向对齐。所谓图片横向对齐，就是在水平方向上进行对齐，其对齐样式和文字对齐样式类似，也分为左、中、右。纵向对齐就是垂直对齐，通过设置图片垂直方向上数值，将图片和文字的高度设定为一致。属性 vertical-align 用来设置元素的垂直对齐方式，即定义行内元素的基线相对于该元素所在行的基线的垂直对齐。允许指定负长度值和百分比值，这会使元素降低而不是升高。在表的单元格中，这个属性也可以用来设置单元格框中单元格内容的对齐方式，基本语法格式如下：

```
{vertical-align: baseline|sub|super|top|text-top|middle|bottom|text-
```

```
bottom|length; }
```

vertical-align 属性值如表 5-8 所示。

表5-8　vertical-align属性值

属性值	描　述
baseline	支持 valign 特性的对象内容与基线对齐
sub	垂直对齐文本的下标
super	垂直对齐文本的上标
top	将支持 valign 特性的对象内容与对象顶端对齐
text-top	将支持 valign 特性的对象文本与对象顶端对齐
middle	将支持 valign 特性的对象内容与对象中部对齐
bottom	将支持 valign 特性的对象内容与对象底端对齐
text-bottom	将支持 valign 特性的对象文本与对象底端对齐
length	由浮点数和单位标识符组成的长度或者百分数，可为负数

③ 设置文字环绕图片效果。

网页中经常可见图文并茂，也就是将文字设置成环绕图片的形式，即文字环绕。文字环绕应用非常广泛，在 CSS 中，可以使用属性 float 定义该效果，它主要定义元素在哪个方向浮动，属性 float 除了用来设置文本环绕在图像周围，有时它也可以用来设置其他元素浮动。基本语法格式如下：

```
{float: none|left|right; }
```

其中，none 表示默认值对象不漂浮；left 表示文本流向对象的右边；right 表示文本流向对象的左边。

在实现文字环绕的基础上，进一步设置图片和文字之间的距离，即让文字与图片之间存在一定间距，而不是紧紧地环绕可以使用 CSS 中的属性 padding 来设置。它可以设置元素所有内边距的宽度，或者设置各边上内边距的宽度。行内非替换元素上设置的内边距不会影响行高计算。因此，如果一个元素既有内边距又有背景，从视觉上看可能会延伸到其他行，有可能还会与其他内容重叠。元素的背景会延伸穿过内边距，不允许指定负边距值。基本语法格式如下：

```
{padding: padding-top|padding-right|padding-bottom|padding-left; }
```

其中，padding-top 用来设置距离顶部的内边距；padding-right 用来设置距离右部的内边距；padding-bottom 用来设置距离底部的内边距；padding-left 用来设置距离左部的内边距。

④ 设置背景图片。

图片可以作为展示的一部分，更可以作为页面背景，有个性背景的网页，总是能吸引更多的浏览者。如果图片的大小大于或者刚好等于背景，则只需定义背景图片的路径就可以完成背景的设置，而当图片小于背景时，则需要 CSS 中的 background-repeat 属性来设置图片的重复方式，才能铺满整个页面。background-repeat 属性值如表 5-9 所示。

表5-9　background-repeat属性值

属　性　值	描　　述
repeat	背景图片水平和垂直方向都重复平铺
repeat-x	背景图片水平方向重复平铺
repeat-y	背景图片垂直方向重复平铺
no-repeat	背景图片任何方向都不重复平铺

（3）超链接

① 超链接基本样式。

伪类 CSS 本身定义的一种类，它可以很方便地为超链接定义在不同状态下的样式效果。基本语法格式如下：

```
selector: pseudo-class {property: value; }
```

CSS 类也可以使用伪类：

```
selector.class:pseudo-class {property:value; }
```

超链接伪类如表 5-10 所示。

表5-10　超链接伪类

伪　类	描　　述
a:link	定义超链接未被访问的样式
a:visited	定义超链接已被访问过的样式
a:hover	定义鼠标在超链接悬停时的样式
a:active	定义超链接被选中的时的样式（在鼠标单击与释放之间发生的事件）

② 设置超链接的背景图。

一个普通的超链接，既可以文本显示，又可以图片显示。当然，还可以将图片作为背景图添加到超链接里，这样超链接会显得更加精美。为超链接添加背景图片，通常使用 background-image 属性来完成。

③ 设置超链接鼠标效果。

有时在单击超链接时会有一些特殊的效果，比如鼠标悬停会有超链接突出的效果，或者鼠标按下超链接会有下凹的效果，那么这些有趣的效果都是如何实现的呢？

其实很简单，可以利用 CSS 中的 a：hover、a：visited，当鼠标经过或者单击超链接时，将链接向下或者向右平移一个或两个像素，就会出现上述效果。

对属性 border-top、border-bottom，border-left、border-right 的属性值做平移像素的设置即可实现上述效果。样例语法格式如下：

```
<style>
…
a: hover{
        border-top: 1px;
```

```
        border-bottom: 1px;
        border-left: 1px;
        border-right: 1px;
        }
        …
</style>
```

④ 设置导航栏超链接。

CSS 可以将超链接美化为指定样式的导航栏菜单，可以制作垂直菜单或者水平菜单，其中垂直菜单就是将前面介绍的文本列表再定义超链接实现的。样例语法格式如下：

```
<body>
<div id="navigation">
<ul>
  <li><a href="#"> 网站首页 </a>        </li>
  <li><a href="#"> 菜单一 </a>      </li>
  <li><a href="#"> 菜单二 </a>      </li>
  <li><a href="#"> 菜单三 </a>      </li>
  <li><a href="#"> 菜单四 </a>      </li>
  <li><a href="#"> 菜单五 </a>      </li>
</ul>
<div>
</body>
```

这里 <div> 是层叠样式表单元的位置和层次，全称 DIVision，即为划分。有时也称其为图层。<div> 标签可以把文档分隔为独立的部分。

<div> 是用来为 HTML 文档内大块的内容提供结构和背景的元素。它是一个块级元素。可以通过 <div> 的 class 或 id 应用额外的样式。对同一个 <div> 元素同时应用 class 和 id 属性，但是更常见的情况是只应用其中一种。这两者的主要差异是 class 用于元素组（类似的元素，或者可以理解为某一类元素），而 id 用于标识单独的特定的元素。如上例中 id="navigation" 则是为列表超链接提供特定的设置。

水平菜单要利用 CSS 的 float 属性设置才能完成。样例语法格式如下：

```
div li{float: left; }
```

当 float 属性值为 left 时，导航栏为水平显示，其他设置与垂直菜单样例相同。

（4）表单元素

定义表单元素的背景色可以使用 background-color 属性，这样可以使表单元素不那么单调。样例基本语法格式如下：

```
input{
    background-color: #ADD8E6;
}
```

上面的代码设置了 input 表单元素的背景色均为亮蓝色。除此之外，还可以设置文本输入框的边框、填充、聚焦等。当然，对于其他表单元素（如按钮），CSS 也可以对其美化。

4．网页脚本语言 JavaScript

1）JavaScript 简介

JavaScript 是基于对象和事件驱动并具有相对安全性的客户端脚本语言，同时也是一种广泛用于客户端 Web 开发的脚本语言，常用来给 HTML 网页添加动态功能，比如响应用户的各种操作。JavaScript 可以弥补 HTML 的缺陷，实现 Web 页面客户端动态效果，其主要作用如下：

① 动态改变网页内容。HTML 是静态的，一旦编写，内容是无法改变的。JavaScript 能弥补这种不足，可以将内容动态地显示在网页中。

② 动态改变网页的外观。JavaScript 通过修改网页元素的 CSS 样式，达到动态地改变网页的外观。例如，修改文本的颜色、大小等属性，图片的位置动态地改变等。

③ 验证表单数据。为了提高网页的运行效率，用户在填写表单时，可以在客户端对数据进行合法性验证，验证成功之后再提交到服务器上，进而减少服务器的负担和网络带宽的压力。

④ 响应事件。JavaScript 是基于事件的语言，因此可以响应用户或浏览器产生的事件。只有事件产生时才会执行某段 JavaScript 代码，如当用户单击计算按键时程序才显示运行结果。常用的 Java Script 响应事件如表 5-11 所示。

表5-11　常用的JavaScript响应事件

对　象　名	功　能　描　述	静态动态性
Object	使用该对象可以在程序运行时为 JavaScript 对象随意添加属性	动态对象
String	用于处理或格式化文本字符串以及确定和定位字符串中的字符串	动态对象
Date	使用 Date 对象执行各种日期和时间的操作	动态对象
Event	用来表示 JavaScript 的事件	静态对象
FileSystemObiect	主要用于实现文件操作功能	动态对象
Drive	主要用于收集系统中的物理或逻辑驱动器资源中的内容	动态对象
File	用于获取服务器端指定文件的相关属性	静态对象
Folder	用于获取服务器端指定文件夹的相关属性	静态对象

JavaScript 有两种方式：一种是在 HTML 文档中直接嵌入 JavaScript 脚本，称为内嵌式；另一种是链接外部 JavaScript 脚本文件，称为外链式。

（1）内嵌式

在 HTML 文档中，通过 <script> 标记及其相关属性可以引入 JavaScript 代码。当浏览器读取到 <script> 标记时，就解释执行其中的脚本语句。基本语法格式如下：

```
<head>
<script type="text/javascript">
…
</script>
</head>
```

其中，type 属性用来指定 HTML 文档引用的脚本语言类型，当 type 属性的值为 text/javascript 时，表示 <script></script> 元素中包含的 JavaScript 脚本。通常，将 <script></script> 元素放在 <head> 和 </head> 之间，称为头脚本；也可以将其放在 <body> 和 </body> 之间，称为体脚本。

（2）外链式

当脚本代码比较复杂或者同一段代码需要被多个网页文件使用时，可以将这些脚本代码放置在一个扩展名为 .js 的文件中，然后通过外链式引入该 .js 文件。

在 Web 页面中使用外链式引入 JavaScript 文件的基本语法格式如下：

```
<script type = "text/javascript" src = "js 文件的路径"></script>
```

2）网页嵌入 JavaScript

网页是由浏览器的内置对象组成的，如单选按钮、列表框、多选框等，事件是 JavaScript 与对象之间进行交互的桥梁，当某个事件发生时，通过它的处理函数执行相应的 JavaScript 代码，从而实现不同的功能。

（1）事件的概念

采用事件驱动是 JavaScript 语言的一个最基本的特征。所谓事件，是指用户在访问页面时执行的操作。当浏览器探测到一个事件（如单击鼠标或按键）时，它可以触发与这个事件相关联的 JavaScript 对象。

说到事件就不得不提到"事件处理"。事件处理是指与事件关联的 JavaScript 对象，当与页面特定部分关联的事件发生时，事件处理器就会被调用。事件处理的过程通常分为 3 步，具体步骤如下：

① 发生事件。
② 启动事件处理程序。
③ 事件处理程序做出响应。

值得一提的是，在上面的事件处理过程中，要想事件处理程序能够启动，必须调用事件处理。

（2）事件处理程序的调用

在使用事件处理程序对页面进行操作时，最主要的是如何通过对象的事件来调用事件处理程序。在 JavaScript 中，调用事件处理程序的方法有两种，具体如下：

① 在 JavaScript 中调用事件处理程序。在 JavaScript 中调用事件处理程序，首先需要获得处理对象的引用，然后将要执行的处理赋值给对应的事件。

② 在 HTML 中调用事件处理程序。在 HTML 中分配事件处理程序，只需要在 HTML 标记中添加相应的事件，并在其中执行要执行的代码或函数名即可。

（3）鼠标事件

鼠标事件是指通过鼠标动作触发的事件，鼠标事件有很多。JavaScript 中常用的鼠标事件如表 5-12 所示。

表5-12 JavaScript中常用的鼠标事件

事　件	事　件　描　述
onclick	鼠标单击时触发此事件
ondblclick	鼠标双击时触发此事件

续表

事 件	事 件 描 述
onmousedown	鼠标按下时触发此事件
onmouseup	鼠标弹起时触发此事件
onmouseover	鼠标移动到某个设置了此事件的元素上时触发此事件
onmousemove	鼠标移动时触发此事件
onmouseout	鼠标从某个设置了此事件的元素上离开时触发此事件

其中，常用的是 onclick，例如，当单击某个按钮时，会弹出一个对话框；在任何元素上都可以添加按钮。

在 JavaScript 中鼠标的移入和移除，分别使用 onmouseover 和 onmouseout 表示。其实这两个事件是比较友好的，一般是不会分开使用，可以共同控制鼠标，实现移入和移除两个状态。例如，在菜单栏中，鼠标放在一级导航上会出现二级下拉菜单，鼠标移除，二级菜单会自动收起。

在 JavaScript 中使用 onmousedown 和 onmouseup 表示按下和松开。onmousedown 是表示鼠标按下发生的事件，onmouseup 是表示松开发生的事件。然而，在实际开发当中，这两个事件很少使用。

5.1.3 教学课程网站首页制作

为了使初学者更好地认识网页，打开 Internet Explorer 浏览器，在地址栏输入网址 http://news.baidu.com/，按【Enter】键，这时浏览器中显示的页面即为百度新闻页面，如图 5-7 所示。可见，网页常见的构成元素有文本、图像、超链接、表格、表单、导航栏、动画等。

图5-7　百度新闻首页效果

一个简单网站其实就是一个网页文件。这个网页文件中有一系列非常简单的指令，用于指定什么会出现在网页上，大部分网络内容都是单词或者字母，也称文本。除此之外，在网站中还可以添加图片、音乐、动画、导航菜单等。其中，用于浏览器的指令文件只会在用户使用文本编辑器打开并且手动修改它时才会改变，否则它会始终显示相同的内容，这样的网站称为静态网站，平时所说的简单网页正是这种网页。

编写 HTML 文件有两种方式：一种是自己写 HTML 文件，事实上这并不困难，也不需要特别的技巧；另一种是使用一些 HTML 编辑器或软件，它可以辅助制作者来完成编写工作。

下面先尝试自己编写制作一个简单 HTML 文件，具体操作步骤如下：

① 单击桌面上的"开始"按钮，选择"所有程序"→"附件"→"记事本"命令，打开记事本程序，输入下面的 HTML 代码：

```
<html>
<head>
<title> 我的网页 </title>
</head>
<body>
     这是我编写的第一个简单网页！
</body>
</html>
```

② 编辑完 HTML 文件后，选择"文件"→"保存"命令或按【Ctrl+S】组合键，在弹出的"另存为"对话框中，选择"保存类型"，保存为 .html 或 .htm 文件，再双击打开保存的网页文件，显示效果如图 5-8 所示。

图5-8　简单网页效果

在这个网页的基础上，可以通过添加标记或修改标记属性使得页面更加整齐美观、结构清晰。

1. HTML 控制标记

HTML 提供了一系列的控制标记，可将其分为文本、图像、超链接、表格和表单 5 个类别。

（1）文本控制标记

文本标记是最常用的标记。下面先来看一下原文的显示效果，如图 5-9 所示。

图5-9　未使用标记控制的原文效果

在页面中添加换行标记
、段落标记 <p>、列表标记（有序 <ol> 和无序 <ul>），对原本杂乱的页面内容进行有序编排，使其更加结构化和条理化。页面效果如图 5-10 所示。

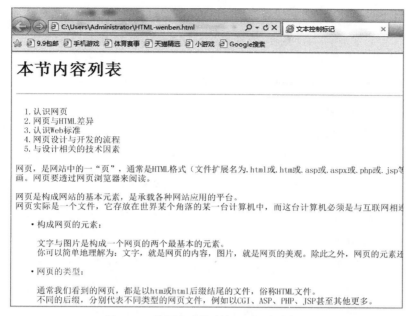

图5-10 使用文本控制标记的页面效果

上述页面的源代码如下：

```
<body>
<h1> 本节内容列表 </h1>
<hr/>
<ol>
    <li> 认识网页 </li>
    <li> 网页与 HTML 差异 </li>
    <li> 认识 Web 标准 </li>
    <li> 网页设计与开发的流程 </li>
    <li> 与设计相关的技术因素 </li>
</ol>
    <p> 网页，是网站中的一"页"，通常是 HTML 格式（文件扩展名为 .html 或 .htm 或 .asp 或
.aspx 或 .php 或 .jsp 等）。网页通常用图像档来提供图画。网页要透过网页浏览器来阅读。</p>
    网页是构成网站的基本元素，是承载各种网站应用的平台。<br/>
    网页实际是一个文件，它存放在世界某个角落的某一台计算机中，而这台计算机必须是与互联网相
连的。<br/>
    <ul>
    <li> 构成网页的元素：</li>
    <p> 文字与图片是构成一个网页的两个最基本的元素。<br/> 你可以简单地理解为：文字，就是网
页的内容，图片，就是网页的美观。除此之外，网页的元素还包括动画、音乐、程序等等。</p>
    <li> 网页的类型：</li>
    <p> 通常我们看到的网页，都是以 htm 或 html 后缀结尾的文件，俗称 HTML 文件。<br/> 不同
的后缀，分别代表不同类型的网页文件，例如以 CGI、ASP、PHP、JSP 甚至其他更多。</p>
    </ul>
</body>
```

可以通过修改上述 HTML 代码来实现下面多行文本排版的预览效果，如图 5-11 所示。

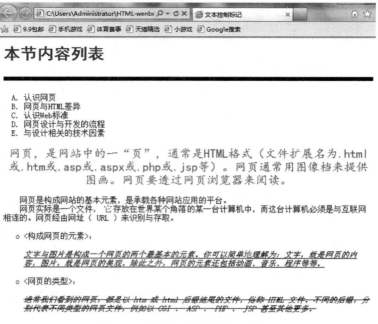

图5-11　多行文本排版的网页效果

在给定的源代码中加入了标题标记 <hn>（n=1，2，3，4，5，6）、水平线标记 <hr/>、文本样式标记 <font>、文本格式化标记、特殊文本标记等以达到页面的预期效果。

（2）图像控制标记

在浏览网页时常常会被网页中的图像所吸引，巧妙地在网页中使用图像可以为网页增色不少。常用的图像格式有 JPG 格式、PNG 格式、GIF 格式。下面通过图像标记来插入一张图片，如图 5-12 所示。

图5-12　未使用控制标记的原图效果

在上例中只插入了一张原始尺寸大小的图片，可以通过修改图像标记属性 width 和 height 来改变该图片的大小，还可以通过属性 align 来对文字和图片的位置进行排列，如图 5-13 所示。

上述页面的源代码如下：

```
<body>
原图：<img src = "images/img1.jpg">
宽度200、高度300：<img src = "images/img1.jpg" width = "200" height = "200">
<h3>未设置对齐方式的图像：</h3>
<p>文本在图像<img src = "images/logo.gif"></p>
<h3>已设置对齐方式的图像：</h3>
<p>文本在图像<img src = "images/logo.gif "align = "top">顶部</p>
<p>文本在图像<img src = "images/logo.gif "align = "middle">中部</p>
<p>文本在图像<img src = "images/logo.gif "align = "bottom">底部</p>
</body>
```

代码中的路径采用的是相对路径，大家可以试试看将其改为绝对路径的写法。

除此之外，还可以根据需要将图像设置为网页的背景。JPG 和 GIF 格式图像文件均可用做背景，如果图像小于页面，图像会进行重复平铺。代码格式如下：

```
<body background= " 图像 URL" >
```

图5-13　使用图像控制标记的网页效果

可以通过修改上述 HTML 代码来实现多图片排版的预览效果，如图 5-14 所示。

图5-14　多图片排版的网页效果

在给定的源代码中添加了水平线标记 <hr/>，使得文档中图像排列层次分明，并利用图像标记的属性 border、width、height、vspace 对页面中的图像进行了设置，修改属性 align 完成对图像及其文字说明的排列，以达到页面的预期效果。

（3）超链接标记

一个网站通常由多个页面组合而成，如果想从首页跳转到其他页面，就需要在首页相应的位置添加超链接。先利用超链接标记来制作一个有关教材目录介绍的网页，如图 5-15 所示。

图5-15　使用超链接控制标记的教材目录网页效果

上述页面源代码如下：

```
<body>
<h2> 所需相关教材：
<hr size = "5"color="black">
<ul>
  <li><a href = "lianjie/1.html"> 网页设计与制作 (HTML+CSS)</a></li>
  <li><a href = "lianjie/2.html">PHP 程序设计基础教程 </a></li>
  <li><a href = "lianjie/3.html">Java 基础入门 </a></li>
  <li><a href = "lianjie/4.html">C 语言开发入门教程 </a></li>
  <li><a href = "lianjie/5.html">Photoshop CS6 图像设计案例教程 </a></li>
</ul>
</h2>
</body>
```

浏览网页时，为了提高信息的检索速度，常需要用到 HTML 语言中的一种特殊超链接——锚点链接，它属于超链接的一种。通过创建锚点链接，用户能够快速定位到目标内容。下面通过修改上述 HTML 代码来实现锚点链接页面。

首先把所有教材的介绍说明都复制到目录页面中，如图 5-16 所示。

然后，利用"<a href="#id 名 "> 链接文本 </a>"创建链接文本，其中 href="id 名 " 用于指定链接目标的 id 名称，然后使用相应的 id 名标注跳转目标的位置。当单击"所需相关教材"下的任一链接时，页面会自动定位跳转到相应内容的介绍说明部分。例如，单击"PHP 程序设计基础教程"，页面直接跳转将相应的内容并将其置顶，效果如图 5-17 所示。

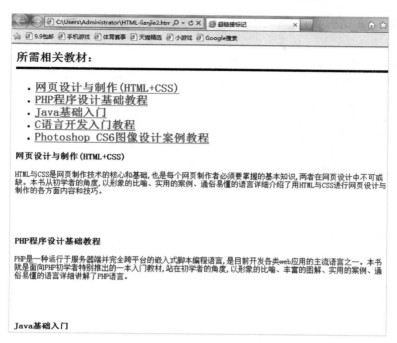

图5-16 锚点超链接的网页效果

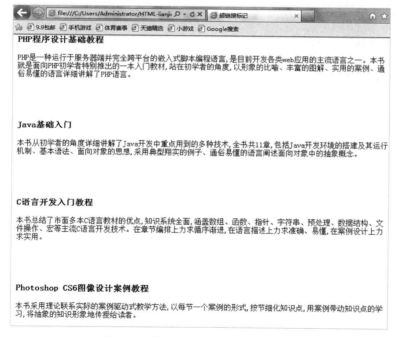

图5-17 单击锚点超链接的网页效果

超链接除了可添加文本链接外，也可添加很多不同类型的链接。例如，可将上例中目录的文本超链接变为每本教材的封面图像超链接，并加入下载链接，为用户提供教材章节介绍的Word 文档下载，或者为用户添加教材作者的电子邮件链接。还有多媒体文件链接等，大家可以尝试将多种不同的链接添加到网页中，使得页面更加丰富多彩。

（4）表格标记

在网页制作中，表格起着十分重要的作用，除了用来对齐数据之外，更多的是用来进行网页排版，使一些数据信息更容易被用户浏览。我们先来看一个未排版的表格结构的效果，如图 5-18 所示。

课时统计表						
计算机网络基础	网页设计			程序设计		网络安全
2课时	HTML	CSS	JavaScipt	C语言程序设计	Java程序设计	4课时
	6课时	4课时	4课时	12课时	8课时	
	共14课时			共20课时		
总计共40课时						

图5-18　错误表格结构的效果

上述页面的源代码如下：

```
<table border = "1">
  <tr>
    <td> 课时统计表 </td>
    <td></td><td></td><td></td><td></td><td></td><td></td>
  </tr><tr>
    <td> 计算机网络基础 </td>
    <td> 网页设计 </td><td></td><td></td>
    <td> 程序设计 </td><td></td>
    <td> 网络安全 </td>
  </tr><tr>
    <td>2 课时 </td>
    <td>HTML</td>
    <td>CSS</td>
    <td>JavaScipt</td>
    <td>C 语言程序设计 </td>
    <td>Java 程序设计 </td>
    <td>4 课时 </td>
  </tr><tr>
    <td></td>
    <td>6 课时 </td>
    <td>4 课时 </td>
    <td>4 课时 </td>
    <td>12 课时 </td>
    <td>8 课时 </td>
    <td></td>
  </tr><tr>
    <td></td>
    <td> 共 14 课时 </td><td></td><td></td>
    <td> 共 20 课时 </td><td></td><td></td>
  </tr><tr>
    <td  colspan = "7">总计共 40 课时 </td>
  </tr>
</table>
```

可以看出，上述表格的结构存在一些问题，该合并的没有合并，从布局上看也显得十分凌乱。下面通过修改上述 HTML 代码来美化表格，实现表格结构排版，预览效果如图 5-19 所示。

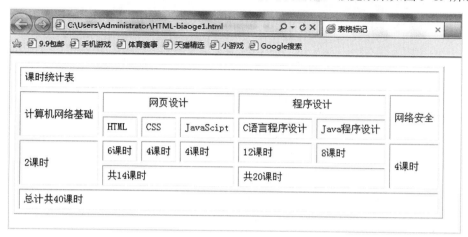

图5-19　正确表格结构的效果

要实现上述效果，可以通过修改表格 <table> 标记的属性边框 border、表格内间距 cellpadding、单元格间距 cellspacing 以及单元格标记 <td> 的属性水平跨度 colspan 和垂直跨度 rowspan 等属性来重新设置表格结构，使整个表格更加美观。

除此之外，还可以通过属性 bordercolor、bgcolor 设置表格的边框颜色和背景颜色，属性 background 给表或者单元格内添加背景图片，如图 5-20 所示。

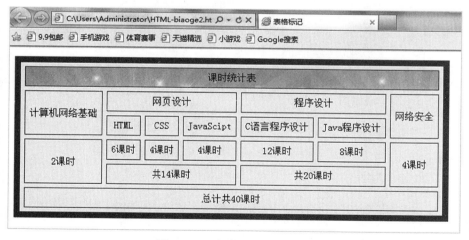

图5-20　添加背景的表格效果

在图 5-20 中通过属性 bgcolor="#EBEFFF" 将表内的背景颜色进行修改。在表的第一行添加了图片 background="images/bg.jpg" 作为背景。

（5）表单标记

表单在互联网上随处可见，用户可以利用表单往客户端提交的各种信息。例如，用户在网站上提交的登录和注册信息，就是通过表单作为载体传递给服务器的，可以说表单是用户和浏览器交互的重要媒介。一个完整的表单通常是由表单控件（也称表单元素，包含用户名输入框、密码输入框、提交按钮等)、提示信息和表单域(容纳表单控件和提示信息)3 部分构成的。一个简单的 HTML 表单结构如图 5-21 所示。

图5-21　简单的HTML表单结构

上述页面的源代码如下:

```
<form method = "post" >
<p> 用户名:
<input type = "text" class = txt size = "12" maxlength = "20" name =
"username"/>
</p><p> 性别:
<input type = "radio" name = "sex" value = "male" />男
<input type = "radio" name = "sex" value = "female" />女
</p><p> 年龄:
<input type = "text" class = txt name = "age"  />
</p><p> 密码:
<input type = "text" class = txt size = "12" maxlength = "20" name =
"username"/>
</p><p> 确认密码:
<input type = "text" class = txt size = "12" maxlength = "20" name =
"username"/>
<p> 联系电话:
<input type = "text" class = txt name = "tel" />
</p><p> 电子邮件:
<input type = "text" class = txt name = "email" />
</p><p>
<input type = "submit" name = "submit" value = " 注册 " class = but />
<input type = "reset" name = "reset" value = " 重填 " class = but  />
</p>
</form>
```

下面大家来练练手,通过修改上述 HTML 代码来实现注册页面,预览效果如图 5-22 所示。从图 5-22 中可看出,表单元素都被放置在表格内,这样的布局结构看上去十分整齐,又加入了单选按钮、复选框、下拉选择框等表单元素丰富了用户采集信息的内容。最后添加了背景图片,使得网页看上去更加美观。

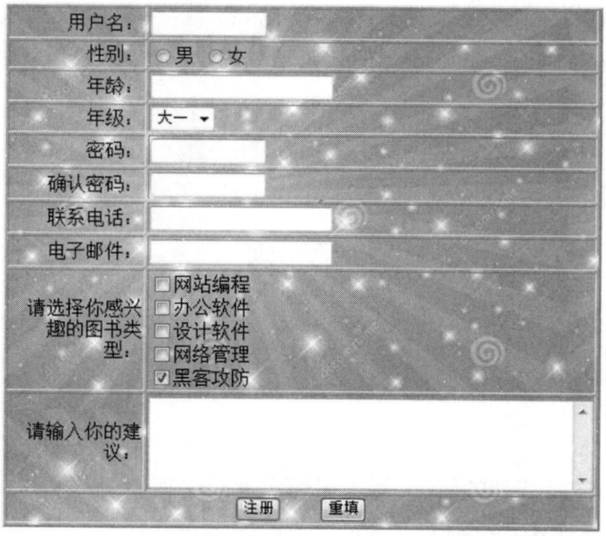

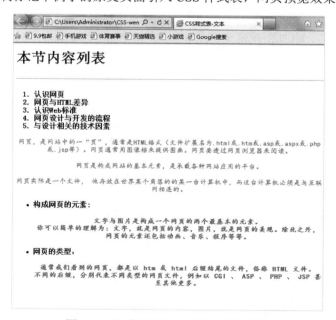

图5-22　多种表单元素构成的表单结构效果

至此，已经能够通过上面练习的内容制作一个简单的网页。

2. 层叠样式表 CSS

使用 HTML 修饰页面时，存在着很大的局限和不足，例如维护困难、不利于代码的阅读等。如果希望网页升级轻松、维护方便，就需要使用 CSS 层叠样式表来实现结构和表现的分离。CSS 控制 HTML 页面达到好的样式效果，其方式通常包括行内样式、内嵌样式、链接样式和导入样式。

下面将文本控制标记中例子的原文页面引入 CSS 样式表，网页预览效果如图 5-23 所示。

图5-23　文本控制标记文章的网页效果

我们采用的是内嵌样式的形式，只需在头标记 <head></head> 中引入 CSS 样式代码，就可实现上述效果，而不需要将所有属性设置的代码一一列出。CSS 样式代码如下：

```
<style type = "text/css">
p{
    font-family: 楷体 ;
    color: red;
    text-align: center;
    font-size: 15px;
}
li{
    font-weight: bolder;
  }
</style>
```

可以利用 CSS 字体属性中的 font-family 更改文本字体，利用 font-size 修改文本尺寸，利用 font-weight 设置文本粗细，还可以利用文本属性实现对页面中段落文本的控制。下面通过修改上述 CSS 源代码来实现样式表控制文本网页，如图 5-24 所示。

图5-24　CSS美化文章的网页效果

样式表形式的引入大大缩短了改版时间，只需简单修改几个 CSS 文件就可以重新设计成百上千的页面，这解决了统一网站各个页面风格的问题。

CSS 不但可以美化网页中的字体与段落，更有很多属性用来美化图像。比如，可使用 CSS 中的 max-width 和 max-height 批量地缩放图片，样式代码如下：

```
<style>
img{
    max-width: 50%;
    max-height: 300px;
}
</style>
```

　　大部分网页中出现最多的就是文字和图片。图文并茂的网页用文字说明主题，用图像显示出内容情景，这样更能够生动地表达主题。一个凌乱的图文网页，是每一个浏览者都不喜欢看到的，而一个图文排版格式整齐简约的页面，更容易让网页浏览者接受。

　　网页中进行排版时，通常将文字设置成环绕图片的形式，即文字环绕。文字环绕应用非常广泛，CSS 中可以使用 float：none|left|right; 属性定义该效果，使文本围绕在图像周围。下面大家来练练手，通过编写 CSS 样式表代码来实现图文混排页面，如图 5-25 所示。

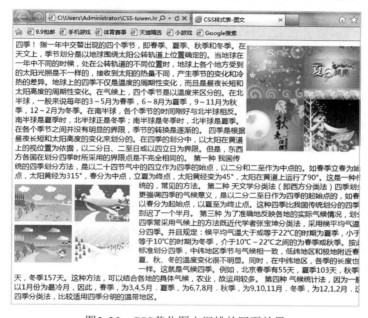

图5-25　CSS美化图文混排的网页效果

　　如果想使图像和文字之间存有一定的距离，而不是紧紧地环绕，可以使用 CSS 中的 padding 属性来设置图像与文字之间间距数值，如 padding-top：10px;。

　　一般情况下，超链接是由 <a></a> 标记组成，它可以是文字或图片，添加了超链接文字具有自己的样式，从而和其他文字相区别，其中默认链接样式为蓝色文字，有下画线。利用 CSS 可以修饰超链接，从而达到美观的效果。

　　可以利用超链接的基本样式对其进行设置。例如，可将超链接设置为当鼠标指针停留在超链接上方时，显示为橘色，并带有下画线；鼠标不停留的不带下画线，颜色显示为灰色，预览效果如图 5-26 所示。

图5-26　CSS美化超链接的网页效果

　　上述页面的源代码如下：

```
<head>
```

```
<title>CSS 样式表－超链接</title>
<style>
a{
   color: #545454;
   text-decoration: none; }
a: link{
   color: #545454;
   text-decoration: none; }
a: hover{
   color: #f60;
   text-decoration: underline; }
a: active{
   color: #FF6633;
   text-decoration: none; }
</style>
</head>
<body><center>
<a href=#> 返回首页 </a>|<a href=#> 成功案例 </a>
<center>
</body>
```

每一个网站的首页都存在一个导航栏，作为浏览者跳转的入口。导航栏一般由超链接创建。当然，可以利用上一节的知识，轻松做出一行超链接来作为导航栏，但是无论的样式还是布局都过于简陋了。通过 CSS 样式的设置可以制作出各种各样的导航栏，可以包括文字、背景图片和边框变化。下面大家来练练手，通过编写 CSS 样式表代码来实现导航栏页面，如图 5-27 所示。

图5-27　CSS制作导航栏菜单的网页效果

上面的导航栏是水平方向排列的，要求鼠标指针放到导航栏的某一个超链接上时，颜色变为黄色，当单击导航栏的一个超链接时，颜色变为紫色，关键代码如下：

```
div ul {
    list-style-type: none;
}
div li {
    float: left;
}
div li a{
    display: block;
    padding: 5px 5px 5px 0.5em;
}
div li a: hover{
    color: #ffff00;
}
```

在网页中，表单元素的背景色默认都是白色的，这样的背景色不能美化网页，所以可以使用 background-color 属性定义表单元素的背景色，如图 5-28 所示。

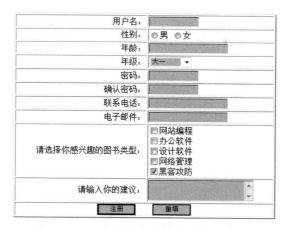

图5-28　CSS美化表格表单注册的网页效果

这是将表单标记中的例子利用 CSS 进行了背景色的设置。关键代码如下:

```
<style>
input.txt{
    border: 1px inset #cad9ea;
    background-color: #ADD8E6;
}
.button{
    background-color: #ADD8E6;
    border: 2px solid black;
    color: black;
    font-size: 10pt;
    cursor: pointer;
    width: 15%;
  }
select{
    width: 80px;
    color: #00008B;
    background-color: #ADD8E6;
    border: 1px solid #cad9ea;
}
textarea{
    width: 200px;
    height: 40px;
    color: #00008B;
    background-color: #ADD8E6;
    border: 1px inset #cad9ea;
}
</style>
```

还可以对提交按钮进行美化设置,改变颜色、边框,以及设置鼠标指针滑过、单击后的效果。下面就先来制作一个个性化按钮,如图 5-29 所示。

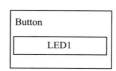

图5-29　CSS制作个性化按钮效果

关键代码如下：

```
<style>
input.button{
            display: block;
            border: 2px solid black;
            margin: 5px 5px 5px 5px;
            width: 160px;
            height: 45px;
            font-size: 18pt;
            color: black;
            background-color: white;
}
</style>
```

下面大家来练练手，通过学习上一部分 CSS 样式表中导航栏的部分编写代码来实现单击按钮页面，要求单击按钮颜色变红，如图 5-30 所示。

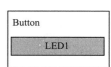

图5-30　单击个性化按钮效果

3. 网站首页的制作

通过上面 HTML 和 CSS 的介绍，基本可以实现制作编写教学课程网站的首页了。下面从页面布局设计、内容编排、表现设计以及部分交互与动态效果设计等多个方面来完成网站首页的设计。分步骤介绍如下：

1）页面布局设计

根据图 5-31 所示页面效果，设计网站首页的结构。

图5-31　网站首页样例效果

2）内容编排

根据图 5-31 对内容进行设计编排，页面的结构采用表格的布局，使得网页整体效果看起来整齐、清晰。根据图 5-32 所示，设计每一个分区内容、表现及互动效果。

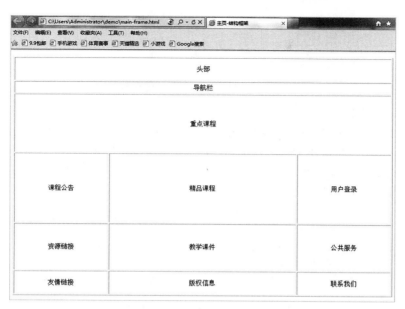

图5-32　网站内容编排分区

利用百分比的形式给 width、height 赋值，使得页面布局更具整体性，页面源代码如下：

```
<table  align = "center" border = "1" width = "100%" height = "100%">
  <tr align = "center" height = "10%">
    <td  colspan = "3" >头部 </td>
  </tr><tr align = "center" height = "5%">
    <td  colspan = "3" >导航栏 </td>
  </tr><tr align = "center" height = "25%">
    <td  colspan = "3" >重点课程 </td>
  </tr><tr align = "center" height = "25%">
    <td  width = "25%" >课程公告 </td>
    <td  width = "50%">精品课程 </td>
    <td  width = "25%" >用户登录 </td>
</tr><tr align = "center" height = "25%">
    <td  width = "25%" >资源链接 </td>
    <td  width = "50%">教学课件 </td>
    <td  width = "25%" >公共服务 </td>
</tr><tr align = "center" height = "10%">
    <td  width = "25%" >友情链接 </td>
    <td  width = "50%">版权信息 </td>
    <td  width = "25%" >联系我们 </td>
  </tr>
</table>
```

（1）头部设计

头部包含课程题目背景和中英文页面两部分。插入图片作为课程网站题目，background ="images/ top.jpg"。编写超链接 <a href="index.html"> 中文版 </a> ｜ <a href="english.html" target="_blank"> ENGLISH</a>，实现中英文网站的切换。预览效果如图 5-33 所示。

图5-33　网站首页头部设计效果

（2）导航菜单栏设计

导航菜单栏包含水平导航菜单栏和站内搜索栏。菜单栏水平排列，主要包含首页、课程简介、教学案例、教学成果、资源下载、题库训练、在线答疑、学生园地。要求当鼠标指针放到导航栏的某一个超链接上时，颜色变为黄色，当单击导航栏的一个超链接时，颜色变为紫色，如图 5-34 所示。搜索栏设计为了便于网站访问者检索信息，利用表单和按钮控件实现。

图5-34　网站首页导航菜单栏设计效果

针对每个菜单内容进一步编写相应的超链接网页。例如，课程简介主要编写各个课程的简单介绍以及这门课程的培养方案以及课程标准；教学案例将课上以及课程相关的案例进行分类编排，方便学员在线查阅；资源下载主要为学员提供实验相关软件的下载等。页面源代码如下：

```
<tr align = "center" height = "5%" bgcolor = "#B0E0E6">
    <td  colspan = "2" >
    <style>
    div ul{list-style-type: none;}
    div li {float: left;}
    div li a: hover{color: #ffff00;}
    </style>
    <div id = "navigation">
    <ul>
      <li    align = "center">
      <li><a href = "#">首页 </a>        </li>
      <li><a href = "#">课程简介 </a>     </li>
      <li><a href = "#">教学案例 </a>     </li>
      <li><a href = "#">教学成果 </a>     </li>
      <li><a href = "#">资源下载 </a>     </li>
      <li><a href = "#">题库训练 </a>     </li>
      <li><a href = "#">在线答疑 </a>     </li>
      <li><a href = "#">学生园地 </a>     </li>
    </ul>
    <div>
    </td>
    <td>站内搜索: <input type = "text" class = txt size = "10" maxlength =
"12" name = "username" />
    <input type = "submit" name = "submit" value = "go" class = but />
    </td>
</tr>
```

（3）重点课程展示

这一分区主要展示目前的重点课程，这里采用插入动态图片的形式，也可以添加图片轮播或者视频来介绍多门课程，以不同的展示效果丰富页面。预览效果如图 5-35 所示。

图5-35 网站首页重点课程分区效果

（4）课程公告

添加带有公告内容的超链接，并利用 CSS 对超链接的属性进行设置，去掉了下画线，改变了字体、颜色。当鼠标指针放到某一个超链接上时，颜色呈蓝色。利用文本控制标记中的无序列表对各个公告进行排列显示，并修改项目符号的样式为小正方形。预览效果如图 5-36 所示。

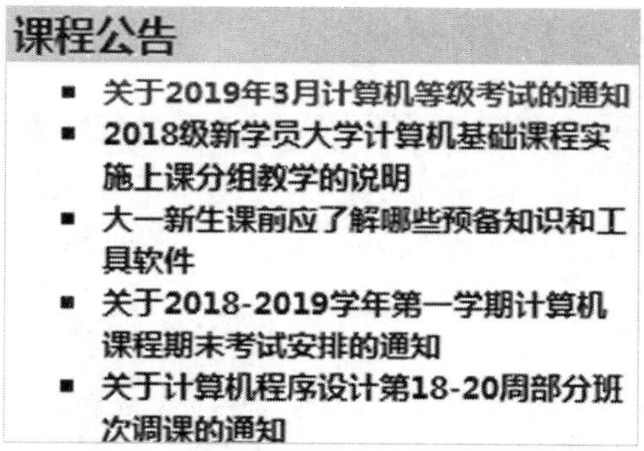

图5-36 网站首页课程公告分区效果

页面关键代码如下：

```html
<td width = "25%" >
<style>
a.x{
    font-size: 12px;
    height: 25px;
    width: 20px;
    color: black;
    text-decoration: none;
    padding-top: 15px;
}
a.x: hover{
    color: blue;
}
</style>
<h5>
<ul type = "square">
  <li><a class = "x" href = "lianjie/1.html">关于 2019 年 3 月计算机等级考试的通知 </a></li>
    <li><a class = "x" href = "lianjie/2.html">2018 级新学员大学计算机基础课程实
```

```
施上课分组教学的说明 </a></li>
    <li><a class = "x" href = "lianjie/3.html"> 大一新生课前应了解哪些预备知识
和工具软件 </a></li>
    <li><a class = "x" href = "lianjie/4.html"> 关于 2018-2019 学年第一学期计算
机课程期末考试安排的通知 </a></li>
    <li><a class = "x" href = "lianjie/5.html"> 关于计算机程序设计第 18-20 周部
分班次调课的通知 </a></li>
    </ul></h5>
    </td>
```

（5）精品课程

添加了滚动图片的动画效果，<marquee></marquee> 标记原本是用来创建滚动的字幕的，也适用于图片。在编写滚动效果时，有两个事件经常用到：onmouseover="this.stop()"; 用来设置鼠标移入该区域时停止滚动，onmouseout="this.start()"; 用来设置鼠标移出该区域时继续滚动。预览效果如图 5-37 所示。

图5-37　网站首页精品课程分区效果

上述页面关键代码如下：

```
<marquee scrolldelay = "100" direction = "left" onmouseover = "this.stop()"
onmouseout = "this.start()">
    <a href = "#"><img src = "images/scroll/dxjsj.jpg" border = "0" align = "middle"></a>
    <a href = "#"><img src = "images/scroll/dxjsjsy.jpg" border = "0" align =
"middle"></a>
    <a href = "#"><IMG src = "images/scroll/wlaq.jpg" border = "0" align = "middle"></a>
    <a href = "#"><IMG src = "images/scroll/cyycxsj.jpg" border = "0" align =
"middle"></a>
    </marquee>
```

（6）用户登录

实现用户登录功能，根据用户名和密码实现系统的登录，这部分由表单标记完成，界面中包含了文本框、单选按钮、提交按钮，并利用 CSS 进行了文本框背景色的设置，如图 5-38 所示。

图5-38　网站首页用户登录分区效果

首先实现界面效果。源代码如下：

```
<style>
input.button{
    background-color: #ADD8E6;
    border: 1px solid black;
    color: black;
    font-size: 10pt;
    cursor: pointer;
    width: 40%;
}
input.txt{
    border: 1px inset #cad9ea;
    background-color: Gainsboro;
}
</style>
<form method = "post" >
<p>   用户名:
<input type = "text" class = txt size = "12" maxlength = "20" name =
"username" />
</p><p>    密      码:
<input type = "text" class = txt size = "12" maxlength = "20" name =
"username" />
</p><p>
<input type = "radio" name = "leibie" value = "student" />学生
<input type = "radio" name = "leibie" value = "teacher" />教师
</p><p>
<input align = "center" type = "submit" name = "submit"
value = "   登      录     " class = button /></p>
</form>
```

（7）资源链接

通过多图片排版的形式对计算机不同种类课程的资源进行超链接设置，不再将文本作为超链接，而是通过单击图片来实现。

（8）教学课件

以超链接的形式添加各个课程的电子课件资源、题库以及实验教程等。

（9）公共服务

这一部分主要是设置了一些公共服务链接，利用前面讲到的图文混排，在将文字与图片进行排版时，利用 float=left|right; 的属性定义该效果，使文本围绕在图像周围。

网站首页公共服务分区效果如图 5-39 所示。

图5-39 网站首页公共服务分区效果

（10）友情链接、版权信息、联系我们

设置其他课程的网站链接，并利用 CSS 对链接的显示效果做了修改。关键代码如下：

```
<tr align = "center" height = "10%">
    <td  width = "25%" >
    <font size = "2.5px">站点链接：   </font>
    <style>
    a.f{
        font-size: 2px;
        height: 16px;
        width: 20px;
        color: dimgray;
        text-decoration: none;
    }
    </style>
    <a class = "f" href = "#">电工课程 </a>     
    <a class = "f" href = "#">理化课程 /a><br>       
               
    <a class = "f" href = "#">语言课程 </a>     
    <a class = "f" href = "#"> 办公网站 </a><br></td>
    <td width = "50%">
    <font size = "2px" color = "dimgray" align = "center" face = " 楷体 ">
      Copyright&copy; 2018  计算机与信息技术教研室      
</td>
    <td  width = "25%" >联系我们 </td>
</tr>
```

通过文本标记中的特殊字符标记 Copyright© 编写了版权说明信息。在"联系我们"的位置显示了制作者的联系方式，如图 5-40 所示。

图5-40 网站首页友情链接、版权信息、联系我们分区效果

当然，也可以简化代码，添加预定义标记控制文本格式。关键代码如下：

```
<pre>
        站点链接：电工课程    理化课程
               语言课程    办公网站
</pre>
<font size = "2px" color = "dimgray" align = "center" face = "楷体">
     Copyright&copy;2018 计算机与信息技术教研室   <br>
<font size = "2px" color = "dimgray" align = "center" face = "楷体">
    联系我们：<br>
    电话：0251-57667        邮编：300161<br>
    邮箱：jsjxxyjs@jjxy.mtn
```

3）表现设计

网站所有样式代码都可以统一写在外部 CSS 文件中，通过链入外部样式表的方式插入 HTML 页面的头部，这种方式代码显得更加整齐，方便编辑修改。代码格式如下：

```
<link href = "css/style_web.css" type = "text/css" rel = "stylesheet" />
```

至此，整个网站的首页制作完成。真正看到的由表格作为网页框架的网页都是没有边框的，所以最后要将 border 设置为 0，也就是无边框的状态。

5.2　创客课堂

5.2.1　编写网页控制LED灯

要求利用 WebIOPi 框架编写网页代码实现图 5-41 所示的界面，界面中包含两个控制按钮，设置对应按钮实现 GPIO 端口的输出控制。

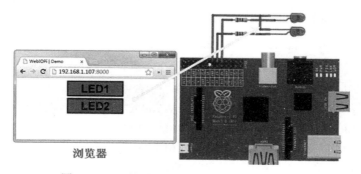

图5-41　网页控制LED灯原理界面布局示意图

① LED1 按钮：当鼠标按下按钮 LED1 时 LED1 灯点亮，鼠标松开 LED1 灯熄灭，类似于无自锁功能开关。

② LED2 按钮：鼠标按下按钮 LED2 时状态翻转按钮变为红色，LED2 灯点亮，类似带自锁功能开关。

1. 下载并安装 WebIOPi

在开始编写网页之前，首先要安装并搭建好 WebIOPi 架构。WebIOPi 可以将树莓派的 GPIO 口控制端和 Web 连接起来，在网页中单击图形按钮即可在树莓派 GPIO 口得到响应。

（1）所需元器件

① 树莓派及电源 ×1。

② Led 灯 ×2。

③ 杜邦线 若干。

（2）WebIOPi 安装步骤

① 前往 http：//sourceforge.net/projects/WebIOPi/files/ 下载最新版的 WebIOPi。

② 使用 FTP 软件上传至树莓派（可选，非必需）。

③ 解压软件并安装，可输入以下命令：

```
tar xvzf WebIOPi-x.y.z.tar.gz
cd WebIOPi-x.y.z
sudo ./setup.sh
```

x、y、z 代表 WebIOPi 的版本号，使用 tar 和 cd 命令之后可使用 tab 补全 WebIOPi 的文件名。安装的过程需要持续一些时间，WebIOPi 会自动安装一些必要软件并解决依赖关系。

安装完成后，可输入 WebIOPi-h 命令，若安装成功，则显示如图 5-42 所示界面。

图5-42　WebIOPi安装成功显示界面

（3）运行 WebIOPi

可输入以下指令运行 WebIOPi：

```
sudo WebIOPi-d-c /etc/WebIOPi/config
```

参数说明：

-d 代表打开调试模式，运行 WebIOPi 时会在控制台中输出若干信息。

-c 代表设置配置文件，配置文件的路径为 /etc/WebIOPi/config，配置文件中有哪些内容。若未设置 WebIOPi 的端口，则端口号的默认值为 8000。

在浏览器中输入树莓派的 IP 地址，例如 192.168.1.66：8000。会弹出一个登录对话框，如图 5-43 所示，需要设置用户名和密码。用户名默认为 WebIOPi，默认密码为 raspberry。

图5-43　WebIOPi登录对话框

然后进入导航界面，如图5-44所示。

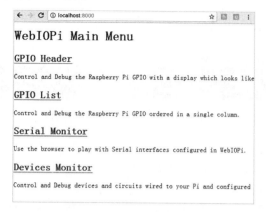

图5-44　WebIOPi导航界面

最后可进入若干功能演示界面。例如，可单击GPIO Header进行端口的I/O设置，先设置IO口功能为输出，再可设置IO口状态，单击7号"方块"便可翻转IO口状态。

在制作网站之前首先要清楚网页文件应如何保存及如何发布。在树莓派桌面操作系统中，打开文件管理器并且找到网页文件所处的正确路径，如图5-45所示。

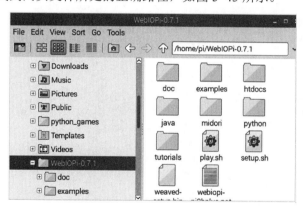

图5-45　设置网页文件目录界面

可以将自己编写的网页另存在任一文件夹中（下面暂定保存在图中的路径中），将config文件复制到当前目录并修改config文件中的路径选项。将config文件中的doc-root修改为：

```
doc-root=/home/pi/WebIOPi-0.7.1/…
```

修改后，cd进入html文件和config文件所在目录，输入命令：

```
sudo WebIOPi -c config
```

浏览器中输入（根据树莓派的具体IP地址修改）：

```
localhost: 8000
```

需要注意的是，在最开始配置WebIOPi框架时，有可能会出现如下错误：

```
[Err098] Address already in use
```

这时会发现无论如何刷新浏览器，都一直会显示默认导航页面，这就说明系统还在执行 /etc/init.d/WebIOPi 默认程序的进程中。这就需要关闭 WebIOPi server 并利用运行代码重新启动，如图 5-46 所示。再刷新就能看到自己的页面了。

图5-46　重启WebIOPi命令界面

2. 编写 script 脚本网页

JavaScript 是 Web 页面中的一种脚本编程语言，也是一种通用的、跨平台的、基于对象和事件驱动并具有安全性的脚本语言。所谓的 script 脚本网页指的是在 <script> 与 </script> 标记中添加相应的 JavaScript 脚本，这样就可以直接在 HTML 文件中调用 JavaScript 代码，以实现相应效果。先来看一个最简单的嵌入式脚本网页，如图 5-47 所示。

图5-47　最简单的嵌入式脚本网页效果

源代码如下：

```
<head>
<title>JavaScript- 欢迎页面 </title>
    <script language = "javascript">
     document.write(" 欢迎来到 javascript 动态世界 ");
    </script>
</head>
<body>
    <p> 学习 JavaScript！！！
</body>
```

采用事件驱动是 JavaScript 语言的一个最基本的特征。所谓事件，是指用户在访问页面时执行的操作。当浏览器探测到一个事件（如单击鼠标或按键）时，可以触发与这个事件相关联的 JavaScript 对象。

事件处理中最常见的就是鼠标事件。鼠标事件是指通过鼠标动作触发的事件，鼠标事件有很多。下面大家先来看个例子，如图 5-48 所示。

图5-48　鼠标单击事件文本网页效果

单击"点击这里"按钮后，如图5-49所示。
源代码如下：

```
<body>
<h1> 我的第一个 Web 页面 </h1>
<p id = "demo">点击按钮发生改变。</p>
<button type = "button"onclick = "myFunction()">点击这里 </button>
<script>
function myFunction(){
    document.getElementById("demo").innerHTML = " 我的第一个 JavaScript 函数。";
}
</script>
</body>
```

图5-49 鼠标单击修改文本网页效果

也可以尝试其他触发事件。比如，单击按钮后弹出警示对话框显示相应文本。下面大家来练练手，通过修改上例中的代码来实现该功能，如图 5-50 所示。

图5-50 鼠标单击事件警示对话框提示网页效果

还可以通过事件来设置网页内的元素属性，比如改变字体大小，或者更换背景颜色等。如图 5-51 所示。

图5-51 鼠标单击事件设置背景颜色网页效果

源代码如下：

```
<script language = "javascript">
  function changecolor(color)
{   document.bgColor = color;   }
</script>
…
<body>
<h4>点击下列按钮改变背景颜色: </h4>
<input type = "button" value = "黄色" onClick = "changecolor('yellow')">
<input type = "button" value = "红色" onClick = "changecolor('red')">
<input type = "button" value = "蓝色" onClick = "changecolor('blue')">
</body>
```

大家可以动手编写修改相应的代码。比如可以加入多种颜色,将这些颜色定义为一个数组,单击按钮循环改变背景颜色,如图 5-52 所示。

图5-52   鼠标单击改变背景颜色网页效果

3. 编写网页控制 LED 灯

首先制作一个按键来控制 LED,效果如图 5-53 所示。

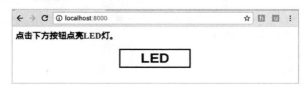

图5-53   LED按钮网页效果

单击按钮后,点亮 LED 等并且按钮颜色变红,效果如图 5-54 所示。

图5-54   单击LED按钮网页效果

源代码如下:

```
<head>
    <meta http-equiv = "Content-Type" content = "text/html; charset = UTF-8">
    <meta name = "viewport" content = "height = device-height,width = 420,
user-scalable = no" />
    <title>WebIOPi | Demo</title>
    <script type = "text/javascript" src = "/WebIOPi.js"></script>
    <script type = "text/javascript">
WebIOPi().ready(function(){
    // GPIO25 为输出
```

```
            WebIOPi().setFunction(25,"out");
            var content, button;
            content = $("#content");
            // 创建一个 GPIO 按钮，按钮名称为 LED
            button = WebIOPi().createGPIOButton(25, "LED");
            content.append(button);// append button to content div
            // 不自动刷新界面
            WebIOPi().refreshGPIO(false);
        });
    </script>
    <style type = "text/css">
        button {
            display: block;
            margin: 5px 5px 5px 5px;
            width: 160px;
            height: 45px;
            font-size: 24pt;
            font-weight: bold;
            color: black;
        }
        .LOW {
            background-color: White;
        }
        .HIGH {
            background-color: Red;
        }
    </style>
</head>
<body>
    <h3> 点击下方按钮点亮 LED 灯。</h3>
    <div id = "content" align = "center"></div>
</body>
```

　　下面大家来练练手，通过修改上例中的代码来实现双 LED 功能。如图 5-55 所示，创建垂直按钮组，包括两个按钮分别用来控制 LED，鼠标按下 LED1 点亮，鼠标松开 LED1 熄灭，类似于无自锁功能开关，也就是hold类型的；鼠标按下 LED2 状态翻转，类似带自锁功能开关，如图 5-56 所示。

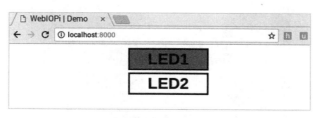

图5-55　双LED按钮网页效果

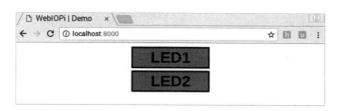

图5-56　单击双LED按钮网页效果

总结:

① 后台,完善的 RESTAPI 可实现 GPIO 端口的方向控制和输出控制以及输入检测。

② 前台,完整的 JavaScript API,方便用户创建标记并和后台 API 联系。

5.2.2 树莓派控制红绿灯

1. 所需元器件

① 树莓派及电源 ×1。

② Led 红绿灯 ×1(1.4-2.8)。

③ 杜邦线 若干。

项目布局示意图如图 5-57 所示。

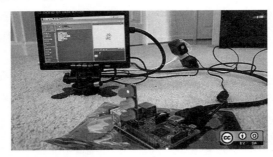

图5-57 项目布局示意图

2. 将红绿灯接入树莓派

默认设置下,Pi 交通灯是被标记在 GPIO 第 10、9、11 和 GND 这几个接口上的,这几个接口在 Pi 设置上都是紧挨着的。但是,在后来版本的树莓派中,这几个接口都是在 GPIO 的中间位置,这就给实验增加了困难。

一般会把 Pi 交通灯插在 13、19、26 号 GPIO 接口和 GND 接口上,这样操作起来会容易得多。

项目 LED 模块示意图如图 5-58 所示。

图5-58 项目LED模块示意图

3. 控制效果

① 按键实现三色灯的切换。

② 如果 CPU 负载低于 50%,会显示绿灯;在 50% 到 90% 之间,会显示黄灯;高于 90% 就会显示红灯。由此可了解树莓派 CPU 的使用率也设计了异常处理程序,只要按【Ctrl+C】组合键就可以退出程序,这样所有的灯都不会亮。

第 ⑥ 章 » 网络与信息安全

本章简介：

① 网线制作和双机互联通信。

② 局域网组建。

③ 交换机的基本配置。

④ 组建无线局域网。

⑤ 互联网络。

⑥ 网络服务。

⑦ 安全防护。

⑧ Python 网络编程。

⑨ Python 网络爬虫。

6.1 网线制作和双机互联通信

6.1.1 网线制作和双机互联目标要求

双绞线是网络中最常用的传输媒介，双机互联是最简单的局域网组建方式。本项目帮助学生制作网线，实现双机互联。

1. 任务要求

① 根据实际要求制作指定数量和类型的网线。

② 通过网线连接两台主机，测试其连通性。

2. 任务分解和指标

① 利用双绞线制作一条直连网线和一条交叉网线，并利用测线仪测试网线的连通性和线序，网线质量要求符合工程标准。

② 利用交叉网线连接两台主机，启动主机，为主机设置 IP 地址，观察网卡接口指示灯的变化。

③ 利用 ping 命令测试主机的 TCP/IP 是否正常、测试网卡是否正常工作以及两台主机之间的连通性。

④ 利用 arp 命令查看 ARP 地址表、添加静态的 ARP 地址表项以及删除静态的 ARP 地址表项。

6.1.2 计算机网络基础知识

1. 计算机网络的定义

在计算机网络发展过程的不同阶段中，人们对计算机网络提出了不同的定义。不同定义反映着当时网络技术发展的水平，以及人们对网络的认识程度。目前，就资源共享的观点可以将计算机网络定义为以能够相互共享资源的方式互联起来的自治计算机系统的集合。我国的一些计算机专家把计算机网络更加全面地定义为利用各种通信手段，把地理上分散的计算机有机地连在一起，达到互相通信而且共享软件、硬件和数据等资源的系统。

在上述的定义中，有以下几个关键点：

① 计算机的数量是"多个"，而不是单一的。

② 计算机是能够独立工作的系统。任何一台计算机都不能干预其他计算机的工作，如启动、停止等。任意两台计算机之间没有主从关系。

③ 计算机可以处在异地。每台计算机所处的地理位置对所有的用户是完全透明的。

④ 处在异地的多台计算机由通信设备和线路进行连接，从而使各自具备独立功能的计算机系统成为一个整体。

⑤ 在连接起来的系统中必须有完善的通信协议、信息交换技术、网络操作系统等软件对这个连接在一起的硬件系统进行统一的管理，从而使其具备数据通信、远程信息处理、资源共享功能。

定义中涉及的"资源"应该包括硬件资源（CPU、大容量的磁盘、光盘、打印机等）和软件资源（各种软件工具、应用程序等）。

2. 计算机网络的功能

① 数据通信：通信或数据传输是计算机网络主要功能之一，用以在计算机系统之间传送各种信息。利用该功能，地理位置分散的生产单位和业务部门可通过计算机网络连接在一起进行集中控制和管理。

② 资源共享："资源"主要是指计算机系统中的硬件、软件和数据。"资源共享"就是网络用户不仅可以使用本地计算机资源，而且可以访问网络上的远程计算机资源，还可以调用网上几台不同的计算机共同完成某项任务。

③ 提高计算机的可靠性和可用性：网络中的每台计算机都可通过网络相互成为后备机。一旦某台计算机出现故障，它的任务就可由其他计算机代为完成，这样可以避免在单机情况下一台计算机发生故障引起整个系统瘫痪的现象，从而提高系统的可靠性。当网络中的某台计算机负担过重时，网络又可以将新的任务交给较空闲的计算机完成，均衡负载，从而提高了每台计算机的可用性。

④ 分布式处理：通过算法将大型的综合性问题交给不同的计算机同时进行处理。用户可以根据需要合理选择网络资源，就近快速地进行处理。

3. 计算机网络的组成

从物理结构上，计算机网络由网络硬件系统和网络软件系统组成。硬件包括传输介质、网络连接设备、用户端设备等，软件包括网络操作系统、通信协议等。

① 传输介质：连接两台或两台以上的计算机需要传输介质。介质可以是双绞线、同轴电缆或光纤等"有线"介质，也可以是微波、红外线、激光、通信卫星等"无线"介质。

② 网络连接设备：异地的计算机系统要实现数据通信、资源共享还必须有各种网络连接设备给以保障，如中继器、网桥、交换机、路由器等。

③ 用户端设备：主机、服务器等。

④ 通信协议：计算机之间要交换信息，实现通信，彼此就需要有某些约定和规则——网络协议。目前有很多网络协议，有一些是各计算机网络产品厂商自己制定的，也有许多是由国际

组织制定的，它们已构成了庞大的协议集。

4. 双绞线

双绞线（Twisted Pair，TP）是目前使用广泛、价格便宜的一种传输介质。它由两条相互绝缘的铜导线扭绞在一起组成，以减少对邻近线对的电气干扰，并减轻外界电磁波对它的干扰，每英寸的线缆绕圈数越多屏蔽效果越好。

双绞线分为屏蔽双绞线（Shielded Twisted Pair，STP）和非屏蔽双绞线（Unshielded Twisted Pair，UTP），屏蔽双绞线在所有线对外部用金属网屏蔽以减少干扰，双绞线两端应使用 RJ-45 接头。根据双绞线两端接头中线序排法的异同，双绞线网线分为以下两种。

① 直通线：直通（Straight Through）线两端接头的线序相同，一般工程标准要求两端都遵循 T568B 标准。一般用来连接两个不同性质的接口，如 PC 到交换机或集线器、路由器到交换机或集线器。

T568B 线序如下：

1	2	3	4	5	6	7	8
橙白	橙	绿白	蓝	蓝白	绿	棕白	棕

T568A 线序如下：

1	2	3	4	5	6	7	8
绿白	绿	橙白	蓝	蓝白	橙	棕白	棕

② 交叉线：交叉（Cross Over）线两端接头的线序不同，一端按 T568A 标准，一端按 T568B 标准。一般用来连接两个性质相同的端口，如交换机到交换机、集线器到集线器、PC 到 PC。

5. 计算机网络的分类

（1）按网络的交换功能分类

① 电路交换，也称线路交换网，它采用电话工作方式，包括建立链路、数据传输和释放链路 3 个阶段。通信过程中，自始至终占用该条线路，不允许其他用户共享其信道容量。

② 报文交换：报文交换网中的交换机采用具有"存储—转发"能力的计算机，用户数据可以暂时保存于交换机内，等待线路空闲时，再将用户数据进行一次性传输。

③ 分组交换：分组交换技术与报文交换技术类似，但规定了交换机处理和传输的数据长度。

（2）按网络的覆盖范围进行分类

① 广域网（Wide Area Network，WAN），也称远程网。所覆盖的地理范围从几十千米到几千千米。广域网覆盖一个国家、地区，或横跨几个洲，形成国际性的远程网络。广域网的通信子网主要使用分组交换技术。广域网的通信子网可以利用公用分组交换网、卫星通信网和无线分组交换网，它将分步在不同地区的计算机系统互联起来，以达到资源共享的目的。广域网是因特网的核心部分，其任务是通过长距离运送主机所发送的数据。连接广域网各节点交换机的链路一般都是高速链路，具有较大的通信容量。

② 城域网（Metropolitan Area Network，MAN）：所采用的技术基本上与局域网类似，只是规模上要大一些。城域网既可以覆盖相距不远的几栋办公楼，也可以覆盖一个城市；既可以是私人网，也可以是公用网；既可以支持数据和话音传输，也可以与有线电视相连。城域网一般只包含一到两根电缆，没有交换设备，因而其设计比较简单。城域网设计的目标就是要满足几十千米范围内的大量企业、机关、公司的多个局域网互联的需求，以实现大量用户之间的数据、语音、图形与视频等多种信息的传输功能。

③ 局域网（Local Area Network，LAN）：是指范围在几百米到十几千米内办公楼群或校园内的计算机相互连接所构成的计算机网络。局域网具有高数据传输率、低延迟和低误码率的特点。局域网按照采用的技术、应用范围和协议标准的不同可以分为共享局域网与交换局域网。

（3）按网络的管理性质分类

① 公用网（Public Network）：公用网一般由电信部门或其他运营商组建、管理和控制，网络内的传输和转接装置可供任何部门和个人使用；公用网常用于广域网络的构建，支持用户的远程通信。

② 专用网（Private Network）：这是某个部门为本单位的特殊业务工作需要而建造的网络。这种网络不向本单位以外的人提供服务。例如，军队、铁路、电力等系统均有本系统的专用网。由于投资等因素，专用网常为局域网或者是通过租借电信部门的线路而组建的广域网络，如由学校组建的校园网、由企业组建的企业网等。

（4）按使用的通信方式分类

① 广播式网络（Broadcast Networks）：在广播通信信道中，多个节点共享一个通信信道，一个节点广播信息，其他节点必须接收信息。

② 点到点式网络（Point-to-Point Networks）：在点到点通信信道中，一条通信线路只能连接一对节点，如果两个节点之间没有直接连接的线路，那么它们只能通过中间节点转接。

（5）按拓扑结构分类

① 总线：所有节点共用一条通信线路，所有数据发往同一条线路，并能够由附接在线路上的所有节点感知。总线拓扑结构多个节点共用一条传输线路，信道利用率较高，并且某个节点的故障不影响整个网络的工作，但是这种拓扑结构在同一个时刻只能由两个节点进行通信，而且网络的延伸距离有限，节点数有限。

② 星状：在星状拓扑结构中，节点通过点到点通信线路与中心节点连接。中心节点控制全网的通信，任何两节点之间的通信都要通过中心节点。星状拓扑结构简单，易于实现，便于管理，但是网络的中心节点是全网可靠性的瓶颈，中心节点的故障可能造成全网瘫痪。

③ 环状：在环状拓扑结构中，节点通过点到点通信线路连接成闭合环路。环中数据沿一个方向逐站传送。环状拓扑结构简单，传输延时确定，但是环中每个节点与连接节点之间的通信线路都会成为网络可靠性的瓶颈。环中任何一个节点出现线路故障，都可能造成网络瘫痪。为保证环的正常工作，需要较复杂的维护处理。环节点的加入和撤出过程都比较复杂。

④ 树状：树状拓扑结构可以看成星状拓扑的扩展。在树状拓扑构型中，节点按层次进行连接，信息交换主要在上、下节点之间进行，相邻及同层节点之间一般不进行数据交换或数据交换量小。树状拓扑可以看成星状拓扑的一种扩展。树状拓扑网络适用于汇集信息的应用要求。

⑤ 网状：网状拓扑结构又称无规则结构。在网状拓扑结构中，节点之间的连接时任意的，没有规律。网状拓扑的主要优点是系统可靠性高，但是结构复杂，必须采用路由选择算法与流量控制方法。目前，大多数的广域网都采用网状拓扑结构。

6. 计算机网络体系结构

计算机网络系统是由各种各样的计算机和终端设备通过通信线路连接起来的复杂系统。在这个系统中，由于计算机类型、通信线路类型、连接方式、同步方式、通信方式等的不同，给网络各节点间的通信带来诸多不便。不同厂家不同型号计算机通信方式各有差异，通信软件需根据不同情况进行开发。特别是异型网络的互联，它不仅涉及基本的数据传输，同时还涉及网络的应用和有关服务，做到无论设备内部结构如何，相互都能发送可以理解的信息，这种真正以协同方式进行通信的任务是十分复杂的。要解决这个问题，势必涉及通信体系结构设计和各厂家共同遵守约定标准的问题，这也是计算机网络体系结构和协议的问题。相互通信的两个计算机系统必须高度协调工作，而这种"协调"是相当复杂的。"分层"可将庞大而复杂的问题，转化为若干较小的局部问题，而这些较小的局部问题比较易于研究和处理。

（1）OSI 参考模型

按层次划分总共 7 层，自下而上分别为物理层、数据链路层、网络层、传输层、会话层、表示层、应用层，如表 6-1 所示。

表6-1 OSI层次说明

层 次 编 号	层 次 说 明
7	应用层（Application）
6	表示层（Presentation）
5	会话层（Session）
4	传输层（Transport）
3	网络层（Network）
2	数据链路层（Data Link）
1	物理层（Physical）

① 物理层：位于 OSI 参考模型的最低层，它是直接面向原始比特流的传输。为了实现原始比特流的物理传输，物理层必须解决传输介质、信道类型、数据与信号之间的转换、信号传输中的衰减和噪声等一系列问题。

② 数据链路层：数据链路可以粗略地理解为数据通道。物理层要为终端设备间的数据通信提供传输媒体及其连接。媒体是长期的，连接是有生存期的。在连接生存期内，收发两端可以进行不等的一次或多次数据通信。每次通信都要经过建立通信联络和拆除通信联络两个过程。这种建立起来的数据收发关系就是数据链路。而在物理媒体上传输的数据难免受到各种不可靠因素的影响而产生差错，为了弥补物理层上的不足，为上层提供无差错的数据传输，就要能对数据进行检错和纠错。数据链路的建立、拆除，以及对数据的检查、纠错是数据链路层的基本任务。

③ 网络层：网络中的两台计算机进行通信时，中间可能要经过许多中间节点，甚至不同的通信子网。网络层的任务就是在通信子网中选择一条合适的路径，使发送端传输层所传下来的数据能够通过所选择的路径到达目的端。为了实现路径选择，网络层必须使用寻址方案来确定存在哪些网络以及设备在这些网络中所处的位置，在确定目标节点的位置后，网络层还要负责引导数据报正确地通过网络，找到通过网络的最优路径，即路由选择。如果子网中同时出现过多的分组，它们将相互阻塞通路并可能形成网络瓶颈，所以网络层还需要提供拥塞控制机制，以避免此类现象的出现。

④ 传输层：传输层是 OSI 参考模型中唯一负责端到端节点之间数据传输和控制功能的层。传输层是 OSI 参考模型中承上启下的层，它下面的 3 层主要面向网络通信，以确保信息被准确有效地传输；它上面的 3 个层次则面向用户主机，为用户提供各种服务。

⑤ 会话层：主要功能是在两个节点间建立、维护和释放面向用户的连接，并对会话进行管理和控制，保证会话数据可靠传输。会话层允许不同机器上的用户之间建立会话关系。

⑥ 表示层：表示层的作用之一是为异种机通信提供一种公共语言，以便能进行互操作。这种类型的服务之所以需要，是因为不同的计算机体系结构使用的数据表示法不同。

⑦ 应用层：应用层是 OSI 参考模型中最靠近用户的一层，负责为用户的应用程序提供网络服务。与 OSI 参考模型其他层不同的是，它不为任何其他 OSI 层提供服务，而只是为 OSI 模型以外的应用程序提供服务。

（2）TCP/IP 参考模型

TCP/IP 模型是于 1974 年首先定义的，而设计标准的制定则在 20 世纪 80 年代后期完成。它是至今为止发展最成功的通信协议，它被用于构筑目前最大的、开放的互联网络系统 Internet。TCP/IP 是一组通信协议的代名词，这组协议使任何具有网络设备的用户能访问和共享 Internet 上的信息，其中最重要的协议族是传输控制协议（TCP）和网际协议（IP）。TCP 和 IP 是两个独立且紧密结合的协议，负责管理和引导数据报文在 Internet 上的传输。TCP 负责和远程主机的连接，IP 负责寻址，使报文被送到其该去的地方。TCP/IP 也分为不同的层次开发，每一层负责不同的通信功能。但 TCP/IP 协议简化了层次设备，由下而上分别为网络接口层、网际层、传输层、应用层，如表 6-2 所示。

表6-2　TCP/IP层次说明

层　次　编　号	层　次　说　明
4	应用层（Application Layer）
3	传输层（Transport Layer）
2	网际层（Internet Layer）
1	网络接口层（Network Access Layer）

① 网络接口层：网络接口层与 OSI 参考模型中的物理层和数据链路层相对应。网络接口层是 TCP/IP 与各种 LAN 或 WAN 的接口。网络接口层在发送端将上层的 IP 数据报封装成帧后发送到网络上；数据帧通过网络到达接收端时，该节点的网络接口层对数据帧拆封，并检查数据帧中包含的 MAC 地址。如果该地址就是本机的 MAC 地址或者是广播地址，则上传到网络层，否则丢弃该帧。

② 网际层：网际层对应于 OSI 参考模型的网络层，其主要功能是解决主机到主机的通信问题，以及建立互联网络。网间的数据报可根据它携带的目的 IP 地址，通过路由器由一个网络传送到另一网络。这一层由 4 个主要协议：网际协议（IP）、地址解析协议（ARP）、反向地址解析协议（RARP）和互联网控制报文协议（ICMP）。其中，最重要的是 IP 协议。

③ 传输层：对应于 OSI 参考模型的运输层，提供端到端的数据传输服务。该层定义了两个主要的协议：传输控制协议（TCP）和用户数据报协议（UDP）。TCP 协议是一个端对端、面向连接的协议。UDP 协议主要用来支持那些需要在计算机之间传输数据的网络应用。

④ 应用层：应用层对应于 OSI 参考模型的高层，为用户提供所需要的各种服务。例如，目前广泛采用的 HTTP、FTP、Telnet 等是建立在 TCP 协议之上的应用层协议，不同的协议对应着不同的应用。

（3）OSI 与 TCP/IP 的比较

OSI 与 TCP/IP 有许多相同之处。两者都是基于独立协议体系结构的概念，层的功能也大致相似。例如，在两种模型中都有包括传输层在内的以下各层，向希望通信的进程提供独立于网络的端到端传输服务，这些层形成了传输服务提供者。同样，在两种模型中，传输层以上各层都是面向应用的传输服务用户。尽管这些基本原则相似，但两种模型有许多不同之处。OSI 采用的是7 层模型，而 TCP/IP 是 4 层结构，如图 6-1 所示；前者主要是针对广域网的，很少考虑网络互联的问题，后者从一开始就注意到网络互联技术，并最终导致了席卷全球的 Internet。在服务、接口和协议方面，OSI 参考模型的概念清晰，明确定义了这 3 个概念及其之间的关系；而TCP/IP 参考模型没有明确区分服务、接口和协议。在模型和协议的关系方面，OSI 是先有模型，后有协议（通用性强，但实现困难）；TCP/IP 是先有协议，后有模型（实用性强，但通用性不足）。

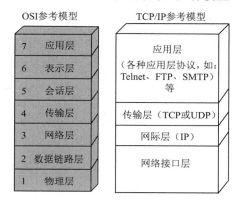

图6-1　OSI模型和TCP/IP模型对照

7. IP 地址

（1）IP 地址的定义

IP 协议规定每台主机应被分配一个 32 位二进制数作为该主机的因特网协议地址（Internet Protocol Address，IP 地址）。在因特网上发送的每个数据包中，都含有这种 32 位的发送方（源）IP 地址和想要送达的接收方（目的）IP 地址。为了在使用 TCP/IP 的因特网上发送信息，一台计算机必须知道接收信息的远程计算机的 IP 地址。

从概念上，每个 32 位 IP 地址被分隔成两部分：前缀和后缀。地址前缀部分确定了计算机从属的物理网络，后缀部分确定了该网络上的一台计算机。前缀部分又称"网络号"，后缀部分又称"主机号"。也就是说，因特网中的每一物理网络分配了唯一的值作为网络号（Network Number）。网络号在从属于该网络的每台计算机地址中作为前缀出现，而同一物理网络上每台计算机分配了唯一的地址后缀。虽然没有两个网络能分配同一个网络号，同一网络上也没有两台计算机分配同一个后缀，但是一个后缀值可在多个网络上使用。例如，一个因特网包含 3 个网络，它们可分配网络号为 1、2、3。从属于网络 1 的三台计算机可分配后缀为 1、3 和 5，同时，从属于网络 2 的三台计算机也可分配后缀为 1、2、3。

IP 地址层次保证了两个重要性质：

① 每台计算机分配一个唯一地址（即一个地址从不分配给多台计算机）。

② 网络号的分配必须全球一致，但后缀可本地分配，不需全球一致。

第一个性质得到保证，因为整个地址包括前缀和后缀，它们分配时保证唯一性。如果两台计算机从属于同一个物理网络，它们的地址有不同的后缀。

（2）IP 地址分类

IP 地址的前缀部分需要足够的位数以允许分配唯一的网络号给因特网上的每一个物理网络，后缀部分也需要足够位数以允许从属于网络的每一台计算机都分配一个唯一的后缀。选择大的前缀可容纳大量网络，但限制了每个网的大小；选择大的后缀意味着每个物理网络能包含大量计算机，但限制了网络的总数。

IP 地址的分类如图 6-2 所示，前几位用来决定类别和前缀及后缀的划分方法。数字按照 TCP/IP 协议惯例，以 0 作为第一位，从左到右计数。

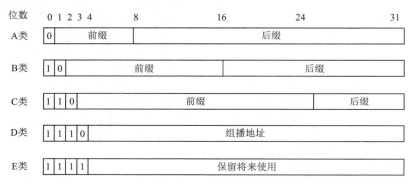

图6-2　IP地址的分类

A、B、C 类地址称为基本类，它们用于主机地址。D 类地址用于组播传输，允许发送到一类计算机（IP 组播传输是硬件组播传输的模拟，组播地址在这两者中都是可选的，并且即使参与组播传输，计算机也仍然保留自己的个别地址）。为了使用 IP 组播传输，一组主机必须共享一个组播地址。一旦组播组建立,任何发送到组播地址的数据包将传送副本到该组中每一台主机。

分配给主机的地址不是 A 类、B 类就是 C 类。前缀部分决定网络，后缀唯一对应于该网的主机。如图 6-2 所示，基本类以 8 位一组为单位将地址划分为前缀和后缀。A 类在第一组和第二组间设置界限，B 类在第二组和第三组间设置界限，C 类在第三组和第四组间设置界限。

虽然 IP 地址是 32 位二进制数，但用户很少以二进制方式输入或读其值。相反，当与用户交互时，软件使用一种更易于理解的表示法，称为点分十进制表示法（Dotted Decimal Notation），如表 6-3 所示。其做法是将 32 位二进制数中的每 8 位划分为一组，用十进制表示，利用句点分隔各个部分。

表6-3　点分十进制表示方法

32 位二进制数	等价的点分十进制
10000001 00110100 00000110 00000000	129.52.6.0
11000000 00000101 00110000 00000011	192.5.48.3
00001010 00000010 0000000 00100101	10.2.0.37
10000000 00001010 00000010 00000011	128.10.2.3
10000000 10000000 11111111 00000000	128.128.255.0

点分十进制表示法把每一组作为无符号整数处理。当组内所有位都为 0 时，最小可能值为 0；当组内所有位都为 1 时,最大可能值为255。这样,点分十进制地址范围为0.0.0.0～255.255.255.255。

点分十进制表示法是一种语法形式。当与人交互时，IP 软件用它来表示 32 位二进制数值。

点分十进制表示法将 32 位数中的每 8 位作为一组，以十进制数表示，并用英语中的句点分隔每一组。点分十进制非常适合于 IP 地址，因为 IP 以 8 位位组为界，把地址分为前缀和后缀。在 A 类地址中，后 3 组对应于主机后缀。类似地，B 类地址有两组主机后缀，C 类地址有一个组主机后缀。

IP 分类方案并不把 32 位地址空间划分为相同大小的类，各类包含网络的数目并不相同。例如，A 类只能包含 128 个网络，因为 A 类地址首位必须为 0 并且前缀占据一个 8 位组，这样，仅剩下 7 位用来标识 A 类网络，如表 6-4 所示，分配给前缀和后缀的位数决定了能分配多少个不同的数。例如，n 位前缀允许 2^n 个不同的网络，n 位后缀允许在给定的网络上分配 2^n 台主机。

表6-4　地址空间大小

地址类	前缀位数	最大网络数	后缀位数	每个网络最大主机数
A	7	128	24	16 777 216
B	14	16 384	16	65 536
C	21	2 097 152	8	256

（3）特殊 IP 地址

除了给每台计算机分配一个地址外，地址用于表示整个网络或一组计算机也很方便。IP 定义了一套特殊地址格式，称为保留地址（Reserved）。也就是说，特殊地址从不分配给主机。

① 网络地址。IP 保留主机地址为 0 的地址，并用它来表示一个网络。因此，地址 128.211.0.0 表示一个分配了 B 类前缀 128.211 网络。网络地址指网络本身而非连到该网络上的主机。因此，网络地址不应作为目标地址在包中出现。

② 直接广播地址。有时候，发送一个数据包的副本给在一个物理网络上所有的主机是很有用的。为了使广播更容易，IP 为每个物理网络定义了一个直接广播地址（Directed Broadcast Address）。当一个数据包被发送到一个网络的直接广播地址时，只有单个包通过互联网到达该网络，然后送达该网络上的每一台主机。在网络前缀后面增加一个所有位全为 1 的后缀便形成了网络的直接广播地址。为了确保每个网络都有直接广播，IP 保留包含所有位全为 1 的主机地址。管理员不能分配全 0 或全 1 的主机地址给一个特定计算机，否则会导致软件功能失常。如果一个网络软件支持广播，一个直接广播可使用硬件广播能力进行递送。在这种情况下，数据包的一次发送将到达网络上所有的计算机。当一个直接广播被发送到一个不支持硬件广播的网络时，软件必须分别为网络上的每台主机发送一个该包的副本。

③ 有限广播地址。有限广播（Limited Broadcast）指在一个本地物理网络的一次广播。有限广播一般用于一台尚不知道网络号但已由计算机启动的系统。IP 保留所有位都是 1 的地址来表示有限广播。

④ 本机地址。计算机需要知道它的 IP 地址来发送或接收互联网包，因为每个包包含了源地址和目的地址。TCP/IP 协议系列包含了这样的协议，当计算机启动时能自动获得它的 IP 地址。启动协议也使用 IP 来通信。当使用这个启动协议时，计算机不可能支持一个正确的 IP 源地址。为了处理这一情况，IP 保留全 0 的地址指本计算机。

⑤ 回送地址。IP 定义一个回送地址（Loopback Address）用于测试网络应用程序。在生成

一个网络应用程序后，经常使用回送测试来进行预调试。要实现一个回送测试，必须有两个打算通过网络进行通信的应用程序。每个应用程序包含了同TCP/IP协议软件进行交互所需要的代码。程序员不是在不同的计算机上执行每个程序，而是在同一台计算机上运行两个程序并指示它们在通信时使用回送IP地址。当一个应用程序发送数据给另一个应用程序时，数据向下穿过协议栈到达IP软件，IP软件把数据向上通过协议栈返回第二个程序。因此，可很快地测试程序逻辑而无须两台计算机，也无须通过网络发送包。IP保留A类网络前缀127供回送时使用。和127一起使用的主机地址是无关紧要的，所有的主机地址都一样处理。根据习惯，经常使用主机号1，形成最普遍的回送格式127.0.0.1。在回送测试时，数据包并没有离开计算机，IP软件将包从一个应用程序转发到另一个应用程序。因此，回送地址永远不会出现于一个在网络中传输的包中。

特殊地址是被保留的，不应分配给计算机。如表6-5所示，每个特殊地址只限于某种用途。例如，广播地址永远不能作为源地址出现，全0地址在主机完成了启动程序并获得IP地址后也不能使用。

表6-5　特殊的IP地址

前　缀	后　缀	地　址　类　型	用　途
全0	全0	本机	启动时使用
网络	全0	网络	标识一个网络
网络	全1	直接广播	在特定网上广播
全1	全1	有限广播	在本地网上广播
127	任意	回送	测试

8. IP地址与硬件地址

不管网络层使用的是什么协议，在实际网络的链路上传送数据帧时，最终使用的都是硬件地址。

每一个主机都设有一个ARP高速缓存，里面有所在局域网上的各主机和路由器的IP地址到硬件地址的映射表。

ARP高速缓存的作用：为了减少网络上的通信量，主机A在发送其ARP请求分组时，就将自己的IP地址到硬件地址的映射写入ARP请求分组。

当主机A欲向本局域网上的某个主机B发送IP数据包时，先在其ARP高速缓存中查看有无主机B的IP地址。如有，就可查出其对应的硬件地址，再将此硬件地址写入MAC帧，然后通过局域网将该MAC帧发往此硬件地址。

当主机B收到A的ARP请求分组时，就将主机A的这一地址映射写入主机B自己的ARP高速缓存中。这对主机B以后向A发送数据报时就更方便了。

如果主机A的ARP高速缓存中没有对方的MAC地址，则主机A广播发送ARP请求分组获取主机B的MAC地址。

ARP工作原理如图6-3所示。

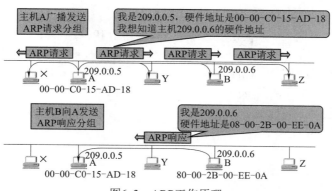

图6-3　ARP工作原理

注意：

ARP 是解决同一个局域网上的主机或路由器的 IP 地址和硬件地址的映射问题。

如果所要找的主机和源主机不在同一个局域网上，那么就要通过 ARP 找到一个位于本局域网上的某个路由器的硬件地址，然后把分组发送给这个路由器，让这个路由器把分组转发给下一个网络。剩下的工作就由下一个网络来做。

从 IP 地址到硬件地址的解析是自动进行的，主机的用户对这种地址解析过程是不知道的。

只要主机或路由器要和本网络上的另一个已知 IP 地址的主机或路由器进行通信，ARP 协议就会自动地将该 IP 地址解析为链路层所需要的硬件地址。

为什么不直接使用硬件地址进行通信呢？这是因为，全世界存在着各式各样的网络，它们使用不同的硬件地址。要使这些异构网络能够互相通信就必须进行非常复杂的硬件地址转换工作，因此几乎是不可能的事。

9. 常见的网络测试工具

（1）ping 命令

ping（Packet Internet Grope），因特网包探索器，是 DOS 命令，用于测试网络连接质量的程序。其工作原理是利用网络上机器 IP 地址的唯一性，给目标 IP 地址发送一个数据包，再要求对方返回一个同样大小的数据包来确定两台网络机器是否连通，时延是多少。

该命令用法：

ping 参数选项

选项：

-t：ping 指定的主机，直到停止。若要查看统计信息并继续操作，可输入 Control-Break；若要停止可按【Ctrl+C】组合键。

-a：将地址解析成主机名。

-n count：要发送的回显请求数。

-l size：发送缓冲区大小。

-f：在数据包中设置"不分段"标志（仅适用于 IPv4）。

-i TTL：生存时间。

-v TOS：服务类型（仅适用于 IPv4。该设置已不赞成使用，且对 IP 标头中的服务字段类型没有任何影响）。

-r count：记录计数跃点的路由（仅适用于 IPv4）。

-s count：计数跃点的时间戳（仅适用于 IPv4）。

-j host-list：与主机列表一起的松散源路由（仅适用于 IPv4）。

-k host-list：与主机列表一起的严格源路由（仅适用于 IPv4）。

-w timeout：等待每次回复的超时时间（毫秒）。

-R：同样使用路由标头测试反向路由（仅适用于 IPv6）。

-S srcaddr：要使用的源地址。

-4：强制使用 IPv4。

-6：强制使用 IPv6。

（2）arp 命令

arp 命令用于显示和修改 ARP 缓存中的条目，该缓存含有一个或是多个用于存储 IP 地址和 MAC 地址对应关系的表。

该命令用法：

```
arp  参数选项
```

选项：

-a：通过询问当前协议数据，显示当前 ARP 项。如果指定 inet_addr，则只显示指定计算机的 IP 地址和物理地址。如果不止一个网络接口使用 ARP，则显示每个 ARP 表的项。

-g：与 -a 相同。

-v：在详细模式下显示当前 ARP 项。所有无效项和环回接口上的项都将显示。

inet_addr：指定 Internet 地址。

-N if_addr：显示 if_addr 指定的网络接口的 ARP 项。

-d：删除 inet_addr 指定的主机。inet_addr 可以是通配符 *，以删除所有主机。

-s：添加主机并且将 Internet 地址 inet_addr 与物理地址 eth_addr 相关联。物理地址是用连字符分隔的 6 个十六进制字节。该项是永久的。

eth_addr：指定物理地址。

if_addr：如果存在，此项指定地址转换表应修改的接口的 Internet 地址。如果不存在，则使用第一个适用的接口。

示例：

```
> arp-s 157.55.85.212  00-aa-00-62-c6-09.... 添加静态项
> arp-a                      .... 显示 ARP 表
```

6.1.3 网线制作方法和双机互联组建步骤

1. 利用双绞线制作网线

1）任务说明

利用双线制作一条直连网线和一条交叉网线，要求利用测线仪测试网线的连通性和线序，网线质量要求符合工程标准。

2）实施步骤

（1）制作直通网线

① 利用斜口剪下所需要的双绞线长度，至少 0.6 m，然后再利用双绞线剥线器将双绞线的外皮除去 2 ～ 3 cm。

② 小心地剥开每一对线，排序。左起：白橙、橙、白绿、蓝、白蓝、绿、白棕、棕。

③ 将裸露出的双绞线用剪刀或斜口钳剪下只剩约 13 mm 的长度，再将双绞线的每一根线依序放入 RJ-45 接头的引脚内，第一只引脚内应该放白橙的线，其余类推。

④ 确定双绞线的每根线已经正确放置之后，用 RJ-45 压线钳压接 RJ-45 接头。

⑤ 重复第②步～第④步，再制作另一端的 RJ-45 接头。此时这个接头的线序则是左起：白橙、橙、白绿、蓝、白蓝、绿、白棕、棕。

⑥ 将制作完成的网线的两个接头分别插入测线仪的两个接口中，打开测线仪开关，观察两组灯，如果两组灯分别从 1 灯亮至 8 灯，说明直通网线制作成功；如果有一个灯没亮，说明该条线没有连接成功；如果灯亮的顺序颠倒，说明线序排列错误。

（2）制作交叉网线

① 利用斜口钳剪下所需要的双绞线长度，至少 0.6 m。然后利用双绞线剥线器将双绞线的外皮除去 2 ～ 3 cm。

② 小心地剥开每一对线，排序。左起：白橙、橙、白绿、蓝、白蓝、绿、白棕、棕。

③ 将裸露出的双绞线用剪刀或斜口钳剪下只剩约 13 mm 的长度，再将双绞线的每一根线依序放入 RJ-45 接头的引脚内。

④ 确定双绞线的每根线已经正确放置之后，用 RJ-45 压线钳压接 RJ-45 接头。

⑤ 重复第②步～第④步，再制作另一端的 RJ-45 接头。此时这个接头的线序则是左起：白绿、绿、白橙、蓝、白蓝、橙、白棕、棕。

⑥ 将制作完成的网线的两个接头分别插入测线仪的两个接口中，打开测线仪开关，观察两组灯，此时两组灯不再是按顺序依次亮起，而是一组灯的 1 灯亮时，另一组灯的 3 灯亮，一组灯的 2 灯亮时，另一组灯的 6 灯亮，其余的 4、5、7、8 灯是两组灯同时亮起。

2. 硬件连接和设置 IP 地址

1）任务说明

每个施工组利用交叉网线连接两台主机，启动主机，为主机设置 IP 地址，观察网卡接口指示灯的变化。

2）实施步骤

（1）连接计算机

将两台主机 A 和 B 放在合适的位置，使两台主机能够通过交叉线连接起来，拓扑结构如图 6-4 所示。

图6-4　双机互联拓扑结构

（2）设置主机的 IP 地址

不同操作系统的主机设置 IP 地址的方式基本相同，现在以 Windows 7 为例介绍设置 IP 地址的过程。

① 启动 Windows 7，依次双击"计算机"→"控制面板"→"网络与 Internet"→"网络与共享中心"。

② 依次单击"本地连接"→"属性"→"常规"，找到并单击"Internet 协议（TCP/IP）"。

③ 依次单击"属性"→"常规"，选择"使用下面的 IP 地址"单选按钮，然后输入 IP 和子网掩码。

主机 A IP：192.168.1.1

主机 B IP：192.168.1.2

子网掩码为：255.255.255.0

默认网关：可不填

④ 单击"确定"按钮使 IP 地址生效。

3. ping 命令测试

1）任务说明

利用 ping 命令测试主机的 TCP / IP 是否正常、测试网卡是否正常工作以及两台主机之间的连通性。

2）实施步骤

在访问网络中的计算机之前，首先确认这两台计算机在网络上是否已经连通。可以在主机 A 上通过 ping 命令来检测到达主机 B 的连通性。

在"开始"菜单选择"运行"命令，输入 cmd，进入命令提示符界面。依次执行如下操作。

（1）ping 127.0.0.1

127.0.0.1 是一个用于内部测试用的 IP 回送地址，检查用户计算机的 TCP/IP 协议是否正常工作。

图 6-5 中返回的信息为：本地主机已收到回送信息，包长 32 字节，响应时间小于 1 ms，生存时间 TTL（Time to Live）为 200。TTL 是由发送主机设置的，以防止数据包在 IP 互联网络上永不终止地循环。

图6-5　ping命令的返回信息

返回的统计信息为：向 127.0.0.1 发送了 4 个数据包，收到了 4 个数据包，无丢失，该返回信息表明主机 A 的 TCP/IP 协议正常工作。

（2）ping 对方 IP

主机 B 的 IP 地址是 192.168.1.2，在主机 A 上执行命令 ping 192.168.1.2 来检测两台计算机是否已经连通。

4．arp 命令测试

1）任务说明

利用 arp 命令查看 ARP 地址表、添加静态的 ARP 地址表项以及删除静态的 ARP 地址表项。

2）实施步骤

（1）查看本机的 ARP 表项

在主机上运行 arp 命令查看当前的 ARP 表项，结果如图 6-6 所示，不同主机查看的 ARP 表项有所不同。

图6-6 查看主机A的ARP表项

（2）手动添加 ARP 表项

在主机 A 上运行 arp 命令手动添加一条 ARP 表项，该表项的 IP 地址为 23.87.143.110，MAC 地址为 12-34-3a-00-72-be，具体命令为 arp-s 23.87.143.110 12-34-3a-00-72-be，然后用 arp-a 命令查看，结果如图 6-7 所示。

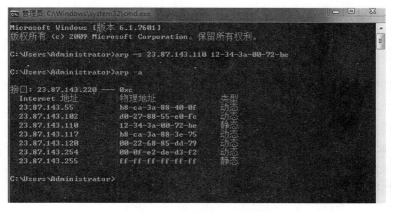

图6-7 手动加ARP表项

（3）手动删除 ARP 表项

在主机 A 上运行 arp 命令将刚才手动添加的 ARP 表项删除，具体命令为 arp-d 23.87.143.110，然后用 arp-a 命令查看，结果如图 6-8 所示。

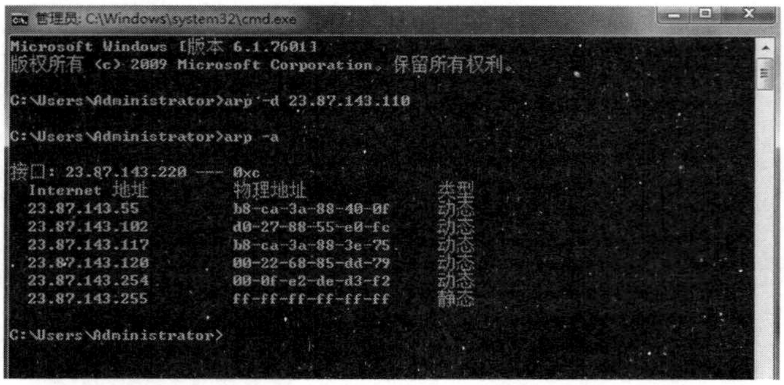

图6-8 手动删除ARP表项

6.2 局域网的组建

6.2.1 局域网组建目标要求

局域网是人们最常接触的网络之一，单位、办公室的网络、家庭中的网络都属于局域网的范畴，因此，掌握局域网的相关知识，学会组建局域网非常重要。

1. 任务要求

① 组建共享式以太网。
② 组建交换式以太网。

2. 任务分解和指标

① 使用两个集线器互联 8 台主机，建立一个简单的局域网；配置主机的 IP 地址；在仿真模式下测试主机之间的连通性；在仿真模式下，单击数据包显示 OSI 参考模型层次信息。

② 用 3 台交换机和 1 台集线器建立一个包含 16 台 PC 的网络；配置主机 IP 地址；在仿真模式下测试主机之间的连通性；在仿真模式下，单击数据包会显示 OSI 参考模型层次信息；在仿真模式下，单击交换机可查看其 MAC 地址列表。

6.2.2 局域网基础知识

1. 局域网的特征

局域网具有如下特征：
① 网络覆盖的地理范围较小，通信距离通常不超过数十千米，甚至只在一幢建筑或一个房间里。
② 传输速率较高，误码率低，传输速率一般是 100 Mbit/s，近年来大多已经达到 1 Gbit/s。
③ 独立性较强，相对于互联网，它是独立的网络空间，对外界网络资源具有屏蔽功能。

2. IEEE 802 系列标准

国际电气与电子工程师协会（Institute of Electrical and Electronics Engineers，IEEE）在 1980 年 2 月成立了专门从事局域网协议制定的局域网标准化委员会，简称 IEEE 802 委员会。该委员会建立了一整套的局域网协议标准，称为 IEEE 802 标准。该标准已被国际标准化组织（ISO）采纳，作为局域网的国际标准系列，称为 IEEE 802 标准。这些标准规定了媒体访问控制方法。

IEEE 802 系列标准中各个子标准之间的关系如图 6-9 所示。

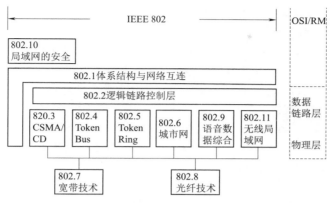

图6-9　IEEE 802系列标准

LAN 的结构主要有 3 种类型：以太网（Ethernet）、令牌环（Token Ring）、令牌总线（Token Bus）以及作为这 3 种网的主干网光纤分布数据接口（FDDI）。它们所遵循的标准都以 802 开头，目前共有 11 个与局域网有关的标准，分别是：

IEEE 802.1：描述各个协议之间的关系、参考模型以及较高层协议的关系，包括术语表、网络管理、网络互联，以及 IEEE 802 概述及结构等。

IEEE 802.2：通用的逻辑链路控制层。该标准定义了数据链路层同步和 802 局域网类型的差错控制，其中包括 802.11 的差错控制。

IEEE 802.3：描述了 CSMA/CD 媒体访问控制协议及相应的物理层规范，定义了人们现在普遍使用的 10 Mbit/s、100 Mbit/s 和 1 000 Mbit/s 传输速率的以太网异步协议，用于双绞线、同轴电缆和光纤。

IEEE 802.4：描述了令牌总线媒体访问控制协议及其物理层规范，提出了一个总线拓扑的令牌传送协议。

IEEE 802.5：描述了令牌环媒体访问控制协议及物理层规范，定义了一个 4 Mbit/s 和 16 Mbit/s 的同步协议，在环状拓扑结构上用一个令牌来控制访问。

IEEE 802.6：描述了城域网媒体访问控制协议及其物理层规范。

IEEE 802.7：宽带局域网。

IEEE 802.8：光纤局域网。

IEEE 802.9：为 ISDN 局域网媒体访问控制协议及其物理规范，描述了包括综合语音 / 数据在内的多媒体局域网。

IEEE 802.10：描述了局域网安全和保密问题，为无线和有线局域网提供了安全保证。

IEEE 802.11：描述了无线局域网媒体访问控制协议及物理层规范，包括各种物理介质、跳频扩频、直接序列扩频，以及红外线等。

上述 LAN 技术各有自身的敷缆规则以及与工作站的连接方法，硬件需求以及各种与其他部件的连接规定。

3. 共享式以太网

共享式以太网（即使用集线器或共用一条总线的以太网）采用了载波检测多路侦听（Carries Sense Multiple Access with Collision Detection，CSMA/CD）机制来进行传输控制。

CSMA/CD 是一种争用型的介质访问控制协议。它起源于美国夏威夷大学开发的 ALOHA 网所采用的争用型协议，具有比 ALOHA 协议更高的介质利用率。主要应用于以太网中，对于每一个站而言，一旦它检测到有冲突，就放弃当前的传送任务。

（1）CSMA/CD 工作机制

① 带宽共享：在局域网中，数据都是以帧的形式传输的。共享式以太网是基于广播的方式来发送数据的，因为集线器不能识别帧，所以它就不知道一个端口收到的帧应该转发到哪个端口，只好把帧发送到除源端口以外的所有端口，这样所有的主机都可以收到这些帧。这就造成了只要网络上有一台主机在发送帧，网络上所有其他的主机都只能处于接收状态，无法发送数据，即在任何时刻，所有的带宽只分配给了正在传送数据的那台主机。

② 带宽竞争：共享式以太网是一种基于竞争的网络技术，也就是说，网络中的主机将会"尽其所能"地"占用"网络发送数据。因为同时只能有一台主机发送数据，所以相互之间就产生了"竞争"。这就好像千军万马过独木桥一样，谁能抢占先机，谁就能过去，否则就只能等待了。

③ 冲突检测 / 避免机制：在基于竞争的以太网中，只要网络空闲，任何一个主机均可发送数据。当两个主机发现网络空闲而同时发出数据时，就会产生"碰撞"（Collision），也称"冲突"，这时两个传送操作都遭到破坏，此时 CSMA/CD 机制将会让其中的一台主机发出一个"通道拥挤"信号，这个信号将使冲突时间延长至该局域网上所有主机均检测到此碰撞。

（2）CSMA/CD 工作原理

简单概括 CSMA/CD 媒体访问控制方法的工作原理如下：

① 先听后说，边听边说。

② 一旦冲突，立即听说。

③ 等待时机，然后再说。

听，即监听、检测；说，即发送数据。

在发送数据之前，先监听总线是否空闲。若总线忙，则不发送；若总线空闲，则把准备好的数据发送到总线上。在发送数据的过程中，工作站边发送边检测总线，看自己发送的数据是否有冲突。若无冲突，则继续发送直到全部数据传完为止；若有冲突，则立即停止发送数据，但是要发送一个加强冲突信号，以便使网络上所有工作站都知道网上发生了冲突。然后，等待一个预定的随机时间，且在总线为空闲时，再重新发送未发完的数据。

（3）集线器

集线器（多端口中继器）又称 Hub，工作在物理层，是以太网中的中心连接设备，它是对"共享介质"总线型局域网结构的一种改进。所有的节点通过非屏蔽双绞线与集线器连接，这样的以太网物理结构看似是星状结构，但在逻辑上仍然是总线结构。在 MAC 子层采用 CSMA/CD 介质访问控制方法。当集线器接收到某个节点发送的帧时，它立即将数据帧通过广播方式转发到其他连接端口。集线器各端口共享集线器的总带宽。例如，对于一个总带宽为 10 Mbit/s 的集线器，如果连接 5 个工作站同时上网，则每个工作站的平均带宽为 2 Mbit/s；如果同时上网的工作站增加到 10 个，则每个工作站的平均带宽下降为 1 Mbit/s。在节点竞争共享介质的过程中，冲突是不可避免的。在网络中，冲突发生的范围称为冲突域。冲突会造成发送节点的随机延迟和重发，进而浪费网络带宽。随着网络中节点数的增加，冲突和碰撞必然增加，相应的带宽浪费也会越大。用集线器组建的网络处于一个冲突域中，站点越多，冲突的可能性越大。

4. 交换式以太网

20 世纪 90 年代初，以太网交换机的出现，解决了共享式以太网平均分配带宽的问题，大大提高了局域网的性能。交换机提供了多个通道，允许多个用户之间同时进行数据传输。交换机的每一个端口所连接的网段都是一个独立的冲突域。

交换机对数据的转发是以网络节点的 MAC 地址为基础的，具体工作过程如下：

①交换机根据收到的数据帧中的源 MAC 地址将其写入 MAC 地址映射表中，建立该地址同交换机端口的映射。

②交换机将数据中的目的 MAC 地址同已建立的 MAC 地址映射表进行比较，以决定由哪个端口进行转发。

③如数据中的目的 MAC 地址不在 MAC 地址映射表中，则向所有端口转发，这一过程称为泛洪（Flood）。

④在每次添加或更新地址映射表项时，该表项被赋予一个计时器，这使得该端口与 MAC 地址的对应关系能够存储一段时间，通过移走已过时的或老化的表项，交换机可以维护一个精确的地址映射表。

交换式以太网技术在传统以太网技术的基础上，用交换技术替代原来的 CSMA/CD 技术，从而避免了由于多个站点共享并竞争信道导致发生的碰撞，减少了信道带宽的浪费，同时还可以实现全双工通信，极大地提高了信道的利用率。

以太网交换机的原理是检测从以太端口来的数据包的源和目的地的 MAC（介质访问层）地址，然后与系统内部的动态查找表进行比较，若数据包的 MAC 层地址不在查找表中，则将该地址加入查找表中，并将数据包发送给相应的目的端口。

在交换式以太网中，交换机提供给每个用户专用的信息通道，除非两个端口企图同时将信息发往同一个目的端口，否则多个端口与目的端口之间可同时进行通信而不会发生冲突。

交换式以太网不需要改变网络其他硬件，包括电缆和用户的网卡，仅需要用交换式交换机改变共享式 Hub，就可在高速与低速网络间转换，实现不同网络的协同。其同时提供多个通道，比传统的共享式 Hub 提供更多的带宽。

6.2.3　局域网组建步骤

1. 共享以太网组建

（1）任务说明

使用两个集线器互联 8 台主机，建立一个简单的局域网；配置主机的 IP 地址；在仿真模式下测试主机之间的连通性；在仿真模式下，单击数据包显示 OSI 参考模型层次信息。

（2）实施步骤

① 打开 Packet Tracer，建立用两个集线器互联在 8 台主机建立一个简单的网络拓扑结构，设备连接好后，配置 8 台主机的 IP 地址为 192.168.0.X（X 为 1 ~ 8，依次排列），如图 6-10 所示。

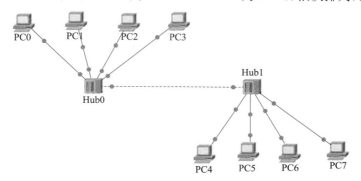

图6-10　通过集线器互联的局域网拓扑结构

② 进入拓扑模式，在两个集线器之间连接传输线路。

③ 进入仿真模式，建立一个新场景。

④ 在不同时刻分别建立 PC4 → PC0 和 PC5 → PC1 的数据包，避免二者产生碰撞。

⑤ 在开始仿真之前，单击 PC4 和 PC5 上的数据包查看其 OSI 参考模型层次信息，然后单击 "播放" 按钮，观察数据包流通情况。

⑥ 第一次仿真完成后，重复步骤 c 值到产生碰撞，然后重复步骤 d；

⑦ 数据包达到 Hub 0 后，单击即将离开 Hub 0 转发到 Hub 1 的数据包。

（3）思考

① 网络中集线器的作用是什么？

② 连接主机和集线器、集线器和集线器之间分别用什么类型线路？

③ 该网络包含几个冲突域？

④ 集线器网络中发生冲突时，哪些主机设备会收到冲突消息？

⑤ OSI 参考模型包括哪些层次？各层有什么功能？

2. 交换式以太网组建

（1）任务说明

用 3 台交换机和 1 台集线器建立一个包含 16 台 PC 的网络；配置主机 IP 地址；在仿真模式下测试主机之间的连通性；在仿真模式下，单击数据包会显示 OSI 参考模型层次信息；在仿真模式下，单击交换机可查看其 MAC 地址列表。

（2）实施步骤

打开 Packet Tracer，用交换机和集线器连接 16 台主机建立一个网络拓扑结构，设备连接好后，配置 16 台主机的 IP 地址为 192.168.0.X（X 为 1 ～ 16，依次排列），如图 6-11 所示。

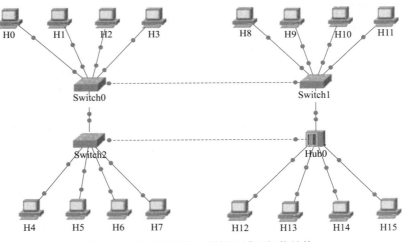

图6-11 通过交换机互联的局域网拓扑结构

① 进入拓扑模式，将 Switch0 的快速以太网端口 2 的端口状态设置为关，使 Switch0 和 Switch1 间的线路停止工作。

② 仍在拓扑模式下，单击 Switch0，再单击快速以太网端口 2，将端口状态设置为开。

③ 进入仿真模式，会发现刚才设置打开的线路仍在关闭状态，这是因为该拓扑结构会产生环，而生成树协议防止环的产生。

④ 添加 PC13 → PC2 的数据包，分析数据包选择的路径。为了防止环的产生，Switch0 和

Switch1 之间的线路被关闭，所以数据包会通过 Switch2，再转发给 Switch0，最终达到主机 PC2。

⑤ 进入拓扑模式，删除 Switch2 和 Hub0 之间的线路，单击 Switch0，再单击快速以太网端口 2，将端口状态设置为开，进入仿真模式，观察数据包的发送情况。

（3）思考

① 交换机工作在 OSI 参考模型的哪一层？

② 使用交换机比使用集线器好在哪里？

③ 若用集线器、交换机两种设备分别连接网络，两台主机同时发送数据包会有什么不同？

④ 怎样才能使本实验所给的拓扑图中不产生冲突域？

6.3 交换机的基本配置

6.3.1 交换机基本配置目标要求

以太网交换机作为局域网的主要连接设备，已经成为应用最为广泛的网络设备之一。随着交换技术的不断发展，以太网交换机的功能也越来越多。通过对以太网交换机的管理和配置，可以达到优化网络性能、提高网络效率和安全的目的。

1. 任务要求

① 掌握交换机的基本配置方法，登录交换机的控制台界面对其进行基本配置，掌握系统帮助和基本配置命令。

② 出于安全方面的考虑，要求对交换机进行基本的安全配置和端口配置，还要配置交换机实现对各台计算机进行端口绑定的功能。

2. 任务分解和指标

① 能完成交换机和管理主机的硬件连接并能成功登录到交换机的控制台界面中。

② 完成交换机的基本配置，包括系统更名、切换模式、显示系统信息等。

③ 完成交换机的安全配置，包括设置控制台密码、设置进入特权模式密码、对密码进行加密等。

④ 配置交换机对各台计算机进行端口绑定，未绑定主机连接到这些端口后无法通过这些端口发送数据。

6.3.2 模拟软件 Packet Tracer简介

1. Packet Tracer

Packet Tracer 是由 Cisco（思科）公司发布的一个辅助学习工具，为学习网络课程的人员设计、配置、排除网络故障提供了网络模拟环境。用户可在软件的图形用户界面上直接使用拖动方法建立网络拓扑，软件中实现的 IOS 子集允许用户配置设备；并可提供数据包在网络中行进的详细处理过程，观察网络实时运行情况。

2. Cisco IOS 软件概述

Cisco IOS 是思科网络设备的操作系统平台，可以应用于大多数思科硬件平台上，如交换机和路由器等。用户通过 IOS 访问硬件设备、输入配置命令、查看配置结果、启用网络功能等。

1）思科设备的管理方式

思科设备管理方式可以分为两种：带外管理和带内管理。

① 带外管理主要是通过控制线连接交换机和 PC，因为不会占用网络带宽，所以称为带外管理。

② 带内管理有多种方式，如 Telnet（远程登录）管理、Web 页面管理、基于 SNMP 协议的管理等，这些管理方式都会占用网络带宽，所以称为带内管理。

2）思科交换机的启动过程

思科交换机启动要执行 3 个主要操作：

① 设备执行硬件检测例程。

② 硬件设备运转良好后，执行系统启动例程，即加载思科设备的操作系统软件。

③ 加载操作系统后，系统会尝试查找和应用建立网络所需的软件配置设置和已保存的配置信息。

如果思科设备的内存中有配置信息，则按照已经保存好的配置信息启动交换机并执行相应的配置。

如果思科设备的内存中没有配置信息（即第 1 次启动时），那么将提示用户进行初始配置。初始默认设置足以保证交换机在第二层运行。其他特色功能需要额外配置才能实现。

现在以思科交换机 2960 为例展示思科交换机的启动信息，部分内容如图 6-12 所示。

```
C2960 Boot Loader (C2960-HBOOT-M) Version 12.2(25r)FX, RELEASE SOFTWARE (fc4)
Cisco WS-C2960-24TT (RC32300) processor (revision C0) with 21039K bytes of memory.
2960-24TT starting...
Base ethernet MAC Address: 0005.5E89.1A8D
Xmodem file system is available.
Initializing Flash...
flashfs[0]: 1 files, 0 directories
flashfs[0]: 0 orphaned files, 0 orphaned directories
flashfs[0]: Total bytes: 64016384
flashfs[0]: Bytes used: 4414921
flashfs[0]: Bytes available: 59601463
flashfs[0]: flashfs fsck took 1 seconds.
...done Initializing Flash.

Boot Sector Filesystem (bs:) installed, fsid: 3
Parameter Block Filesystem (pb:) installed, fsid: 4


Loading "flash:/c2960-lanbase-mz.122-25.FX.bin"...
################################################################### [OK]
                    Restricted Rights Legend

Use, duplication, or disclosure by the Government is
subject to restrictions as set forth in subparagraph
(c) of the Commercial Computer Software - Restricted
Rights clause at FAR sec. 52.227-19 and subparagraph
(c) (1) (ii) of the Rights in Technical Data and Computer
Software clause at DFARS sec. 252.227-7013.

            cisco Systems, Inc.
            170 West Tasman Drive
            San Jose, California 95134-1706
```

图6-12　交换机2960启动信息

3）交换机 LED 指示灯

① SYS LED 灯：系统指示灯，用于显示系统加电情况。

② RPS LED 灯：冗余电源指示灯，用于显示冗余电源的连接情况。

③ STAT LED 灯：端口状态指示灯。

④ UTL LED 灯：带宽占用指示灯。

⑤ FDUP LED 灯：全双工模式指示灯。

4）带外管理思科交换机

通过带外方式管理思科设备是用控制线连接思科设备上的 Console 口和 PC 的 COM 口。

（1）需要的设备

① 思科设备上的 Console 口：通常有两种，一种为 RJ-45 接口，另一种为 9 针串口，一般以 RJ-45 接口为主。

② 配置线：配置线通常也有两类，一类是 DB9 DB9 线缆，一类是 DB9 RJ-45 线缆，也可以是在双绞线线缆的一端接上 RJ-45 DB9 转换器，此双绞线的线序为全反线序。

③ 主机上的 9 针串口。

（2）连接方式

利用带外方式管理思科交换机需要用配置线连接思科设备的 Console 口和 PC 的 COM 口，如图 6-13 所示。

2960-24TT
Switch0

PC-PT
PC0

图6-13　带外管理思科交换机连接方式

（3）配置超级终端

使用计算机配置思科设备需要使用超级终端，一般操作系统都有超级终端，若没有，可通过"添加 / 删除组件"安装。

① 依次单击"开始"→"所有程序"→"附件"→"通信"→"超级终端"，打开超级终端程序。

如果是第一次打开超级终端，将会要求输入所在地区的电话区号等信息，由于是通过配置线连接并非通过电话线，因此输入任意信息即可。如果并非首次打开，则直接开始下面的配置。

② 进入"超级终端"窗口后，输入名字，即可新建一个"超级终端"连接，如图 6-14 所示。

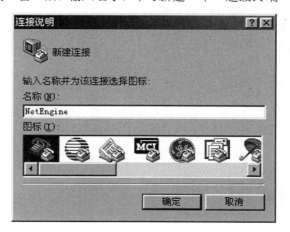

图6-14　输入超级终端名称界面

③ 在"输入待拨电话的详细资料"界面，国家（地区）代码、区号、电话号码使用默认值，"连接时使用"选择"直接连接到串口 1"，如图 6-15 所示。

④ 在"COM 1 属性"对话框中设置端口属性，单击"还原默认值"按钮即可，这样设置的属性就是正确的，如图 6-16 所示。

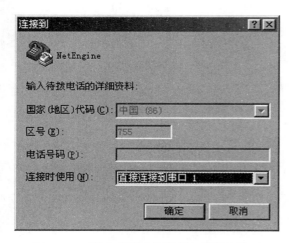

图6-15　"输入待拨电话的详细资料"界面　　　图6-16　"COM 1属性"对话框

⑤ 单击"确定"按钮之后打开用于输入命令的控制界面。

3. Cisco IOS 命令行界面功能

1）Cisco IOS 用户界面功能

Cisco IOS 软件使用 CLI（借助控制台）作为输入命令的传统环境。

① CLI 可用于输入命令。不同网络互联设备上的操作各不相同，但也有相同的命令。

② 用户可在控制台命令模式下输入或粘贴条目。

③ 各命令模式的提示符各不相同。

④【Enter】键可以指示设备解析和执行命令。

⑤ 两大 EXEC 模式为用户模式和特权模式。

2）用户 EXEC 模式

启动思科设备后进入的第一个 EXEC 模式，命令提示符为 HOSTNAME>，其中 HOSTNAME 是思科设备的名称，默认思科交换机的名字为 SWITCH。

输入 EXIT 可以结束用户模式的会话。

用户模式仅允许用户访问数量有限的基本监控命令；一般只可以执行有限的查看命令，不允许重新加载或配置设备。

3）特权 EXEC 模式

① 特权模式是最常用的 EXEC 模式，需要在用户模式下通过 enable 命令进入，命令提示符是 hostname#。

进入特权模式：

```
Switch> enable
Switch#
```

② 特权模式也称使能模式，能对思科设备进行详细的检查，支持配置和调试，也可以通过该模式输入命令进入其他模式，如全局配置模式、接口模式、路由协议模式等。

③ 从特权模式退回到用户模式可以使用 disable 命令，从下一级模式退回到上一级模式都可以使用 exit 命令，从某个模式直接退回到特权模式可以使用 end 命令。

在特权模式下退回到用户模式：

```
Router#disable
Router>
```

4）Cisco IOS 的系统帮助

在使用命令行管理交换机时有许多使用技巧。

（1）使用 "?" 获得帮助

① 当不了解在某模式下有哪些命令时，输入 "?"，可以查看到此模式下的所有命令。

在交换机的用户模式下输入 "?" 查看命令，结果如图 6-17 所示。

```
Switch>?
Exec commands:
  <1-99>      Session number to resume
  connect     Open a terminal connection
  disable     Turn off privileged commands
  disconnect  Disconnect an existing network connection
  enable      Turn on privileged commands
  exit        Exit from the EXEC
  logout      Exit from the EXEC
  ping        Send echo messages
  resume      Resume an active network connection
  show        Show running system information
  telnet      Open a telnet connection
  terminal    Set terminal line parameters
  traceroute  Trace route to destination
```

图6-17 用户模式下输入 "?" 获取系统帮助

② 当只记得某个命令的一部分时，可以在记得的部分后面输入 "?"（无空格），查看当前模式下以此字母开头的所有可能的命令。

在交换机的用户模式下查看以字母 t 开头的所有命令：

```
Switch> t?
```

具体结果如图 6-18 所示。

```
Switch>t?
telnet  terminal  traceroute
```

图6-18 用户模式下输入 "t?" 获取系统帮助

③ 当不清楚某单词后可输入的命令时，可在此单词后输入 "?"（中间有空格）。

在交换机的用户模式下查看关键字 show 后面能连接的所有命令：

```
Switch> show ?
```

具体显示结果如图 6-19 所示。

（2）命令简写

为了方便起见，思科设备支持命令简写，例如 configure terminal 可以简写为 con 或 conter。但是要注意的是，这种简写必须能识别出唯一的命令，如 configure terminal 不可简写成 c，因为以 c 开头的命令并不只是 configure terminal。

```
Switch>show ?
  cdp              CDP information
  clock            Display the system clock
  dtp              DTP information
  etherchannel     EtherChannel information
  flash:           display information about flash: file system
  history          Display the session command history
  interfaces       Interface status and configuration
  ip               IP information
  mac-address-table MAC forwarding table
  mls              Show MultiLayer Switching information
  privilege        Show current privilege level
  sessions         Information about Telnet connections
  tcp              Status of TCP connections
  terminal         Display terminal configuration parameters
  users            Display information about terminal lines
  version          System hardware and software status
  vlan             VTP VLAN status
  vtp              VTP information
```

图6-19　用户模式下输入"show ?"获取系统帮助

在交换机的用户模式下通过简写模式进入特权模式：

```
Switch> en
Switch#
```

（3）将命令补充完整

输入能唯一识别某个命令关键字的一部分后，可以按【Tab】键将该关键字补充完整。

（4）使用历史命令

按【↑】、【↓】键可以调出曾经输入的历史命令，并进行上下选择。

4. 交换机的基本配置

（1）显示系统信息命令

系统信息主要包括系统描述、系统上电时间、系统的硬件版本、系统的软件版本、系统的Ctrl层软件版本和系统的Boot层软件版本。可以通过这些信息了解这个交换机系统的概况。

模式：用户或特权模式。

命令：show version

在交换机上用show version命令显示系统信息，具体结果如图6-20所示。

```
Switch>show version
Cisco IOS Software, C2960 Software (C2960-LANBASE-M), Version 12.2(25)FX, RELEAS
E SOFTWARE (fc1)
Copyright (c) 1986-2005 by Cisco Systems, Inc.
Compiled Wed 12-Oct-05 22:05 by pt_team

ROM: C2960 Boot Loader (C2960-HBOOT-M) Version 12.2(25r)FX, RELEASE SOFTWARE (fc
4)

System returned to ROM by power-on

Cisco WS-C2960-24TT (RC32300) processor (revision C0) with 21039K bytes of memor
y.

24 FastEthernet/IEEE 802.3 interface(s)
2 Gigabit Ethernet/IEEE 802.3 interface(s)

63488K bytes of flash-simulated non-volatile configuration memory.
Base ethernet MAC Address       : 0060.5CB6.94EB
Motherboard assembly number     : 73-9832-06
Power supply part number        : 341-0097-02
Motherboard serial number       : FOC103248MJ
Power supply serial number      : DCA102133JA
Model revision number           : B0
Motherboard revision number     : C0
Model number                    : WS-C2960-24TT
System serial number            : FOC1033Z1EY
Top Assembly Part Number        : 800-26671-02
Top Assembly Revision Number    : B0
Version ID                      : V02
CLEI Code Number                : COM3K00BRA
Hardware Board Revision Number  : 0x01
```

图6-20　显示交换机系统信息

（2）显示当前配置命令

该命令将显示RAM中当前的交换机配置，它可以用来确定交换机的当前工作状态。这一命令是学习交换机和路由器配置的最好途径，在具有一定的基础后，就需要输入这个命令，并观察其输出。这部分配置信息交换机关闭时将消失。

模式：特权模式

命令：show running-config

在交换机上显示当前配置信息：

```
Switch# show running-config
```

（3）显示已保存的配置命令

该命令用于显示已经保存到 NVRAM 中的配置信息。这部分配置信息交换机关闭时不消失。

模式：特权模式

命令：show startup-config

在交换机上显示已保存的配置信息：

```
Switch# show startup-config
```

（4）保存现有配置命令

该命令用于将 RAM 中的当前配置信息保存到 NVRAM 中。

模式：特权模式

命令：copy running-config startup-config

在交换机上用 copy running-config startup-config 保存当前配置信息，运行结果如图6-21所示。

```
Switch#copy running-config startup-config
Destination filename [startup-config]?
Building configuration...
[OK]
```

图6-21　保存当前配置信息

（5）清除已保存的配置

该命令用于清除被保存到永久内容中的配置命令，未保存的命令关机时将消失。

模式：特权模式

命令：erase startup-config

在交换机上用 erase startup-config 清除已保存的配置信息，具体运行结果如图 6-22 所示。

```
Switch#erase startup-config
Erasing the nvram filesystem will remove all configuration files! Continue? [con
firm]
[OK]
Erase of nvram: complete
%SYS-7-NV_BLOCK_INIT: Initialized the geometry of nvram
```

图6-22　清除已保存的配置信息

（6）进入全局配置模式命令

该命令用于将思科设备从特权模式转变为全局配置模式。该命令生效后命令提示符变为 Switch (config) #。

模式：特权模式

命令：configure terminal

进入交换机的全局配置模式：

```
Switch> enable
```

```
Switch# configure terminal
Switch(config)#
```

（7）配置交换机名称命令

通过该命令可以改变交换机的名字，从而改变提示符。

模式：全局配置模式

命令：hostname< 名字 >

参数：名字支持数字和字母。

将交换机的名字改为 aaa：

```
Switch(config)# hostname aaa
aaa(config)#
```

（8）显示交换机端口状态命令

对于调试和故障排除来说，这是一个非常重要的命令。尽管使用 show running-config 命令也可以查看发生了什么事情，但是使用显示交换机端口状态命令可以查看交换机当前的状态。该命令的实际输出包括所有端口的情况，一个接一个排列。如果仅仅只想显示某个端口的情况，可以使用另一种语法形式。

模式：特权或用户模式

显示所有端口命令：show interfaces

显示某个端口命令：show interface< 端口类型 >< 端口号 >

参数：交换机常见的端口类型包括 Ethernet（传统以太网端口）、Fastethernet（快速以太网端口）、Gigabitethernet（千兆以太网端口）以及 VLAN 接口、中继口等。端口号一般采用插槽号 / 端口号表示，如一般的插槽号为 0，其上的端口号为 1，则记为 0/1。

利用 show interface gigabitethemet 1/1 命令来显示千兆以太网端口 1/1 的接口状态，具体运行结果如图 6-23 所示。

```
Switch>show interface gigabitethernet 1/1
GigabitEthernet1/1 is down, line protocol is down (disabled)
  Hardware is Lance, address is 0001.c92e.5801 (bia 0001.c92e.5801)
  BW 1000000 Kbit, DLY 1000 usec,
     reliability 255/255, txload 1/255, rxload 1/255
  Encapsulation ARPA, loopback not set
  Keepalive set (10 sec)
  Half-duplex, 1000Mb/s
  input flow-control is off, output flow-control is off
  ARP type: ARPA, ARP Timeout 04:00:00
  Last input 00:00:08, output 00:00:05, output hang never
  Last clearing of "show interface" counters never
  Input queue: 0/75/0/0 (size/max/drops/flushes); Total output drops: 0
  Queueing strategy: fifo
  Output queue :0/40 (size/max)
  5 minute input rate 0 bits/sec, 0 packets/sec
  5 minute output rate 0 bits/sec, 0 packets/sec
     956 packets input, 193351 bytes, 0 no buffer
     Received 956 broadcasts, 0 runts, 0 giants, 0 throttles
     0 input errors, 0 CRC, 0 frame, 0 overrun, 0 ignored, 0 abort
     0 watchdog, 0 multicast, 0 pause input
     0 input packets with dribble condition detected
     2357 packets output, 263570 bytes, 0 underruns
     0 output errors, 0 collisions, 10 interface resets
     0 babbles, 0 late collision, 0 deferred
     0 lost carrier, 0 no carrier
     0 output buffer failures, 0 output buffers swapped out
```

图6-23　显示千兆以太网端口1/1的接口状态

（9）启动或关闭某个端口的命令

该命令用于启动或是关闭某个端口。

模式：端口配置模式

命令：no shutdown/shutdown

结果：该接口状态变成 UP 或是 DOWN。

启动交换机的快速以太网端口 1：

```
Switch(config)# interface fastethernet 0/1
Switch(config-if)# no shutdown
```

5. 交换机的安全配置

交换机常见的物理威胁包括：硬件威胁，对交换机或交换机硬件的物理损坏威胁；环境威胁，极端温度、极端湿度等威胁；电气威胁，电压尖峰、电源电压不足、不合格电源及断电等威胁；维护威胁，静电、缺少关键备用组件、布线混乱等威胁；配置交换机的密码安全。

1）进入控制台线路模式

模式：全局配置模式

命令：line console ＜编号＞

参数：编号是配置口的编号，从 0 开始编号，一般只有一个配置口的交换机编号为 0。

结果：进入控制台模式 Switch(config-line)#。

2）设置控制台密码

模式：控制台线路模式

命令：password ＜密码＞

参数：密码一般是数字和字母。

3）启用密码认证

模式：控制台线路模式

命令：login

结果：为控制台线路启用了密码认证。

配置控制台密码为 aaa：

```
Switch(config)# line console 0
Switch(config-line)# password aaa
Switch(config-line)# login
```

设置完密码后重新登录交换机的控制台界面时会显示输入密码的提示，输入正确的密码后即可进入交换机的用户模式。为了安全考虑，输入密码为隐藏显示，即无论输入什么都不显示。

4）设置进入特权模式的密码

模式：全局配置模式

命令：enable password |secret＜密码＞

参数：password 和 secret 均可以保护特权用户模式的访问，建议使用 enable secret 来设置特权用户模式的访问密码，原因在于该命令使用了改进的加密算法，而 enable password 是明文显示或只进行了简单的加密。

结果：为设备设置了进入特权模式的密码。

设置交换机的特权密码为明文的 100：

```
Switch# config ter
Switch(config)# enable password  100
```

设置完密码后退回到用户模式，再用 enable 命令进入特权模式时会显示输入密码的提示，输入正确的密码后即可进入交换机的特权模式，此处密码也为隐藏显示。

5）将所有密码加密

模式：全局配置模式

命令：service password-encryption

结果：将之前设置的所有密码加密。

6）配置交换机的其他安全

（1）配置交换机的登录标语

目的：在用密码登录之前，可以提示一些警告信息，不要用 welcome 等文字暗示访问不受限制，以免给黑客可乘之机。

模式：全局配置模式

命令：banner motd %< 标语 >%

参数：标语应该是警示性的文字，不识别中文。

结果：下次进入某个需要输入密码的模式时将会显示该提示。

配置登录标语为 access for authorized users only：

```
Switch(config)# banner motd % access for authorized users only %
```

设置好登录标语后的执行结果如图 6-24 所示。

（2）禁用 Web 服务

Cisco 交换机在默认情况下启用了 Web 服务，它是一个安全风险，最好将它关闭。

access for authorized users only
Switch>

图6-24　交换机登录标语

模式：全局配置模式

命令：no ip http server

结果：禁用了 Web 服务。

注意：不是所有的设备都支持。

（3）禁止干扰信息

Cisco IOS 在配置交换机时，控制台界面会不断弹出日志消息，干扰用户配置，比如退回特权模式时、启动某端口时，光标停留在提示信息的后面，接下来输入的信息将不能正确执行，需要按【Enter】键，可以使用以下命令，强制对弹出的干扰信息回车换行，从而使用户输入的命令连续可见。

模式：控制台模式、虚拟线路模式等

命令：logging synchronous

结果：下次弹出日志信息时会强制回车。

为控制台模式配置禁止干扰信息：

```
Switch(config)# line con 0
Switch(config-line)# logging synchronous
```

（4）禁止 DNS 查找

对于 Cisco 交换机在特权模式下误输入了一个命令的情况，交换机会试图 Telnet 到一个远程主机，并对输入的内容执行 DNS 查找。如果没有在交换机上配置 DNS，命令提示符将挂起直到 DNS 查找失败。

模式：全局配置模式

命令：no ip domain-lookup

结果：不再进行 DNS 查找。

为交换机禁止 DNS 查找：

```
Switch(config)# no ip domain-lookup
```

6. 交换机的端口配置

1）端口的属性配置

（1）配置交换机的端口速率

模式：端口配置模式

命令：speed< 端口速率 >

参数：当前端口支持的端口速率，快速以太网端口一般支持 10、100 和 auto，千兆以太网端口一般支持 10、100、1000 和 auto，默认是 auto。

结果：该端口的端口速率固定在配置的速率上。

设置交换机端口 20 的端口速率为 100 Mbit/s：

```
Switch(config)# interface fastethernet 0/20
Switch(config-if)# speed 100
```

（2）配置交换机的端口工作方式

模式：端口配置模式

命令：duplex< 端口工作方式 >

参数：当前端口支持的工作方式，一般是 ful（全双工）、half（半双工）和 auto，默认是 auto。

结果：该端口的端口工作模式固定在配置的方式上。

设置交换机端口 20 的端口工作方式为全双工：

```
Switch(config)# interface fastethernet 0/20
Switch(config-if)# duplex full
```

（3）配置交换机的端口描述

模式：端口配置模式

命令：description< 描述 >

参数：描述为英文描述。

结果：该端口的端口描述为设置的内容。

设置交换机端口 20 的端口描述为 aaaa：

```
Switch(config)# interface fastethernet 0/20
Switch(config-if)# description aaaa
```

（4）配置交换机的端口类型

模式：端口配置模式

命令：switchport mode< 类型 >

参数：类型包括 access、dynamic 和 trunk，默认是 access。

结果：该端口被设置成指定类型。

设置交换机端口 20 为 trunk 类型：

```
Switch(config)# interface fantethernet 0/20
Switch(config-if)# switchport mode trunk
```

2）端口的安全配置

可以使用端口安全特性来约束进入一个端口的访问，当绑定了 MAC 地址给一个端口时，这个端口不会转发限制以外的 MAC 地址为源的数据帧，还可以限制一个端口的最大数量的安全 MAC 地址。

启用端口安全模式之前要将端口的类型配置为访问型（access）。

（1）启用端口安全模式

模式：端口配置模式

命令：switchport port-security

结果：端口安全模式打开。

（2）设置端口允许的安全 MAC 地址的最大数量

模式：端口配置模式

命令：switchport port-security maximum< 数值 >

参数：数值是用来设置端口允许的安全 MAC 地址的最大数量，一般一个交换机端口允许的最大数量为 132。

结果：设置了端口允许的安全 MAC 地址的最大数量。

（3）手动设置端口允许的安全 MAC 地址

模式：端口配置模式

命令：switchport port-security mac-address<MAC 地址 >

参数：MAC 地址是允许使用该端口转发数据的某个主机的硬件地址，是48位的十六进制数，如 0090.F510.79C1。

结果：该端口只允许指定 MAC 地址的主机使用。

（4）允许端口动态配置 MAC 地址

模式：端口配置模式

命令：switchport port-security mac-address sticky

结果：该端口会自动将插入的主机的 MAC 地址设置成自己的安全的 MAC 地址。

（5）设置针对非法主机，交换机端口的处理模式。

模式：端口配置模式

命令：switchport port-security violation {protect |restrict | shutdown}

① protect：丢弃数据包，不发警告。

② restrict：丢弃数据包，发警告。

③ shutdown：关闭端口为 err-disable 状态，除非管理员手工激活，否则该端口失效。

结果：当收到非指定 MAC 地址的主机发来的数据时，按设置方式进行处理。

（6）查看端口安全设置

模式：特权模式

命令：show port-security

结果：显示目前设置的端口安全。

6.3.3　交换机基本配置实施步骤

1. 登录交换机

1）任务说明

完成交换机和管理主机的硬件连接并能成功登录到交换机的控制台界面。

2）实施步骤

（1）硬件连接

要通过 Console 口配置路由器或交换机需要一条配置线，配置线一端是 9 帧的串口，用来连接计算机的 RS-232 串口；一端是 RJ-45 端口，用来连接交换机的 Console 口。

（2）配置超级终端

启动超级终端并正确配置，即可进入交换机的配置界面，过程如下：

① 单击"开始"→"所有程序"→"附件"→"通讯"→"超级终端"。

② 进入"超级终端"窗口后，输入名字，即可新建一个"超级终端"连接。

③ 在"输入待拨电话的详细资料"界面，国家（地区）代码、区号、电话号码使用默认值，"连接时使用"项选择"直接连接到串口 1"。

④ 在"COM 1 属性"对话框中设置端口属性，单击"还原默认值"按钮即可，这样设置的属性就是正确的。

⑤ 交换机上电,终端上显示交换机或路由器的自检信息,自检结束后提示用户按【Enter】键,之后将出现命令行提示符，如 Switch>，在提示符后面输入命令即可对交换机进行配置。交换机的命令行界面如图 6-25 所示。

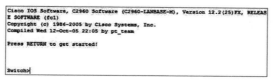

图6-25　交换机命令行界面

2. 交换机的基本配置

1）任务指标

练习交换机的基本配置命令，包括切换模式、系统更名为"SW 组号"、查看系统信息、显示交换机当前配置信息、显示所有接口的状态、退回上一级模式。

练习交换机的系统帮助功能。

2）实施过程

（1）从用户模式进入特权模式

```
Switch> enable
```

（2）查看系统信息

```
Switch# show version
```

（3）显示交换机当前配置信息

```
Switch# show running-config
```

（4）显示所有快速以太网口的接口状态

```
Switch# show interfaces
```

（5）从特权模式进入全局配置模式

```
Switch# configure tenminal
Switch(config)#
```

（6）将交换机名字配置为 SW1

```
Switch(config)# hostname SW1
SW1(config)#
```

（7）退回到上一级模式

```
SW1(config)# exit
SW1#
```

（8）使用帮助查看特权模式下以字母 c 开头的所有命令

```
SW1# c?
```

（9）使用帮助查看特权模式下的所有命令

```
SW1# ?
```

（10）使用帮助查看特权模式下 show 后面能接的所有命令

```
SW1# show?
```

（11）使用简写法从特权模式进入全局配置模式

```
SW1# con
```

使用【↑】、【↓】键调出曾经输入的历史命令。

3. 交换机的安全配置

（1）任务指标

完成交换机的安全配置，要求配置进入交换机控制台的密码为"consolepassword 组号"，进入特权模式的密码为密文的"enablepassword 组号"，并将所有密码加密，对控制台禁止干扰信息，设置交换机的登录标语为 access for teachers only，禁止 DNS 查找。

（2）实施过程

下面以施工 1 组为例介绍交换机的配置命令，所有配置命令中的组号为 1：

```
SW1 # config terminal
SW1(config)# line console 0
SW1(config-line)# password consolepassword1
SW1(config-line)# login
SW1(config-line)# logging synchronous
SW1(config-line)# exit
SW1(config)# enable secret enablepassword1
SW1(config)# service password-encryption
SW1(config)# banner motd % access for teachers only %
SW1(config)# no ip domain-lookup
```

（3）运行结果

完成交换机的安全配置后验证一下运行效果，其中设置密码的运行结果如图 6-26 所示。

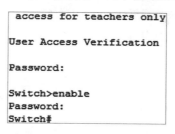

```
access for teachers only
User Access Verification

Password:

Switch>enable
Password:
Switch#
```

图6-26　设置密码的运行结果

4. 交换机的端口配置

1）任务指标

通过配置自己的二层交换机实现对局域网内各台计算机进行端口绑定，交换机的 6 个端口只能连接目前连接的 6 台计算机，其他主机连接到这些端口后无法通过这些端口发送数据。

2）实施过程

下面以局域网 1 中的交换机端口配置为例介绍本任务的实施过程。

（1）硬件连接

将局域网 1 中的 6 台计算机连接到交换机的快速以太网 1 口到 6 口上。

（2）获取 6 台主机的 MAC 地址

分别在局域网 1 中的 6 台主机上的命令提示符界面通过 ipconfig/all 命令查看其 MAC 地址并记录下来。主机 1 的命令运行结果如图 6-27 所示。

图6-27　主机1查看MAC地址结果

交换机的端口安全配置命令中识别的 MAC 地址的格式为 H.H.H，如主机 1 的 MAC 地址为 0003.FF75.2070。

最终获取到的 6 台主机的 MAC 地址如下：

主机 1：0003.FF75.2070

主机 2：000B.BE38.3E8C

主机 3：00E0.F778.9D74

主机 4：000C.CF99.9412

主机 5：00D0.BA80.79C8

主机 6：00D0.5849.2837

注意：以上 MAC 地址是实施本子项目中使用的 6 台主机的 MAC 地址，由于主机的 MAC 地址都不相同，因此在实施本子项目时应该将其更改为具体使用的主机的 MAC 地址。

（3）配置交换机

```
SW1 # config terminal
```

① 配置交换机的快速以太网 1 口的端口安全。

```
SW1(config)interface fastethernet 0/1
SW1(config-if)# switchport mode access
SW1(config-if)# switchport port-security
SW1(config-if)# switchport port-security maximum 1
SW1(config-if)# switchport port-security mac-address 0003. FF75.2070
SW1(config-if)# switchport port-security violation protect
SW1(config-if)# exit
```

② 配置交换机的快速以太网 2 口的端口安全。

```
SW1(config)# interface fastethernet 0/2
SW1(conf ig-if)# switchport mode access
SW1(config-if)# switchport port-security
SW1(conf ig-if)# switchport port-security maximum 1
SW1(config-if)# switchport port-security mac-address 000B.BE38. 3B8C
SW1(config-if)# switchport port-security violation protect
SW1(config-if)# exit
```

③ 配置交换机的快速以太网 3 口的端口安全。

```
SW1(config)interface fastethernet 0/3
SW1(config-if)# switchport mode access
SW1(config-if)# switchport port-security
SW1(conf ig-if)# switchport port-security maximum 1
SW1(config-if)# switchport port-security mac-address 00E0.F778.9D74
SW1(config-if)# switchport port-security violation protect
SW1(config-if)# exit
```

④ 配置交换机的快速以太网 4 口的端口安全。

```
SW1(config)interface fastethernet 0/4
SW1(config-if)# switchport mode access
SW1(config-if)# switchport port-security
SW1(conf ig-if)# switchport port-security maximum 1
SW1(config-if)# switchport port-security mac-address 000C.CF99.9412
SW1(config-if)# switchport port-security violation protect
SW1(config-if)# exit
```

⑤ 配置交换机的快速以太网 5 口的端口安全。

```
SW1(config)interface fastethernet 0/5
SW1(config-if)# switchport mode access
SW1(config-if)# switchport port-security
SW1(conf ig-if)# switchport port-security maximum 1
SW1(config-if)# switchport port-security mac-address 00D0.BA80.79C8
```

```
SW1(config-if)# switchport port-security violation protect
SW1(config-if)# exit
```

⑥ 配置交换机的快速以太网 6 口的端口安全。

```
SW1(config)interface fastethernet 0/6
SW1(config-if)# switchport mode access
SW1(config-if)# switchport port-security
SW1(conf ig-if)# switchport port-security maximum 1
SW1(config-if)# switchport port-security mac-address 00D0.5849.2837
SW1(config-if)# switchport port-security violation protect
SW1(config-if)# exit
```

3）测试

采用 ping 命令测试局域网 1 中的主机 1 到主机 2 的连通性，发现结果可以互通；将主机 1 和主机 2 所连的端口互换，即将主机 1 插到交换机的 2 口上，主机 2 插到交换机的 1 口上，再次测试，发现结果为不通。原因在于连接的端口互换后，主机 1 和主机 2 对于 1 口和 2 口来说是非法主机，端口会将其发送的数据包丢弃掉。

6.4　组建无线局域网

6.4.1　无线局域网组建目标要求

随着网络技术的不断发展，局域网在组建过程中遇到了很多问题和挑战，如复杂地形地域布线困难、需要临时组网等。无线局域网正是在这样的一种需求下发展起来的技术。本节安排了无线局域网的组建内容，使学生在学习无线网络的理论知识的同时能够完成无线网络的组建工作。

1. 任务要求

① 无线路由器 Linksys WRT300N 包含一个集成的 4 端口交换机、一个路由器和一个无线接入点（AP）。在本任务中，配置无线路由器的 AP 组件，以便访问无线客户端。

② 按照安全最佳做法配置无线路由器的无线接入点（AP）部分。

2. 任务分解和指标

① 配置无线接入点。

② 配置无线安全功能。

6.4.2　无线局域网基础

1. 无线局域网的优缺点

（1）无线局域网的优点

相对于有线网络，无线局域网的组件、配置和维护更容易。主要优点如下：

① 灵活性和移动性。在有线网络中，网络设备安放位置受网络位置的限制，而无线局域网在无线信号覆盖区域内的任何一个位置都可以接入；无线局域网另一个优点在于其移动性，连接到无线局域网的用户可以在移动的同时和网络保持连接。

② 安装便捷。无线局域网可以免去或最大程度地减少网络布线的工作量，一般只要安装一个或多个接入点设备，就可建立覆盖整个区域的局域网网络。

③ 易于进行网络规划和调整。对于有线网络来说，办公地点或网络拓扑的改变通常意味着重新建网。重新建网是一个昂贵、费时、浪费和烦琐的过程，无线局域网可以避免或减少以上情况的发生。

④ 故障定位容易。有线网络一旦出现物理故障，尤其是由于线路连接不良而造成的网络中断，往往很难查明，而且检修线路要付出很大的代价，无线网络则很容易定位故障，只需更换故障设备即可恢复网络连接。

⑤ 易于扩展。无线局域网有多种配置方式，可以很快从只有几个用户的小型局域网扩展到上千用户的大型网络，并且能够提供节点间"漫游"等有线网络无法实现的特性。

（2）无线局域网的缺点

无线局域网也存在一些不足，主要包括：

① 可靠性。有线局域网的信道误码率小到 10^{-9}，保证了通信系统的可靠性和稳定性。无线局域网的信道误码率要尽可能低，否则，当误码率过高而不能被纠错和纠正时，该错误分组将被重发，大量的重发分组会使网络的实际吞吐性能大打折扣。

② 兼容性。无线局域网应尽可能兼容现有有线局域网，兼容现有的网络操作系统和网络软件，与多种无线局域网标准相互兼容，与不同厂家设备兼容等。

③ 数据传输速率。为了满足局域网的业务环境，无线局域网至少应具备 1 Mbit/s 以上的数据传输速率。

④ 通信保密。由于无线局域网的数据经无线媒体发往空中，故要求其有较高的通信保密能力，在不同层次采取措施来保证通信的安全性。

⑤ 节能管理。无线局域网的终端设备是便携设备，如笔记本电脑等。为节省便携设备内电池的消耗，网络应具有节能管理功能，即当某站没有处于数据收发状态时，应使机内收发信机处于休眠状态，当要收发数据时，再激活收发功能。

⑥ 电磁环境。在室内使用的无线局域网，应考虑电磁波对于人体健康的损害及其他电磁环境的影响。无线电管理部门应规定无线局域网的使用频段、发射功率及带外辐射等各项技术指标。

2. 无线局域网标准

常用的 802.11 无线局域网标准如表 6-6 所示。

表6-6　几种常见的无线局域网标准比较

标准	频段 /GHz	数据速率 Mbit/s	物理层	优缺点
802.11b	2.4	最高 11	扩频	最高数据率较低，价格最低；信号传播距离最远；且不易受阻碍
802.11a	5	最高 54	OFDM	最高数据率较高，支持更多用户同时上网，价格最高；信号传播距离较短，且易受阻碍
802.11g	2.4	最高 54	OFDM	最高数据率较高，支持更多用户同时上网，信号传播距离较远，且不易受阻碍，价格比 802.11b 贵
802.11n	2.4 5	最高 600	MIMO OFDM	使用多个发射和接收天线以允许更高的数据传输率，当使用双倍宽（40 MHz）时速率可达 600 Mbit/s

该标准定义了物理层和介质访问控制子层（MAC）的协议规范，允许无线局域网及无线设备制造商在一定范围内建立互操作网络设备。任何 LAN 应用、网络操作系统或协议（包括 TCP/IP、Novell NetWare）在遵守 IEEE 802.11 标准的无线 LAN 上运行时，就像它们运行在以太网上一样容易。

IEEE 802.11 在物理层定义了数据传输的信号特征和调制方法，定义了两个无线电射频（RF）传输方法和一个红外线传输方法。

IEEE 802.11 规定介质访问控制（MAC）子层采用冲突避免（CA）协议，而不是冲突检测（CD）协议。

凡使用 802.11 系列协议的局域网又称 Wi-Fi（Wireless Fidelity，即无线保真度）。在许多文献中，Wi-Fi 几乎成为了无线局域网的同义词。

3. DHCP 服务

DHCP 是 Dynamic Host Configuration Protocol（动态主机配置协议）的缩写，它的前身是 BOOTP，是应用层的协议之一。DHCP 协议在 RFC2131 中定义，使用 UDP 协议进行数据包传递，使用的端口是 67 以及 68。

DHCP 可以自动给终端设备分配 IP 地址、掩码、默认网关等，一般主要有两个用途：一是给内部网络或网络服务供应商自动分配 IP 地址；二是给用户或者内部网络管理员作为对所有计算机做中央管理的手段。

（1）使用 DHCP 的原因

① 手动配置 IP 地址重复多，工作量大。

② 手动配置 IP 地址易出错，可能发生 IP 地址冲突。

③ 手工设置的 IP 地址需要手工更新，不易维护。

（2）DHCP 的工作过程

① 计算机启动后，首先给网域内的每部计算机自动发出 DHCP Client 请求。

② DHCP 服务器收到这个客户端的 DHCP 需求，那么 DHCP 服务器首先会针对该次需求的信息所携带的 MAC 与 DHCP 服务器本身的设定值去比对，如果 DHCP 服务器的设定有针对该 MAC 做静态 IP（每次都给予一个固定的 IP）的提供，则提供客户端相关的固定 IP 与相关的网络参数；而如果该信息的 MAC 并不在 DHCP 服务器的设定之内，则 DHCP 主机会选取一个没有使用的 IP 发放给客户端使用。

③ 当客户端接收响应的信息之后，首先会以 ARP 封包的方式在网络内广播，以确定来自 DHCP 主机发放的 IP 并没有被占用。如果该 IP 已经被占用了，那么客户端将不接收这次的 DHCP 信息，而将再次向网域内发出 DHCP 的需求广播封包；若该 IP 没有被占用，则客户端可以接收 DHCP 服务器所给的网络参数，那么这些参数将会被使用于客户端的网络设定当中，同时，客户端也会对 DHCP 服务器发出确认封包，告诉服务器这次的需求已经确认，而服务器则会将该信息记录下来。

注意：下列几种情况下，计算机会失去目前 IP 的使用权。

①客户端离线：关闭网络接口、重新开机、关机等行为，都算是离线状态，这时服务器就会将该 IP 回收，并放到服务器自己的备用区中，等待以后使用。

②客户端租约到期：前面提到 DHCP 服务器发放的 IP 有使用期限，客户端使用这个 IP 到达期限规定的时间，就需要将 IP 交回去，这个时候就会造成断线，而客户端也可以再向 DHCP 服务器要求再次分配 IP。

6.4.3 无线局域网组建步骤

1. 配置无线接入点

（1）任务说明

配置无线路由器 Linksys-WRT300N，实现无线访问。

（2）实施步骤

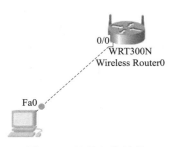

WRT300N
Wireless Router0

① 配置计算机应连接到无线路由器 Linksys-WRT300N 的一个以太网端口，如图 6-28 所示。

② 测试计算机和无线路由器的连通性。使用命令：ping 无线路由器地址。

注意：如果计算机有静态 IP 地址，则它必须在和无线路由器相同网络上且子网掩码必须为 255.255.255.0。如果计算机配置为 DHCP 客户端，则应具备有效的 IP 地址和子网掩码。

图6-28 连接拓扑结构

③ 打开 Web 浏览器。在地址行中输入 http://192.168.0.1，其中 192.168.0.1 是无线路由器的默认地址。在登录对话框中，输入用户名 admin，默认密码 admin，单击"确定"按钮。

④ 在主菜单中，单击 Wireless 选项。在 Basic Wireless Settings 窗口中，Network Mode 默认显示 Mixed，因为无线接入点支持 802.11b、g 和 n 等类型的无线设备。可以使用其中任何一个标准连接 AP。如果无线路由器的无线部分未使用，则广播模式应设置为 Disabled。保留所选的 Mixed 默认值。

⑤ 删除 Network Name（SSID）文本框中的默认 Default。输入新的 SSID。SSID 区分大小写。

⑥ Radio Band 下拉列表框中包含 Standard Channel 选项和 Wide Channel 选项。对于可以使用 802.11b、g 或 n 客户端设备的无线网络，默认值为 Auto。如果使用 802.11b 或 g 或者同时使用 b 和 g 无线客户端设备，将使用 Standard Channel 选项。如果只使用 802.11n 客户端设备，则使用 Wide Channel 选项。保留所选的 Auto 默认值。

⑦ SSID Broadcast 默认设置为 enabled，即 AP 定期通过无线天线发送 SSID。区域中的所有无线设备都可以检测到此广播。这就是客户端检测附近无线网络的方式。单击 Save Settings 按钮，即完成无线接入点的配置。

2. 配置无线安全功能

（1）任务说明

创建安全的无线网络。

（2）实施步骤

① 使用直通电缆连接计算机（以太网网卡）到 Linksys WRT300N 上的端口 1。

② 将计算机的 IP 地址更改为 192.168.0.2，并确认子网掩码为 255.255.255.0。Linksys WRT300N 的默认 IP 地址为 192.168.0.1，默认子网掩码为 255.255.255.0。计算机和 WRT300N 设备必须位于同一个网络才能互相通信。

③ 打开 Web 浏览器。在地址行中输入 http://192.168.0.1，其中 192.168.0.1 是无线路由器的默认地址。在登录对话框中，输入用户名 admin，默认密码 admin，单击"确定"按钮。

④ 更改 Linksys 设备密码：单击 Administration 选项卡，默认会选择 Management 选项卡。输入新密码，然后确认该密码。新密码不得超过 32 字符，并且不能包含空格。Web Utility

Access via Wireless 选项默认启用，禁用此功能以进一步增强安全性。单击 Save Settings 按钮保存信息。

　　注意：对 Linksys 设备进行必要的更改时，在每个屏幕中单击 Save Settings 以保存更改，或单击 Cancel Changes 保留默认设置。

　　⑤ 配置无线安全设置：单击 Wireless 选项卡。默认会选择 Basic Wireless Settings 选项卡。Network Name 是网络上所有设备之间共享的 SSID。无线网络中所有设备的 SSID 都必须相同。SSID 区分大小写，并且不能超过 32 个字符。

　　⑥ 配置加密和身份验证：在 Wireless 屏幕上选择 Wireless Security 选项卡。选择 WPA Personal 安全模式。

　　此路由器支持 5 种安全模式设置：WEP、WPA Personal、WPA Enterprise、WPA2 Personal 和 WPA2 Enterprise。

　　⑦ 为保护网络安全，应尽可能使用所选安全模式中最高级别的加密。从最不安全（WEP）到最安全（含 AES 的 WPA2）的顺序列了各种安全模式和加密级别。只有包含协处理器的新设备才支持 AES。为确保与所有设备兼容，请选择 TKIP。然后，输入包含 8 ～ 63 字符的预共享密钥。此密钥由 Linksys 设备及连接的所有设备共享，保存设置。

　　⑧ 配置 MAC 地址过滤：在 Wireless 屏幕上选择 Wireless MAC Filter 选项卡。MAC 地址过滤目的是保证只允许选定的无线客户端 MAC 地址访问网络。选择 Permit PCs listed below to access the wireless network 单选按钮。单击 Wireless Client List 按钮以显示网络上所有无线客户端计算机的列表。对要添加的任何客户端设备，单击 Save to MAC Address Filter List 复选框，然后单击 Add 按钮。不在列表中的任何无线客户端都无法访问无线网络。保存设置，然后退出。

6.5　互联网络

6.5.1　互联网络组建目标要求

　　对于大型局域网来说，整个网络中成千上万台的计算机都在一个子网中，不仅毫无安全可言，也会因为无法分割广播域而无法隔离广播风暴，因此往往需要划分成多个子网。不同子网中的主机间不能直接通信，必须通过路由器或是三层交换机转发才能实现。本任务中主要介绍子网划分及子网互联知识。

1. 任务要求

　　某单位使用 23.87.150.0/24 网络空间，现在单位网络重新设计，需要划分为 6 个子网（单位共有 6 个部门，最大的部门不超过 30 人）。进行 IP 地址方案设计，并利用三层交换机和直连网线将 6 个部门的二层交换机连接起来实现网络互联。

2. 任务分解和指标

　　① 完成三层交换机和各台二层交换机之间的硬件连接。

　　② 完成子网划分和 IP 地址规划。

　　③ 配置三层交换机实现各个子网互联，实现不同子网中主机的相互通信。

6.5.2 互联网络基础知识

1. 网络互联基础

网络互联，是指两个以上的计算机网络，通过各种方法或多种通信设备相互连接起来构成更大的网络系统，实现更大范围的资源共享和信息交流。网络互联按层次可以分为：物理层间互联、数据链路层间互联、网络层间互联、高层间互联。网络间的连接设备可以分为中继器、网桥、交换机、路由器和网关。

（1）物理层间的互联

中继器能完成物理层间的互联，可将信号放大整形，延长网络距离，也就是把比特流从一个网段传输到另一个网段。

（2）数据链路层间的连接

网桥和二层交换机能完成数据链路层间的连接，可以将两个或多个网段用网桥或二层交换机连接起来，它们具有帧过滤功能，能将大的冲突域划分为多个小冲突域，从而提高网络的性能。

（3）网络层间互联

路由器和三层交换机能进行网络层间的互联，路由器或三层交换机在接收到一个数据包时，取出数据包中的网络地址，查找路由表，如果信息包不是发向本地网络的，那么就由相应的端口转发出去。网络层互联主要是解决路由选择、拥塞控制、差错处理与分段技术等问题。

用路由器实现网络层互联时，互联网络的网络层及以下各层协议可以不相同。如果网络层协议不同，则需使用多协议路由器（Multi Protocol router）进行协议转换。在 ISO 参考模型中网络层以上的互联属于高层互联，实现高层互联的设备是网关。

（4）高层互联

在 ISO 参考模型中，网络层以上的互联属于高层互联，实现高层互联的设备是网关。一般来说，高层互联使用的网关很多是应用层网关（Application Gateway）。

2. 路由器

路由器是在网络层上实现多个网络互联的设备。路由器利用网络层定义的"逻辑"地址（即 IP 地址）来区别不同的网络，实现网络的互联和隔离，保持各个网络的独立性。路由器只转发 IP 数据报，不转发广播消息，而把广播消息限制在各自的网络内部。

（1）路由器的特征

① 路由器工作在网络层。当它接收到一个数据包时，就检查其中的 IP 地址，如果目标的地址和源地址网络号相同，就不理会该数据包；如果两地址不同，就将数据包转发出去。

② 路由器具有路径选择能力。在互联网中，从一个节点到另一个节点，可能有许多路径，选择通畅快捷的路径，会大大提高通信速度，减轻网络系统通信负荷，节约网络系统资源，这是集线器和二层交换机所不具备的性能。

③ 路由器能够连接不同类型的局域网和广域网。不同类型的网络传送的数据单元——帧（Frame）的格式和大小可能不同，数据从一种类型的网络传输至另一种类型的网络时，必须进行帧格式转换。

（2）路由表

路由器选择最佳路径的策略（即路由算法）是路由器的关键。路由器的各种传输路径的相关数据存放在路由表（Routing Table）中，表中包含的信息决定了数据转发的策略。路由表中保存着网络的标志信息、经过路由器的个数和下一个路由器的地址等内容。路由表可以是由系统管理员固定设置好的，也可以由系统动态调整。

① 静态路由表：由系统管理员事先设置好的固定的路由表称为静态（Static）路由表，一般是在系统安装时根据网络的配置情况设定的，它不会随网络结构的改变而改变。

② 动态路由表：是路由器根据路由选择协议（Routing Protocol）提供的功能，自动学习和记忆网络运行情况而自动调整的路由表，能自动计算数据传输的最佳路径。

路由器通常依靠所建立及维护的路由表来决定如何转发。一般路由器中路由表的每项至少有这样的信息：目标地址、网络掩码、下一跳地址及距离（Metric）。

Metric 是路由算法用以确定到达目的地的最佳路径的计量标准。常用的 Metric 为经由的最小路由器个数（跳数）。

（3）路由器工作过程

路由器有多个端口，不同的端口连接不同的网络，各网络中的主机通过与自己网络相连接的路由器端口把要发送的数据帧发送到路由器上。

路由器转发 IP 数据报时，只根据 IP 数据报目的 IP 地址的网络号部分，查找路由表，选择合适的端口，把 IP 数据报发送出去。

路由器在收到一个数据帧时，在网络层能够根据子网掩码很快将地址中的网络号提取出来，使用 IP 地址中的网络号来查找路由表。

若目的 IP 地址的网络号与源 IP 地址的网络号一致，该路由器将丢弃此数据。

如果某端口所连接的是目的网络，就直接把数据包通过端口送到网络上，否则，选择默认网关，用来传送不知道往哪儿传送的 IP 数据报。

这样一级一级地传送，IP 数据报最终将被送到目的地，送不到目的地的 IP 数据报会被网络丢弃。

3. 划分子网

如果一个单位申请获得一个 B 类网络地址 23.87.0.0，那么这个单位的所有主机的 IP 地址就将在这个网络地址里分配，如 23.87.0.1、23.87.0.2、23.87.0.3……这个 B 类地址能为多少台主机分配 IP 地址呢？一个 B 类 IP 地址有两个字节用作主机地址编码，因此可以编出 $2^{16}-2$ 个，即六万多个 IP 地址码。（计算 IP 地址数量的时候减 2，是因为网络地址本身 23.87.0.0 和这个网络内的广播 IP 地址 23.87.255.255 不能分配给主机）

能想象六万多台主机在同一个网络内的情景吗？它们在同一个网段内的共享介质冲突和它们发出的类似 ARP 的广播会让网络根本就工作不起来。

因此，需要把 23.87.0.0 网络进一步划分成更小的子网，以在子网之间隔离介质访问冲突和广播报。

将一个大的网络进一步划分成一个个小的子网的另外一个目的是网络管理和网络安全的需要。可以把财务室、档案室的网络与其他网络分隔开来，外部进入财务室、档案室的数据通信应该受到限制。

现在假设 23.87.0.0 这个网络地址分配给了学院，学院网络中主机 IP 地址的前两个字节都将是 23.87。学院教育技术训练中心会将自己的网络划分成基础部、训练部等各个子网。这样的网络层次体系是大型网络所需要的。

基础部、训练部等各个子网的地址是什么？怎样能让主机和路由器分清目标主机在哪个子网中？这就需要给每个子网分配子网的网络 IP 地址。

通行的解决方法是将 IP 地址的主机编码分出一些位来用为子网编码。

可以在 23.87.0.0 地址中，将第 3 个字节挪用出来表示各个子网，而不再分配给主机地址。这样，就可以用 23.87.1.0 表示基础部的子网，用 23.87.2.0 表示训练部的子网……于是，23.87.0.0 网络中有 23.87.1.0、23.87.2.0 等子网。

事实上，为了解决介质访问冲突和广播风暴的技术问题，一个网段超过 200 台主机的情况是很少的。一个好的网络规划中，每个网段的主机数都不超过 80 个。因此，划分子网是网络设计与规划中非常重要的一项工作。

4. 子网掩码

为了给子网编址，就需要挪用主机编码的编码位。在上面的例子中，挪用了一个字节 8 位。

假如一个小型单位分得了一个网络地址 23.87.150.0，准备根据 A 部门、B 部门、C 部门、D 部门分成 4 个子网。现在需要从最后一个主机地址码字节中借用 2 位（$2^2=4$）来为这 4 个子网编址。子网编址的结果是：

A 部门子网地址：23.87.150.00000000==23.87.150.0

B 部门子网地址：23.87.150.01000000==23.87.150.64

C 部门子网地址：23.87.150.10000000==23.87.150.128

D 部门子网地址：23.87.150.11000000==23.87.150.192

在上面的表示中，用下画线表示从主机位挪用的位。

现在，根据上面的设计，把 23.87.150.0、23.87.150.64、23.87.150.128 和 23.87.150.192 定为 4 个部门的子网地址，而不是主机 IP 地址。可是，别人怎么知道它们不是普通的主机地址呢？

需要设计一种辅助编码，用这个编码来告诉别人子网地址是什么。这个编码就是掩码。一个子网的掩码是这样编排的：用 4 个字节的点分二进制数来表示时，其网络地址部分全置为 1，它的主机地址部分全置为 0。如上例的子网掩码为：

11111111.11111111.11111111.11000000

通过子网掩码，就可以知道网络地址位是 2^6 位，而主机地址的位数是 6 位。

子网掩码在发布时并不是用点分二进制数表示的，而是将点分二进制数表示的子网掩码翻译成与 IP 地址一样的用 4 个点分十进制数来表示。上面的子网掩码记作：

255.255.255.192

11000000 转换为十进制数为 192。二进制数转换为十进制数的简便方法是把二进制数分为高 4 位和低 4 位两部分，用高 4 位乘以 16，然后加上低 4 位。

下面是转换的步骤：

11000000 拆成高 4 位和低 4 位两部分：1100 和 0000。

1000 对应十进制数 8；

0100 对应十进制数 4；

0010 对应十进制数 2；

0001 对应十进制数 1。

高 4 位 1100 转换为十进制数为 8+4=12，低 4 位转换为十进制数为 0。最后，11000000 转换为十进制数为 12×16+0=192。

子网掩码通常和 IP 地址一起使用，用来说明 IP 地址所在子网的网络地址。

5. 子网中的地址分配

各个部门子网的编址是：

A 部门子网地址：23.87.150.0

B 部门子网地址：23.87.150.64

C 部门子网地址：23.87.150.128

D 部门子网地址：23.87.150.192

下面为 A 部门的主机分配 IP 地址。

A 部门的网络地址是 23.87.150.0，第一台主机的 IP 地址就可以分配为 23.87.150.1，第二台主机分配 23.87.150.2，依此类推。最后一个 IP 地址是 23.87.150.62，而不是 23.87.150.63。原因是 23.87.150.63 是 23.87.150.0 子网的广播地址。

根据广播地址的定义，IP 地址主机位全置为 1 的地址是这个 IP 地址在所在网络上的广播地址，23.87.150.0 子网内的广播地址就该是其主机位全置为 1 的地址。计算 23.87.150.0 子网内广播地址的方法是：

把 23.87.150.0 转换为二进制数：23.87.150.00000000，再将后 6 位主机编码位全置为 1：23.87.150.00111111，最后再转换回十进制数 23.87.150.63。因此，得知 23.87.150.63 是 23.87.150.0 子网内的广播地址。

同样，可以计算出各个子网中主机的地址分配方案，如表 6-7 所示。

表6-7 各子网主机地址分配方案

部 门	子 网 地 址	地 址 分 配	广 播 地 址
A 部门子网	23.87.150.0	23.87.150.1 ～ 23.87.150.62	23.87.150.63
B 部门子网	23.87.150.64	23.87.150.65 ～ 23.87.150.126	23.87.150.127
C 部门子网	23.87.150.128	23.87.150.129 ～ 23.87.150.190	23.87.150.191
D 部门子网	23.87.150.192	23.87.150.193 ～ 23.87.150.254	23.87.150.255

每个子网的 IP 地址分配数量是 $2^6-2=62$ 个。IP 地址数量减 2 的原因是需要减去网络地址和广播地址。这两个地址是不能分配给主机的。

所有子网的掩码是 255.255.255.192。各个主机在配置自己的 IP 地址时，要连同子网掩码 255.255.255.192 一起配置。

6. IP 地址方案设计

单位从上级部门那里申请的 IP 地址是网络地址，如 179.130.0.0，单位的网络管理员需要将在这个网络地址上为本单位的主机分配 IP 地址。在分配 IP 地址之前，首先需要根据本单位的行政关系、网络拓扑结构，为各个子网分配子网地址，然后才能在子网地址的基础上为各个子网中的主机分配 IP 地址。

从 ISP 那里申请得到的网络地址也称主网地址，这是一个没有挪用主机位的网络地址。单位自己划分出的子网地址需要挪用主网地址中的主机位来为各个子网编址。

划分子网会损失主机 IP 地址的数量。这是因为需要拿出一部分地址来表示子网地址、子网广播地址。另外，连接各个子网的路由器的每个接口也需要额外的 IP 地址开销。但是，为了网络的性能和管理的需要，不得不损失这些 IP 地址。

以前子网地址编码中是不允许使用全 0 和全 1 的。如上例中的第一个子网不能使用 23.87.150.0 这个地址，因为担心分不清这是主网地址还是子网地址。但是近年来，为了节省 IP 地址，允许全 0 和全 1 的子网地址编址。

注意：主机地址编码仍然无法使用全 0 和全 1 的编址，全 0 和全 1 的编址被用于本子网的子网地址和广播地址了。

7. 虚拟局域网

虚拟局域网（Virtual Local Area Network，VLAN）是指在交换局域网的基础上，采用网络管理软件构建的可跨越不同网段的端到端的逻辑网络。网络中的站点不管所处的物理位置如何，都可以根据需要灵活地加入不同的逻辑网络中。

在 IEEE 802.1q 标准中，对 VLAN 是这样定义的：VLAN 是由一些局域网网段构成的与物理位置无关的逻辑组，而这些网段具有某些共同的需求。每一个 VLAN 的帧都有一个明确的标识符，指明发送这个帧的工作站属于哪一个 VLAN。

VLAN 技术的出现，主要是为了解决交换机在进行局域网互联时无法限制广播的问题。这种技术可以把一个 LAN 划分成多个逻辑的 LAN-VLAN，每个 VLAN 是一个广播域，VLAN 内的主机间通信就像在一个 LAN 内一样，而不同 VLAN 间则不能直接互通。

VLAN 的优点如下：

① 限制广播域。广播被限制在一个 VLAN 内，节省了带宽，提高了网络处理能力。

② 增强局域网的安全性。不同 VLAN 内的报文在传输时是相互隔离的，即一个 VLAN 内的用户不能和其他 VLAN 内的用户直接通信，如果不同 VLAN 要进行通信，则需要通过路由器或第三层交换机等三层设备。网络管理员可以通过配置 VLAN 间的路由，来全面地管理企业内部不同管理单元间的互访。

③ 灵活构建虚拟工作组，用 VLAN 可以将不同的用户划分到不同的工作组，同一工作组的用户也不必局限于某一固定的物理范围，网络构建和维护更方便灵活。

图 6-29（a）是没有划分 VLAN 的传统局域网，它有 3 个局域网，分别为 LAN1、LAN2 和 LAN3，其中 LAN1 为行政办公楼，分布有教务处（PC1）、学生处（PC2）和财务处（PC3）；LAN2 为计算机学院，分布有教学科（PC4）、学生科（PC5）和财务科（PC6）；LAN3 为电子学院，分布有教学科（PC7）、学生科（PC8）和财务科（PC9）。它们之间的业务关系显而易见，但由于网络的物理结构隔断了它们之间的资源共享，即 PC1 要与 PC4 通信必须经过路由器，这给业务处理带来了很多不便。

采用 VLAN 技术之后如图 6-29（b）所示，根据业务关系将它们重新进行划分，组成 3 个 VLAN：VLAN 为 PC1、PC4 和 PC7，VLAN2 为 PC2、PC5 和 PC8，VLAN3 为 PC3、PC6 和 PC9。VLAN1 中的 3 台计算机就可以直接通信，VLAN2 和 VLAN3 中的计算机也是这样。

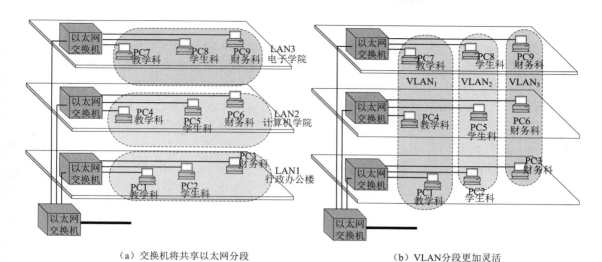

（a）交换机将共享以太网分段　　　　　　　　（b）VLAN分段更加灵活

图6-29　交换机分段与VLAN分段

当一个站点从一个逻辑工作组转移到另一个逻辑工作组时，只需要通过软件设置，而不需要改变它在网络中的物理位置；当一个站点从一个物理位置移动到另一个物理位置时将该计算机接入另一台交换机，只要通过交换机软件进行设置，这台计算机还可以成为原工作组的一员。同一个逻辑工作组的站点可以分布在不同的物理网段上，但它们之间的通信就像在同一个物理网段上一样。

8. 虚拟局域网的划分

虚拟局域网在功能和操作上与传统局域网基本相同，其主要区别在于组网方法的不同。不同虚拟局域网的组网方法主要表现在对虚拟局域网成员的定义方法上，通常有以下 4 种方法：

（1）基于交换机端口号划分虚拟局域网

划分虚拟局域网最常用的方法是根据局域网交换机的端口来定义虚拟局域网成员。虚拟局域网从逻辑上把交换机的端口划分为不同的虚拟子网，在使用端口定义虚拟局域网时，不允许不同的虚拟局域网包含相同的物理网段或交换端口。当用户从一个端口移动到另一个端口时，网络管理员必须对虚拟局域网成员进行重新配置。

其优点是配置简单、灵活方便；缺点是安全性较差。

（2）基于 MAC 地址划分虚拟局域网

根据节点的 MAC 地址也可以定义虚拟局域网。用 MAC 地址定义的虚拟局域网，允许节点移动到网络的其他物理网段。由于它的 MAC 地址不变，所以该节点将自动保持原来的虚拟局域网成员的地位。

其优点是安全性较高；缺点是在大规模网络中，初始化时把上千个用户配置到虚拟局域网是很麻烦的，用户想要更换 VLAN 只能更换网卡，不太方便。

（3）基于 IP 地址划分虚拟局域网

可使用节点的 IP 地址定义虚拟局域网。这种方法有利于组成基于服务或应用的虚拟局域网。用户可以随意移动工作站而无须重新配置网络地址，这对于 TCP/IP 协议的用户是特别有利的。

由于检查 IP 地址比检查 MAC 地址要花费更多的时间，因此用 IP 地址定义虚拟局域网的速度比较慢。

（4）基于 IP 组播划分虚拟局域网

IP 组播实际也是一种 VLAN 的定义，这种划分的方法将 VLAN 扩大到了广域网。这种方法具备更大的灵活性，而且很容易通过路由器进行扩展。然而这种方法效率不高，不适合局域网。

网络划分 VLAN 后，每个 VLAN 就是一个独立的逻辑网段，广播域仅限制在本 VLAN 内部，如果它们之间要进行通信，需要第三层网络层的路由功能支持，也就是路由器。在这种情况下，出现了第三层交换技术，它将路由技术与交换技术合二为一。三层交换机在交换机内部实现了路由，提高了网络的整体性能。

9. 三层交换机

三层交换技术就是二层交换技术 + 三层转发技术。传统交换技术是在 OSI 网络标准模型第二层——数据链路层进行操作的，而三层交换技术是在网络模型中的第三层实现了数据包的高速转发，既可实现网络路由功能，又可根据不同网络状况做到最优网络性能。虽然这种多层次动态集成功能在某些程度上也能由传统路由器和第二层交换机搭载完成，但这种搭载方案与采用三层交换机相比，不仅需要更多的设备配置、占用更大的空间、设计更多的布线和花费更高的成本，而且数据传输性能也要差得多。

三层交换机最重要的目的是加快大型局域网内部的数据交换，所具有的路由功能也是为这个目的服务的，能够做到一次路由、多次转发。对于数据包转发等规律性的过程由硬件高速实现，而路由信息更新路由表维护、路由计算、路由确定等功能则由软件实现。

10. 三层交换机的配置方法

三层交换机的基本配置和二层交换机基本相同，包括管理方式、启动过程、带外管理方式所需的设备、连接方法、系统帮助以及一些基本配置命令等。

下面对在本任务中涉及的配置命令进行介绍。

（1）创建 VLAN 并进入 VLAN 配置模式

模式：全局配置模式（或以上模式）

命令：vlan< 编号 >

参数：编号是 VLAN 的编号，范围是 1 ～ 4095，Vlan1 是默认存在的，不能删除也无须创建，默认所有端口都是属于 VLAN1 的。

结果：若本 VLAN 不存在，则先创建 VLAN，再进入 VLAN 配置模式；若存在，则直接进入 VLAN 配置模式 switch (config-vlan) #。

（2）将端口划分到特定 VLAN 中

模式：某接口配置模式

命令：switchport access vlan< 编号 >

结果：将该端口从 VLAN1 中移除，放到指定的 VLAN 中。

（3）显示 VLAN 状态

模式：用户或特权模式

命令：show vlan

结果：显示 VLAN 状态

VLAN 的划分配置举例。

① 配置需求。对交换机进行配置，使主机 A 和主机 C 属于 VLAN2，使主机 B 和主机 D 属于 VLAN3。

② 网络拓扑结构如图 6-30 所示。

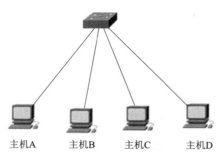

图6-30　交换机VLAN划分

③ 主机设置。各台主机需要设置 IP 地址，本例中要求 IP 地址设置在同一网段内，具体如下：

主机 A：IP 地址为 192.168.1.10，子网掩码：255.255.255.0；

主机 B：IP 地址为 192.168.1.20，子网掩码：255.255.255.0；

主机 C：IP 地址为 192.168.1.30，子网掩码：255.255.255.0；

主机 D：IP 地址为 192.168.1.40，子网掩码：255，255.255.0。

④ 配置前测试。此时 4 台主机可以互通，主机 A 到主机 B、主机 C、主机 D 可以 ping 通。

⑤ 配置交换机划分 VLAN。

```
Switch> enable
Switch# configure terminal
Switch(config)# hostname s
s(config)# vlan 2
s(config-vlan)#vlan 3
s(config-vlan)# exit
s(config)# interface fastethernet 0/1
S(config-if)# switchport access vlan 2
s(config-if)# interface fastethernet 0/2
s(config-if)# switchport access vlan 3
s(config-if)# interface fastethernet 0/7
s(config-if)# switchport access vlan 2
s(config-if)# interface fastethernet 0/10
s(config-if)# switchport access vlan 3
```

⑥ 配置后测试。此时相同 VLAN 中的主机可以互通，不同 VLAN 中的主机不能互通。在主机 A 利用 ping 命令测试到主机 B 的连通性，结果应为不通。

（4）进入交换机的 VLAN 接口

该命令用于进入交换机的某个 VLAN 的接口。

模式：全局配置模式

命令：interface vlan < 编号 >

参数：VLAN-ID 是 VLAN 的编号。

结果：进入 VLAN 接口配置模式 switch(config-if)#。

（5）为端口设置 IP 地址

模式：端口配置模式

命令：ip address<IP 地址 >< 子网掩码 >

删除地址命令：no ip address

参数：IP 地址是要为该端口设置的地址，格式为点分十进制；子网掩码一般也采用点分十进制的格式。

（6）关闭和重启端口

模式：端口配置模式

命令：shutdown/ no shutdown

为交换机的 VLAN1 的端口设置 IP 地址为 192.168.0.1，子网掩码为 255.255.255.0，启动该端口：

```
Switch# config terminal
Switch(config)# interface vlan 1
Switch(config-if)# ip address 192. 168, 0. 1 255. 255 255.0
Switch(config-if)# no shutdown
```

（7）为三层交换机启用路由功能

有些三层交换机默认情况下禁用路由功能，需要通过命令启用。

模式：全局配置模式

命令：ip routing

6.5.3　互联网络实施步骤

1. 硬件连接

1）任务说明

利用三层交换机和直连网线将 6 部门局域网的二层交换机连接起来。

2）实施步骤

（1）完成网络拓扑结构

通过三层交换机互联网络拓扑结构如图 6-31 所示。

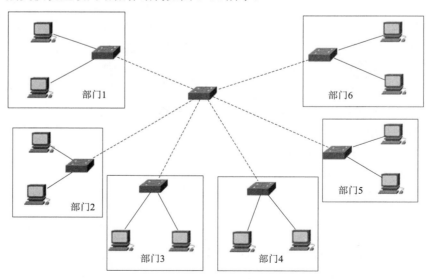

图6-31　通过三层交换机互联网络拓扑结构

（2）子网划分和 IP 地址规划

网络地址 23.87.150.0/24 需要划分出 6 个子网。为此，需要为这 6 个子网分别分配子网地址，然后计算出本单位子网的子网掩码、各个子网中 IP 地址的分配范围以及可用 IP 地址数量和广播地址。

具体步骤：

① 计算机需要挪用的主机位数的位数。

需要多少主机位需要试算。借 1 位主机位可以分配出 $2^1=2$ 个子网地址；借 2 位主机位可以分配出 $2^2=4$ 个子网地址；借 3 位主机位可以分配出 $2^3=8$ 个子网地址。因此，需要挪用 3 位主机位作为子网地址的编码。

② 用二进制数为各个子网编码。

子网 1 的地址编码：23.87.150.<u>000</u>00000

子网 2 的地址编码：23.87.150.<u>001</u>00000

子网 3 的地址编码：23.87.150.<u>010</u>00000

子网 4 的地址编码：23.87.150.<u>011</u>00000

子网 5 的地址编码：23.87.150.<u>100</u>00000

子网 6 的地址编码：23.87.150.<u>101</u>00000

③ 将二进制数的子网地址编码转换为十进制数表示，成为能发布的子网地址。

子网 1 的子网地址：23.87.150.0

子网 2 的子网地址：23.87.150.32

子网 3 的子网地址：23.87.150.64

子网 4 的子网地址：23.87.150.96

子网 5 的子网地址：23.87.150.128

子网 6 的子网地址：23.87.150.160

④ 计算出子网掩码

先计算出二进制的子网掩码：11111111.11111111.11111111.<u>111</u>00000

（加下画线的位是挪用的主机位）

转换为十进制表示，成为对外发布的子网掩码：255.255.255.224。

⑤ 计算出各个子网的广播 IP 地址

先计算出二进制的子网广播地址，然后转换为十进制：23.87.150.<u>000</u>11111

子网 1 的广播 IP 地址：23.87.150.<u>000</u>11111 / 23.87.150.31

子网 2 的广播 IP 地址：23.87.150.<u>001</u>11111 / 23.87.150.63

子网 3 的广播 IP 地址：23.87.150.<u>010</u>11111 / 23.87.150.95

子网 4 的广播 IP 地址：23.87.150.<u>011</u>11111 / 23.87.150.127

子网 5 的广播 IP 地址：23.87.150.<u>100</u>11111 / 23.87.150.159

子网 6 的广播 IP 地址：23.87.150.<u>101</u>11111 / 23.87.150.191

实际上，简单地用下一个子网地址减 1，就可得到本子网的广播地址。此处列出二进制的计算过程是为了让读者更好地理解广播地址是如何被编码的。

⑥ 列出各个子网的 IP 地址范围。

子网 1 的 IP 地址分配范围：23.87.150.1 ～ 23.87.150.30

子网 2 的 IP 地址分配范围：23.87.150.33 ～ 23.87.150.62

子网 3 的 IP 地址分配范围：23.87.150.65 ～ 23.87.150.94

子网 4 的 IP 地址分配范围：23.87.150.97 ～ 23.87.150.126

子网 5 的 IP 地址分配范围：23.87.150.129 ～ 23.87.150.158

子网 6 的 IP 地址分配范围：23.87.150.161 ～ 23.87.150.190

⑦ 计算出每个子网中的 IP 地址数量。

被挪用后主机位的位数为 5，能够为主机编址的数量为 $2^5-2=30$。减 2 的目的是去掉子网地址和子网广播地址。

⑧ 三层交换机各个端口的 IP 地址设置如下：

VLAN1 端口：IP 地址 23.87.150.30，子网掩码 255.255.255.224。

VLAN2 端口：IP 地址 23.87.150.62，子网掩码 255.255.255.224。

VLAN3 端口：IP 地址 23.87.150.94，子网掩码 255.255.255.224。

VLAN4 端口：IP 地址 23.87.150.126，子网掩码 255.255.255.224。

VLAN5 端口：IP 地址 23.87.150.158，子网掩码 255.255.255.224。

VLAN6 端口：IP 地址 23.87.150.190，子网掩码 255.255.255.224。

（3）配置三层交换机实现子网互联

在三层交换机上创建 6 个 VLAN，将 6 个使用的快速以太网端口划分到 6 个 VLAN 下，然后将 6 个 VLAN 的端口分别作为各个子网的出口，为其设置 IP 地址作为各个子网的默认网关。

① 基本配置。

```
Switch>enable
Switch# config terminal
Switch(config)# hostname RS
```

② 创建 VLAN。

```
Rs(config)vlan 2
RS(config-vlan)# vlan 3
RS(config-vlan)# vlan 4
RS(config-vlan)# vlan 5
RS(config-vlan)# vlan 6
RS(config-vlan)# exit
```

③ 将各个端口划分到各个 VLAN 中去。

```
RS(config)# interface fastethernet 0/2
RS(config-if)# switchport access vlan 2
RS(config-if)# interface fastethernet 0/3
RS(config-if)# switchport access vlan 3
RS(confiq-if)# interface fastethernet 0/4
RS(config-if)# switchport access vlan 4
RS(config-if)# interface fastethernet 0/5
RS(config-if)# switchport access vlan 5
RS(config-if)# interface fastethernet 0/6
RS(config-if)# switchport access vlan 6
RS(config-if)# exit
```

④ 为各个 VLAN 端口设置 IP 地址并启动该端口。

```
RS(config)# interface vlan 1
Rs(config-if)# ip address  23.87.150.30  255.255.255.224
```

```
RS(config-if)# no shutdown
Rs(config-if)# exit
RS(config)# interface vlan 2
RS(config-if)# ip address  23.87.150.62  255.255.255.224
RS(config-if)# no shutdown
RS(config-if)# exit
RS(config)# interface vlan 3
Rs(config-if)# ip address  23.87.150.94  255.255.255.224
RS(config-if)# no shutdown
RS(config-if)# exit
RS(config)interface vlan 4
Rs(config-if)# ip address  23.87.150.126  255,255.255.224
RS(config-if)# no shutdown
RS(config-if)# exit
RS(config)# interface vlan 5
Rs(config-if)# ip address  23.87.150.158  255.255.255.224
RS(config-if)# no shutdown
RS(config-if)exit
RS(config)# interface vlan 6
Rs(config-if)# ip addres  23.87.150.190  255.255.255.224
Rs(config-if)# no shutdown
RS(config-if)# exit
```

（4）测试

测试各个子网中的主机之间是否互相连通。

6.6　网络服务

6.6.1　网络服务任务要求

随着互联网的高速发展，目前互联网上的提供的服务有多种，其中多数服务是免费提供的。本节帮助学生了解最常用的服务：WWW 服务、文件传输（FTP）、电子邮件（E-mail）、域名系统（DNS）等。

1. 任务要求

Web 服务器用来发布信息，FTP 服务器用于发布任务、共享资料等，邮件服务器负责提供邮件的收发服务，DNS 服务器用来为这些服务器提供域名解析服务。本节的任务即是实现这些服务器的功能。

2. 任务分解和指标

（1）部署 Web 服务器

在 Web 服务器上创建并配置网站，默认首页的名称为 index.htm，客户端可以通过 IE 浏览器可以访问该网站。

（2）部署 FTP 服务器

在 FTP 服务器上安装 FTP 服务，创建并配置 FTP 站点，FTP 客户端通过 IE 浏览器访问该 FTP 站点，读取和复制文件夹中的内容，但不可以修改。为了保证安全，只允许部分 IP 的计算机访问本 FTP 站点。

6.6.2 常见的网络服务介绍

1. 域名服务

1）DNS 概述

（1）域名地址

在 Internet 上，每台主机都有一个唯一的 IP 地址，然而，IP 地址比较难记忆，为直观地标识网上的每一台主机便于人们记忆，可以采用具有层次结构的域名作为主机标识。主机域名一般是由一系列用点隔开的字母数字标签组成的，比如：www.cctv.com。

虽然域名容易记忆，但计算机却仅能识别二进制的 IP 地址，为此必须有将域名映射成 IP 地址的系统，该系统称为域名系统（Domain Name System，DNS）。由域名地址转换到 IP 地址的转换过程称为域名解析（Name Resolution）。

（2）Internet 的域名结构

Internet 的域名结构是由 TCP/IP 协议族的域名系统定义的。域名系统也与 IP 地址的结构一样，采用典型的层次结构。域名可分为不同级别，包括顶级域名、二级域名等。顶级域名又分为两类：一是地理顶级域名，共有 243 个国家和地区的代码，例如，cn 代表中国、jp 代表日本、uk 代表英国；另一类是类别顶级域名，最初有 7 个：com（表示工商企业公司）、net（表示网络提供商）、org（表示非营利组织）、edu（美国教育）、gov（美国政府部门）、mil（美国军方）、int（国际组织）。域名的层次结构如图 6-32 所示。由于互联网最初是在美国发展起来的，所以，.gov，.edu，.mil 虽然都是顶级域名，但却仅在美国使用。

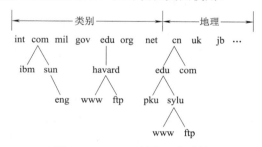

图6-32　Internet域名层次结构

随着互联网的不断发展，新的顶级域名也根据实际需要不断被扩充到现有的域名体系中来。1997 年，增加了几个国际通用顶级域名：firm（公司企业）、store（销售公司或企业）、web（突出 WWW 活动的单位）、arts（突出文化、娱乐活动的单位）、rec（突出消遣、娱乐活动的单位）、info（提供信息服务的单位）、nom（个人）、biz（商业）。

二级域名是指顶级域名之下的域名，它表示注册企业类别。在我国，二级域名又分为类别域名和行政区域名两类。类别域名共 7 个，ac（科研机构）、com（工商金融企业）、edu（教育机构）、gov（政府部门）、net（互联网络服务）、org（非营利组织）、mil（国防）。而行政区域名有 34 个，分别对应于我国各省区市。

国际域名由美国的互联网名称与数字地址分配机构 ICANN（the Internet Corporation for Assigned Names and Numbers）负责注册和管理；而中国国内域名则由中国互联网络信息中心（China Internet Network Information Center），即 CNNIC 负责注册和管理。

（3）域名命名的一般规则

三级域名用字母（A ～ Z，a ～ z）、数字（0 ～ 9）和英文连词符"-"命名，各级域名之间用实点（.）连接，三级域名的长度不能超过 20 字符。

Internet 主机域名的排列原则是低层的子域名在左面，而它们所属的高层域名在右面。Internet 主机域名的一般格式为：四级域名 . 三级域名 . 二级域名 . 顶级域名。

域名可以有多级，不管有几级域名，域名地址不能超过 255 个字符。

域名系统层次结构的优点是：各层内的各个组织在它们的内部可以自由选择域名，只需保证组织内域名的唯一性，而无须担心与其他组织内的域名冲突。

2）域名解析

域名解析是指将域名转换成对应的 IP 地址的过程，它主要由 DNS 服务器完成。DNS 使用了分布式的域名数据库，运行域名数据库的计算机称为 DNS 服务器。

每一个拥有域名的组织都必须有 DNS 服务器，以提供自己域内的域名到 IP 地址的映射服务。例如，××大学的 DNS 服务器的 IP 地址为 202.101.0.12，它负责进行 xx.edu.cn 域内的域名和 IP 地址之间的转换。在设定 IP 网路环境的时候，都要指出进行本主机域名映射的 DNS 服务器的地址。

DNS 服务器以层次结构分布在世界各地，每台 DNS 服务器只存储了本域名下所属各域的 DNS 数据。

当客户端要将某主机域名转成 IP 地址时，需要询问本地 DNS。当数据库中有该域名记录时，DNS 服务器会直接做出回答。如果没有查到，本地 DNS 会向根 DNS 服务器发出查询请求。域名解析采用自顶向下的算法，从根服务器开始直到树叶上的服务器。

域名解析有两种方式：

① 递归解析：是指 DNS 客户端发往本地 DNS 服务器的查询，要求服务器提供该查询的答案，找到相应的域名和 IP 地址的映射信息，DNS 服务器的响应要么是查询到结果，要么是查询失败。

② 迭代解析：本地 DNS 会向根 DNS 服务器发出查询请求，上层 DNS 服务器会将该域名的下一层 DNS 服务器的地址告知本地 DNS 服务器。本地 DNS 服务器随后向下一层 DNS 服务器查询中远方服务器回应查询。若该回应并非最后一层的答案，则继续往下一层查询，直到获得客户端所查询的结果为止。将结果回应给客户端。

2. WWW 服务

WWW 服务是 Internet 上最方便与最受用户欢迎的信息服务类型，它的影响力已远远超出了专业技术范畴，并已进入电子商务、远程教育、远程医疗与信息服务等领域。

（1）超文本与超媒体

要想了解 WWW，首先要了解超文本（Hypertext）与超媒体（Hypermedia）的基本概念，因为它们是 WWW 的信息组织形式，也是 WWW 实现的关键技术之一。

在 WWW 系统中，信息是按超文本方式组织的。用关键字（也称"热字"）将文档中的不同部分或与不同的文档链接起来。用户在浏览超文本信息时，可以选中其中的"热字"，通过链接跳转浏览其指定的信息。

超媒体进一步扩展了超文本所链接的信息类型，超媒体可以通过这种集成化的方式，将多种媒体的信息联系在一起。用户不仅能从一个文本跳到另一个文本，而且可以激活一段声音、显示一个图形，甚至可以播放一段动画或视频。在目前市场上，流行的多媒体电子书籍大都采用这种方式。例如，在一个介绍动物的多媒体网页中，当读者单击屏幕上显示的老虎图片或文字时，可以播放一段关于老虎的动画或视频。

（2）WWW 的工作原理

WWW 是以超文本标记语言（HTML）与超文本传输协议（HTTP）为基础，提供面向 Internet 服务的信息浏览系统。

WWW 采用了客户/服务器模式，客户端程序是标准的浏览器程序。

WWW 的工作原理有三要素：WWW 服务器、WWW 浏览器及两者之间的传输协议 HTTP。它的工作原理如图 6-33 所示。

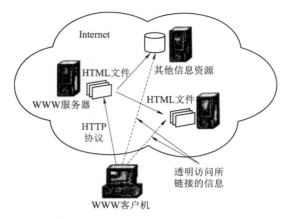

图6-33　WWW服务的工作原理

Web 页由 HTML 语言编制。在 Web 页面间可建立超文本链接以便于浏览，文件扩展名为 .htm 或 .html。

信息资源以网页（Web 页）的形式存储在 WWW 服务器中，并以 Web 页的形式显示及互相链接。

用户指定一个 URL，通过浏览器向 WWW 服务器中的 URL 发出请求；WWW 服务器根据客户端请求将保存在 WWW 服务器中的 URL 指定的页面发送给客户端；客户端的浏览器将 HTML 文件解释后显示在用户的屏幕上，然后断开与服务器的连接。用户可以通过页面中的链接，方便地访问位于其他 WWW 服务器中的页面，或是其他类型的网络信息资源。

这种模式称为浏览器/服务器（Browser/ Server，B/S）模式。和传统的 C/S 相比，B/S 是一种平面型多层次的网状结构，其最大的特点是与软硬件平台的无关性。

HTTP 信息是明文传输，使用的端口为 80。为保障 Internet 上数据传输的安全，Netscape 研发了 HTTPS（Secure Hypertext Transfer Protocol，安全超文本传输协议）。它是基于 HTTP 开发的，使用 SSL（Secure Socket Layer）安全套接字层数据加密技术，在客户计算机和服务器之间交换信息。数据在发送前要先经过加密，在接收时，先解密再处理。确保数据在网络传输过程中不会被截取及窃听。简单来说，HTTPS 是 HTTP 的安全版。HTTPS 使用的端口是 443。

（3）WWW 浏览器

WWW 浏览器是用来浏览 Internet 上网页的客户端软件。浏览器在接收到 WWW 服务器发送的网页后对其进行解释，最终将图、文、声并茂的画面呈现给用户。WWW 浏览器为用户提供了寻找 Internet 上内容丰富、形式多样的信息资源的便捷途径。

现在的 WWW 浏览器的功能非常强大，利用它可以访问 Internet 上的各类信息。可以通过浏览器来播放声音、动画与视频，使得 WWW 世界变得更加丰富多彩。新浪首页如图 6-34 所示。

图6-34 新浪首页

目前，最流行的浏览器软件主要有 Microsoft 公司的 IE（Internet Explorer）、火狐浏览器、360 浏览器、百度浏览器等。

（4）主页

主页（Home Page）是指个人或机构的基本信息页面，主页是通过 Internet 了解一个单位、企业或政府部门的重要手段。

主页一般包含以下几种基本元素：

① 文本（Text）：最基本的元素，就是通常所说的文字。

② 图像（Image）：WWW 浏览器能识别 GIF、JPG、SWF 等多种图像格式。

③ 表格（Table）：类似于 Word 中的表格，表格单元内容一般为字符类型。

④ 超链接（Hyper Link）：HTML 中的重要元素，用于将 HTML 元素与其他网页相连。

（5）URL

在 Internet 中有许多 WWW 服务器，而每台服务器中又存有很多网页。对每一网页可使用统一资源定位符（URL）进行标识。之所以称为统一，是因为它们是采用了相同的基本语法格式来描述信息资源的字符串。

标准的 URL 由 4 部分组成：

＜协议＞：//＜主机域名＞/[路径]/[文件名]

① 协议（或称服务方式），有 http、ftp、telnet、news 等。

② 存有该资源的主机域名。

③ 主机上资源的路径。

④ 文件名（有时也包括端口号）。

第一部分和第二部分之间用 "：//" 符号隔开，第二部分和第三部分用 "/" 符号隔开。第二部分是不可缺少的，第一部分和第三部分有时可以省略。当访问 WWW 服务器时，第一部分可省略。

如果用户希望访问某台服务器中的某个 Web 页，只要在浏览器的地址栏中输入该页面的 URL 并按【Enter】键，便可以浏览到该页面。

（6）浏览器的基本用法

将计算机连入 Internet 后，通过 Internet Explorer 浏览器，可以方便地浏览 Internet 上的 WWW 资源。常用的浏览方法如下：

① 直接在 URL 地址栏中输入网址。

如果知道某网站的网址，可以在 URL 地址栏中输入网址（例如清华大学的网址：http：//www.baidu.com），然后按【Enter】键。这时，会进入 "百度" 网站首页。

在 URL 地址栏中输入某个网址时，可以利用 IE 的 "自动完成" 功能，只要输入那些曾经输入过的网址的关键字，IE 浏览器就会自动显示出相应的网址以供选择。

② 使用 URL 地址栏的下拉菜单。

如果要打开曾经访问过的网站网址，可以单击 URL 地址栏右侧的下拉按钮，在弹出的下拉列表中选择网址，然后按【Enter】键，将会打开相应的站点。

③ 使用超链接打开网页。

超链接的存在使得在 Internet 中浏览资源非常容易。无论采用文本还是图形作为超链接，当鼠标指针移动至网页上的超链接位置时，鼠标指针都会变为一个手形的图标。单击这个超链接，就可以打开其所链接的网页。

如果要在新窗口中打开某个超链接，只需将鼠标指针移到这个超链接位置，然后右击并在弹出的快捷菜单中选择"在新的窗口中打开"命令即可。

④ 使用工具栏中的按钮。

IE 浏览器的工具栏中有几个快捷按钮可以方便地访问本次浏览中访问过的网页。单击"后退""前进"按钮，可以在已经访问过的网页间跳转；单击"主页"按钮，可以打开浏览器设置的开始主页。

⑤ 使用收藏夹。

可将喜欢的当前网站保存在收藏夹中，以后可从收藏夹中打开该网站。

3. 邮件服务

电子邮件（Electronic Mail，E-mail）是因特网上重要的信息服务方式，它为世界各地的因特网用户提供了一种快速、经济的通信和交换信息的方法。传输的信件和附件可以在对方计算机上进行编辑。E-mail 已成为利用率最高的因特网应用。

（1）电子邮件的原理

电子邮件的基本原理：在通信网上设立"电子信箱系统"系统的硬件是一个高性能、大容量的邮件服务器。在该服务器的硬盘上为申请邮箱的用户划分一定的存储空间作为用户的"信箱"，存储空间包含存放所收信件、编辑信件以及信件存档 3 部分空间，系统为每个用户确定一个用户名和可以自己随意修改的密码，以便用户使用自己的邮箱。用户使用密码开启自己的信箱，并进行编辑、发信、读信、转发、存档等操作。

发送方通过发送邮件客户程序，向邮件服务器发送编辑好的电子邮件。

邮件服务器功能类似"邮局"，识别邮件接收者的地址，并向该地址的邮件服务器发送邮件。接收方的邮件服务器将邮件存放在接收者的电子信箱内，并告知接收者有新邮件到来。

接收者连接到服务器，打开自己的电子信箱后，就会看到服务器的通知，进而通过接收邮件客户程序，来查收邮件。

因特网中的邮件服务器通常 24 小时正常工作。用户可以不受时间、地点的限制，通过计算机和邮件应用程序来发送和接收电子邮件。E-mail 传递、接收原理如图 6-35 所示。

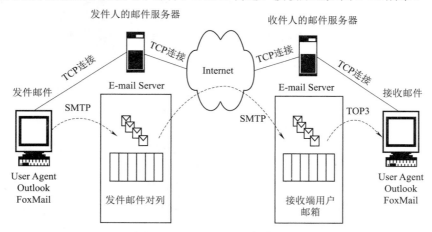

图6-35　E-mail传递、接收原理

（2）电子邮件协议

① SMTP（Simple Mail Transfer Protocol，简单邮件传输协议）。SMTP 是 TCP/IP 协议的一部分，它规定了电子邮件的信息格式和传输处理方法。

② MIME（Multipurpose Internet Mail Extension，多用途互联网邮件扩展协议）。MIME 说明了如何使消息在不同邮件系统内进行交换。MIME 格式灵活，它允许邮件中包含任意类型的文件。MIME 消息可以包含文本、图像、声音、视频以及其他应用程序的特定数据。

③ POP3（Post Office Protocol 3，邮局协议第 3 版）。POP3 是用户代理从远程邮箱中读取电子邮件的一种协议，它主要用于电子邮件的接收，使用 TCP 的 110 端口，当客户机需要服务时，用户代理软件将与 POP3 服务器建立连接。首先确认客户机提供的用户名和密码，在认证通过以后，便从远程邮箱中读取电子邮件，存放在用户的本地机上，以便以后阅读。在完成操作以后，进入更新状态，将做了删除标记的邮件从服务器端删除。

④ IMAP4（Internet Message Access Protocol 4，Internet 邮件访问协议第 4 版）。IMAP 用于访问存储在邮件服务器系统内的电子邮件和电子公告板信息。IMAP 允许用户远程访问保存在 IMAP 服务系统内的邮件，不需要将电子邮件复制到某台具体的计算机上，允许多台计算机访问这个邮箱，并查看同一封邮件的内容。

（3）电子邮件地址

每个电子邮箱都有唯一的地址，又称 E-mail 地址，E-mail 地址由用户名和邮箱所在邮件接收服务器的域名两部分组成，用连接符 @ 来进行分隔。

例如，电子邮件地址 zhang3@126.com 中的 zhang3 是用户名，126.com 是网易邮件服务器域名。

通常人们是在某些知名网站上，申请一个免费邮箱，登录这个邮箱，可以写邮件、发送邮件和接收邮件、建立自己的博客、建立相册等。网易邮箱登录界面如图 6-36 所示。

图6-36　网易邮箱登录界面

4. FTP 服务

一般来说，用户联网的首要目的是实现信息共享，文件传输是信息共享非常重要的一个内容。早期 Internet 上实现传输文件，并不是一件容易的事。我们知道，Internet 是一个非常复杂的计算机环境，有 PC，有工作站，有 MAC，有大型机，据统计连接在 Internet 上的计算机已有上千万台，而这些计算机可能运行不同的操作系统，有运行 UNIX 的服务器，也有运行 DOS、

Windows 的 PC 和运行 Mac OS 的苹果机等，而各种操作系统之间的文件交流问题，需要建立一个统一的文件传输协议，这就是所谓的 FTP。

基于不同的操作系统有不同的 FTP 应用程序，而所有这些应用程序都遵守同一种协议，这样用户就可以把自己的文件传送给别人，或者从其他用户环境中获得文件。

与大多数 Internet 服务一样，FTP 也是一个客户 / 服务器系统。用户通过一个支持 FTP 协议的客户机程序，连接到在远程主机上的 FTP 服务器程序。用户通过客户机程序向服务器程序发出命令，服务器程序执行用户所发出的命令，并将执行的结果返回客户机。比如，用户发出一条命令，要求服务器向用户传送某个文件的一份副本，服务器会响应这条命令，将指定文件送至用户的机器上。客户机程序代表用户接收到这个文件，将其存放在用户目录中。

FTP 服务器是在互联网上提供文件存储和访问服务的计算机，它们依照 FTP 协议提供服务。简单地说，支持 FTP 协议的服务器就是 FTP 服务器。

所有访问 FTP 服务器的计算机都可以称为 FTP 客户端，用户需要注册才能登录 FTP 服务器，有的 FTP 服务器允许匿名（Anonymous）登录。

把文件从客户端传送到服务器称为"上载"（Upload）；把文件从服务器传送到客户端称为"下载"（Download）。

（1）FTP 的工作模式

FTP 是仅基于 TCP 的服务，不支持 UDP。FTP 使用两个端口，一个数据端口和一个命令端口（也称控制端口），即 21（命令端口）和 20（数据端口）。但 FTP 工作方式的不同，数据端口并不总是 20。FTP 主要有两种工作模式：

① 主动 FTP 即 Port 模式，客户端从一个任意的非特权端口 N（$N > 1024$）连接到 FTP 服务器的命令端口，也就是 21 端口。然后客户端开始监听端口 $N+1$，并发送 FTP 命令 port $N+1$ 到 FTP 服务器。接着服务器会从它自己的数据端口（20）连接到客户端指定的数据端口（$N+1$）。

针对 FTP 服务器前面的防火墙来说，必须允许以下通信才能支持主动方式 FTP：

● 任何大于 1024 的端口到 FTP 服务器的 21 端口。（客户端初始化的连接）

● FTP 服务器的 21 端口到大于 1024 的端口。（服务器响应客户端的控制端口）

● FTP服务器的20端口到大于1024的端口。（服务器端初始化数据连接到客户端的数据端口）

● 大于 1024 端口到 FTP 服务器的 20 端口。（客户端发送 ACK 响应到服务器的数据端口）

② 被动 FTP：为了解决服务器发起到客户的连接的问题，人们开发了一种不同的 FTP 连接方式。这就是被动方式，或者称为 PASV，当客户端通知服务器，它处于被动模式时才启用。

在被动方式 FTP 中，命令连接和数据连接都由客户端发起，这样就可以解决从服务器到客户端的数据端口的入口方向连接被防火墙过滤掉的问题。

当开启一个 FTP 连接时，客户端打开两个任意的非特权本地端口（$N > 1024$ 和 $N+1$）。第一个端口连接服务器的 21 端口，但与主动方式的 FTP 不同，客户端不会提交 PORT 命令并允许服务器来回连它的数据端口，而是提交 PASV 命令。这样做的结果是服务器会开启一个任意的非特权端口（$P > 1024$），并发送 PORT P 命令给客户端。然后客户端发起从本地端口 $N+1$ 到服务器的端口 P 的连接用来传送数据。

对于服务器端的防火墙来说，必须允许下面的通信才能支持被动方式的 FTP：

● 从任何大于 1024 的端口到服务器的 21 端口。（客户端初始化的连接）

● 服务器的 21 端口到任何大于 1024 的端口。（服务器响应到客户端的控制端口的连接）

● 从任何大于 1024 端口到服务器的大于 1024 的端口。（客户端初始化数据连接到服务器指定的任意端口）

● 服务器的大于 1024 端口到远程的大于 1024 的端口。（服务器发送 ACK 响应和数据到客户端的数据端口）

（2）FTP 服务器程序

Windows 下使用的 FTP 服务器软件：

① Serv-U。

Serv-U 是一种被广泛运用的 FTP 服务器端软件，支持全 Windows 系列。可以设定多个 FTP 服务器、限定登录用户的权限、登录主目录及空间大小等，功能非常完备。它具有非常完备的安全特性，支持 SSL FTP 传输，支持在多个 Serv-U 和 FTP 客户端通过 SSL 加密连接保护数据安全等。

Serv-U 是目前众多的 FTP 服务器软件之一。通过使用 Serv-U，用户能够将任何一台 PC 设置成一个 FTP 服务器，这样，用户就能够使用 FTP 协议，通过在同一网络上的任何一台 PC 与 FTP 服务器连接，进行文件或目录的复制、移动、创建和删除等。

② FileZilla_Server。

Filezilla_Server 是一款经典的开源 FTP 解决方案，包括 FileZilla 客户端和 FileZilla-Server。其中，FileZilla-Server 的功能比起商业软件 FTP Serv-U 毫不逊色。无论是在传输速度还是安全性方面，都是非常优秀的一款 FTP 服务器端软件。

③ IIS 自带的 FTP 的使用。

在安装 IIS 的同时即可以安装 FTP 服务，然后通过配置，实现 FTP 服务器的功能。

6.6.3　网络服务器（IIS、FTP）部署步骤

1. Windows 下建立、配置 IIS 服务器

1）任务说明

利用 IIS 建立 Web 服务器并配置网站，并通过浏览器访问该网站。

2）实施步骤

（1）安装 IIS

① 单击"开始"→"控制面板"→"程序"，如图 6-37 所示，进入下一步。

图6-37　控制面板

② 单击"程序和功能"→"打开或关闭 Windows 功能"，打开如图 6-38 所示对话框。选择"万维网服务"，单击"确定"按钮。

图6-38　"Windows功能"对话框

（2）创建主目录

在 D 盘新建文件夹 web，在该文件夹下创建一个页面，名为 index.html，网页内容为"大学计算机基础网站"。

（3）创建网站

① 在"控制面板"→"系统和安全"→"管理工具"中可以看到 IIS，如图 6-39 所示。

图6-39　IIS管理工具

② 打开 IIS 管理器，进入管理页面，选择"网站"，单击"添加网站"，如图 6-40 所示。在对话框中添加自己的网站名称、物理路径（D：/web），如图 6-41 所示。单击"确定"按钮。

图6-40　IIS管理器

③ 修改网站的目录，可以单击IIS管理器右侧的"高级设置"→"物理路径"，如图6-42所示。

图6-41 "添加网站"对话框　　　　图6-42 "高级设置"对话框

④ 如果修改网站的端口，单击IIS管理器右侧的绑定，如图6-43所示。

图6-43 设置端口

（4）测试

打开浏览器，输入127.0.0.1后，会显示网页内容。

2. Windows下建立FTP服务器

1）任务说明

利用IIS建立FTP服务器并进行配置。

2）实施步骤

（1）创建用户

首先在本地机器上创建一个用户，这些用户是用来登录到FTP的。依次单击"控制面板"→"管理工具"→"计算机管理"→"本地用户和组"→"用户"，通过右键快捷菜单新建用户，输入用户名和密码，如图6-44所示。

（2）创建文件夹

在D盘新建"FTP上传"和"FTP下载"两个文件夹。

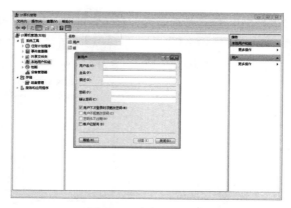

图6-44 建立FTP账户

（3）安装 IIS 组件

① 单击"开始"→"控制面板"→"程序与功能"，如图 6-45 所示，进入下一步。

图6-45 控制面板

② 单击"打开或关闭 Windows 功能"，打开如图 6-46 所示对话框。选择"FTP 服务"，单击"确定"按钮。

图6-46 "Windows功能"对话框

（4）创建 FTP 站点

① 在"控制面板"→"系统和安全"→"管理工具"中可以看到 IIS，如图 6-47 所示。

图6-47 IIS管理工具

② 单击"Internet 信息服务管理器"，右击"网站"，选择"添加 FTP 站点"，如图 6-48 所示。物理路径指向"D:\FTP 上传"，单击"下一步"按钮，如图 6-49 所示。

图6-48 添加FTP站点

图6-49 站点信息

③ 地址一般都是自己的 IP 地址，端口默认使用 21，单击"下一步"按钮，如图 6-50 所示。

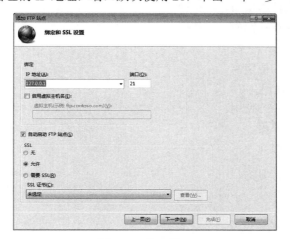

图6-50 绑定端口

④ 权限选择"读取"和"写入",单击"完成"按钮,如图 6-51 所示。

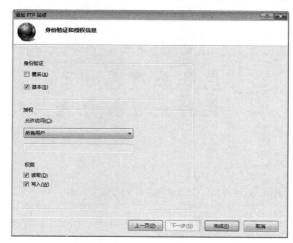

图6-51　权限选择

（5）测试

在浏览器上输入以下地址 ftp：//127.0.0.1,即可打开 FTP 页面,试着上传文件。"FTP 下载"权限设置及测试,参考上面内容。

6.7　安全防护

6.7.1　安全防护目标要求

随着互联网的快速发展,网络安全问题逐渐凸显出来,网络安全问题已经成为制约互联网发展的重要因素。明确网络安全概念,提高网络安全性,成为迫切需要解决的问题。本节帮助学生了解和掌握常用的安全知识及防御技巧。

1. 任务要求

① 掌握常见安全软件的使用方法和技巧。

② 了解常用加密算法及应用。

2. 任务分解和指标

① 杀毒软件的安装和使用。

②常用加密软件的使用。

③ 常用数据恢复软件的使用。

④ 防火墙的安装和使用。

⑤ 常见加密算法应用。

6.7.2　安全防范基础知识

1. 网络安全概述

1）计算机网络安全的定义

计算机网络安全技术是一个相对复杂的课题,它是一门涉及计算机技术、网络技术、通信技术、密码技术、应用数学、数论、信息论等多种技术的边缘性综合性学科。

从狭义的角度来看，计算机网络安全是指计算机及其网络系统资源和信息资源不受自然和人为有害因素的威胁和侵害，即网络系统的硬件、软件及其系统中的数据受到保护，不受偶然的或者恶意的原因而遭到破坏、更改、泄露，系统连续可靠正常地运行，网络服务不中断。

从广义的角度来看，凡是涉及计算机网络上信息的保密性、完整性、可用性、可控性以及可审查性的相关技术和理论都是计算机网络安全的研究领域。

① 保密性：是指信息不被泄露给非授权的个人、实体和过程，或供其使用的特性。

② 完整性：是指信息未经授权不能被修改、不被破坏、不被插入、不延迟、不乱序和不丢失的特性。对网络信息安全进行攻击其最终目的就是破坏信息的完整性。

③ 可用性：是指合法用户访问并能按要求顺序使用信息的特性，即保证合法用户在需要时可以访问到信息及相关资产。

④ 可控性：是指授权机构对信息的内容及传播具有控制能力的特性，可以控制授权范围内的信息流向及方式。

⑤ 可审查性：在信息交流过程结束后，通信双方不能抵赖曾经做出的行为，也不能否认曾经接收到对方的信息。

2）网络安全体系结构

计算机网络安全体系结构是网络安全高层的抽象描述，全面了解网络安全体系结构，对于网络安全的理解、设计、实现与管理具有重要的意义。

计算机网络安全可以看成一个由多个安全单元组成的集合。其中每个安全单元都是一个整体，包括很多特性。可以从安全特性的安全问题、系统单元的安全问题以及 ISO/OSI 参考模型结构层次的安全问题等 3 个主要特性来理解一个安全单元。安全单元可以用一个三维模型来描述，如图 6-52 所示。它反映了信息系统安全需求和体系结构的共性。

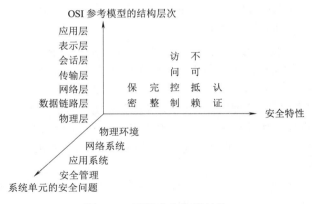

图6-52　网络安全体系结构

（1）安全特性的共性问题

安全特性基于 ISO7499-2 规定了 5 个方面的服务，即认证、数据保密性、数据完整性、访问控制以及不可抵赖。它指的是该单元解决什么样的安全威胁。

① 数据保密性：这种安全服务能够提供保护，使得信息不被泄露、不暴露给那些未授权就想掌握该信息的实体。

② 数据完整性：这种安全服务保护数据在存储和传输中的完整性。

③ 访问控制：这种安全服务提供的保护，就是限制某些确知身份的用户对某些资源的访问。

④ 不可抵赖：该服务主要保护通信系统不会遭到来自系统中其他合法用户的威胁，而不是来自未知攻击者的威胁。

⑤ 认证：这种安全服务提供某个实体的身份保证。该服务有两种类型：对等实体认证和数据源认证。

（2）系统单元的安全问题

① 物理环境的安全问题。物理是指物理环境，如硬件设备、网络设备等。包含该特性的安全单元解决物理环境的安全问题。主要包含因为主机、网络设备硬件、线路和信息存储设备等物理介质造成的信息泄露、丢失和服务中断。产生的主要原因有电磁辐射与搭线窃听、盗用、偷窃、硬件故障、超负荷以及火灾与自然灾害等。

电磁辐射与搭线窃听：入侵者利用高灵敏度的接收仪器，从远距离获取网络设备和线路的信息泄露，或使用各种高性能的协议分析仪器和信道检测仪器对网络进行搭线窃听，并对信息流进行分析和还原，可以很容易地得到密码或其他重要信息。

盗用：入侵者通过把笔记本电脑接入内部网络上，非法访问网络资源。

偷窃：盗走硬盘、光盘、磁带等存储介质，或者复制硬盘数据等。

硬件故障：硬盘、光盘等存储介质毁坏或网络设备毁坏造成数据丢失。

超负荷：系统或设备超负荷工作，造成负担过重、服务能力减弱、数据丢失。

② 网络系统的安全问题。网络是指网络传输。包含该特性的安全单元解决网络协议造成的安全问题。一般指数据在网络上传输的安全威胁。由于 TCP/IP 协议本身的安全缺陷，大部分因特网软件协议没有进行安全性的设计；同时，许多网络服务器程序需要用超级用户特权来执行，这又造成许多安全问题。系统是指操作系统，包含该特性的安全单元解决终端系统或者中间系统的操作系统包含的安全问题。如系统账号和密码设置、文件和目录存取权限设置、系统安全管理设置以及服务程序使用管理等。产生的主要原因有系统本身的漏洞太多、未授权的存取、越权使用、文件系统完整性受到破坏等。

③ 应用系统的安全问题。应用是指应用程序。应用程序是在操作系统上安装和运行的程序。包含该特性的安全单元解决应用程序所包含的安全问题。产生的主要原因是有漏洞或被病毒感染的应用系统软件的引入造成的。

④ 网络管理的安全问题。管理是指网络安全管理环境。对于一个网络，无论设计得多么完善，总要有人运行、操作，如果系统管理员不能严格执行规定的网络安全策略及人员管理策略，整个系统相当于没有安全保护。安全管理是网络管理系统的一个重要部分。

3）网络安全策略

安全策略是指在一个特定的环境里，为保证提供一定级别的安全保护所必须遵守的规则。实现网络安全，不但要靠先进的技术，而且要靠严格的管理、法律约束和安全教育，主要包括以下内容：

① 威严的法律：安全的基石是社会法律、法规和手段，即通过建立与信息安全相关的法律、法规，使非法分子不敢轻举妄动。

②先进的技术：先进的技术是信息安全的根本保障，用户对自身面临的威胁进行风险评估，决定其需要的安全服务种类。选择相应的安全机制，然后集成先进的安全技术。

③ 严格的管理：各网络使用机构、企业和单位应建立相应的信息安全管理办法，加强内部管理，建立审计和跟踪体系，提高整体信息安全意识。

网络安全策略是一个系统的概念，它是网络安全系统的灵魂与核心，任何可靠的网络安全系统都是架构在各种安全技术集成的基础上的，而网络安全策略的提出，正是为了实现这种技术的集成。可以说，网络安全策略是为了保护网络安全而制定的一系列法律、法规和措施的总和。

当前制定的网络安全策略主要包含 5 个方面的策略：

① 物理安全策略：物理安全策略的目的是保护计算机系统、网络服务器、打印机等硬件设备和通信链路免遭自然灾害、人为破坏和搭线攻击；验证用户的身份和使用权限，防止用户越权操作；确保计算机系统有一个良好的电磁兼容工作环境；建立完备的安全管理制度，防止非法进入计算机控制室和各种盗窃、破坏活动的发生。

② 访问控制策略：主要任务是保证网络资源不被非法使用和访问。它也是维护网络系统安全，保护网络资源的重要手段。

③ 防火墙控制策略：它是控制进出两个方向通信的门槛。在网络边界上通过建立起来的网络通信监控系统来隔离内部和外部网络，以阻挡外部网络的侵入。

④ 信息加密策略：信息加密的目的是保护网内的数据、文件、密码和控制信息，保护网上传输的数据。信息加密技术也是网络安全最有效的手段，可以防止非授权用户的侵入及恶意攻击。

⑤ 网络安全管理策略：在网络安全中，除了采用上述措施之外，加强网络的安全管理，制定有关规章制度，对于确保网络的安全和可靠的运行，将起到十分有效的作用。网络的安全管理策略包括：确定安全管理的等级和安全管理的范围；制定有关网络使用规程和人员出入机房管理制度；制定网络系统的维护制度和应急措施等。

2. 计算机网络安全威胁

1）计算机网络安全威胁的来源和因素

计算机网络安全威胁是指对网络安全性的潜在破坏。网络安全威胁的来源有政府和个人两个方面，任何威胁都有可能使主机受到非法入侵者的攻击，网络中的敏感数据有可能泄露或被修改，从内部网向公共网传送的信息可能被他人窃听或篡改等。

计算机网络所面临的攻击和威胁因素很多，主要分为非人为和人为两种。网络安全威胁与网络攻击的类型呈多样化趋势。

（1）非人为因素

非人为因素主要是指自然灾害造成的不安全因素，如地震、水灾、火灾、战争等原因造成网络的中断、系统的破坏、数据的丢失等。

解决的办法为软硬件系统的选型、机房的选址与设计、双机热备份、数据备份等。

（2）人为因素

人为因素网络安全威胁是由入侵者或其入侵程序利用系统资源中的脆弱环节进行入侵而产生的，分为 4 种类型：中断、截获、更改、伪造，如图 6-53 所示。

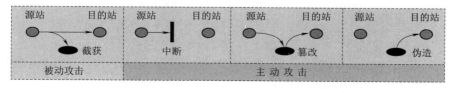

图6-53　人为因素网络安全威胁示意图

① 中断（Interruption）。中断指威胁源使系统的资源受损或不能使用，从而使数据的流动或服务的提供暂停。

② 截获（Interception）。截获是指某个威胁源未经许可，却成功地获取了对一个资源的访问，从中盗窃了有用的数据或服务。

③ 更改（Modification）。更改即入侵者未经许可，然而成功地访问并改动了某项资源，因而篡改了他所提供的数据服务。

④ 伪造（Fabrication）。伪造是指某个威胁源未经许可，但成功地在系统中制造出了假源，从而产生了虚假的数据或服务。

截获信息的攻击称为被动攻击，而更改信息和拒绝用户使用资源的攻击称为主动攻击。

典型的安全威胁与网络攻击表现如下：

①窃听：网络中传输的敏感信息被窃听。

②重传：攻击者将事先获得的部分或全部信息重新发送给接收者。

③伪造：攻击者将伪造的信息发送给接收者。

④篡改：攻击者对通信信息进行修改、删除、插入后发送。

⑤非授权访问：通过假冒、身份攻击、系统漏洞等手段，获取系统访问权限。

⑥拒绝服务攻击：攻击者使系统响应减慢甚至瘫痪，阻止合法用户获得服务。

⑦行为否认：通信实体否认已经发生的行为。

⑧旁路控制：攻击者发掘系统的缺陷或安全脆弱性。

⑨电磁/射频截获：攻击者从电磁辐射中提取信息。

⑩人员疏忽：授权的人为了利益或由于粗心将信息泄露给未授权人。

计算机网络安全威胁外在形式：特洛伊木马、黑客攻击、后门、隐蔽通道，计算机病毒，信息丢失、篡改、销毁、逻辑炸弹、蠕虫。

危害网络安全的人：

① 故意破坏者（Hackers），即所谓的黑客或骇客，其目的是企图通过各种手段破坏网络资源与信息，例如，涂抹别人的主页、修改系统配置、造成系统瘫痪。

② 不遵守规则者（Vandals），企图访问不允许其访问的系统，其可能仅仅是到网上找些资料，也可能想盗用别人的计算机资源（如CPU时间）。

③ 刺探秘密者（Crackers），通过非法手段侵入他人系统，以窃取商业秘密或其他机密。

总之，计算机网络技术越发展，网络安全问题也会越复杂，网络安全就会面临更大的挑战。21世纪，网络安全成为信息时代人类共同面临的挑战。

2）病毒的防范与清除

计算机网络病毒的病理机制与人体感染细菌和病毒的病理现象十分相似，它能通过修改或自我复制向其他程序扩散，进而扰乱系统及用户程序的正常运行。网络病毒的危害是人们不可忽视的现实。据统计，目前70%的计算机病毒发生在网络上。在联网微型机上，病毒的传播速度是单机的20倍，而网络服务器消除病毒处理所花的时间是单机的40倍。

计算机网络病毒感染一般是从用户工作站开始，而网络服务器是病毒潜在的攻击目标，也是网络病毒潜藏的重要场所。网络服务器在网络病毒事件中起着两种作用：一是它可能被感染，造成服务器瘫痪；二是它可以成为病毒传播的代理，在工作站之间迅速传播与蔓延病毒。

（1）计算机网络病毒的原理

计算机网络病毒可以做其他程序所做的任何事，唯一的区别在于它将自己附在另一个程序上，并且在宿主程序运行时秘密执行。一旦病毒执行，它可以进行破坏，例如删除文件和程序。在病毒的生存期内，典型的病毒经历下面4个阶段：

第一阶段：潜伏阶段。病毒最终要通过某个事件来激活，例如，一个日期、另一个程序或文件的存在。不是所有的病毒都有这个时期。

第二阶段：繁殖阶段。病毒将与自身完全相同的副本放入其他程序或者磁盘上的特定系统区域。每个受感染的程序将包含病毒的一个副本，这个病毒本身便进入了一个繁殖阶段。

第三阶段：触发阶段。病毒被激活来进行它想要完成的功能。和潜伏阶段一样，触发阶段可能被不同的系统事件所引起。

第四阶段：执行阶段。例如，在屏幕上显示一个消息，或者破坏程序和数据文件。

（2）计算机网络病毒的类型

① 寄生病毒：传统的并且是最常见的病毒形式。寄生病毒将自己附加到可执行文件中，当被感染的程序执行时，通过感染其他可执行文件来传播。

② 存储器驻留病毒：寄宿在主存中，作为驻留程序的一部分。从那时开始，病毒感染每个执行的程序。

③ 引导区病毒：感染主引导记录或引导记录，并且当系统从包含病毒的磁盘启动时进行传播。

④ 宏病毒：一种最新病毒类型的繁殖，危害性极大。使得创建宏病毒成为可能的自动执行的宏，是一种不需要外界用户输入、自动调用的宏。常见的自动执行事件是打开文件、关闭文件和启动应用程序。一旦宏运行起来，它可以将自身复制到其他文档、删除文件并引起用户系统其他类型的破坏。传播宏病毒的一种常用技术是通过电子邮件或者磁盘传递，附加在 Word 文档上的自动宏或命令宏被引入系统中。Word 的后续版本提供了针对宏病毒的增强保护。例如，微软提供了可选的宏病毒保护工具，它可以检测可疑的 Word 文件，并且提醒用户打开带有宏的文件的潜在危险性。不同的反病毒产品厂商也已经开发了检测和修复宏病毒的工具。

（3）计算机网络防病毒技术

计算机网络防病毒技术主要包括预防病毒、检测病毒和消除病毒等。

计算机网络防病毒技术的具体实现方法包括对网络服务器中的文件进行频繁地扫描和监测，工作站上采用防病毒芯片和对网络目录及文件设置访问权限等。防病毒必须从网络整体考虑，从方便管理人员的工作着手，通过网络环境管理网络上的所有机器。

杀毒软件是最常见的也是用得最普遍的安全技术方案，因为这种技术实现起来最简单。但杀毒软件的主要功能就是杀毒，功能十分有限，不能完全满足网络安全的需要。这种方式对于个人用户或小企业或许还能满足需要，但如果个人或企业有电子商务方面的需求，就不能完全满足了。随着杀毒软件技术的不断发展，现在的主流杀毒软件同时也能预防木马及其他一些黑客程序的入侵。还有的杀毒软件开发商同时提供了软件防火墙，具有了一定防火墙功能，在一定程度上能起到硬件防火墙的功效，如瑞星防火墙、卡巴斯基、Norton 防火墙等。

（4）计算机网络病毒清除方法

① 立即使用 BROADCAST 命令，通知所有用户退网，关闭文件服务器。

② 用带有写保护的、"干净"的系统盘启动系统管理员工作站，并立即清除本机病毒。

③ 用带有写保护的、"干净"的系统盘启动文件服务器，系统管理员登录后，使用 DISABLE LOGIN 命令禁止其他用户登录。

④ 将文件服务器的硬盘中的重要资料备份到"干净的"存储介质上。

⑤ 用杀毒软件扫描服务器上所有卷的文件，恢复或删除发现被病毒感染的文件，重新安装被删文件。

⑥ 用杀毒软件扫描并清除所有可能染上病毒的磁盘或备份文件中的病毒。

⑦ 用杀毒软件扫描并清除所有的有盘工作站硬盘上的病毒。

⑧ 在确信病毒已经彻底清除后，重新启动网络和工作站。

3）木马的植入与危害

网络攻击者常常使用木马控制目标主机，并通过木马盗取系统中的秘密信息。木马程序对一般用户而言破坏性极大。

（1）木马的概念

木马，全称特洛伊木马（Trojan Horse），来源于古希腊的神话故事《木马记》，在网络安全领域用来专指攻击者对目标实施远程控制的黑客工具。

木马通常包括木马端程序和控制端程序两部分。木马端程序在用户的计算机中运行，访问用户系统中的资源和信息；控制端程序在攻击者的计算机中运行，攻击者通过它向木马端程序下达各种危害用户系统安全的指令。

木马程序和一般的远程控制软件的功能相似，均提供对计算机系统的远程管理能力。但木马程序有着很强的隐蔽性，这一点通常是一般远程控制软件所不具备的。木马总是使用一切可能的方式和手段来隐藏自己，不让用户或系统管理员感觉到它的存在，从而达到对计算机系统长期控制的目的。

木马区别于蠕虫、病毒等其他危害系统安全的程序。蠕虫和病毒的主要目标是实施破坏，而木马的目的则是全面控制系统，盗取系统内的机密信息。木马通常比蠕虫、病毒更难发现，更难清除。从保密的角度看，木马具有更大的危害性。

（2）木马的植入

由于目前计算机网络尚未建立起完善的安全体系，同时普通计算机用户缺乏足够的安全意识和安全防范能力，攻击者可以通过以下几种方法，在用户毫无察觉的情况下在系统中植入木马程序。

① 利用网络服务中的安全缺陷攻击系统，在系统中植入木马。对那些有缺陷的网络服务程序，攻击者可能通过发送一组特别的网络数据，在系统中植入木马程序。如 Windows 操作系统中使用广泛的文件传输服务软件 Serv-U，2.0 ~ 5.0 版本中均含有一个安全缺陷：当用户使用 Serv-U 搭建 FTP 服务器时，攻击者就能在正常连接到 Serv-U 服务器后，远程向服务器发送一个精心构造的畸形超长网络数据包，实现在服务器上执行任意的指令，如从网络上下载一个木马程序并运行。攻击者利用 Serv-U 的安全缺陷植入木马的过程如图 6-54 所示。

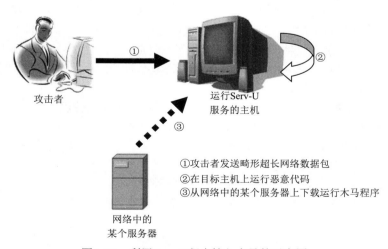

图6-54 利用Serv-U程序植入木马的示意图

② 诱骗用户访问恶意的网站，在系统中植入木马。随着 Web 功能的丰富，目前的浏览器程序也越来越复杂。由于浏览器程序也存在各种各样的安全缺陷，所以攻击者可以通过诱骗用户访问恶意的网站，通过网站中的恶意脚本攻击用户的浏览器程序，在用户的系统中植入木马。

③ 诱骗用户下载含有恶意功能的程序，自动在用户系统中植入木马。由于安全意识的缺乏，有些用户常常不假思索地使用从互联网下载的程序。攻击者常常利用这一点，使用一些特殊的方法伪装木马程序，并诱骗用户去下载。在欺骗方面，攻击者可能采用各种各样的手段。他们或者通过程序捆绑技术将木马程序和有用的程序合并到一起，或者干脆直接将木马功能设计到一些小程序内部。在用户以为运行了一个字处理程序、万年历程序或者一个小游戏时，实际上木马程序已经被攻击者悄悄地植入了。

④ 通过邮件或聊天工具向用户发送恶意附件，在系统中植入木马。攻击者有时还会通过邮件或 QQ、MSN 等聊天工具向用户发送恶意的附件进行攻击。如果用户打开这样的附件，就会将木马引入自己的系统中。攻击者可以直接将木马程序伪装成有用的小程序发送给用户，可以将木马放在压缩包中发送给用户，甚至可以将木马程序夹带到 DOC、XLS、PDF 等各种格式的文档中。文档格式的附件很容易麻痹普通用户。一般认为，文档不会运行，因而对系统危害不大。但事实上，恶意的文档能够通过攻击有安全缺陷的相应文档处理程序（如恶意的 DOC 文档可以攻击有安全缺陷的 Word 程序，恶意的 XLS 文档可以攻击有安全缺陷的 Excel 程序，恶意的 PDF 文档可以攻击有安全缺陷的 Acrobat Reader 程序等），在用户的系统中植入木马。

（3）木马的危害

由于木马经常是以最高权限在用户的计算机系统上运行，因此木马的危害非常大。攻击者利用木马程序可以盗取用户机器所存放的各种账号、密码；可以下载用户机器上的机密文件；可以全面控制用户的计算机系统，并利用它对网络中其他终端进行攻击；甚至可以在需要时，使用户的系统完全瘫痪。

为了长期控制用户的计算机系统，不断地从用户系统获取秘密的信息，攻击者还为木马设计了很强的隐藏功能。早期的木马程序使用各种"障眼法"来欺骗用户，比如起一个与系统程序相类似的程序名、进程名。但现在，攻击者正努力让其木马对一般的用户而言根本"看不到"、"查不出""杀不掉"。特别是随着 Rootkit 技术的流行，木马的查杀变得越来越困难。Rootkit 可以让木马的文件、进程、启动项、网络通信等所有可能的痕迹对用户彻底地"隐形"，常规的检查手段和方法根本无法从系统中发现木马的存在。同时，攻击者也不再满足于在系统每次启动时让木马运行起来，他们正在想尽各种办法让木马在系统重新格式化后仍然能够"存活"。在国外地下黑客组织的交流中，已经有一些可行方案，比如不是像通常攻击者所做的那样将木马作为文件存放在磁盘上，而是将木马寄放到计算机系统的基本输入/输出系统（BIOS）当中。

4）嗅探器及其功能

嗅探，简单地说就是网络数据的"窃听"技术。嗅探器（Sniffer）是能够捕获网络报文的工具，它利用网络接口截获经过该接口的所有数据报文。

（1）嗅探器主要功能

嗅探器的正当用途主要是分析网络的流量，发现网络中潜在的问题。具体说，嗅探器主要功能有：

① 解释网络上传输的数据包的含义。

② 为网络诊断提供参考。

③ 为网络性能分析提供参考，发现网络瓶颈。

④ 发现网络入侵迹象，为入侵检测提供参考。

⑤ 将网络事件记入日志。

攻击者可利用嗅探器的这些功能窃取网络中传输的信息。现有的基于 IPv4 的网络对所有的数据使用明文传送，攻击者可以很容易地从网络数据中还原出传输的信息；另外从嗅探到的网络数据包中，攻击者还可以找到其他有利于攻击的信息，如域名服务器的地址、终端的 IP 地址、终端的网卡硬件 MAC 地址、TCP 连接的序列号等。对于高级的攻击者来说，了解这些底层协议的信息，能够为其展开进一步的攻击提供方便。

（2）嗅探的基本原理

终端一般通过网络接口卡来接收网络数据。一台终端接收什么样的数据，取决于网卡的工作模式。

网卡有以下 4 种工作模式：

① 广播模式，该模式下的网卡能够接收网络中的广播数据。

② 组播模式，设置在该模式下的网卡能够接收组播数据。

③ 普通模式，在这种模式下，网卡接收目标是自己的数据。

④ 混杂模式，即网卡的诊断模式，在这种模式下的网卡能够接收一切通过它的数据。

在正常的情况下，终端的网卡处于普通模式和广播模式．因此终端只会接收广播数据或者目标是自己主机的数据。而在运行嗅探器后，嗅探器将命令网卡进入混杂模式，接收所有的网络数据，不管该数据是否是传给它的。在接收到网络数据后，嗅探器使用自己的数据分析程序还原其中的信息。

（3）信息传输面临的数据截获风险

攻击者总是试图接入到通信通道的各个节点位置上，利用嗅探技术窃取网络中传输的数据。攻击者利用嗅探技术窃取数据示意图如图 6-55 所示。

图6-55　利用嗅探技术窃取数据示意图

攻击者可能接入通信的源主机或目的主机的局域网中。目前绝大多数的局域网使用以太网的组网方式。以太网的一个重要特性是数据是广播的。从一台主机向外发送数据时，数据会广播到局域网的所有主机。如果攻击者就处于局域网当中，或者攻击者通过木马程序控制了局域网的一台主机，他就可以借助嗅探器得到网络中所有的传输数据。

攻击者还可能接入数据传输所必经的某个路由器上。在使用 TCP/IP 协议的网络中，路由器使用存储转发机制传输数据。路由器接收数据包，将它们临时保存在一个缓冲区中，并根据某个特定的路径选择方法，选择合适的出口将数据包发送出去。攻击者能接入数据传输所必经的某个路由器上，而轻松获得数据。

3. 网络安全防御技术

1）身份认证技术

身份认证技术可以识别网络活动中的各种身份。它是网络安全系统的第一道防线，也是防御黑客攻击的有效措施。一旦身份认证系统被攻破，那么系统的所有安全措施将形同虚设。

目前广泛使用的身份验证方法采用秘密信息作为验证密码的验证方式，基于这种方法的系统通常都采用"用户名＋密码"的方式来识别用户。在通常情况下，用户名是公开的，并且这种密码是可以重复使用的，因此攻击者有足够的时间来获取密码。非法或未授权的用户可以通过以下几种方式获取合法用户的密码：

① 字典攻击：这是最简单也是最常见的攻击方式。攻击者首先收集合法用户的一些基本信息，如姓名、生日、爱好等，然后用这些信息的任意组合去猜测用户密码。

② 穷举攻击：这是一种特殊的字典攻击方式。攻击者通常首先了解用户密码的长度限制，然后利用所有字符集构造出符合长度要求的字符串全集作为字典。这种攻击方式虽然速度较慢，但是它对绝大多数的静态密码系统都奏效。

③ 网络数据包监听：由于认证信息必须通过网络传输，而许多系统的验证信息是通过未加密的明文进行传输。因此，攻击者可以通过监听网络中的数据包，并且很容易从中提取用户名和密码。

④ 协议分析和密码重放：网络是一个开发的系统，因此网络之间交流的语言通信协议也必须是开放共享的。攻击者可以利用协议的一些特性进行信息截取与重放，与服务器建立虚假连接，从而达到控制服务器和修改用户信息的目的。例如，攻击者首先侦听一个合法用户与服务器建立连接及验证的全部过程，并将所有用户数据包保留。在合法用户退出后，攻击者便修改数据包中与协议有关的信息而保留用户信息。并将所有截取的数据包一一重发，从而冒充合法用户登录，修改用户信息，当然包括用户密码。

因此，为了提高系统的安全性，管理员通常要制定相应的策略以限制密码的使用，使用密码的一般策略：

① 选用高质量的密码，最少要有 8 个字符。不要使用名字、电话号码、生日等容易被猜出的或被破解的密码信息；不要连续使用同一个字符，不要全部使用数字或字母。

② 定期更改密码，首次登录时要更改临时密码；避免使用旧密码或循环使用旧密码。

③ 不要共享个人用户密码；避免在纸上记录密码。

④ 用户需要访问多项服务或多平台时，采用多个密码。

在安全性要求较高的网络系统中，人们通常不采用单密码验证方法，取而代之的是双因素认证技术。双因素认证是密码学的一个概念。从理论上说，身份认证具有 3 个要素：

第一要素：使用者记忆的内容，例如密码等。

第二要素：使用者拥有的特殊认证加强机制，例如智能卡、令牌等。

第三要素：使用者本身拥有的唯一特征，例如指纹、瞳孔、声音等。

把前两种要素结合起来的身份认证方法就是"双因素认证"。双因素认证技术由于需要用户的双重认证，类似于自动柜员机提款。使用者必须利用提款卡（认证设备），再输入个人识别号码（已知信息），才能提取其账户的款项。

身份认证技术的发展趋势是利用第三要素即利用人体生物特征进行身份认证的技术。人体生物特征具有唯一性和稳定性，不易伪造和假冒，所以利用生物身份认证技术安全、可靠、准确。生物身份认证技术的工作原理为：生物识别系统对生物特征进行取样，提取其唯一的特征并且转化成数字代码，并进一步将这些代码组成特征模板，用户同识别系统交互进行身份认证时，识别系统获取其特征并与数据库中的特征模板进行对比，以确定是否匹配，从而决定接受或拒绝该用户。目前应用较为广泛的有虹膜识别技术、视网膜识别技术、面部识别、签名识别、声音识别、指纹识别等。

2）加密技术

加密技术是一门古老而深奥的学科。长期以来，只在军事、外交、情报等部门使用，现在也慢慢地进入到普通人的生活中。计算机加密技术是研究计算机信息加密、解密及其变换的科学，是数学和计算机的交叉学科，也是一门新兴学科。通过数据加密技术，可以在一定程度上提高数据传输的机密性，保证传输数据的完整性。

数据加密过程就是通过加密系统把原始的数字信息（明文），按照加密算法换成与明文完全不同的数字信息（密文）的过程，如图6-56所示。

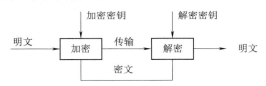

图6-56　数据加密解密的过程

在数据加密系统中，密钥控制加密和解密过程，最简单的加密技术是字母替换法。例如，使用下面的密钥用于消息的加密和解密。

明文：a b c d e f g h i j k l m n o p q r s t u v w x y z

密文：f g h i j k l m n o p q r s t u v w x y z a b c d e

现在消息：hello world

通过用上面的密码替换，就得到了加密信息：mjqqt btwqi

数据加密算法有很多种，密码算法标准化是信息化社会发展的必然趋势，也是各国保密通信领域的一个重要课题。按照发展的历程来看，密码经历了古典密码、对称密钥密码和公开密钥密码算法3个阶段。前面讲到的字母替换法就是古典密码算法中的一种。

对称加密算法中，安全通信的双方交换一个秘密密钥（也称私有密钥），它既用于消息的加密也用于消息的解密，如图6-57所示。对称加密的缺点是当通信过程涉及若干个人时，需要密钥的数量多。例如，两个人之间交换秘密信息只需要一个密钥。然而，当有 n 个人需要交换信息时，就需要 $n \times (n-1)/2$ 个秘密密钥。秘密密钥的加密策略的例子是数据加密标准（DES）。

在非对称加密（见图6-58）中，每一方需要维护两个密钥：一个秘密密钥和一个公开密钥。公开密钥是公开发布的，任何人都可以得到，用于加密一个消息；对应的秘密密钥是保密的，用于解密消息。例如，张三想给李四发送一个保密消息，张三用李四的公开密钥加密此消息，而李四利用他的秘密密钥解密这个消息。非对称加密技术极大地降低了需要交换秘密密钥的数量。非对称加密又称公开密钥加密，其典型例子是 RSA。

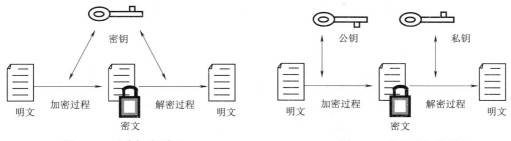

图6-57 对称加密原理　　　　　　图6-58 非对称加密原理

（1）数据加密标准

数据加密标准（Data Encryption Standard，DES）是由 IBM 公司在 19 世纪 70 年代开发并由美国国家标准局颁布的一种加密算法。它是第一个得到广泛应用的密码算法，像字母替换密码一样，有一个密钥决定从明文到密文的转换。只不过，DES 是分组（块）加密算法，要加密的消息首先分成 64 位的二进制数据块，然后用 56 位密钥对其进行加密，每次加密可对 64 位的输入数据进行 16 轮编码，经一系列替换和移位后，输入的 64 位原始数据转换成完全不同的 64 位输出数据。

DES 算法使用最大为 64 位的标准算法，运算速度快，密钥容易产生，适合于计算机用软件实现，同时也适合于在硬件上实现。

DES 算法的密钥容量只有 56 位，因此不能提供足够的安全性，后来人们提出了三重 DES 或 3DES 算法弥补了上述不足，采用 3 组不同的密钥对每块信息加密 3 次，该方法的速度比进行普通加密的 3 次还要快。

（2）RSA 算法

RSA 算法是以三位设计者的名字（Rivest、Shamir、Adleman）的首字母命名。它是目前应用最广泛的公钥加密算法，特别适合于 Internet 上传送的数据。

RSA 算法的步骤如下：

① 选择两个质数，p 和 q。

② 计算 $n=p \times q$ 和 $z=(p-1) \times (q-1)$。

③ 选择一个与 z 互素的数 d。

④ 找出 e，使得 $e \times d = 1 \bmod z$

对信息 P 加密，计算 $C=P^e (\bmod n)$。

解密 C 要计算 $P = C^d (\bmod n)$。

从上可知，加密需要 e 和 n，实施解密需要 d 和 n。因此公开密钥由 $(e，n)$ 构成，私有密钥由 (d,n) 构成。注意，mod 表示取模运算，如 $15(\bmod 7) = 1$。

RSA 算法的安全性建立在难于对大数提取因子的基础上。寻找两个大素数比较简单，而将它们的乘积分解开则异常困难。举一个简单的例子：将两个质数 11 927 与 20 903 相乘，可以很容易地得出 249 310 081。但是将它们的积 249 310 081 分解因子得出上述两个质数却要复杂得多。

RSA 算法的优点是密钥空间大，缺点是加密速度慢。一般 RSA 和 DES 结合使用，DES 用于明文加密，RSA 用于 DES 密钥的加密。由于 DES 加密速度快，故适合加密较长的消息，而 RSA 可解决 DES 密钥分配的问题。

（3）散列函数

散列函数是一种接收任意长的消息为输入，并产生固定长的输出的算法。某个消息经过散列运算得到的输出称为该消息的摘要。常见的散列函数有 MD5 和 SHA-1 等。

散列函数通常有 4 个重要特性：

① 给定消息 P，很容易计算其摘要 $MD(P)$。

② 给定消息的摘要 $MD(P)$，要想找到初始的消息 P 在实践中是不可能的。

③ 在给定消息 P 及其摘要 $MD(P)$ 的情况下，要想找到满足 $MD(P')= MD(P)$ 的伪造消息 P' 在实践中是不可能的。

④ 在输入明文中即使只有 1 位变化，也会导致完全不同的输出。

在网络通信中，散列函数并不用于数据的加密与解密，但它能够用来帮助接收方验证消息的完整性。发送方同时发送消息 P 和消息摘要 $MD(P)$，接收方接收到消息 P' 后计算 $MD(P')$，若 $MD(P')$ 与 $MD(P)$ 相等，则说明接收到的消息 P' 和原始的消息 P 相等，也即消息 P 在传输的过程中没有被篡改。

此外，散列函数还常常和公钥密码算法结合起来鉴别通信方的身份。

加密技术的发展趋势是量子加密技术。这种加密技术突破了传统加密方法的束缚，以量子状态作为信息加密和解密的密钥。任何想测算破译密钥的人，都会因改变量子状态而无法得到有用的信息。由于量子加密技术具有不易破译、不易破解的特点，因此应用于商务和军事领域的前景良好。

3）信息隐藏技术

信息隐藏又称信息伪装，是将机密资料秘密地隐藏在另一非机密文件之中。形式可以采用任何一种数字媒体（如图像、声音、视频或一般的文档等），但其首要目标是隐藏的技术要好，即要使加入隐藏信息的目标媒体产生最小的可见性降质，使人无法看到和听到隐藏的数据，达到令人难以察觉的目的。

信息隐藏技术和加密技术具有一定的关联性，都是对机密信息进行隐藏。但二者又不尽相同。信息加密是隐藏信息的内容，而信息隐藏是隐藏信息的存在性。信息隐藏比信息加密更为安全。信息隐藏技术打破了传统密码学的思维范畴，从一个全新的视角审视信息安全。

根据信息伪装的目的和要求，它存在以下几个特性：

① 隐蔽性：这是信息伪装的基本要求，经过一系列隐藏处理的媒体没有明显的改动痕迹，隐藏的信息无法人为地看见或听见。

② 隐藏场所的安全性：应将欲隐藏的信息藏在目标媒体的内容之中，而非文件头等处，防止因格式变换而遭到破坏。

③ 免疫性：隐藏处理后的媒体抗拒因媒体文件的某种改动而导致隐藏信息丢失的能力。所谓改动包括传输过程中的信息噪声、过滤操作、重新采样、编码、有损压缩、模 / 数转换。

④ 隐藏数据编码的非对称性：保证不使存取难度增加。

⑤ 编码纠错性：为了保证隐藏数据的完整性，使其在经过各种操作和变换后仍能很好地恢复，采取纠错编码方法。

⑥ 隐藏数据的自产生性：经过一些变换，可能使原图像产生较大的破坏，如果仍能从留下的数据中恢复隐藏信号，而且恢复过程中不需要宿主媒体，这就要求隐藏的数据必须具有某种自相似特性。

信息隐藏作为一门开放性的、交叉性的学科,处于不断变化和发展之中,其分类如图6-59所示。

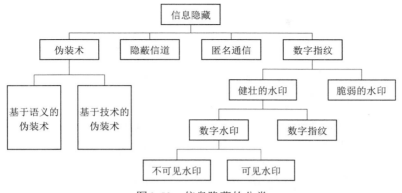

图6-59　信息隐藏的分类

① 伪装术：通常理解为将一个信息伪装在另一个信息之中。伪装术又可分为基于语义的伪装术和基于技术的伪装术。

② 隐蔽信道：是指在多级安全水平的系统环境中，那些既不是专门设计的，也不打算用来传输消息的通信路径称为隐蔽信道。

③ 匿名通信：是指设法隐藏消息的来源，即消息的发送者和接收者。在不同的情况下，有时是发送方或接收方中的一方需要匿名，有时两方都需要被匿名。例如，网上浏览关心的是接收方的匿名，而电子邮件用户则关心发送方的匿名。

④ 数字水印：就是向被保护的数字对象（如静止图像、视频、音频的信号、文件等）中嵌入某些能证明版权归属或跟踪侵权行为的信息，可以是作者的序列号、公司标志、有意义的文本和图画等。同伪装术不同，水印信息要求具有能抵抗攻击的稳健性。就是说即使攻击者知道隐藏信息的存在，并且水印算法的原理公开，对攻击者来说，要毁掉嵌入的水印信息仍是十分困难的（在理想情况下是不可能的）。如果不考虑稳健性的要求，水印技术和伪装技术在处理本质上是基本一致的。有些水印技术用来跟踪数字作品是否被攻击者改动或哪些部分被改动过，这些被称为脆弱的水印技术。

水印并不是总是要隐藏起来，有些系统需要可见的水印。目前的可见水印一般是放置在数字图像上的各种可见图案（如一个公司的标识）。如果水印信息不是数字产品的版权信息，而是购买者的身份识别信息，这种水印技术称为数字指纹，其目的是在于鉴别产品的非法分发者。

信息伪装技术主要应用在隐藏秘密、保密通信、著作权版权保护等场合。

4）防火墙技术

防火墙是目前较为成熟的网络安全防护技术之一，根据部署位置的不同，防火墙可以分为网络防火墙和主机防火墙。网络防火墙部署在内部网络与外部网络的边界上，多以软硬件集成系统的形式出现。主机防火墙则部署在用户的终端上，多是安装在主机上的软件系统。

（1）网络防火墙

网络防火墙是建立在内外网络边界上的过滤封锁机制，内部网络被认为是安全和可以信赖的，而外部网络被认为是不安全的和不可信赖的。防火墙的作用是防止未经授权的通信进出被保护的内部网络，通过边界控制强化内部网络安全的政策。

防火墙是当前抵御黑客攻击的最有效工具，是一种能够发现并制止未经授权的操作软件。防火墙的位置如图 6-60 所示。

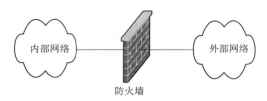

图6-60 防火墙的位置

网络防火墙的分类：

① 从形态上分类，防火墙可以分为软件防火墙和硬件防火墙。

软件防火墙提供防火墙应用软件，需要安装在一些公共的操作系统上。最早的防火墙以及现在很多用户所使用的防火墙都是软件防火墙产品，主要用来保护主机和系统的安全。

硬件防火墙是将防火墙软件安装在专用的硬件平台和专有的操作系统（有些硬件防火墙甚至没有操作系统）之上，以硬件形式出现，有的还使用一些专有的 ASIC 硬件芯片负责数据包的过滤。硬件防火墙主要工作在网络边缘和通信链路上，用来保护整个网络安全。

② 从实现技术方式上分类，防火墙可以分为包过滤防火墙、代理防火墙和状态检测防火墙。

包过滤防火墙作用在网络层和传输层，它根据分组包头源地址、目的地址和端口号、协议类型等标志确定是否允许数据包通过。只有满足过滤逻辑的数据包才被转发到相应的目的地出口端，其余数据包则被从数据流中丢弃。包过滤软件通常集成到路由器上，允许用户根据某种安全策略进行设置，允许特定的包穿越防火墙。由于包过滤防火墙是由用户来设置安全策略的，因此根据系统对用户设置的理解，目前的产品又分为"不允许的就是禁止"和"不禁止的就是允许"两类。基于分组过滤的防火墙的安全性依赖于用户制定的安全策略。

代理防火墙。代理技术与包过滤技术完全不同，包过滤技术是在网络层拦截所有的信息流，而代理技术作用在应用层，其特点是完全"阻隔"了网络通信流，通过对每种应用服务编制专门的代理程序，实现监视和控制应用层通信流的作用。代理服务通常是一个软件模块，运行在一台主机上,实现内部和外部网络交互时的信息流导向,将所有的相关应用服务请求传递给代理服务器。其实质是中介作用，它不允许内部网和外部网之间进行直接的通信。目前，很多内部网络都同时使用包过滤防火墙和代理防火墙来保证内部网络的安全性，并且取得了较好的效果。

状态检测防火墙在运行过程中一直维护着一张状态表，这张表记录了从受保护网络发出的数据包的状态信息，然后防火墙根据该表内容对返回受保护网络的数据包进行分析判断，这样，只有响应受保护网络请求的数据包才被放行。

每一类型的防火墙都有它的优点和缺点。包过滤防火墙屏蔽的速度快,允许拒绝通常的错误，黑客攻击以及网络连接中出现的陌生用户问题。代理防火墙提供在源节点和目的节点之间的应用控制和会话控制以及地址转换功能。状态防火墙阻止网络入侵并提供高级的过滤技术。

网络在变化，应用在变化，攻击手段也在不断变化，防火墙技术需要不断创新。防火墙技术的发展趋势：一是不断提升性能,未来高速防火墙的架构将是 ASIC 和 NP（网络处理器）架构，特别是 NP 架构的防火墙更具有发展潜力；二是更加智能化，智能型防火墙能自动识别并防御各种黑客攻击手法及其相应的变种攻击手法，能在网络出口发生异常时自动调整与外部网络的连接端口，能根据信息流量自动分配、调整网络信息流量及协同多台网络设备工作，能自动检测防火墙本身的故障并能自动修复，智能化的防火墙还应具备自主学习并制定识别与防御方法的特点；三是在功能上进行扩展，防火墙将与其他安全技术，如入侵检测、防病毒、防御拒绝服务攻击等整合，实现对网络的立体防护。

（2）主机防火墙

① 主机防火墙的功能。

主机防火墙主要通过两方面的技术保护主机安全。

一是网络数据检查过滤。通过对网络数据检查过滤，主机防火墙可以关闭不需要的网络通信通道，阻塞攻击流量，从而保护主机的网络服务程序。比如通过设置主机防火墙，可以限定"文件与打印共享"服务的授权范围，或者完全禁用"文件与打印共享"服务，阻止攻击者通过该服务对终端进行攻击。

二是网络使用权限审查。主机防火墙还审查所有使用网络的应用程序，当发现系统中有新的程序试图使用网络与外界进行通信时，向用户告警，只有用户许可的程序才能够访问网络。主机防火墙的这项功能对于防范普通的木马程序非常有效。普通木马程序在其木马端和控制端通信时，会启动一个进程访问网络。通过审查使用网络的应用程序，主机防火墙可以在木马初次访问网络时向用户发出告警。

② 主机防火墙的不足。

主机防火墙对终端安全防护起着很重要的作用。主机防火墙是一种被动的安全技术，它不能自动判别终端中存在的安全风险，不会主动发现主机中的病毒、木马等恶意程序。防火墙提供的安全功能存在着不足，并不能解决所有的安全防护问题。

主机防火墙的网络数据检查过滤功能依赖于用户为防火墙设置的过滤规则。只有正确的过滤规则才能使防火墙发挥有效的保护作用。

主机防火墙在安装时设置的默认规则适用于多数终端应用场景，但在复杂的情况下，用户仍然需要根据实际情况设置规则，给安全水平不高的普通用户带来困难与不便，甚至会妨碍防火墙的使用。

主机防火墙的防木马能力是有限的：主机防火墙不能阻止木马的植入，防火墙虽然可以在一定程度上保护系统中的网络服务，但攻击者仍然可以通过邮件、聊天工具等方式将木马植入用户的系统；主机防火墙不能完全阻止木马与外部的通信，主机防火墙的应用程序审查功能虽然可以防范普通木马，但不能防范特殊设计的木马，木马可以采用多种技术避开主机防火墙的应用程序审查，与外部进行通信；此外，作为在终端上运行的软件，主机防火墙同样也会存在安全缺陷，防火墙自身也可能成为被攻击的对象。

总之，主机防火墙并不能彻底解决终端的安全保护问题，它只是增加了攻击者攻击系统的难度。

5）入侵检测技术

入侵检测是对入侵行为的发觉，是基于入侵者的行为不同于合法用户的行为，并且是通过可量化的方式表现出来的假定，它从计算机网络或计算机系统中的若干关键点收集信息，并对其进行分析，从中发现网络或系统中是否有违反安全策略的行为和被攻击的迹象，它采用的是一种主动的技术。入侵检测系统是入侵检测的软件和硬件的组合，一般放置在防火墙后面，作为内部网络与外部网络的第二道安全屏障，如图 6-61 所示。

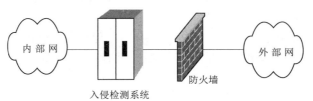

图6-61 入侵检测系统的位置

入侵检测技术的分类：

① 按照检测数据的来源分类，可将入侵检测技术分为基于主机的入侵检测和基于网络的入侵检测。

基于主机的入侵检测技术的数据来自要检测的主机或系统，它对计算机操作系统的事件日志、应用程序的事件日志、系统调用、端口调用和安全审计纪录等进行分析，从而发现异常和越权行为。入侵检测安全产品通常是安装在被重点检测的主机之上。

基于网络的入侵检测技术的数据来自网络上的数据包，入侵检测安全产品通常被放在比较重要的网络段内，实时监视网络上的数据包并进行分析。

② 根据入侵检测分析方法的不同，可以分为特征检测和异常检测。

特征检测方法是首先设定一些入侵活动的特征，然后通过判别现在的活动是否与这些特征相匹配来检测。它的缺点是对新的入侵方法无能为力。

异常检测假设入侵者的活动异常于正常的活动。为实现该类检测，入侵检测系统建立正常活动的"规范应用轮廓"，当主体的活动违反其统计规律时，认为可能是"入侵"行为。异常检测的优点之一是具有抽象系统正常行为，从而获得检测系统异常行为的能力。这种能力不受系统以前是否知道这种入侵与否的限制，所以能够检测新的入侵行为。

入侵检测技术的发展趋势：一是随着网络系统的复杂化和大型化以及入侵行为所具有的协作性，入侵检测系统的体系结构由集中式向分布式的方向发展；二是将会广泛应用智能化检测技术，如神经网络、数据挖掘、模糊技术和免疫原理等。

6）数据备份与灾难恢复技术

数据备份和灾难恢复是降低灾难发生的损失、保证计算机系统连续运行的重要措施。对于计算机系统来说，灾难是指一切引起系统非正常停机的事件。造成计算机系统灾难性事故的原因有自然灾害、基础设施的突发性事故、计算机系统故障和各种人为因素等。数据备份和灾难恢复技术能充分保护系统中有价值的信息，保证灾难发生时系统仍能正常工作。目前，在计算机和信息安全领域，灾难备份和灾难恢复已经成为一个备受瞩目的方向。

数据备份的主要目标是保护数据和系统的完整性，使业务数据损失最少甚至没有业务数据损失。

灾难恢复的主要目标是业务快速恢复，使业务停顿时间最短甚至不中断业务。

数据备份和恢复需要通过技术和管理的双重手段，确保在计算机系统灾难发生、数据丢失和应用中断后，能够在指定的时间内在本地或异地恢复计算机系统的关键数据，重新建立业务处理系统。数据备份和灾难恢复系统包括数据备份、计算机场地的实时切换、短时间内的业务恢复等重要内容。

数据备份的层次，一般包括硬件级备份、软件级备份和人工级备份3种。

① 硬件级备份：是指用冗余的硬件来保证系统的连续运行。如果主硬件损坏，后备硬件马上可以接替工作。磁盘镜像以及磁盘阵列容错都是典型的硬件级备份。这种方式可以有效地防止硬件故障，但是无法防止数据的逻辑损坏。

② 软件级备份：是指通过某种备份软件将系统数据保存在其他介质上，当系统出现错误时可以再通过软件将系统恢复到备份时的状态。这种方法可以防止数据的逻辑损坏，因为备份介质和计算机系统是分开的，错误不会复写到介质上。

③ 人工级备份：人工级备份最为原始和烦琐，但也最有效。

理想的备份系统应是全方位的、多层次的，是在硬件容错基础上，软件备份和手工方式相结合的方法。一般情况下，首先使用硬件备份来防止硬件故障；如果由于软件故障或人为误操作造成的数据逻辑损坏，则使用软件方式和手工方式相结合的方法来恢复，即备份之前的数据用软件方式来恢复，备份之后的数据用手工方式来恢复。

现在业界习惯上将数据备份的类型划分为以下 4 个级别：

① 数据冷备份：通常指磁带备份，所以也称定期备份。磁带备份可以有完全备份、增量备份等各种方式，一般每天进行备份，然后将磁带送到远程保存。冷备份方案最简单，但发生灾难时，需考虑丢失当天交易数据的问题。

② 数据温备份，即远程镜像，利用硬件的远程数据连接功能，在远程维护一套数据镜像。但远程镜像并不能完全保证数据一致性，建议同时采取磁带备份。

③ 数据暖备份：在远程备份中心维护一套数据备份，生产环境的数据更新定期传送到远程备份中心，并更新其数据备份，以保障数据一致性。

④ 数据热备份：在每一个交易中，本地生产环境和远程备份中心的数据都同时（异步或同步）进行更新，以保障本地和远程数据的实时一致性，实现最快的灾难恢复。交易的用户响应时间将受到远程网络的带宽影响。

4. Python 安全库

（1）hashlib 库

hashlib 模块为不同的安全哈希 / 安全散列（Secure Hash Algorithm）和信息摘要算法（Message Digest Algorithm）实现了一个公共的、通用的接口，也可以说是一个统一的入口。因为 hashlib 模块不仅仅是整合了 MD5 和 SHA 模块的功能，还提供了对更多中算法的函数实现，如 MD5、SHA1、SHA224、SHA256、SHA384 和 SHA512。

提示："安全哈希 / 安全散列"与"信息摘要"这两个术语是可以等价互换的。比较老的算法称为消息摘要，而现代属于都是安全哈希 / 安全散列。

hashlib 模块包含的函数与属性如表 6-8 所示。

表6-8　hashlib模块包含的函数与属性

函数名 / 属性名	描　述
hashlib.new(name[,data])	这是一个通用的哈希对象构造函数，用于构造指定的哈希算法所对应的哈希对象。其中 name 参数用于指定哈希算法名称，如 'md5'、'sha1'，不区分大小写；data 是一个可选参数，表示初始数据
hashlib. 哈希算法名称 ()	这是一个 hashlib.new() 的替换方式，可以直接通过具体的哈希算法名称对应的函数来获取哈希对象，如 hashlib.md5()、hashlib.sha1() 等
hashlib.algorithms_guaranteed	Python 3.2 新增的属性，它的值是一个该模块在所有平台都会支持的哈希算法的名称集合：set(['sha1','sha224','sha384','sha256','sha512','md5'])
hashlib.algorithms_available	Python 3.2 新增的属性，它的值是是一个当前运行的 Python 解释器中可用的哈希算法的名称集合，algorithms_guaranteed 将永远是它的子集

hash 对象包含的方法与属性如表 6-9 所示。

表6-9　hash对象包含的方法与属性

函数名 / 属性名	描　述
hash.update(data)	更新哈希对象所要计算的数据，多次调用为累加效果，如 m.update(a)；m.update(b) 等价于 m.update(a+b)
hash.digest()	返回传递给 update() 函数的所有数据的摘要信息——二进制格式的字符串
hash.hexdigest()	返回传递给 update() 函数的所有数据的摘要信息——十六进制格式的字符串
hash.copy()	返回该哈希对象的一个 copy("clone")，这个函数可以用来有效地计算共享一个公共初始子串的数据的摘要信息
hash.digest_size	hash 结果的字节大小，即 hash.digest() 方法返回结果的字符串长度。这个属性的值对于一个哈希对象来说是固定的，MD5 为 16，SHA1 为 20，SHA224 为 28
hash.block_size	hash 算法内部块的字节大小
hash.name	当前 hash 对象对应的哈希算法的标准名称，小写形式，可以直接传递给 hashlib.new() 函数来创建另外一个同类型的哈希对象

hashlib 模块使用步骤：

① 获取一个哈希算法对应的哈希对象（比如名称为 hash）：可以通过 hashlib.new（哈希算法名称，初始出入信息）函数，来获取这个哈希对象，如 hashlib.new('MD5','Hello')、hashlib.new('SHA1','Hello') 等；也可以通过 hashlib. 哈希算法名称 () 来获取这个哈希对象，如 hashlib.md5()、hashlib.sha1() 等。

② 设置 / 追加输入信息：调用已得到哈希对象的 update(输入信息) 方法可以设置或追加输入信息，多次调用该方法，等价于把每次传递的参数凭借后进行作为一个参数垫底给 update() 方法。也就是说，多次调用是累加，而不是覆盖。

③ 获取输入信息对应的摘要：调用已得到的哈希对象的 digest() 方法或 hexdigest() 方法即可得到传递给 update() 方法的字符串参数的摘要信息。digest() 方法返回的摘要信息是一个二进制格式的字符串，其中可能包含非 ASCII 字符，包括 NUL 字节，该字符串长度可以通过哈希对象的 digest_size 属性获取；而 hexdigest() 方法返回的摘要信息是一个十六进制格式的字符串，该字符串中只包含十六进制的数字，且长度是 digest() 返回结果长度的 2 倍，这可用邮件的安全交互或其他非二进制的环境中。

（2）hmac 库

HMAC 算法也是一种单项加密算法，并且它是基于上面各种哈希算法 / 散列算法的，只是它可以在运算过程中使用一个密钥来增强安全性。hmac 模块实现了 HMAC 算法，提供了相应的函数和方法，且与 hashlib 提供的 api 基本一致。

hmac 模块提供的函数如表 6-10 所示。

表6-10　hmac模块提供的函数

函 数 名	描　述
hmac.new(key,msg=None,digestmod=None)	用于创建一个 hmac 对象，key 为密钥，msg 为初始数据，digestmod 为所使用的哈希算法，默认为 hashlib.md5
hmac.compare_digest(a,b)	比较两个 hmac 对象，返回的是 a==b 的值

hmac 对象中的方法和属性如表 6-11 所示。

表6-11　hmac对象中的方法和属性

方法名 / 属性名	描　述
HMAC.update(msg)	同 hashlib.update(msg)
HMAC.digest()	同 hashlib.digest()
HMAC.hexdigest()	同 hashlib.hexdigest()
HMAC.copy()	同 hashlib.copy()
HMAC.digest_size	同 hashlib.digest_size
HMAC.block_size	同 hashlib.block_size
HMAC.name	同 hashlib.name

（3）PyCrypto 库

pycryto 模块不是 Python 的内置模块，是第三方库，需要下载安装。pycrypto 模块是一个实现了各种算法和协议的加密模块的结合，提供了各种加密方式对应的多种加密算法的实现，包括单向加密、对称加密以及公钥加密和随机数操作。而上面介绍的 hashlib 和 hmac 虽然是 Python 的内置模块，但是它们只提供了单向加密相关算法的实现，如果要使用对称加密算法（如 DES、AES 等）或者公钥加密算法，通常都是使用 pycryto 模块来实现。

需要注意的是，pycrypto 模块最外层的包（Package）不是 pycrypto，而是 Crypto。它根据加密方式类别的不同把各种加密方法的实现分别放到不同的子包（Sub Packages）中，且每个加密算法都是以单独的 Python 模块（一个 .py 文件）存在的。它包括一些子包，如表 6-12 所示。

表6-12　子包

包　名	描　述
Crypto.Hash	该包中主要存放的是单向加密对应的各种哈希算法 / 散列算法的实现模块，如 MD5.py、SHA.py、SHA256.py 等
Crypto.Cipher	该包中主要存放的是对称加密对应的各种加密算法的实现模块，如 DES.py、AES.py、ARC4.py 等，以及公钥加密对应的各种加密算法的实现模块，如 PKCS1_v1_5.py 等
Crypto.PublicKey	该包中主要存放的是公钥加密与签名算法的实现模块，如 RSA.py、DSA.py 等
Crypto.Signatue	该包中主要存放的是公钥签名相关算法的实现模块，如 PKCS1_PSS.py、PKCS1_v1_5.py

续表

包　名	描　述
Crypto.Random	该包中只有一个随机数操作的实现模块 random.py
Crypto.Protocol	该包中存放的是一些加密协议的实现模块，如 Chaffing.py、KDF.py 等
Crypto.Util	该包存放的是一些有用的模块和函数

6.7.3　安全防护手段实施

1. 杀毒软件的使用

（1）任务指标

① 了解杀毒软件的作用。

② 掌握杀毒软件的安装、使用方法和设置。

（2）实施过程

从 360 杀毒软件为例：

① 杀毒软件的安装和升级。

② 使用杀毒软件查杀病毒。

③ 阅读扫描报告并对漏洞升级。

④ 使用杀毒软件进行监控。

⑤ 对杀毒软件进行设置。

2. 常用加密软件的使用

（1）任务指标

① 掌握加密软件的功能与使用。

② 掌握加密软件的安装方法。

（2）实施过程

以 PGP 软件为例：

① 安装 PGP 软件，并将证书安装配置到 PGP 软件系统中。

② 根据 PGP 软件的用途，完成对文件的加密解密和对文件的签名与验证。

3. 常用数据恢复软件的使用

（1）任务指标

① 掌握数据恢复软件的安装、卸载方法。

② 掌握删除文件恢复。

（2）实施过程

以 EasyRecovery 软件为例：

① 软件 EasyRecovery 的安装、卸载。

② 找回被误删除的数据。

③ 找回被格式化盘中的数据。

4. 防火墙的使用

（1）任务指标

通过完成一种防火墙的安装、使用维护及卸载等操作，掌握防火墙软件的设置及使用，并进一步理解防火墙的功能特点。

（2）实施过程

以瑞星防火墙软件为例：

① 软件的安装。

② 对应用程序的管理。

③ 对日志的管理。

④ 对规则的管理和操作。

⑤ 设置安全级别。

5. hashlib 应用

hashlib 模块应用实例：以 MD5 算法为例获取字符串 "Hello,World" 的摘要信息（也称数据指纹）。

```
import hashlib
h = hashlib.md5()
h.update('Hello, '.encode('utf-8'))
h.update('World!'.encode('utf-8'))
ret1 = h.digest()
print(type(ret1), len(ret1), ret1)
ret2 = h.hexdigest()
print(type(ret2), len(ret2), ret2)
```

输出结果：

```
<class 'bytes'> 16 b'\x98\xf9zy\x1e\xf1Euy\xa5\xb7\xe8\x8aIPc'
<class 'str'> 32 98f97a791ef1457579a5b7e88a495063
```

分析：

digest() 方法返回的结果是一个二进制格式的字符串，字符串中的每个元素是一个字节。1 个字节是 8 bit，MD5 算法获取的数据摘要长度是 128 bit，因此最后得到的字符串长度是 128/8=16。

hexdigest() 方法返回的结果是一个十六进制格式的字符串，字符串中每个元素是一个十六进制数字。每个十六进制数字占 4 bit，MD5 算法获取的数据摘要长度是 128 bit，因此最后得到的字符串长度是 128/4=32。

在实际工作中，通常获取数据指纹的十六进制格式，比如在数据库中存放用户密码时，不是明文存放的，而是存放密码的十六进制格式的摘要信息。当用户发起登录请求时，按照相同的哈希算法获取用户发送的密码的摘要信息，与数据中存放的与该账号对应的密码摘要信息做比对，两者一致则验证成功。

6. hmac 应用

hmac 模块模块的应用步骤与 hashlib 模块的应用步骤基本一致，只是在第 1 步获取 hmac 对象时，只能使用 hmac.new() 函数，因为 hmac 模块没有提供与具体哈希算法对应的函数来获取 hmac 对象。

hmac 模块使用实例：

```
import hmac
import hashlib
h1 = hmac.new(b"key", b"Hello,")
```

```
h1.update('World!'.encode('utf-8'))
ret1 = h1.hexdigest()
print(type(ret1), len(ret1), ret1)
h2 = hmac.new(b"key", digestmod=hashlib.md5)
h2.update('Hello, World!'.encode('utf-8'))
ret2 = h2.hexdigest()
print(type(ret2), len(ret2), ret2)
```

输出结果：

```
<class 'str'> 32 a1cfcc36d34ae9bf32dc7314f2397976
<class 'str'> 32 cfad9d610c1e548a03562f8eac399033
```

7. PyCrypto 应用

由于 pycrypto 把不同的类别加密算法的实现模块都放到了 Crypto 下不同的子包，所以在使用过程中，需要确定所使用的加密算法的实现模块在哪个子包下，然后导入相应的实现模块即可使用。比如，打算使用 MD5 算法，就可以通过 from Crypto.Hash import MD5 来导入 MD5 这个模块来使用。

例1：使用 SHA256 算法获取一段数据的摘要信息。

```
from Crypto.Hash import SHA256
hash = SHA256.new()
hash.update(b'Hello, World!')
digest = hash.hexdigest()
print(digest)
```

输出结果：

```
dffd6021bb2bd5b0af676290809ec3a53191dd81c7f70a4b28688a362182986f
```

例2：使用 AES 算法加密，解密一段数据。

```
from Crypto.Cipher import AES
# 加密与解密所使用的密钥，长度必须是16的倍数
secret_key = "ThisIs SecretKey"
# 要加密的明文数据，长度必须是16的倍数
plain_data = "Hello,World123!"
# IV 参数，长度必须是16的倍数
iv_param = 'This is an IV456'
# 数据加密
aes1 = AES.new(secret_key,AES.MODE_CBC,iv_param)
cipher_data = aes1.encrypt(plain_data)
print('cipher data: ',cipher_data)
# 数据解密
aes2 = AES.new(secret_key,AES.MODE_CBC,'This is an IV456')
plain_data2 = aes2.decrypt(cipher_data)  # 解密后的明文数据
print('plain text: ',plain_data2)
```

输出结果：

```
cipher data: b'\xcb\x7fd\x03\x12T,\xbe\x91\xac\x1a\xd5\xaa\xe6P\x9a'
plain text: b'Hello,World123!'
```

例3：随机数操作。

```
from Crypto.Random import random
```

```
print('random.randint: ',random.randint(10,20))
print('random.randrange: ',random.randrange(10,20,2))
print('random.randint: ',random.getrandbits(3))
print('random.choice: ',random.choice([1,2,3,4,5]))
print('random.sample: ',random.sample([1,2,3,4,5],3))
list = [1,2,3,4,5]
random.shuffle(list)
print('random.shuffle: ',list)
```

输出结果：

```
random.randint:  11
random.randrange:  10
random.randint:  7
random.choice:  1
random.sample:  [1,3,2]
random.shuffle:  [2,4,1,3,5]
```

例 4：使用 RSA 算法生成密钥对。

生成秘钥对：

```
from Crypto import Random
from Crypto.PublicKey import RSA
# 获取一个伪随机数生成器
random_generator = Random.new().read
# 获取一个 rsa 算法对应的密钥对生成器实例
rsa = RSA.generate(1024,random_generator)
# 生成私钥并保存
private_pem = rsa.exportKey()
with open('d: \\rsa.key','wb')as f:
f.write(private_pem)
# 生成公钥并保存
public_pem = rsa.publickey().exportKey()
with open('d: \\rsa.pub','wb')as f:
f.write(public_pem)
```

私钥文件 rsa.key 的内容为：

```
-----BEGIN RSA PRIVATE KEY-----
MIICWwIBAAKBgQDJzbI4I4BLp4PoOQavFQJiT63Q4VzRle41/Y1dRxvL3zxQslHN
rJsSEoiOKlFdrUHYGQFG4Q1sc1GBP41+5cQCRL6zD1HD96IaKT09m4S6oaSTInWe
q3Dw8CHblfyGxGmdkDW+jtIeLTenhgGZtP8g2d1tJ7yzLZEvMffv5i2/zQIDAQAB
AoGAajGDIkWUQruBD1fK66E7ou5ZAj1FccjbFLA7jqVXvD3Z6IEdyQSWibkVAPLF
5GzC5GusH1dYkARTFJeT5v4T2UqEiS3o/L4dUCUbSveN8aC+OT5BmR7kuvcyvLMh
iIkoJdytdAPh9V8YvspwGRYIxmhe0cQ5QUSSkQB9MvgmJSUCQQDgKOrWJbrdoIC3
m4nJ8JnhDP0FBD4qCbbUwM03SBaEBbNPBOL/42+Lay/vTo/j6Xo+EMTQxsKAKnuB
0zHohTo7AkEA5nfW8opETMmEG1ep+/UrKWwM0krv+5DqhGNo9leImf8pTsIGnBf7
ebSraGrQs9iXt4AvFU+OMGmXt6tGV8vFlwJAX96AGViHpBPqGRzHgHuLhGnmqMeY
wqfm7vUKj7MgFhTODGSdpS0jXrBYDvQ9rA8F/hdz5YqsUt5YdjzaIoUgUwJAbfix
MHqZrKpbx1BFZFzQg6tzUsU/TiMQRKvK4gFSxWjkJRigXstyy9hSEjkl7Stk+cLI
tLqJdsBsDNBFeI9bcQJAC7vy6YFgDWnymyDl2wOOcoXJ/wLHubM7sw89+ffowMdN
sRSDZf93RuZsqYHyX8Cy0GJFPMGK2+NO21lbgLA9uw==
-----END RSA PRIVATE KEY-----
```

公钥文件 rsa.pub 的内容为：

```
-----BEGIN PUBLIC KEY-----
MIGfMA0GCSqGSIb3DQEBAQUAA4GNADCBiQKBgQDJzbI4I4BLp4PoOQavFQJiT63Q
4VzRle41/Y1dRxvL3zxQslHNrJsSEoiOKlFdrUHYGQFG4Q1sc1GBP41+5cQCRL6z
D1HD96IaKT09m4S6oaSTInWeq3Dw8CHblfyGxGmdkDW+jtIeLTenhgGZtP8g2d1t
J7yzLZEvMffv5i2/zQIDAQAB
-----END PUBLIC KEY-----
```

例5：公钥加密算法的实现。

公钥加密算法是由 Crypto.Cipher 子包下的 PKCS1_v1_5.py 或 PKCS1_OAEP.py 模块以已经存在的密钥对为密钥来实现的，现在常用的是 PKCS1_v1_5。另外，使用对方的公钥加密，使用对方的私钥解密才能保证数据的机密性，因此这里以上面生成的公钥进行加密数据，以上面生成的私钥解密数据：

```python
from Crypto import Random
from Crypto.PublicKey import RSA
from Crypto.Cipher import PKCS1_v1_5 as Cipher_PKCS1_v1_5
import base64
# 数据加密
message = b"This is a plain text."
with open('rsa.pub','r')as f:
public_key = f.read()
rsa_key_obj = RSA.importKey(public_key)
cipher_obj = Cipher_PKCS1_v1_5.new(rsa_key_obj)
cipher_text = base64.b64encode(cipher_obj.encrypt(message))
print('cipher test: ',cipher_text)
# 数据解密
with open('rsa.key','r')as f:
private_key = f.read()
rsa_key_obj = RSA.importKey(private_key)
cipher_obj = Cipher_PKCS1_v1_5.new(rsa_key_obj)
random_generator = Random.new().read
plain_text = cipher_obj.decrypt(base64.b64decode(cipher_text),random_generator)
print('plain text: ',plain_text)
```

输出结果：

```
cipher test:  b'FhAz8aYYL/K0QJqIABVuswhNuD8Nfz7X+FxTegFC9G/UnndXtzWu2Lk98
0XteKK9QQoZTc7pALovCOTRACNTrfzLLiP62m9J80o6sx6vviDea9mm3qoMAT8UsuqUziNvAn+mO
WvXGymj3rD5NUUgSQ9WGG14YfeUZPSjAmbkO+E='
plain text:  b'This is a plain text.'
```

例6：数据签名与签名验证的实现。

签名与验证相关算法的功能是由 Crypto.Signature 子包下的 PKCS1_v1_5.py 和 PKCS1_PASS.py 以这个密钥对为密钥来实现的。数据签名的目的是防止别人篡改发送人的原始数据，其原理是：

① 以单向加密方式通过某种哈希算法（如 MD5、SHA1 等）对要发送的数据生成摘要信息（数据指纹）。

② 发送方用自己密钥对中的私钥对这个摘要信息进行加密。

③ 数据接收方用发送的公钥对加密后的摘要信息进行解密，得到数据摘要的明文 A。

④ 数据接收方再通过相同的哈希算法计算得到数据摘要信息 B。

⑤ 数据接收方对比数据摘要 A 与数据摘要 B，如果两者一致说明数据没有被篡改过。

```
from Crypto.PublicKey import RSA
from Crypto.Hash import SHA
from Crypto.Signature import PKCS1_v1_5 as Signature_PKCS1_v1_5
import base64
message = b"This is the message to send."
# 数据签名
with open('rsa.key','r')as f:
private_key = f.read()
rsa_key_obj = RSA.importKey(private_key)
signer = Signature_PKCS1_v1_5.new(rsa_key_obj)
digest = SHA.new()
digest.update(message)
signature = base64.b64encode(signer.sign(digest))
print('signature text: ',signature)
# 验证签名
with open('rsa.pub','r')as f:
public_key = f.read()
rsa_key_obj = RSA.importKey(public_key)
signer = Signature_PKCS1_v1_5.new(rsa_key_obj)
digest = SHA.new(message)
is_ok = signer.verify(digest, base64.b64decode(signature))
print('is ok: ',is_ok)
```

输出结果：

```
signature text:  b'cAc+qPPxfl4Axlf9aAPwU2MkcN5/CykdFXjGUVLP8KUj0OST3zM26CU
SKKaoymtTmQfajSk8nExh1eWGiw66sHX3rpOPXFLkbwNbgXeOGsPvvZ23XKMMYt6HnOumZnjyNbG
E0godtTGZGz+BlwryYTqa+9Ka43N2lLdae7uSW48='
is ok:  True
```

6.8 Python 网络编程

6.8.1 网络编程目标要求

计算机网络通过硬件和软件把分布在不同区域的计算机联系起来，实现资源共享和远程通信。网络编程就是编写程序，实现计算机之间的通信。在节中，首先通过 socket（套接字）编程实现基于 TCP、UDP 的网络通信。然后，介绍 SMTP/POP3 协议，实现基于高层协议的网络通信。SMTP/POP3 是使用 TCP/IP 这样底层的协议创建了新的、有专门用途的应用层协议。

① 编程实现基于 TCP 的网络通信。
② 编程实现基于 UDP 的网络通信。
③ 编程实现基于 SMTP/POP3 的邮件收发。

6.8.2 网络编程基础知识

1. TCP/IP 协议

TCP/IP 协议是一个工业标准的协议族，包括很多协议。TCP 协议和 IP 协议是两个重要的协议。

TCP 协议是建立在 IP 协议之上的。IP 协议负责把数据从一台计算机通过网络发送到另一台计算机。数据被分割成小块，然后通过 IP 包发送出去。由于互联网链路复杂，两台计算机之间经常有多条线路，因此，路由器负责决定如何把一个 IP 包转发出去。IP 包的特点是按块发送，途径多个路由，但不保证能到达，也不保证顺序到达。

TCP 协议负责在两台计算机之间建立可靠连接，保证数据包按顺序到达。TCP 协议会通过握手建立连接，然后，对每个 IP 包编号，确保对方按顺序收到，如果包丢掉了，就自动重发。

许多常用的更高级的协议都是建立在 TCP 协议基础上的，比如用于浏览器的 HTTP 协议、发送邮件的 SMTP 协议等。

一个 TCP 报文除了包含要传输的数据外，还包含源 IP 地址和目标 IP 地址，以及源端口和目标端口。

IP 地址对应的实际上是计算机的网络接口，通常是网卡。互联网上每个计算机的唯一标识就是 IP 地址，类似 23.87.142.123。如果一台计算机同时接入两个或更多的网络，比如路由器，它就会有两个或多个 IP 地址。

端口有什么作用？在两台计算机通信时，只发 IP 地址是不够的，因为同一台计算机上运行着多个网络程序。一个 TCP 报文来了之后，到底是交给浏览器还是 QQ，就需要端口号来区分。每个网络程序都向操作系统申请唯一的端口号，两个进程在两台计算机之间建立网络连接就需要各自的 IP 地址和各自的端口号。一个进程也可能同时与多个计算机建立连接，因此它会申请很多端口。

TCP 是建立可靠连接，并且通信双方都可以以流的形式发送数据。相对 TCP，还有一个最重要的协议是 UDP，它是面向无连接的协议。

使用 UDP 协议时，不需要建立连接，只需要知道对方的 IP 地址和端口号，就可以直接发数据包。但是，能不能到达就不知道了。

虽然用 UDP 传输数据不可靠，但它的优点是和 TCP 比速度快，对于不要求可靠到达的数据，就可以使用 UDP 协议。

2. Socket

（1）Socket 简介

Socket 又称"套接字"，是 TCP/IP 协议族通信软件抽象层，它是一组接口。它把复杂的 TCP/IP 协议族隐藏在 Socket 后面，如图 6-62 所示。应用程序通常通过"套接字"向网络发出请求或者应答网络请求，使主机间或者一台计算机上的进程间可以通信，编写网络应用程序必须首先创建套接字。可以将套接字比作电话插孔，没有它将无法进行通信。

套接字的起源可以追溯到 20 世纪 70 年代，它是加利福尼亚大学的伯克利版本 UNIX（称为 BSD UNIX）的一部分。因此，套接字也称伯克利套接字或 BSD 套接字。套接字最初是为同一主机上的应用程序所创建，使得主机上运行的一个程序（又名一个进程）与另一个运行的程序进行通信。这就是所谓的进程间通信（Inter Process Communication，IPC）。有两种类型的套接字：基于文件的和面向网络的。

UNIX 套接字是套接字的第一个家族，并且拥有一个"家族名字"AF_UNIX（又名 AF_LOCAL，在 POSIX1.g 标准中指定），它代表地址家族（Address Family）：UNIX。包括 Python 在内的大多数受欢迎的平台都使用术语地址家族及其缩写 AF；其他比较旧的系统可能会将地址家族表示成域（Domain）或协议家族（Protocol Family），并使用其缩写 PF 而非 AF。类似地，AF_LOCAL（在 2000—2001 年标准化）将代替 AF_UNIX。然而，考虑到后向兼容性，很多系统都同时使用二者，只是对同一个常数使用不同的别名。Python 本身仍然在使用 AF_UNIX。

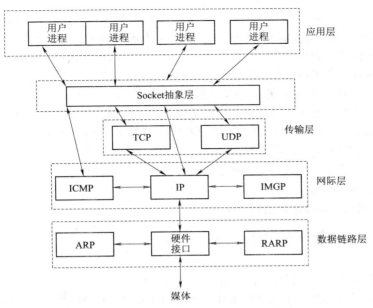

图6-62 TCP/IP协议族通信软件抽象层Socket

因为两个进程运行在同一台计算机上，所以这些套接字都是基于文件的，这意味着文件系统支持它们的底层基础结构。这是能够说得通的，因为文件系统是一个运行在同一主机上的多个进程之间的共享常量。

第二种类型的套接字是基于网络的，它也有自己的家族名字 **AF_INET**，或者地址家族：因特网。另一个地址家族 **AF_INET6** 用于第 6 版因特网协议（IPv6）寻址。此外，还有其他地址家族，这些要么是专业的、过时的、很少使用的，要么是仍未实现的。在所有的地址家族之中，目前 **AF_INET** 是使用得最广泛的。

（2）面向连接的套接字

不管采用的是哪种地址家族，都有两种不同风格的套接字连接。

第一种是面向连接的，这意味着在进行通信之前必须先建立一个连接，例如，使用电话系统给一个朋友打电话。这种类型的通信也称虚拟电路或流套接字。

面向连接的通信提供序列化的、可靠的和不重复的数据交付，而没有记录边界。这基本上意味着每条消息可以拆分成多个片段，并且每一条消息片段都确保能够到达目的地，然后将它们按顺序组合在一起，最后将完整消息传递给正在等待的应用程序。实现这种连接类型的主要协议是传输控制协议（TCP）。为了创建 TCP 套接字，必须使用 SOCK_STREAM 作为套接字类型。TCP 套接字的名字 SOCK_STREAM 基于流套接字的其中一种表示。因为这些套接字（AF_INET）的网络版本使用因特网协议（IP）来搜寻网络中的主机，所以整个系统通常结合这两种协议（TCP 和 IP）来进行。

（3）无连接的套接字

与虚拟电路形成鲜明对比的是数据报类型的套接字，它是一种无连接的套接字。这意味着，在通信开始之前并不需要建立连接。此时，在数据传输过程中并无法保证它的顺序性、可靠性或重复性。然而，数据报确实保存了记录边界，这就意味着消息是以整体发送的，而非首先分成多个片段，例如，使用面向连接的协议。

使用数据报的消息传输可以比作邮政服务。信件和包裹或许并不能以发送顺序到达。事实上，它们可能不会到达。为了将其添加到并发通信中，在网络中甚至有可能存在重复的消息。既然有这么多副作用，为什么还使用数据报呢？由于面向连接的套接字所提供了可靠保证，因此它们的设置以及对虚拟电路连接的维护需要大量的开销。然而，数据报不需要这些开销，即它的成本更加"低廉"。因此，它们通常能提供更好的性能，并且可能适合一些类型的应用程序。实现这种连接类型的主要协议是用户数据报协议（UDP）。为了创建 UDP 套接字，必须使用 SOCK_DGRAM 作为套接字类型。UDP 套接字的 SOCK_DGRAM 名字来自于单词 datagram（数据报）。因为这些套接字也使用因特网协议来寻找网络中的主机，所以这个系统也有一个更加普通的名字，即这两种协议（UDP 和 IP）的组合名字，或 UDP/IP。

（4）socket() 模块函数

Python 中，用 socket() 函数来创建套接字，语法格式如下：

```
socket.socket([family[,type[,proto]]])
```

参数说明：

- family：套接字家族可以使 AF_UNIX 或者 AF_INET。
- type：根据是面向连接的还是非连接的，分为 SOCK_STREAM 或 SOCK_DGRAM。
- protocol：一般不填，默认为 0。

Socket 对象（内建）方法如表 6-13 所示。

表6-13　Socket对象（内建）方法

函　数	说　明
服务器端套接字	
s.bind()	绑定地址 (host, port) 到套接字，在 AF_INET 下，以元组 (host, port) 的形式表示地址
s.listen()	开始 TCP 监听。backlog 指定在拒绝连接之前操作系统可以挂起的最大连接数量。该值至少为 1，大部分应用程序设为 5 就可以了
s.accept()	被动接收 TCP 客户端连接，（阻塞式）等待连接的到来
客户端套接字	
s.connect()	主动初始化 TCP 服务器连接，一般 address 的格式为元组 (hostname, port)，如果连接出错，返回 socket.error 错误
s.connect_ex()	connect() 函数的扩展版本，出错时返回出错码，而不是抛出异常
公共用途的套接字函数	
s.recv()	接收 TCP 数据，数据以字符串形式返回，bufsize 指定要接收的最大数据量。flag 提供有关消息的其他信息，通常可以忽略
s.send()	发送 TCP 数据，将 string 中的数据发送到连接的套接字。返回值是要发送的字节数量，该数量可能小于 string 的字节大小
s.sendall()	完整发送 TCP 数据，完整发送 TCP 数据。将 string 中的数据发送到连接的套接字，但在返回之前会尝试发送所有数据。成功返回 None，失败则抛出异常

续表

函　数	说　明
s.recvfrom()	接收 UDP 数据，与 recv() 类似，但返回值是 (data, address)。其中 data 是包含接收数据的字符串，address 是发送数据的套接字地址
s.sendto()	发送 UDP 数据，将数据发送到套接字，address 是形式为 (ipaddr, port) 的元组，指定远程地址。返回值是发送的字节数
s.close()	关闭套接字
s.getpeername()	返回连接套接字的远程地址。返回值通常是元组 (ipaddr, port)
s.getsockname()	返回套接字自己的地址。通常是一个元组 (ipaddr, port)
s.setsockopt(level, optname, value)	设置给定套接字选项的值
s.getsockopt(level, optname[.buflen])	返回套接字选项的值
s.settimeout(timeout)	设置操作的超时期，timeout 是一个浮点数，单位是秒。值为 None 表示没有超时期。一般超时期应该在刚创建套接字时设置，因为它们可能用于连接的操作（如 connect()）
s.gettimeout()	返回当前超时期的值，单位是秒，如果没有设置超时期，则返回 None
s.fileno()	返回套接字的文件描述符
s.setblocking(flag)	如果 flag 为 0，则将套接字设为非阻塞模式，否则将套接字设为阻塞模式（默认值）。非阻塞模式下，如果调用 recv() 没有发现任何数据，或 send() 调用无法立即发送数据，那么将引起 socket.error 异常
s.makefile()	创建一个与该套接字相关联的文件

3. SMTP/POP3 协议

SMTP 由 Jonathan Postel 创建，记录在 RFC 821 中，于 1982 年 8 月公布，其后有一些小修改。在 1995 年 11 月，通过 RFC 1869，SMTP 增加了一些扩展服务（即 EXMTP），现在 STMP 和 ESMTP 都合并到 RFC 5321 中，于 2008 年 10 月公布。这里使用 STMP 同时表示 SMTP 和 ESMTP。

SMTP 是在因特网上的 MTA（消息传输代理）之间消息交换的最常用协议。SMTP 采用 Client/Server 工作模式，默认使用 TCP 25 端口。用 SMTP 把电子邮件从一台（MTA）主机传送到另一台（MTA）主机。发电子邮件时，必须要连接到一个外部 SMTP 服务器，此时邮件程序是一个 SMTP 客户端。

POP3 协议在 RFC 1939 中定义，至今仍在广泛应用。邮局协议的目的是让用户的工作站可以访问邮箱服务器里的邮件，并保存在工作站中。POP3 采用 Client/Server 工作模式，默认使用 TCP 110 端口。

电子邮件系统组成与工作过程如图 6-63 所示。

图6-63　电子邮件系统组成与工作过程

（1）Python 和 SMTP

发送邮件需要导入 smtplib 模块，并实例化 smtplib.SMTP 类。标准化流程如下：

① 连接到服务器。

② 登录（根据需要）。

③ 发出服务请求。

④ 退出。

登录是可选的，只有在服务器启用了 SMTP 身份验证（SMTP-AUTH）时才需要登录。SMTP-AUTH 在 RFC 2554 中定义。SMTP 通信时只要一个端口，这里是端口号 25。

发送邮件需要 SMTP 处理模块（库）smtplib。

```
import   smtplib
```

发送邮件的一般过程是：

① 连接 SMTP 服务器：

```
handle = smtplib.SMTP('server',25))
```

② 登录服务器：

```
handle.login('user','password')
```

③ 发送邮件：

```
handle.sendmail('sender','receiver','message')
```

④ 关闭连接：

```
handle.close()
```

假如办公室邮箱（客户端设置）发送服务器地址为 23.87.142.255（端口为 25）；接收服务器地址为 23.87.142.255，接收服务器类型为 POP3（端口为 110），两个测试邮箱用户分别为 jsj@23.87.142.255 和 jsj2@23.87.142.255，用户名分别为 jsj 和 jsj2，密码都是 12345678。

发送一封测试邮件：

```
sender = 'jsj@23.87.142.255'
receiver = 'jsj2@23.87.142.255'
subject = 'python email test'
smtpserver = '23.87.142.255'
username = 'jsj@23.87.142.255'
password = '12345678'
msg = MIMEText('你好，这是一封网络实验测试邮件 ','text','utf-8')#中文需参数 'utf-8'
```

单字节字符不需要
```
msg['Subject'] = Header(subject,'utf-8')

smtp = smtplib.SMTP()
smtp.connect('23.87.142.255')
smtp.sendmail(sender, receiver, msg.as_string())
smtp.quit()
```

（2）Python 和 POP3

接收邮件需要导入 poplib 库。

```
Import  poplib
```

收取邮件的一般过程是：

① 连接 POP3 服务器。

② 发送用户名和密码进行验证（m.user，m.pass_）。

③ 获取邮箱中信件信息（m.stat）。

④ 收取邮件（m.retr）。

⑤ 退出（m.quit）。

poplib 常用方法如表 6-14 所示。

表6-14　Poplib常用方法

poplib 方法	参数	状态	描　　述
user	username	认可	此命令与下面的 pass 命令若成功，将导致状态转换
pass_	password	认可	用户密码
stat	None	处理	请求服务器发回关于邮箱的统计资料，如邮件总数和总字节数
list	[Msg#]	处理	返回邮件数量和每个邮件的大小
retr	[Msg#]	处理	返回由参数标识的邮件的全部文本
dele	[Msg#]	处理	服务器将由参数标识的邮件标记为删除，由 quit 命令执行
rset	None	处理	服务器将重置所有标记为删除的邮件，用于撤销 DELE 命令
quit	None	更新	—

登录邮箱并查看邮件数：

```
import  poplib
# 登录邮箱
mailbox = poplib.POP3('23.87.142.255',110)
mailbox.user('jsj')
mailbox.pass_ ('12345678')
# 查看邮箱统计信息，并输出邮件数
info = mailbox.stat()        # 返回（邮件数，邮件总字节数）
print(' 邮箱一共有 %s 封邮件 '%info[0])    # 输出邮件数
```

6.8.3 Python网络编程实现

1. 编程实现基于 TCP 的网络通信

（1）创建 TCP 服务器程序

先看代码：

```
import   socket
import   sys
s=socket.socket(socket.AF_INET, socket.SOCK_STREAM)
s.bind(('127.0.0.1', 10021))
s.listen(5)
print('服务器开始运行.....')

def TCP(sock, addr):
  print('接受 %s: %s处的新连接。'%addr)
  while True:
    data=sock.recv(1024)
    print('客户发送的数据：', data.decode('utf-8'))
    if not data or data.decode()=='quit':
      break
    sock.send(data.decode('utf-8').upper().encode())
    sock.close()
    print('关闭与 %s: %s 的连接'%addr)
    sys.exit()
while True:
    socket, addr=s.accept()
    TCP(socket, addr)
```

首先，展现创建通用 TCP 服务器。所有套接字都是通过使用 socket.socket() 函数来创建的。因为服务器需要占用一个端口并等待客户端的请求，所以它们必须绑定到一个本地地址。因为 TCP 是一种面向连接的通信系统，所以在 TCP 服务器开始操作之前，必须安装一些基础设施。特别地，TCP 服务器必须监听（传入）的连接。一旦这个安装过程完成后，服务器就可以开始它的无限循环。调用 accept() 函数之后，就开启了一个简单的（单线程）服务器，它会等待客户端的连接。默认情况下，accept() 是阻塞的，这意味着执行将被暂停，直到一个连接到达。另外，套接字也支持非阻塞模式，可以参考文档或操作系统教材，以了解有关为什么以及如何使用非阻塞套接字的更多细节。一旦服务器接收了一个连接，就会返回（利用 accept()）一个独立的客户端套接字，用来与即将到来的消息进行交换。

当一个传入的请求到达时，服务器会创建一个新的通信端口来直接与客户端进行通信，再次空出主要的端口，以使其能够接收新的客户端连接。一旦创建了临时套接字，通信就可以开始，通过使用这个新的套接字，客户端与服务器就可以开始参与发送和接收的对话中，直到连接终止。当一方关闭连接或者向对方发送一个 quit 时，通常就会关闭连接。

（2）创建 TCP 客户端程序

代码如下：

```
import   socket
s = socket.socket(socket.AF_INET, socket.SOCK_STREAM)
s.connect(('127.0.0.1', 10021))
while True:
```

```
  data = input('请输入要发送的数据：')
  if data == 'quit':
    break
  s.send(data.encode())
  print('服务器返回的数据: ',s.recv(1024).decode('utf-8'))
s.send(b'quit')
s.close()
```

创建客户端比服务器要简单得多，所有套接字都是利用 socket.socket() 创建的。然而，一旦客户端拥有了一个套接字，它就可以利用套接字的 connect() 方法直接创建一个到服务器的连接。当连接建立之后，它就可以参与到与服务器的一个对话中。最后，一旦客户端完成了它的事务，它就可以关闭套接字，终止此次连接。

2. 编程实现基于 UDP 的网络通信

（1）创建 UDP 服务器

代码如下：

```
import  socket
s = socket.socket(socket.AF_INET, socket.SOCK_DGRAM)
s.bind(('127.0.0.1',10023))
print('在 10023 上绑定 udp')
while True:
  data, addr = s.recvfrom(1024)
  print('从 %s: %s 接收数据 '%addr)
  print('接收到的数据为 ',data.decode('utf-8'))
  s.sendto(data.decode('utf-8').upper().encode(),addr)
```

UDP 服务器不需要 TCP 服务器那么多的设置，因为它们不是面向连接的。除了等待传入的连接之外，几乎不需要做其他工作。

除了普通的创建套接字并将其绑定到本地地址（主机名 / 端口号对）外，并没有额外的工作。无限循环包含接收客户端消息、转换为大写字母后并返回消息，然后回到等待另一条消息的状态。

UDP 和 TCP 服务器之间的另一个显著差异是，因为数据报套接字是无连接的，所以就没有为了成功通信而使一个客户端连接到一个独立的套接字"转换"的操作。这些服务器仅仅接收消息并回复数据。

（2）创建 UDP 客户端程序

代码如下：

```
import  socket
s = socket.socket(socket.AF_INET, socket.SOCK_DGRAM)
addr =('127.0.0.1', 10023)
while True:
  data = input('请输入要发送的数据：')
  if not data or data == 'quit':
    break
  s.sendto(data.encode(), addr)
  recvdata, addr=s.recvfrom(1024)
  print('从服务器返回的数据: ', recvdata.decode('utf-8'))
s.close()
```

一旦创建了套接字对象，就进入了对话循环之中，在这里可以与服务器交换消息。最后，当通信结束时（输入 quit），就会关闭套接字。

3. 编程实现邮件收发

假如办公室邮箱（客户端设置）发送服务器地址为 23.87.142.255（端口为 25）；接收服务器地址为 23.87.142.255，接收服务器类型为 POP3（端口为 110），两个测试邮箱用户分别为 jsj@23.87.142.255 和 jsj2@23.87.142.255，用户名分别为 jsj 和 jsj2，密码都是 12345678。

（1）编程发送一封邮件

```python
import smtplib
from email.mime.text import MIMEText
from email.header import Header

sender = 'jsj@23.87.142.255'
receiver = 'jsj2@23.87.142.255'
subject = 'python email test'
smtpserver = '23.87.142.255'
username = 'jsj@23.87.142.255'
password = '12345678'
msg = MIMEText('你好，这是一封网络实验测试邮件', 'text', 'utf-8')# 中文需参数
'utf-8', 单字节字符不需要
msg['Subject'] = Header(subject, 'utf-8')
smtp = smtplib.SMTP()
smtp.connect('23.87.142.255')
smtp.sendmail(sender, receiver, msg.as_string())
smtp.quit()
```

（2）编程收取邮箱所有邮件

```python
import poplib
from email.parser import Parser   # 该模块只用了 Parser
# 登录邮箱
def login(server, user,password):
    mailbox = poplib.POP3(server,110)     # 创建 POP3 对象并初始化
    mailbox.user(user)                     # 邮箱登录用户名
    mailbox.pass_(password)                # 邮箱登录密码
    return mailbox
mailbox = login('23.87.142.255','jsj','12345678')
# 查看邮箱统计信息，获得邮件数
info = mailbox.stat()                  # 返回元组：（邮件数，邮件总字节数）
amount = info[0]                       # 元组第一个元素是邮件数
# 取出所有邮件（邮件 id 是从 1 开始的）
for i in range(1, amount+1):
    print(' 第 %d 封邮件信息：'%i)
    print('-------------------------------------------\n')
    content = mailbox.retr(i)          # 取出邮件内容
    contentString = b'\r\n'.join(content[1]).decode('gbk')
content[1] 是邮件所有行的元组
    message = Parser().parsestr(contentString)
    From = message.get('From','')
    To = message.get('To','')
    Subject = message.get('Subject','')
    Text = message.get_payload(decode='base64').decode('gbk')
    print('From: ',From)
    print('To: ',To)
    print('Subject: ',Subject)
    print('Text: \n')
    print(Text)
mailbox.close()
```

6.9　Python 网络爬虫

6.9.1　网络爬虫任务要求

网络爬虫是一种按照一定的规则，自动地抓取万维网页面上自己想要的数据信息的程序或者脚本。本任务介绍网络爬虫的相关的知识。

① 使用 Python 程序，实现通过打开体测网站的 URL，来获得服务器返回的超文本文件，并保存到文件中。

② 使用 Python 程序，实现打开体测成绩页面的 URL 抓取每名学员的体测成绩数据，并保存到文件中。

6.9.2　网络爬虫基础知识

1. 基础知识

（1）WWW

WWW 可以让 Web 客户端（常用浏览器）访问浏览 Web 服务器上的页面。是一个由许多互相链接的超文本组成的系统，通过互联网访问。在这个系统中，每个有用的事物称为一样"资源"；并且由一个全局"统一资源标识符"（URI）标识；这些资源通过超文本传输协议（HTTP）传送给用户，用户通过单击链接来获得资源。

WWW 的工作过程如下：

① 通过 B/S 方式提供网络服务，网络中设置专门的 Web 服务器提供服务，用户通过应用层 HTTP 协议访问 Web 服务器。

② 以网页的形式提供文本、图片、音乐、软件等资源。网页由对象组成，对象可以是 JPEG 图片、音频文件、HTML 文件、Java 小程序等。

③ 使用 HTML 编写网页，浏览器软件播放网页。

④ 使用 URL 定位 Web 服务器中的众多网页。

⑤ 通过超链接方式建立网页之间的联系，方便用户浏览和共享文档。

（2）HTTP 协议

HTTP 协议是用于从 WWW 服务器传输超文本到本地浏览器的传送协议。HTTP 一个基于 TCP/IP 通信协议来传递数据（HTML 文件、图片文件、查询结果等）。HTTP 是基于 C/S 的架构模型，通过一个可靠的链接来交换信息，是一个无状态的请求 / 响应协议。一个 HTTP 客户端是一个应用程序（Web 浏览器或其他任何客户端），通过连接到服务器达到向服务器发送一个或多个 HTTP 的请求的目的。一个 HTTP 服务器 " 同样也是一个应用程序（通常是一个 Web 服务，如 Apache Web 服务器或 IIS 服务器等），通过接收客户端的请求并向客户端发送 HTTP 响应数据。HTTP 使用统一资源标识符 URI 来传输数据和建立连接。

（3）URL

互联网上的每个文件都有一个唯一的 URL，它包含的信息指出文件的位置以及浏览器应该怎么处理它。它最初是由蒂姆·伯纳斯·李发明用来作为万维网的地址。现在已经被万维网联盟编制为互联网标准 RFC1738。

爬取数据时，必须要有一个目标的 URL 才可以获取数据，因此，它是爬虫获取数据的基本依据。

2. urllib 库

urllib 是 python 内置的 HTTP 请求库，它提供的功能就是利用程序去执行各种 HTTP 请求。如果要模拟浏览器完成特定功能，需要把请求伪装成浏览器。伪装的方法是先监控浏览器发出的请求，再根据浏览器的请求头来伪装，User-Agent 头就是用来标识浏览器的。

它包括以下模块：

① urllib.request 请求模块。

② urllib.error 异常处理模块。

③ urllib.parse url 解析模块。

④ urllib.robotparser robots.txt 解析模块。

这里介绍其中两个常用的方法。

（1）访问 URL 的 urlopen() 方法

urllib.request.urlopen(url[, data[, proxies]])：创建一个表示远程 URL 的类文件对象，然后像本地文件一样操作这个类文件对象来获取远程数据。

其中，一般只用到第一个参数。

● url 表示远程数据的路径，一般是网址。

● data 表示以 post 方式提交到 url 的数据。

● proxies 用于设置代理。

返回值说明：urlopen() 返回一个类文件对象，返回结果可使用 read()、readline()、readlines()、fileno()、close() 等方法直接使用。

例如，根据 URL 获取网页：

```
import urllib.request as req
f = req.urlopen('http://www.jjxy.mtn')
data = f.read()   # 读取 HTML 页面的第一行
print(data)
print(data.decode('utf-8'))
```

其中，http://www.jjxy.mtn 表示要访问的 URL，即学院的网址。req.urlopen()：调用了 urllib.request.urlopen() 方法，引用时用 req 替代了 urllib.request。f.read()：f 是类文件对象，进行行读取操作。

（2）将远程数据下载到本地的 urlretrieve() 方法

urllib.request.urlretrieve(url[, filename[, reporthook[, data]]])：将 url 定位到的 HTML 文件下载到本地的硬盘中。如果不指定 filename，则会存为临时文件。

参数说明：一般只用到前两个参数。

● url 外部或者本地 URL 地址。

● filename 指定了保存到本地的路径（如果未指定该参数，urllib 会生成一个临时文件来保存数据）。

● reporthook 是一个回调函数，当连接上服务器以及相应的数据块传输完毕时会触发该回调。可以利用这个回调函数来显示当前的下载进度。

● data 指 post 到服务器的数据。该方法返回一个包含两个元素的元组 (filename,headers)，filename 表示保存到本地的路径，header 表示服务器的响应头。

返回值说明：urlretrieve() 返回一个二元组 (filename,mine_hdrs)，下面给出了具体的使用示例：

```
import urllib.request as req
url = 'http: //www.jjxy.mtn'
path = 'D: \\jjxy.html'
req.urlretrieve(url, path)
```

输出结果：在 D 盘目录下会创建一个 jjxy.html 文件。

3. requests 库

requests 是用 python 语言基于 urllib 编写的，采用的是 Apache2 Licensed 开源协议的 HTTP 库。requests 比 urllib 更加方便，可以节约用户大量的工作。requests 是 Python 实现的最简单易用的 HTTP 库。

默认安装好 Python 之后，是没有安装 requests 模块的，需要单独通过 pip 安装。而 urllib 是 python 标准库，只要安装了 Python，这个库就已经可以直接使用了。

（1）访问 URL 的 get() 方法

```
requests.get(url, params=None, **kwargs)
```

参数说明：

● url：拟获取页面的 URL 链接。

● params：URL 中的额外参数，字典或字节流格式，可选。

● **kwargs：控制访问的参数。

例如，根据 URL 获取网页：

```
import requests
response = requests.get('http: // www.jjxy.mtn')
response.encoding=response.apparent_encoding
print(response.text)
```

其中 ,response.text 表示 HTTP 响应内容的字符串形式，即 URL 对应的页面内容；response.encoding 表示从 HTTP header 中猜测的响应内容编码方式；response.apparent_encoding 表示从内容中分析出的响应内容编码方式（备选编码方式）。

（2）本地保存文件实现方法

```
import requests
response = requests.get('http: // www.jjxy.mtn')
response.encoding=response.apparent_encoding
with open('c: \\jjxy.txt','w')as f:
  f.write(response.text)
  f.close()
```

其中：

① 打开文件的 open() 函数。

```
open(file[, mode[, buffering[, encoding[, errors[, newline[, closefd=True]]]]]])
```

参数说明：一般会用到以下 3 个参数。

● file 文件路径，以字符串输入。

● mode 文件打开模式，以字符串输入。

● encoding 表示的是返回的数据采用何种编码，一般采用 utf8 或者 gbk。

返回值说明：open() 函数返回一个文件对象。

输出结果：以只写方式打开 D 盘目录下的 example.txt 文件，若文件不存在则创建该文件。

② 关闭文件对象的 close() 方法。

close() 方法用于关闭一个已打开的文件。关闭后的文件不能再进行读写操作，否则会触发 ValueError 错误。close() 方法允许调用多次。

当 file 对象被引用到操作另外一个文件时，Python 会自动关闭之前的 file 对象。使用 close() 方法关闭文件是一个好的习惯。

③ 如果直接 response.text 出现乱码的问题，可以采用 response.content，但这样返回的数据格式是二进制格式，可以通过 decode() 转换为 utf-8，解决通过 response.text 直接返回显示乱码的问题。同样，这个方法也可以用于下载图片以及视频资源。

下载图片：

```
import requests
response = requests.get(' http: //www.jjxy.mtn/UploadFiles/ybb/2019/1/
201901020836369034.JPG')
with open('c: \\jjxy.jpg','wb')as f:
    f.write(response.content)
    f.close()
```

4. 正则表达式及 re 库

（1）正则表达式

正则表达式又称规则表达式，英文名为 Regular Expression，在代码中常简写为 regex、regexp 或 RE，是计算机科学的一个概念。正则表通常被用来检索、替换那些符合某个模式（规则）的文本。

正则表达式是对字符串（包括普通字符如 a 到 z 之间的字母，以及特殊字符，称为"元字符"）操作的一种逻辑公式，就是用事先定义好的一些特定字符及这些特定字符的组合，组成一个"规则字符串"，这个"规则字符串"用来表达对字符串的一种过滤逻辑。正则表达式是一种文本模式，模式描述在搜索文本时要匹配的一个或多个字符串。

a+b 可以匹配 ab、aab、aaab 等，+ 号代表前面的字符必须至少出现一次（1 次或多次）。

a*b 可以匹配 b、ab、aab 等，* 号代表字符可以不出现，也可以出现一次或者多次（0 次或 1 次或多次）。

colou?r 可以匹配 colour 或者 colour，"?"代表前面的字符最多只可以出现一次（0 次、或 1 次）。

"."匹配除 \n 以外的任何单字符。

[0-9] 匹配所有数字。

[a-d] 匹配 abcd 中的一个字母。

来看下面这两个复杂的正则表达式：

```
'<a(.*?)</a> ' 非贪婪模式
```

```
'<a(.*)</a>   ' 贪婪模式
```

圆括号内的 .* 表示任意字符出现多次或不出现，也就是任意字符串。看来这两个正则表达式都是在匹配以 <a 开头以 <\a> 结尾的字符串。

对于字符串 <a>123<\a><a>456<\a>，采用贪婪模式 '<a(.*)</a>' 会匹配到整个字符串 <a>123<\a><a>456<\a>，而非贪婪模式会在找到第一个匹配的字符串就立即返回结果 <a>123<\a>。

在冗长的 HTML 代码里，一个 table 可能有 30 行，那么就会出现 30 个 <tr> 标签对，使用贪婪模式来寻找 tr 标签对的内容，会返回 30 行表项的代码，如果只需要一行信息，则应使用非贪婪模式来匹配 tr 标签对。

（2）Re 库

Re 库是 Python 的正则表达式模块，下面介绍 re 模块的常用函数。

函数 re.findall(pattern, string[, flags])：从 string 中查找所有符合 pattern 正则表达式模式的子串，以这些子串作为列表元素返回一个列表。

参数说明：

● pattern：要搜寻的正则表达式。

● string：要检索的字符串。

● flag：可选项，可设置搜索的要求。可以选择输入 re.S、re.I 等。

re.S：如果不使用 re.S 参数，则只在每一行内进行匹配，如果一行没有，就换下一行重新开始，不会跨行。而使用 re.S 参数以后，正则表达式会将这个字符串作为一个整体，将 \n 作为一个普通的字符加入这个字符串中，在整体中进行匹配。

re.I：忽略大小写。

下面给出了具体的使用示例：

```
import re
string = 'o1n27m3k486'
pattern = r'[1-9]+'
print(re.findall(pattern,string))
```

输出结果：

```
['1','27','3','486']
```

函数 re.search(pattern, string, flags) 作为参数与 re.findall() 的参数意义相同。re.search 函数会在字符串内查找模式匹配，只要找到第一个匹配然后返回 MatchObject 对象，如果字符串没有匹配，则返回 None。

下面给出了具体的使用示例：

```
# coding=utf-8
import re
string = 'o1n27m3k486'
pattern = r'[1-9]+'
print(re.search(pattern,string).group(0))
```

输出结果：

1

函数 re.compile(pattern, flags=0)

编译正则表达式模式，返回一个对象的模式。（可以把那些常用的正则表达式编译成正则表达式对象，这样可以提高效率。）

参数与 re.findall()、re.search() 的参数意义相同。

下面给出了具体的使用示例：

```
import re
string = 'o1n27m3k486'
pattern = r'[1-9]+'
obj = re.compile(pattern)
print(obj.findall(string))
```

输出结果：

```
['1','27','3','486']
```

5. Beautiful Soup 库

Beautiful Soup 是一个非常强大的工具，是一个灵活又方便的网页解析库，处理高效，支持多种解析器。利用它不用编写正则表达式也能方便地实现网页信息的抓取。它支持 Python 标准库中的 HTML 解析器，还支持一些第三方的解析器，如果不安装它，则 Python 会使用 Python 默认的解析器。

例如，基于 bs4 库的 HTML 格式输出：

```
import requests
from bs4 import BeautifulSoup
response = requests.get('http://www.jjxy.mtn')
response.encoding = response.apparent_encoding
soup = BeautifulSoup(response.text,'html.parser')
print(soup.prettify())
```

其中：

① prettify() 方法让 <html> 页面更友好地显示，在 HTML 文本对象 soup 增加 \n，提高文本的可读性，在实际调用 bs4 库时可以起到很好的辅助作用。

② 参数 'html.parser' 表示将数据解析成 BeautifulSoup 类，存入对象 soup 中。

bs4 库的遍历方法如图 6-64 所示。

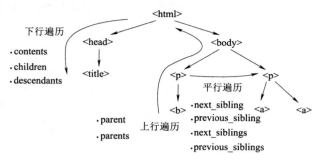

图6-64 bs4库的遍历方法

迭代类型只能用在 for 和 in 循环语句中。

（1）下行遍历

① contents：返回所有子节点的节点信息存入列表；'\n' 属于一个子节点。

② children：用于循环遍历子节点；迭代类型。用法举例如下：

```
for child in soup.body.children:
print(child)
```

③ descendants：用于循环遍历所有子孙节点。

（2）上行遍历

① parent：返回父节点的标签。

② parents：返回父节点以及先辈节点的标签。

在上行遍历 parents 的时候会遍历到对象本身，但是对象本身是不具有标签的，建议加上判断语句区分。

（3）平行遍历（不同父节点下的平行节点不能平行遍历）

① next_sibling：返回当前节点的下一平行节点；标签之间的 NavigableString 内容也是节点。

② previous_sibling：返回当前节点的上一平行节点。

③ next_siblings：用于循环遍历当前节点的后续平行节点；迭代类型。用法举例如下：

```
for sibling in soup.a.next_siblings:
print(sibling)
```

④ previous_siblings：用于循环遍历当前节点的前驱平行节点。用法举例如下：

```
for sibling in soup.a.previous_siblings:
print(sibling)
```

6.9.3 Python网络爬虫实现

1. 抓取体测网站首页信息并保存成文本文件

打开体测网站首页，或在浏览器中输入网址（http://23.87.143.180/tc1.html）并按【Enter】键），向服务器发出文件请求，服务器收到请求后，会返回一个超文本文件，在本地浏览器对超文本文件进行解析之后，窗口中就能呈现出网页的模样，如图 6-65 所示。

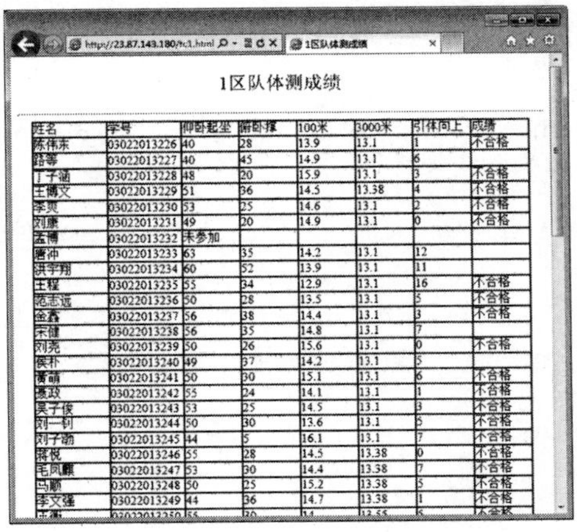

姓名	学号	仰卧起坐	俯卧撑	100米	3000米	引体向上	成绩
陈伟东	03022013226	40	28	13.9	13.1	1	不合格
路等	03022013227	40	45	14.9	13.1	6	
丁子涵	03022013228	48	20	15.9	13.1	3	不合格
王博文	03022013229	51	36	14.5	13.38	4	不合格
李爽	03022013230	53	25	14.6	13.1	2	不合格
刘康	03022013231	49	20	14.9	13.1	0	不合格
孟博	03022013232	未参加					
唐冲	03022013233	63	35	14.2	13.1	12	
洪宇翔	03022013234	60	52	13.9	13.1	11	
王程	03022013235	55	34	12.9	13.1	16	不合格
范志远	03022013236	50	28	13.5	13.1	5	不合格
金鑫	03022013237	56	38	14.4	13.1	3	不合格
宋健	03022013238	56	35	14.8	13.1	7	
刘亮	03022013239	50	26	15.6	13.1	0	不合格
侯朴	03022013240	49	37	14.2	13.1	5	
黄萌	03022013241	50	30	15.1	13.1	6	不合格
聂政	03022013242	55	24	14.1	13.1	1	不合格
吴子俊	03022013243	53	25	14.5	13.1	3	不合格
刘一钊	03022013244	50	30	13.6	13.1	5	不合格
刘子涵	03022013245	44	5	16.1	13.1	7	不合格
蒋悦	03022013246	55	28	14.5	13.38	0	不合格
毛凤麒	03022013247	53	30	14.4	13.38	7	不合格
马颢	03022013248	50	25	15.2	13.38	5	不合格
李文强	03022013249	44	36	14.7	13.38	1	不合格

图6-65 体测成绩页面

使用 Python 程序，来实现通过打开网站的 URL，来获得服务器返回的超文本文件，并保存。

参考代码：

```
import urllib.request as req
url = 'http: //23.87.143.180/tc1.html'  # 网页 URL
webpage = req.urlopen(url) # 按照类文件的方式打开网页
data = webpage.read()        # 一次性读取网页的所有数据
data = data.decode('utf-8')
outfile = open("d: \\abc.txt", w+', encoding='utf-8')
outfile.write(data)              # 将网页数据写入文件
outfile.close()
```

2. 抓取网页学员体测数据并保存到文件

打开体测网站成绩页面，在浏览器中可以看到如图 6-65 所示的页面，各个学员的体测成绩都整齐地排列在表格中。一个网页的源代码时常有成百行，其中很多代码都是为了布局页面样式服务的，而用户关心的是网页上的数据，而不是样式代码。

使用 Python 程序，来实现抓取每名学员的体测成绩数据，并保存到文件中。

参考代码：

```
import requests
from bs4 import BeautifulSoup
import bs4
def getHTMLText(url):
    try:
        r = requests.get(url, timeout=30)
        r.raise_for_status()
        r.encoding = r.apparent_encoding
        return r.text
    except:
        return ""

def fillTccj(tlist, html):
    soup = BeautifulSoup(html, 'html.parser')
    for tr in soup.find('tbody').children:
        if isinstance(tr, bs4.element.Tag):
            tds = tr('td')
            tlist.append([tds[0].string, tds[1].string, tds[7].string])

def saveTccj(tlist):
    outfile = open('d: \\tccj.txt', 'w+', encoding='utf-8')
    for i in range(len(tlist)):
        u = tlist[i]
        outfile.writelines("{: ^10}\t{: ^15}\t{: ^10}\n".format(u[0],u[1]mu[2]))
outfile.close()
def main():
    tinfo=[]
    url='http: //23.87.143.180/tc1.html'
    html=getHTMLText(url)
    fillTccj(tinfo,html)
    saveTccj(tinfo)

main()
```